重点大学计算机专业系列教材

数据库技术及应用

王成良 柳玲 徐玲 编著

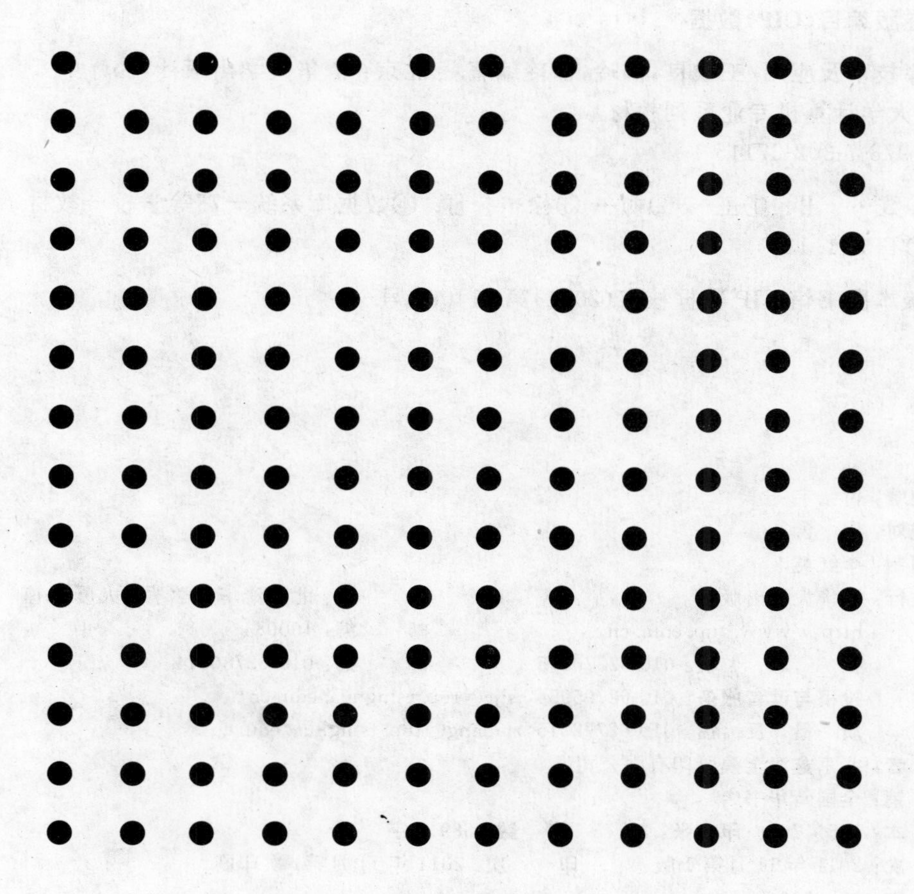

清华大学出版社
北京

内容简介

本书以当前主流的关系数据库为主线，全面介绍了数据库技术的基本内容。全书共10章，分别为数据库基础知识，信息的三种世界与数据模型，关系模型，SQL Server 2008 关系数据库管理系统，关系数据库标准语言——SQL，数据库保护，关系数据库理论，数据库系统的设计，数据库高级应用技术，数据库技术的发展趋势。

本书以大型主流数据库管理系统 SQL Server 2008 作为丰富案例的演练平台，注重数据库技术的实际应用，强调理论与实践紧密结合。本书各章后均配有习题，具有较强的可读性。

本书是高等院校计算机、软件工程及相关专业本科生数据库课程教学的理想教材，也是从事数据库技术领域工作的科技人员的有价值的参考书。

图书在版编目(CIP)数据

数据库技术及应用/王成良，柳玲，徐玲编著. --北京：清华大学出版社，2011.11
（重点大学计算机专业系列教材）
ISBN 978-7-302-27145-1

Ⅰ.①数… Ⅱ.①王… ②柳… ③徐… Ⅲ.①数据库系统－高等学校－教材
Ⅳ.①TP311.13

中国版本图书馆 CIP 数据核字(2011)第214062号

责任编辑：付弘宇
责任校对：白 蕾
责任印制：李红英
出版发行：清华大学出版社 **地 址**：北京清华大学学研大厦A座
http://www.tup.com.cn **邮 编**：100084
社 总 机：010-62770175 **邮 购**：010-62786544
投稿与读者服务：010-62795954，jsjjc@tup.tsinghua.edu.cn
质 量 反 馈：010-62772015，zhiliang@tup.tsinghua.edu.cn
印 装 者：北京鑫海金澳胶印有限公司
经 销：全国新华书店
开 本：185×260 **印 张**：23.75 **字 数**：589千字
版 次：2011年11月第1版 **印 次**：2011年11月第1次印刷
印 数：1～3000
定 价：39.00元

产品编号：037599-01

INTRODUCTION

出版说明

随着国家信息化步伐的加快和高等教育规模的扩大,社会对计算机专业人才的需求不仅体现在数量的增加上,而且体现在质量要求的提高上,培养具有研究和实践能力的高层次的计算机专业人才已成为许多重点大学计算机专业教育的主要目标。目前,我国共有16个国家重点学科、20个博士点一级学科、28个博士点二级学科集中在教育部部属重点大学,这些高校在计算机教学和科研方面具有一定优势,并且大多以国际著名大学计算机教育为参照系,具有系统完善的教学课程体系、教学实验体系、教学质量保证体系和人才培养评估体系等综合体系,形成了培养一流人才的教学和科研环境。

重点大学计算机学科的教学与科研氛围是培养一流计算机人才的基础,其中专业教材的使用和建设则是这种氛围的重要组成部分,一批具有学科方向特色优势的计算机专业教材作为各重点大学的重点建设项目成果得到肯定。为了展示和发扬各重点大学在计算机专业教育上的优势,特别是专业教材建设上的优势,同时配合各重点大学的计算机学科建设和专业课程教学需要,在教育部相关教学指导委员会专家的建议和各重点大学的大力支持下,清华大学出版社规划并出版本系列教材。本系列教材的建设旨在"汇聚学科精英、引领学科建设、培育专业英才",同时以教材示范各重点大学的优秀教学理念、教学方法、教学手段和教学内容等。

本系列教材在规划过程中体现了如下一些基本组织原则和特点。

1. 面向学科发展的前沿,适应当前社会对计算机专业高级人才的培养需求。教材内容以基本理论为基础,反映基本理论和原理的综合应用,重视实践和应用环节。

2. 反映教学需要,促进教学发展。教材要能适应多样化的教学需要,正确把握教学内容和课程体系的改革方向。在选择教材内容和编写体系时注意体现素质教育、创新能力与实践能力的培养,为学生知识、能力、素质协调发展创造条件。

3. 实施精品战略,突出重点,保证质量。规划教材建设的重点依然是专业基础课和专业主干课;特别注意选择并安排了一部分原来基础比较好的优秀教材或讲义修订再版,逐步形成精品教材;提倡并鼓励编写体现重点大学计算机专业教学内容和课程体系改革成果的教材。

4. 主张一纲多本，合理配套。专业基础课和专业主干课教材要配套，同一门课程可以有多本具有不同内容特点的教材。处理好教材统一性与多样化的关系；基本教材与辅助教材以及教学参考书的关系；文字教材与软件教材的关系，实现教材系列资源配套。

5. 依靠专家，择优落实。在制订教材规划时要依靠各课程专家在调查研究本课程教材建设现状的基础上提出规划选题。在落实主编人选时，要引入竞争机制，通过申报、评审确定主编。书稿完成后要认真实行审稿程序，确保出书质量。

繁荣教材出版事业，提高教材质量的关键是教师。建立一支高水平的以老带新的教材编写队伍才能保证教材的编写质量，希望有志于教材建设的教师能够加入到我们的编写队伍中来。

教材编委会

FOREWORD

前言

数据库技术自20世纪60年代产生至今已得到了迅猛的发展，目前已成为现代计算机信息系统与应用系统的核心技术。数据库的建设规模和数据库系统的应用水平是衡量一个国家信息化程度的重要标志之一，数据库应用技术已成为很多高校理工科学生应具备的重要技能之一。"数据库技术与应用"课程作为软件工程专业和计算机科学技术专业的一门重要专业基础课程，在整个专业课程体系中起着承上启下、融会贯通的作用，是学生参加项目实践、毕业设计、软件开发和工作就业的重要的专业理论和实践课程，对提高本科学生的信息技术开发能力起着非常关键的作用。

本书融入作者从事数据库教学和数据库应用开发十多年来所积累的丰富经验，秉承拓宽基础、注重应用、提高能力的原则，以关系数据库原理、方法和技术为重点，以大型主流数据库管理系统 SQL Server 2008 作为丰富案例的演练平台，强调理论与实践紧密结合，注重数据库综合性知识和数据库技术应用能力的培养，通过实例讲解原理和方法，引导学生掌握理论方法的实际运用，不仅使学生由浅入深、循序渐进地完整掌握数据库技术的基本原理和基础知识，而且本教材中引入的许多数据库实用开发技术，可以培养学生具有较强的数据库综合应用开发能力，弥补了当前教材中存在的理论性强、实践性不够的缺陷。

为便于教师教学和读者学习，本书在每章的前面都列出了"本章学习目标"，指出本章的主要内容以及应该理解和掌握的知识点；在每章的最后附有习题，帮助读者巩固所学的知识。另外，本书的配套实验和课程设计教材《数据库技术及应用实验与课程设计教程》将在随后出版，通过验证性实验和综合性课程设计，使学生由浅入深、由点到面逐步提高，进一步巩固学生的数据库技术理论知识，并能结合实际问题熟练开发数据库应用系统，提高学生的综合实践与创新能力。

本书共分10章，第1章介绍数据库基础知识，包括数据库、数据库管理系统和数据库系统的概念、数据库的三级模式结构、数据库管理系统的主要功能等内容。第2章讲解数据模型的基础知识，包括常用的几种数据模型，并介绍了新一代数据模型——面向对象数据模型和半结构化数据模型。第3

章讲解关系模型,包括关系的概念、关系代数的各种运算、关系演算等内容。第4章介绍SQL Server 2008数据库管理系统的应用,包括SQL Server 2008的体系结构、数据库文件管理及管理工具的使用方法等。第5章讲解关系数据库标准语言——SQL,包括SQL的数据定义功能、SQL的数据查询功能、SQL的数据操纵功能、SQL的数据控制功能、视图、索引、存储过程和函数等内容。第6章讲解数据库保护,包括数据库完整性、安全性、并发控制、事务、数据库故障恢复等内容。在前面基础上,第7章为便于理解以大量实例讲解关系数据库理论,包括函数依赖、推理规则及逻辑蕴涵、关系模式分解以及关系模式的范式等。第8章讲解数据库系统的设计方法,采用案例分析的方式,让读者掌握数据库设计的全过程。第9章讲解数据库高级应用技术,包括数据库建模工具、存储过程、触发器和数据库事务处理的高级应用,以及数据库性能优化等内容。第10章介绍数据库技术的发展趋势,包括分布式数据库、面向对象数据库、数据仓库与数据挖掘、多媒体数据库、实时数据库、专家数据库、内存数据库、NoSQL等内容。

本书由重庆大学软件学院王成良、柳玲、徐玲共同编写完成,其中柳玲负责第1、2、3、5章,徐玲负责第4、6、7章,王成良负责第8、9、10章,冉唯、焦晓军等参与了本书资料的搜集和整理工作,王成良对本书进行了编排和统稿。

本书编写过程中参考了许多相关书籍和资料,已在书后列出,在此对这些参考文献的作者表示感谢,同时感谢清华大学出版社对本书出版所给予的支持和帮助,也感谢重庆大学软件学院熊庆宇院长和陈蜀宇书记对编写本书所给予的大力支持。

由于编者水平有限,书中难免存在疏漏和不足,敬请读者批评指正,以利改进和提高。

本书的课件及源代码资源可以从清华大学出版社网站 www.tup.com.cn 下载,本书和课件的使用问题请联系 fuhy@tup.tsinghua.edu.cn。

编　者

2011年7月

CONTENTS

目录

第1章　数据库基础知识……………………………………………………………… 1

1.1　引言 ……………………………………………………………………………… 1

1.2　数据库技术的相关概念 ………………………………………………………… 1

1.2.1　数据和信息………………………………………………………………… 1

1.2.2　数据处理和数据管理……………………………………………………… 2

1.2.3　数据库……………………………………………………………………… 2

1.2.4　数据库管理系统…………………………………………………………… 2

1.2.5　数据库系统………………………………………………………………… 2

1.2.6　数据库管理员……………………………………………………………… 3

1.2.7　数据库用户………………………………………………………………… 3

1.3　数据管理的发展 ………………………………………………………………… 4

1.3.1　人工管理…………………………………………………………………… 4

1.3.2　文件系统管理……………………………………………………………… 5

1.3.3　数据库技术管理…………………………………………………………… 6

1.3.4　高级数据库技术管理……………………………………………………… 7

1.3.5　XML文件管理 …………………………………………………………… 9

1.3.6　数据管理技术的比较……………………………………………………… 9

1.4　数据库的体系结构……………………………………………………………… 11

1.4.1　数据库系统的三级模式结构 …………………………………………… 11

1.4.2　数据库系统的应用构架 ………………………………………………… 13

1.5　数据库管理系统………………………………………………………………… 15

1.5.1　数据库管理系统的主要功能 …………………………………………… 15

1.5.2　数据库管理系统的组成 ………………………………………………… 15

1.6　常用的数据库管理系统介绍…………………………………………………… 16

1.6.1　SQL Server ……………………………………………………………… 16

1.6.2　DB2 ……………………………………………………………………… 17

1.6.3　Oracle …………………………………………………………………… 17

1.6.4 Sybase ASA …… 18
1.6.5 Access …… 19
1.6.6 MySQL …… 19
习题1 …… 20

第2章 信息的三种世界与数据模型 …… 21

2.1 信息的三种世界及其描述 …… 21
2.1.1 现实世界 …… 21
2.1.2 信息世界 …… 21
2.1.3 机器世界 …… 22
2.2 数据模型 …… 22
2.2.1 数据模型的内容 …… 22
2.2.2 数据模型的分类 …… 22
2.2.3 实体联系模型 …… 23
2.2.4 层次模型 …… 25
2.2.5 网状模型 …… 27
2.2.6 关系模型 …… 28
2.2.7 面向对象数据模型 …… 29
2.2.8 半结构化数据模型 …… 30
习题2 …… 30

第3章 关系模型 …… 32

3.1 关系模型的由来 …… 32
3.2 关系数据库的结构 …… 33
3.2.1 关系模型的基本术语 …… 33
3.2.2 关系的键 …… 34
3.2.3 基于集合论的关系定义 …… 36
3.2.4 关系规则 …… 37
3.2.5 关系操作 …… 39
3.3 关系代数 …… 40
3.3.1 传统的集合运算 …… 41
3.3.2 自然关系运算 …… 42
3.3.3 关系代数综合实例 …… 50
3.3.4 扩展的关系代数运算 …… 53
3.4 关系演算 …… 55
3.4.1 元组关系演算 …… 55
3.4.2 域关系演算 …… 58
3.5 关系代数表达式的优化 …… 59
习题3 …… 61

第 4 章 SQL Server 2008 关系数据库管理系统 …… 64

4.1 SQL Server 2008 概述 …… 64
4.1.1 SQL Server 2008 的各种版本 …… 64
4.1.2 SQL Server 2008 的新特性 …… 65
4.2 SQL Server 2008 体系结构 …… 66
4.3 SQL Server 2008 系统数据库 …… 67
4.3.1 SQL Server 2008 数据库的组成 …… 67
4.3.2 SQL Server 2008 数据库 …… 68
4.3.3 SQL Server 2008 数据库对象 …… 70
4.4 SQL Server 2008 的管理工具 …… 71
4.4.1 SQL Server 配置管理器 …… 71
4.4.2 SQL Server Management Studio …… 75
4.4.3 SQL Server Profiler …… 77
4.4.4 数据库引擎优化顾问 …… 78
4.4.5 实用工具 …… 79
4.4.6 联机丛书 …… 80
习题 4 …… 81

第 5 章 关系数据库标准语言——SQL …… 82

5.1 SQL 概述及特点 …… 82
5.1.1 SQL 的发展历程 …… 82
5.1.2 SQL 的组成及特点 …… 83
5.1.3 Transact-SQL 概述 …… 84
5.1.4 SQL 语言的基本概念 …… 85
5.2 SQL 的数据定义功能 …… 90
5.2.1 数据库的创建和删除 …… 90
5.2.2 基本表的创建、修改、删除 …… 91
5.3 SQL 的数据查询功能 …… 94
5.3.1 查询语句的基本结构 …… 95
5.3.2 简单查询 …… 96
5.3.3 连接查询 …… 103
5.3.4 嵌套查询 …… 106
5.3.5 集合查询 …… 109
5.3.6 复杂查询 …… 111
5.4 SQL 的数据操纵功能 …… 112
5.4.1 插入数据 …… 112
5.4.2 更新数据 …… 113
5.4.3 删除数据 …… 113

5.5 视图 …… 114
5.5.1 视图的概念及特点 …… 114
5.5.2 视图的创建和使用 …… 114
5.5.3 视图的更新 …… 115
5.5.4 视图的删除 …… 117
5.6 索引 …… 118
5.6.1 索引的概念及作用 …… 118
5.6.2 索引的分类 …… 118
5.6.3 索引的创建及删除 …… 118
5.7 SQL 的数据控制功能 …… 119
5.7.1 授予权限 …… 119
5.7.2 收回权限 …… 121
5.7.3 视图机制保证安全性 …… 121
5.8 存储过程 …… 121
5.8.1 存储过程简介 …… 122
5.8.2 存储过程的创建与执行 …… 123
5.8.3 存储过程的修改 …… 124
5.8.4 重新编译存储过程 …… 125
5.8.5 存储过程的删除 …… 125
5.8.6 使用存储过程的注意事项 …… 125
5.9 函数 …… 126
5.9.1 函数的概念及优点 …… 126
5.9.2 函数的创建与使用 …… 126
5.9.3 函数的修改 …… 127
5.9.4 函数的删除 …… 127
5.9.5 SQL Server 2008 中的内置函数 …… 128
5.10 Transact-SQL 的流程控制语句 …… 134
5.10.1 begin…end 语句 …… 134
5.10.2 if…else 语句 …… 135
5.10.3 case 语句 …… 135
5.10.4 while 语句 …… 137
5.10.5 goto 语句 …… 138
5.10.6 waitfor 语句 …… 138
5.10.7 return 语句 …… 139
5.10.8 try/catch 语句 …… 139
5.11 SQL Server 2008 中 Transact-SQL 的扩展功能 …… 139
5.12 嵌入式 SQL …… 141
5.12.1 嵌入式 SQL 的定义及实现 …… 141
5.12.2 嵌入式 SQL 语句的使用 …… 141

5.12.3 SQL 和宿主语言的接口 …… 142
5.12.4 嵌入式 SQL 语句 …… 144
5.12.5 动态 SQL 语句 …… 146
习题 5 …… 147
第 6 章 数据库保护 …… 150
6.1 系统目录 …… 150
6.1.1 系统目录简介 …… 150
6.1.2 SQL Server 2008 的系统目录 …… 153
6.2 数据库完整性 …… 155
6.2.1 完整性规则 …… 155
6.2.2 完整性约束 …… 156
6.2.3 触发器 …… 161
6.2.4 SQL Server 2008 的完整性控制 …… 163
6.3 数据库的安全性 …… 171
6.3.1 安全性概述 …… 171
6.3.2 身份认证 …… 172
6.3.3 存取控制 …… 173
6.3.4 自主存取控制 …… 174
6.3.5 强制存取控制 …… 175
6.3.6 建立视图 …… 176
6.3.7 数据加密 …… 177
6.3.8 审计跟踪 …… 178
6.3.9 SQL Server 2008 的安全机制 …… 178
6.4 事务 …… 180
6.4.1 事务的基本概念 …… 180
6.4.2 事务的特性 …… 181
6.4.3 SQL 事务处理模型 …… 182
6.4.4 SQL Server 2008 的事务处理 …… 183
6.5 并发控制 …… 185
6.5.1 事务的并发执行 …… 185
6.5.2 并发操作与数据的不一致性 …… 186
6.5.3 封锁 …… 187
6.5.4 事务调度与可串行化 …… 193
6.5.5 两段锁协议 …… 197
6.5.6 SQL Server 2008 的并发控制机制 …… 197
6.6 数据库的恢复 …… 199
6.6.1 故障的种类 …… 199
6.6.2 故障恢复技术 …… 200

6.6.3 检查点 …… 202
6.6.4 事务故障恢复 …… 203
6.6.5 系统与介质故障的恢复 …… 204
6.6.6 SQL Server 2008 的备份和恢复 …… 205
习题 6 …… 211

第7章 关系数据库理论 …… 213

7.1 关系模式规范化的必要性 …… 213
7.2 函数依赖 …… 215
7.2.1 函数依赖的定义 …… 216
7.2.2 函数依赖的分类 …… 217
7.2.3 函数依赖和键的联系 …… 217
7.2.4 函数依赖的逻辑蕴涵 …… 218
7.2.5 函数依赖的推理规则 …… 219
7.2.6 函数依赖集的闭包和属性集的闭包 …… 220
7.2.7 函数依赖集的最小依赖集 …… 221
7.3 关系模式的分解 …… 223
7.3.1 模式分解的规则 …… 223
7.3.2 无损连接分解 …… 224
7.3.4 保持函数依赖的分解 …… 226
7.4 关系模式的范式 …… 226
7.4.1 第一范式(1NF) …… 227
7.4.2 第二范式(2NF) …… 228
7.4.3 第三范式(3NF) …… 229
7.4.4 BCNF 范式 …… 230
7.4.5 多值依赖与第四范式(4NF) …… 232
7.4.6 规范化小结 …… 234
习题 7 …… 235

第8章 数据库系统的设计 …… 237

8.1 数据库系统设计概述 …… 237
8.2 系统需求分析 …… 238
8.2.1 需求分析的必要性 …… 238
8.2.2 需求分析的方法 …… 239
8.2.3 数据流图和数据字典 …… 239
8.3 概念结构的设计 …… 242
8.3.1 概念模型的特点、设计方法和步骤 …… 243
8.3.2 数据抽象与局部视图设计 …… 244
8.3.3 视图的集成 …… 245

8.4 数据库逻辑结构的设计 …… 248
8.4.1 逻辑结构设计的过程 …… 248
8.4.2 概念模型向关系模型的转换 …… 248
8.4.3 设计用户子模式 …… 252
8.5 数据库物理结构的设计 …… 255
8.5.1 确定关系模式的存取方法 …… 255
8.5.2 确定数据库的存储结构 …… 257
8.5.3 评价物理结构 …… 257
8.6 数据库的实施和维护 …… 257
8.6.1 数据的载入和应用程序的调试 …… 258
8.6.2 数据库的试运行 …… 258
8.6.3 数据库的运行和维护 …… 259
8.7 综合实例 …… 259
8.7.1 库存管理的需求分析和相关文档 …… 260
8.7.2 设计 E-R 图 …… 262
8.7.3 将 E-R 图转换为关系模式 …… 262
8.7.4 规范化处理 …… 263
8.7.5 数据库实施 …… 264
习题 8 …… 266

第 9 章 数据库高级应用技术 …… 269

9.1 数据库建模工具的应用 …… 269
9.1.1 PowerDesigner 概述 …… 270
9.1.2 PowerDesigner 15 的组成 …… 270
9.1.3 基于 PowerDesigner 的数据库建模 …… 272
9.2 存储过程的高级应用 …… 293
9.2.1 存储过程应用实例 …… 294
9.2.2 执行系统存储过程和扩展存储过程 …… 295
9.3 函数的高级应用 …… 298
9.3.1 函数的使用位置 …… 298
9.3.2 日期函数的应用 …… 299
9.3.3 isnull 函数的应用 …… 301
9.3.4 复杂字段约束的实现 …… 301
9.4 数据库连接技术 …… 303
9.4.1 数据库应用开发接口 …… 303
9.4.2 使用 ADO.NET 连接 SQL Server 2008 …… 306
9.4.3 使用 JDBC 连接 SQL Server 2008 …… 309

9.5 数据库性能优化技术 …… 312
9.5.1 逻辑数据库规范化问题 …… 312
9.5.2 改善物理数据库的存储 …… 313
9.5.3 与 SQL Server 相关的硬件系统的优化 …… 313
9.5.4 检索策略的优化 …… 314
习题 9 …… 318

第 10 章 数据库技术的发展趋势 …… 319

10.1 分布式数据库系统 …… 319
10.1.1 分布式数据库系统的概念 …… 319
10.1.2 分布式数据库系统的特点 …… 321
10.1.3 分布式数据库系统的分类 …… 323
10.1.4 分布式数据库系统的结构 …… 324
10.1.5 分布式数据库管理系统 …… 326
10.1.6 分布式数据库的应用与发展 …… 327
10.2 面向对象数据库系统 …… 328
10.2.1 面向对象数据库系统的兴起 …… 328
10.2.2 面向对象数据库模型的核心概念 …… 330
10.2.3 面向对象数据库的模式演进 …… 337
10.3 数据仓库与数据挖掘技术 …… 339
10.3.1 数据仓库 …… 339
10.3.2 数据挖掘技术 …… 341
10.4 多媒体数据库 …… 346
10.4.1 多媒体数据库的定义 …… 346
10.4.2 多媒体数据的特点 …… 346
10.4.3 多媒体数据库管理系统 …… 347
10.5 实时数据库 …… 348
10.5.1 实时数据库的定义 …… 348
10.5.2 实时数据库的功能特征 …… 349
10.5.3 实时数据库管理系统的功能特征 …… 350
10.5.4 实时数据库系统的主要技术 …… 350
10.5.5 RTDBMS 的体系结构 …… 352
10.6 专家数据库 …… 352
10.6.1 专家数据库的目标 …… 352
10.6.2 专家数据库的系统结构 …… 353
10.7 内存数据库 …… 354
10.7.1 内存数据库的定义 …… 354

10.7.2 常见的通用内存数据库 …… 354
10.8 NoSQL 数据库 …… 355
10.8.1 NoSQL 数据库的产生 …… 355
10.8.2 NoSQL 数据库的概念 …… 356
10.8.3 NoSQL 数据库的分类 …… 357
习题 10 …… 360

参考文献 …… 361

CHAPTER 1

第1章 数据库基础知识

本章学习目标

- 了解数据管理技术的发展历程。
- 掌握数据库、数据库管理系统和数据库系统的概念及相互关系。
- 掌握数据库系统的三级模式结构及它们之间的映像。
- 掌握数据库管理系统的主要功能。
- 了解常用的数据库管理系统。

1.1 引言

数据是信息的基础，如何实现数据的存储、操纵、管理和检索，进而从中获取有价值的信息，已成为当今计算机技术研究和应用的重要课题。数据库技术在20世纪60年代产生，主要研究如何存储、操纵、管理和检索数据。经过40多年的发展，数据库技术已经形成了坚实的理论基础，开发了成熟的商业产品，在众多领域得到了广泛应用。例如，在教育、商业、医疗保健、政府部门、图书馆、军事、工业控制等领域都有数据库技术的应用。数据库技术已成为信息管理、电子商务、电子政务、办公自动化、网络服务等应用系统的核心技术和重要基础，吸引了众多的数据库理论研究、系统研制和应用开发等不同层次的学者、专家和技术人才致力其研究和应用。

1.2 数据库技术的相关概念

1.2.1 数据和信息

1. 数据

数据(data)实际上就是描述事物的符号记录，可以是数字、文字、图形、图像、视频或音频等。数据本身并不能完全表达其内容，需要经过语义解释。数据与其语义是不可分的。在日常生活中，我们一般采用自然语言描述事物，例如，张强出生于1980年，他的专业是软件工程。但是在计算机中，因为存储和处理的需要，应抽象出事物相关特征组成一个记录来描述这些事物。例如，描述一个学生，可以抽象出学生的相关特征，组成如下记录：

张强，男，1980，重庆，软件工程，2008

从这条记录中，了解其含义的人可以得到这些信息：张强是一个男生，出生于1980年，重庆人，是软件工程专业2008级学生。不了解其语义的人则不能理解其含义。

2. 信息

信息（information）通常定义为经过加工处理后的数据，所以，数据和信息都是客观事物的反映，反映了人们对事物的认识。信息是以数据的形式表示的，即数据是信息的载体，信息则是数据加工的结果，是对数据的解释。数据和信息的相互关系如图1.1所示。计算机系统的每项操作，均是对数据进行某种处理。数据输入计算机后，经存储、传输、排序、计算、转换、检索和仿真等操作，输出人们需要的结果，亦即产生信息。

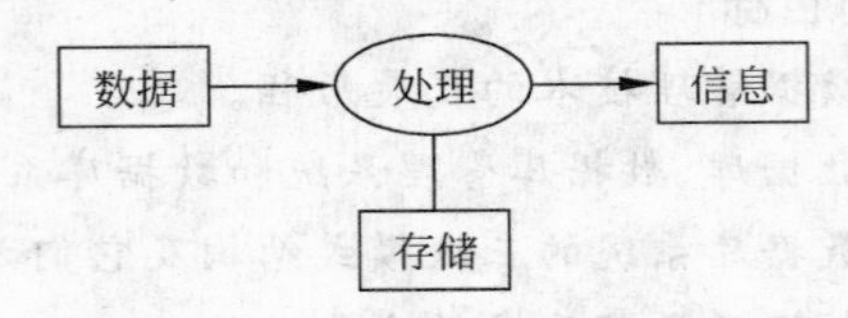

图1.1 数据和信息的相互关系

1.2.2 数据处理和数据管理

数据处理是指将数据转换成信息的过程，如对数据的收集、存储、传播、检索、分类、加工或计算、打印各类报表或输出各种需要的文本和图形等。在数据处理的一系列活动中，数据收集、存储、传播、检索、分类等操作是基本环节，这些基本环节统称为数据管理。

1.2.3 数据库

数据库（DataBase，DB）是长期存储在计算机内的、有组织的、可共享的数据集合。数据库具有如下特点：数据库中的数据按一定的数据模型组织、描述和存储，具有较小的冗余度、较高的独立性和易扩展性，并且可以为各种用户共享等。数据库是数据库系统的组成部分。

1.2.4 数据库管理系统

数据库管理系统（DataBase Management System，DBMS）是位于用户与操作系统（Operation System，OS）之间，使人们能对数据库中的数据进行科学的组织、高效的存取和维护、管理的一种数据管理软件。比如我们常常听说的SQL Server、DB2、Oracle等就是商用的数据库管理系统。

1.2.5 数据库系统

数据库系统（DataBase System，DBS）是指在计算机系统中引入数据库后的系统构成，一般由数据库、操作系统、数据库管理系统、应用开发工具、应用系统、数据库管理员和用户构成（见图1.2）。

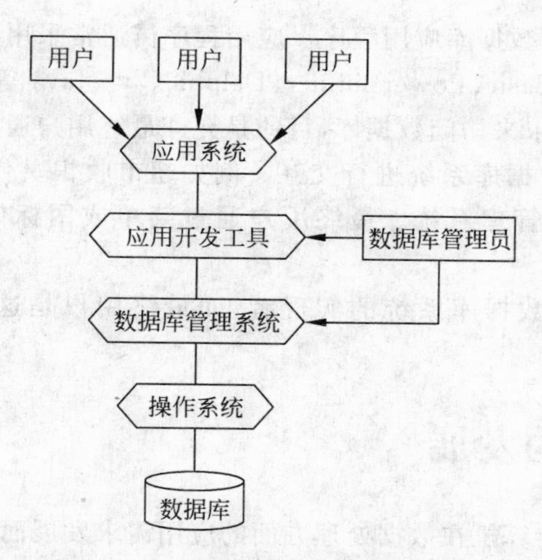

图 1.2 数据库系统的组成

1.2.6 数据库管理员

数据库管理员(DataBase Administrator,DBA)是指负责数据库的建立、使用和维护的专门人员。DBA 负责管理和监控数据库系统的运行,负责为用户解决应用中出现的系统问题。为了保证数据库能正常稳定地运行,一般大型数据库系统都设有专人负责数据库系统的管理和维护。

数据库管理员一般应透彻了解他们管理和维护的数据库的总体结构、实现细节和性能优化等方面的内容,例如使用数据库的用户数量、数据使用的频率、如何设置系统使数据库性能最优等。

数据库管理员的主要任务包括以下几点。

(1) 参与数据库的设计。

(2) 负责数据库系统软件的安装和维护。

(3) 监控数据库的使用与运行。DBA 在数据库系统运行期间,通过对空间利用率、查询效率和处理效率等性能指标的记录与统计分析,不断改进数据库的设计。

(4) 负责数据完整性控制和权限管理,保证数据库的完整性与安全性,既能使用户方便地共享数据,又要防止非法用户获取系统信息。

(5) 负责数据库的日常维护,如定期对数据库进行备份,系统一旦出现故障,尽可能快地将数据库恢复到正确状态等。

(6) 负责数据库的重组和重构。系统运行过程中,大量数据要不断地进行插入、删除、修改等操作,时间一长,会产生大量数据碎片,影响系统的性能。因此,DBA 应定期对数据库进行重组以提高系统的效率。当用户的需求改变时,DBA 需要对数据库进行较大改造,即数据库的重构。

(7) 负责数据库相关文档的管理。

1.2.7 数据库用户

数据库用户是指与数据库系统打交道的人员,主要包括两类:应用程序员和最终用户。

应用程序员负责编写数据库应用程序。应用程序员通常采用某些程序设计语言编写应用程序，如 C++、Visual Basic、PowerBuilder、Delphi、C #、Java 等语言。这些程序通过向 DBMS 发出 SQL 语句请求来访问数据库，目的是允许最终用户通过终端访问数据库。

最终用户从终端与数据库系统进行交互。例如超市收银员使用超市商品销售管理系统，银行出纳员使用银行管理系统。最终用户通过菜单或图标使用数据库，不必懂 SQL 语句。

应用程序员是这些数据库系统的实现者，而最终用户是这些数据库系统的主要使用者。

1.3 数据管理的发展

数据库技术是随着计算机在数据处理方面的应用需求发展而产生的。数据处理是计算机应用领域中最大的一类应用，需要解决的问题是如何实现数据的管理。从 20 世纪 50 年代末开始，数据管理技术就一直是计算机应用领域中的一项重要技术和研究课题。随着计算机软、硬件技术的发展，对数据管理和转换等方面提出了新的要求，数据管理技术也不断发展变化，主要经历了人工管理、文件系统管理、数据库技术管理、高级数据库技术管理、XML 文件管理五个阶段。每一阶段各有特点，但并非相互独立。总的说来，数据管理技术的发展以数据存储冗余不断减小、数据独立性不断增强、数据操作和转换更加方便和简单为标志。

1.3.1 人工管理

人工管理阶段是指 20 世纪 50 年代中期以前的这段时期，人们利用纸张记录数据，利用计算工具，比如算盘、计算尺等计算数据，利用人的大脑来管理数据。早期的计算机主要用于数值计算，软件使用汇编语言，没有操作系统和专门管理数据的软件，外部存储器只有磁带、卡片和纸带。这一阶段的数据管理主要存在如下特点。

(1) 数据不能长期保存。早期计算机的存储设备昂贵，计算机主要用于数值计算，利用卡片、纸带等将数据输入，运算后输出结果，完成数据处理过程，数据不需要长期保存。

(2) 数据和程序不具有独立性。数据是输入程序的重要组成部分，数据和程序作为一个不可分割的整体同时提供给计算机计算使用。每个应用程序需要包含存储结构、存取方法、输入输出方式等内容。如果存储结构发生变化，程序中的存取子程序也必须作相应变化，因此，数据和程序不具有独立性。

(3) 没有文件的概念。数据的组织完全由程序员自行设计和安排，只有程序的概念，没有文件的概念。

(4) 数据是面向应用程序的，一组数据对应一个应用程序(见图 1.3)。不同应用程序的数据之间是相互独立、彼此无关的。即使两个应用程序涉及相同的数据，也必须各自定义，无法互相利用、互相参照。因此数据冗余度高，而且不能共享。

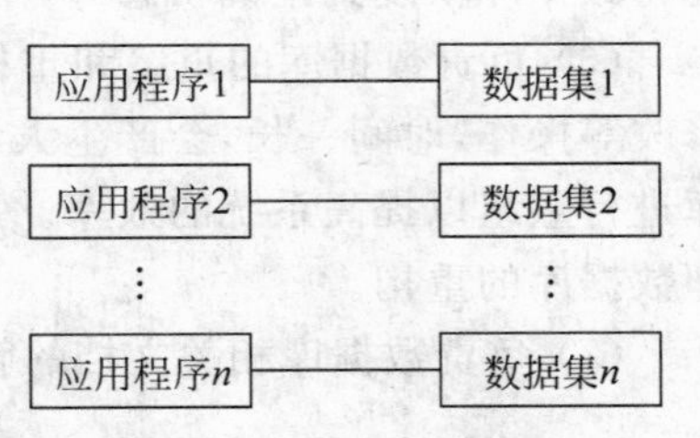

图 1.3 数据和应用程序之间的关系

1.3.2　文件系统管理

20 世纪 50 年代后期以后，随着计算机硬件和软件技术的发展，计算机已经开始使用磁盘、磁鼓等直接存取存储设备，操作系统中的文件系统对数据进行专门管理。在文件系统中，把数据按其内容、结构和用途组织成若干个相互独立的文件，按文件的名字进行访问，实现对数据的存取。

1. 文件系统管理的特点

文件系统管理数据具有如下特点。

(1) 应用程序与数据之间具有一定的独立性。由于利用操作系统中的文件系统进行专门的数据管理，程序员不必过多地考虑数据存储细节，可以集中精力进行算法设计，即应用程序与数据之间具有设备独立性。比如读取数据时，只要给出文件名，而不必知道文件的具体存放地址。保存数据时，只需编写保存指令，而不必费力设计一套程序，控制计算机如何物理地保存数据。文件系统管理阶段应用程序与数据文件的关系如图 1.4 所示。

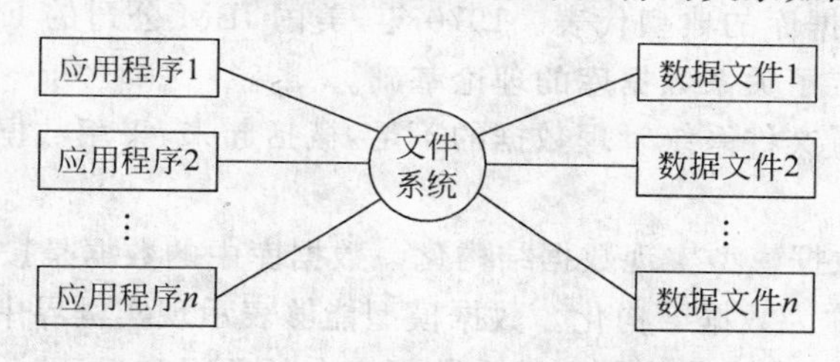

图 1.4　文件系统中应用程序与数据的关系

(2) 数据可以长期保存在存储设备上供用户使用。数据可以长期保存在计算机外部存储器上，可以对数据进行反复处理，并支持文件的查询、修改、插入和删除等操作。

(3) 实时处理。由于有了直接存取设备，也有了索引文件、链接存取文件、直接存取文件等存储机制，所以既可以采用顺序批处理方式，也可以采用实时处理方式。

2. 文件系统管理的缺点

尽管用文件系统管理数据比人工管理数据有了长足的进步，但面对数据量大而且结构复杂的数据管理任务时，文件系统管理仍然不能完全满足需求，主要表现在如下几方面。

(1) 数据独立性不足。尽管应用程序与数据之间具有设备独立性，但是应用程序仍然依赖于文件的逻辑结构，即文件逻辑结构改变后必须修改应用程序。另外，由于语言环境的变化要求修改应用程序时也将引起文件数据结构的改变，因此，数据与应用程序间仍缺乏数据逻辑独立性。

(2) 数据冗余度大且容易产生数据不一致性。在文件系统中，文件一般为某一用户或用户组所有，文件仍是面向应用的。文件系统一般不支持多个应用程序对同一文件的并发访问，故数据处理的效率较低。因此，数据共享性差，冗余度大，使用方式不够灵活。同时，由于相同数据重复存储、各自管理，容易产生不一致的数据。

(3) 数据整体是无结构的。数据的存取以记录为基本单位。文件系统实现了记录内的结构化，但从文件的整体来看却是无结构的，其数据面向特定的应用程序。

(4) 数据不是集中管理，其安全性、完整性得不到可靠保证；并且在数据的结构、编码、输出格式等方面难以规范化和标准化。

上述问题是文件系统本身难以克服的，为了适应日益迅速增长的数据处理的需求，人们开始探索新的数据管理方法与工具。

1.3.3 数据库技术管理

20 世纪 60 年代后期以来，磁盘存储技术取得了重要进展，大容量和快速存取的磁盘相继投入市场，给新型数据管理技术的研究奠定了良好的硬件条件。为了解决多用户、多应用共享数据的需求，使数据为尽可能多的应用服务，人们进行了大量的研究和探索，为数据库技术的发展和应用奠定了基础。1968 年，美国 IBM 公司推出第一个大型的商用数据库管理系统 IMS(Information Management System)，它采用层次模型，当时得到了广泛的使用。目前，仍有某些特定用户在使用。1969 年，美国数据库系统语言协会(Conference on Data System Language，CODASYL)下属的数据库任务组(Data Base Task Group，DBTG)提出了若干报告，被称为 DBTG 报告。DBTG 报告确定并建立了网状数据库系统的许多概念、方法和技术，是网状数据库的典型代表。1970 年，美国 IBM 公司的 E. F. Codd 连续发表论文，提出关系模型，奠定了关系数据库的理论基础。

数据库系统克服了文件系统管理数据的不足，概括起来，采用数据库技术管理数据具有如下特点。

(1) 采用一定的数据模型实现数据结构化。数据库中的数据是按照一定的数据模型来组织、描述和存储的，称为数据结构化。数据模型能够表示现实世界中各种数据组织和数据间的联系，是实现数据的集成化控制和减少数据冗余的前提和保证。比如，关系数据库采用的是关系模型，简单地说，关系数据库就是一个个二维表格的集合。数据结构化是数据库与文件系统的根本区别。

(2) 应用程序与数据具有较高的独立性。在数据库系统中，将数据描述从使用这些数据的应用程序中分离出来，这种分离称为数据独立性。数据独立性分为数据的逻辑独立性和数据的物理独立性。数据的逻辑独立性是指数据库总体逻辑结构的改变不会影响应用程序，比如修改数据结构定义、增加新的数据类型、数据间联系的改变等不需要修改应用程序。数据的物理独立性是指用户的应用程序与存储在磁盘上的数据库中的数据是相互独立的。也就是说，当数据的物理结构(存取结构，存取方式)发生改变时，不影响数据的逻辑结构，故而应用程序也不需要改变。

(3) 控制数据冗余。数据库系统能够在一定程度上克服文件系统的数据冗余问题。数据库设计方法的目标之一就是把先前分离的多个数据文件合并成单独的逻辑结构，把相同的数据项在数据库中只存储一次，并为不同的应用程序共享。从理论上讲，数据库中的数据应当是无冗余的。然而，在实际运行的数据库系统中，为了提高查询效率，通常在数据库中仍存在某种程度的数据冗余。但数据库设计者必须限制这些冗余的类型和数量，并且数据库系统必须对数据冗余加以控制，以避免数据的不一致。例如，在数据更新的操作中，系统提供某种程度的数据一致性检查功能。

(4) 支持数据共享。数据共享是指多个用户或多个应用程序可以同时访问数据库中的相同数据项。数据库管理系统(DBMS) 提供并发控制机制和视图机制支持数据共享。并发控制机制是指当数据库被多个用户或多个应用程序同时更新时，DBMS 通过适当的方法进行控制，避免并发应用程序间的相互干扰，防止数据库被破坏，保证数据库处于正确状态。例如，国际航空公司分布在各地的售票处出售同一航班的机票时，必须保证每一个航班的每一个座位只能出售一张机票。视图机制是指每个用户可以根据自己的需要，定义和维护一些视图，并在该视图上设计自己的应用程序。不同用户的视图，其逻辑数据可以来自相同的存储数据。例如，在高校数据库系统中，学生处的数据视图和教务处的数据视图，都使用学生的相关信息，而学生相关信息的实际数据统一存储在一个数据库中。

(5) 数据安全性较高。任何应用程序对数据库的访问都要经过数据库管理系统。这种对数据的统一管理和控制的方式，提高了数据库系统的安全性及其并发控制和数据恢复能力，并且极大地提高了应用程序的开发效率。应用程序与数据之间的关系如图1.5所示。

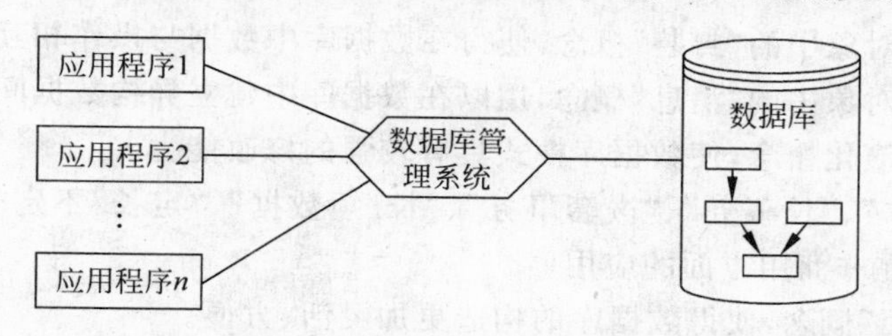

图1.5 数据库技术管理中应用程序与数据的关系

DBMS设置了安全与授权子系统，为数据库管理员提供特定的工具，建立用户账号和角色，并分配用户存取数据库的相应权限。当用户要求访问数据库时，对该用户实施安全检查，核对账号、通行字和存取权限，只有拥有相应权限的用户才能使用数据库，从而防止数据丢失、被窃取和破坏，保证了数据安全。

DBMS设置了数据完整性控制机制。用户可以设计数据完整性规则以确保输入数据的正确性，保证数据库始终包含正确的数据。例如，学生的年龄为0～100的正整数，学生所在学院必须是学校存在的学院，学生的学号必须输入等。

DBMS设置了数据库备份和恢复机制。数据库管理员(DBA)定期对数据库进行备份，在数据库被破坏时，能够及时将数据库恢复到最近某时刻的正确状态。

1.3.4 高级数据库技术管理

传统数据库系统在进行如长事务处理和非标准应用操作等复杂数据库应用的时候，往往力不从心。为了适应不断发展的信息化建设的需要，许多结合原有理论同时又有所创新的数据库理论、标准和商用产品逐渐被推广应用。

1. 面向对象数据库技术

面向对象数据库技术实际上是数据库技术与面向对象(Object-Oriented，OO)程序设计技术的结合。1989年在日本东京召开的第一届DOODB会议上，E. B. Altairr等人发表了“面向对象数据库宣言”之后，比较完整地刻画了面向对象数据库。在数据模型方面，引入对象、复合对象、对象标志、类、封装、子类、多态、继承、类层次结构等概念；在数据库管理上，要扩展持久对象、事务处理、版本管理和模式演化能力；在数据库界面上，要支持消息传递、提供计算能力完备的数据库语言并解决数据库语言与宿主语言的匹配问题，同时具有类似SQL的非过程化查询功能。

与传统的关系数据库相比，面向对象数据库用面向对象数据模型去映射客观世界，不仅存储了数据，而且存储了定义在数据上的操作，以及对象之间复杂的引用和约束关系，并能通过复合对象定义嵌套结构的数据类型；面向对象数据库提供了很强的模型扩展能力，并能保证当数据库模式改变时，应用程序仍能正常工作；此外，面向对象数据库将对象作为一个整体存储和检索，也节省了拆卸和装配对象的开销。具体来说，面向对象数据库管理系统(Object-Oriented DataBase Management System，OODBMS)的特征主要表现在如下几个方面。

(1) 引入面向对象中的"对象"与"类"的概念，并引入"继承性"、"合成"等概念，用以构造复杂数据结构。

(2) 引入面向对象中的"封装"概念，使得在数据库中数据与操作相互紧密结合。

(3) 引入面向对象中的"消息"概念，用以在数据库中建立异构数据间的操作。

(4) 使用模式演化概念，使数据库模式具有较强的修改能力。

(5) 引入"版本"、"长事务"、"嵌套事务"、"长/短数据"、"定长/不定长/变长数据"等概念，以扩大数据库在非商用方面的应用。

(6) 引入"重用"概念，使得数据库的构造更加灵活、方便。

面向对象数据库系统的上述特征使得它特别适用于非事务性处理领域，而且其应用领域将会越来越多。

2. 分布式数据库系统

分布式数据库系统(Distributed DataBase System，DDBS)的出现是地理上分散的用户对数据共享的需求和计算机网络技术空前发展的结果。它是在传统的集中式数据库系统的基础上发展而来的。在分布式数据库系统的研究与开发中，人们要解决分布式环境下数据库的设计、数据的分配、查询处理、事务管理、并发控制及分布式数据库系统的管理等多方面的问题。

分布式数据库(Distributed DataBase，DDB)是一个数据集合，这些数据分布在一个计算机网络的不同的计算机中，此网络的每个结点具有自治的处理能力，并且能执行本地的应用，每个结点的计算机还至少参与一个全局应用的执行，这种应用要求通过通信子系统在几个结点存取数据。

分布式数据库系统包含分布式数据库管理系统(Distributed DataBase Management System，DDBMS)和分布式数据库。在分布式数据库系统中，一个应用程序可以对数据库进行透明操作，数据库中的数据分别在不同的局部数据库中存储、由不同的 DBMS 进行管理、在不同的机器上运行、由不同的操作系统支持、被不同的通信网络连接在一起。

分布式数据库系统强调数据的分布性，数据分布存储在网络的不同计算机(又称结点或场地)上，各个场地既具有高度的自治性，同时又强调各场地系统之间的协作性。对使用数据库中数据的用户来说，一个分布式数据库系统在逻辑上看就如同一个集中式数据库系统一样，用户可以在任何一个场地执行全局应用和局部应用。图 1.6 是一个分布式数据库系统的结构图。

分布式数据库的主要特点概括为以下几点。

(1) 数据的物理分布性。数据库中的数据分布在计算机网络的不同结点上，而不是集中在一个结点上。

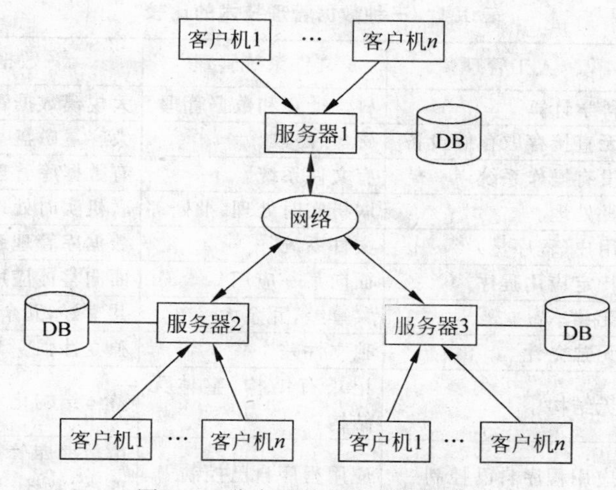

图1.6　分布式数据库系统结构图

(2) 数据的逻辑整体性。分布在计算机网络不同结点上的数据在逻辑上属于同一个系统。

(3) 结点的自主性。每个结点都具有自己的计算机、自己的局部数据库、自己的局部数据库管理系统,因而能独立地管理局部数据库。

1.3.5　XML文件管理

作为Internet上传统描述语言的HTML,随着网络应用的深入逐渐暴露出一些不足,如难以扩展、缺乏交互性、缺乏语义性定义等,都促使一个新的标记语言的诞生。

1998年2月,W3C协会正式推出了可扩展标记语言(eXtensible Markup Language, XML),它是一种创建标记语言的元语言,可以用来标记任何一种所能想见的事物。数学公式、化学分子结构、音乐符号这些行业信息都能在XML中得以结构化地表示,跨平台的信息交换也可以制定基于XML的通信协议。XML在电子商务和数据交换中起着重要的作用,是当前处理结构化文档信息的有力工具。

XML保留了标准通用标记语言(SGML)的一些特点,并克服了HTML的局限性。主要特点有以下几点。

(1) XML与SGML兼容,支持Web的各种不同的应用,并使用了一种类属的方法,使其具有可扩展性。

(2) XML可用于现有的Web协议(如HTTP和MIME)和机制(如URL)。

(3) 与HTML文档一样,XML文档易于创建,文档内容和结构清晰易懂,即使对于非专业人员来说也易于阅读和使用。

(4) XML标准定义精练,设计严谨,所以XML中标记信息能很容易地被计算机程序所处理,下载和处理速度快捷。

1.3.6　数据管理技术的比较

1. 数据管理的前三个技术比较

数据管理的前三个阶段特点的比较如表1.1所示。

表 1.1　三种数据管理技术的比较

背景和特点		人工管理	文件系统管理	数据库技术管理
背景	应用背景	科学计算	科学计算和数据管理	大规模数据管理
	硬件背景	无直接存取存储设备	磁盘、磁鼓	大容量磁盘
	软件背景	没有操作系统	有文件系统	有数据库管理系统
	处理方式	批处理	联机实时处理、批处理	联机实时处理、分布处理、批处理
特点	数据的管理者	用户(程序员)	文件系统	数据库管理系统
	数据的针对者	特定应用程序	面向某一应用	面向整体应用
	数据的共享性	无共享	共享差,冗余大	共享好,冗余小
	数据的独立性	无独立性	独立性差	独立性强
	数据的结构化	无结构	记录有结构,整体无结构	整体结构化
	数据控制能力	应用程序自己控制	应用程序自己控制	由数据库管理系统提供数据安全性、完整性、并发控制和恢复

2. XML与数据库技术的比较

从技术角度讲,XML 和数据库技术同属于数据管理的手段。狭义的 XML 仅仅指一种语言和采用该语言所描述的 XML 文档,广义的 XML 包括 XML 语言、XML 文档以及所有与 XML 相关的工具和技术。广义的 XML 与 DBMS 大致具有相似的作用,XML 与 DBMS 相同之处有如下几点。

(1) 提供数据存储。数据库技术通过 DBMS 对数据进行管理,XML 以文件系统为手段对数据进行管理。

(2) 提供对数据的直接存取访问。两者都不需要用户关心数据的物理结构。

(3) 提供数据的模式描述。XML 采用文档类型定义(Document Type Definition, DTD)或 XML Schema 来描述数据的逻辑结构;关系数据库通过关系模式来描述数据的逻辑结构。

(4) 提供应用逻辑接口。XML 采用 SAX(Simple API for XML)和文档对象模型(Document Object Model,DOM)定义应用编程接口,使应用程序能够访问和更新 XML 文档的样式、结构和内容;关系数据库通过 ODBC、ADO、JDBC 等,提供了一组对数据库访问的标准应用程序编程接口(API),这些 API 利用 SQL 来完成其大部分任务。

XML 和数据库技术也存在很大差别。相对 XML,关系数据库的优势主要在于技术成熟、应用广泛;数据管理能力强(包括存储、检索、修改等);数据安全程度高;具有稳定可靠的并发访问机制等。另外,传统的关系数据库也面临着挑战,客观上需要用一种应用方式将其丰富的数据有效地发布出来,以消除平台差异、增强语义描述功能、降低环境要求。

相对于数据库技术,XML 技术在数据应用方面具有如下优点。

(1) 跨平台。XML 文件为纯文本文件,不受操作系统、软件平台的限制。

(2) 易表义。XML 具有基于 Schema 自描述语义的功能,容易描述数据的语义,这种描述能被计算机理解和自动处理。

(3) 描述能力强。XML 不仅可以描述结构化数据,还可以有效描述半结构化数据,甚至非结构化数据。

XML 技术在数据管理方面也存在明显缺点。

(1) XML 技术采用的是基于文件的管理机制，文件管理存在着容量大、管理困难的缺点。

(2) 解析手段有缺陷。XML 具有两种解析机制，SAX 方式是基于文件的解析，速度慢；DOM 方式是基于内存的方式，资源消耗极大；XML 的检索和修改均是基于结点的，存放大量甚至海量数据的 XML 文件的检索速度和修改效率极低。

(3) XML 的安全性及并发控制机制也是需要解决的问题之一。

1.4　数据库的体系结构

从数据库管理系统角度看，数据库系统通常采用三级模式结构；从数据库用户角度看，数据库系统的体系结构分为单用户结构、主从式结构、分布式结构、客户机/服务器结构和浏览器/服务器结构。

1.4.1　数据库系统的三级模式结构

数据库系统的主要目的之一，是为用户提供一个数据的抽象视图，隐藏数据的存储结构和存取方法等细节。在实际应用中，尽管数据库系统的种类很多，可以支持不同的数据模型，建立在不同的操作系统之上，数据的存储格式也不相同，但它们在体系结构上具有相同的特征，即采用三级模式结构。

数据库系统的三级模式结构定义了数据库的三个层次，反映了看待数据库的三种不同角度。数据库系统的三级模式结构是指数据库系统由外模式、模式和内模式三级构成。数据库系统的三级模式结构如图 1.7 所示。

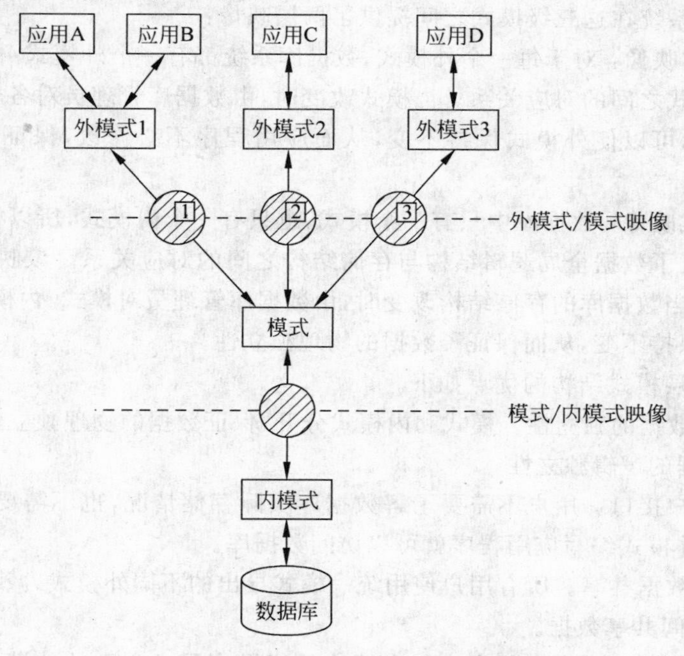

图 1.7　数据库系统的三级模式结构

1．模式

模式(schema)也称结构模式、逻辑模式或概念模式，它是数据库中全体数据的逻辑结构和特征的描述。数据库模式以某一种数据模型为基础。定义模式时不仅要定义数据的逻辑结构(例如数据记录由哪些数据项构成，数据项的名字、类型、取值范围等)，而且要定义与数据有关的安全性、完整性要求，定义这些数据之间的联系。数据库系统中数据定义语言的逻辑数据库定义机构提供概念抽象的工具，用来定义概念数据库模式的逻辑结构。

2．外模式

外模式(external schema)也称子模式或用户模式，是把现实世界中的信息按照不同用户的观点抽象为多个逻辑数据结构，每个逻辑结构称为一个视图，描述了每个用户关心的数据，即数据库用户看见和使用的局部数据的逻辑结构和特征的描述。数据库外模式是面向用户的数据库模式。数据库系统中数据定义语言的视图定义功能提供视图抽象的工具，用来定义视图的逻辑结构。

3．内模式

内模式(internal schema)也称存储模式，它是数据物理结构和存储结构的描述，是数据在数据库内部的表示方式。例如，记录的存储方式是顺序存储、按照B树结构存储还是按Hash方法存储；索引按照什么方式组织；数据是否压缩存储，是否加密；数据的存储记录结构有何规定等。

在具体应用中，这三种模式各有特点，模式不同于外模式，它一般与具体的应用程序无关。模式只有一个，它包含对现实世界数据库的抽象表示。而外模式可能会有多个，每一个都或多或少地抽象表示整个数据库的某一部分。模式也不同于内模式，它不涉及数据的存储细节和硬件环境。内模式也只有一个，表示数据库的物理存储。

数据库管理系统在这三级模式之间提供了两层映像：

外模式/模式映像：对于每一个外模式，数据库系统都有一个外模式/模式映像，它定义了该外模式与模式之间的对应关系。当模式改变时，由数据库管理员对各个外模式/模式的映像作相应改变，可以使外模式保持不变，从而应用程序不必修改，保证了数据的逻辑独立性。

模式/内模式映像：数据库中只有一个模式，也只有一个内模式，所以模式/内模式映像是唯一的，它定义了数据全局逻辑结构与存储结构之间的对应关系。该映像定义通常包含在模式描述中。当数据库的存储结构改变时，由数据库管理员对模式/内模式映像作相应改变，可以使模式保持不变，从而保证了数据的物理独立性。

数据库的三层模式结构的优点如下。

(1) 保证了数据的独立性。模式和内模式分开，保证数据的物理独立性，把外模式和模式分开，保证数据的逻辑独立性。

(2) 简化用户接口。用户不需要了解数据库实际存储情况，也不需要了解数据库存储结构，只要按照外模式编写应用程序就可以访问数据库。

(3) 有利于数据共享。所有用户使用统一模式导出的不同外模式，减少数据冗余，有利于多种应用程序间共享数据。

(4) 有利于数据的安全和保密。每个用户只能操作属于自己的外模式数据视图，不能对数据库其他部分进行修改，缩小了程序错误传播的范围，保证了数据的安全性。

【例 1.1】 下面给出了一个学生选课数据库，其中模式包含 3 个表：学生关系模式 S、选课关系模式 SC、课程关系模式 C，两个对应的外部视图：成绩外模式和学生点名册外模式。关系的存储可以有三种方法：散列方法、索引方法、堆文件方式。

成绩外模式 G(S#,SNAME,C#,GRADE)

学生点名册外模式 Name(S#,SNAME)

学生关系模式 S(S#,SNAME,AGE,SEX)

选课关系模式 SC(S#,C#,GRADE)

课程关系模式 C(C#,CNAME,TEACHER)

说明：对于成绩外模式和学生点名册外模式，数据库系统都有一个外模式/模式映像，它定义了该外模式与模式之间的对应关系。当学生关系模式改变时，例如增加一个属性“address”，通过各个外模式/模式的映像，可以使这两个外模式保持不变，从而应用程序不必修改，保证了数据的逻辑独立性。

当数据库的存储结构改变，比如原来关系采用堆文件方式存储，现在在学生关系中建立了索引，学生关系中的各个元组按照一定顺序排列，通过模式/内模式映像，可以使模式保持不变，从而保证了数据的物理独立性。

1.4.2 数据库系统的应用构架

1. 单用户结构的数据库系统

单用户结构适合早期的最简单的数据库系统。在单用户数据库系统中，整个数据库系统都装在一台计算机上，由一个用户完成，数据不能共享，数据冗余度大。

2. 主从式结构的数据库系统

主从式结构也称为集中式结构，指的是由一个主机连接多个终端用户的结构。在这种结构中，数据库系统的应用程序、DBMS、数据，都放在主机上，所有的处理任务由主机完成，多个用户可同时并发地存取数据，能够共享数据。这种体系结构简单，易于维护，但是当终端用户增加到一定数量后，数据的存取将会成为瓶颈问题，使系统的性能大大地降低。主从式结构的数据库系统的结构图如图 1.8 所示。

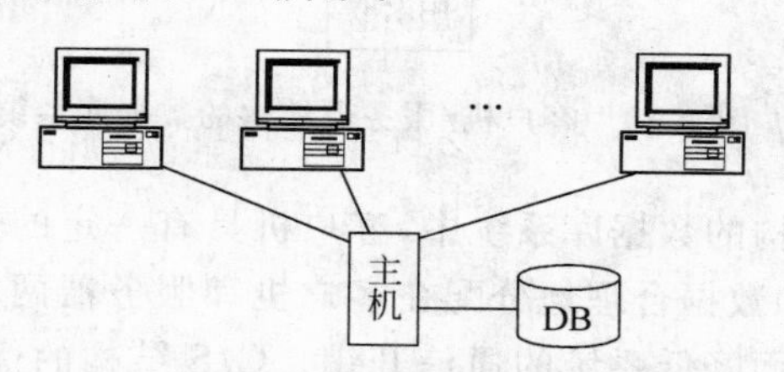

图 1.8 主从式结构的数据库系统

3. 分布式结构的数据库系统

分布式结构是指数据库中的数据在逻辑上是一个整体，但物理地分布在计算机网络的不同结点上。网络中的每个结点都可以独立处理本地数据库中的数据，执行局部应用；并且也可以同时存取和处理多个异地数据库中的数据，执行全局应用。

分布式结构的数据库系统是计算机网络发展的必然产物，它适应了地理上分散的公司、团体和组织对于数据库应用的需求。但是数据的分布存放给数据的处理、管理与维护带来了困难；当用户需要经常访问远程数据时，系统效率会明显地受到网络通信的制约。分布式结构的数据库系统的一般结构如图1.9所示。

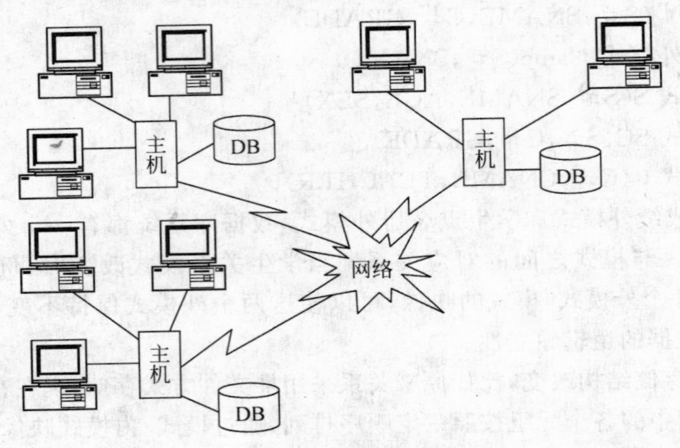

图1.9 分布式结构的数据库系统

4. 客户机/服务器结构的数据库系统

随着工作站点的增加和广泛使用，人们开始把DBMS功能和应用分开，在网络中将某个或某些结点的计算机专门用于执行DBMS核心功能，这台计算机称为数据库服务器；其他结点上的计算机安装DBMS外围应用开发工具和应用程序，支持用户的应用，称为客户机，这种把DBMS和应用程序分开的结构就是客户机/服务器(Client/Server，C/S)数据库系统，它的一般结构如图1.10所示。

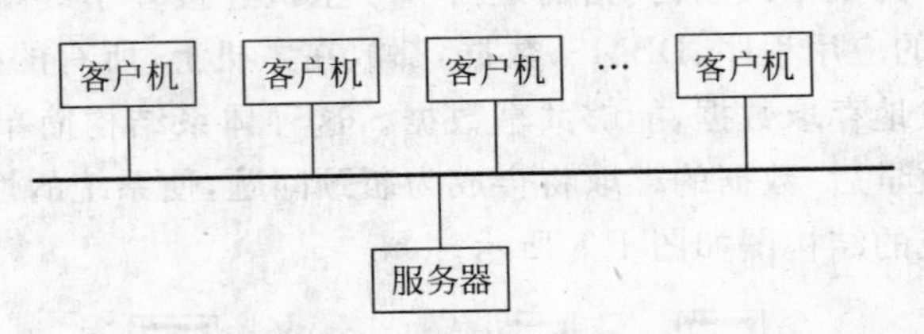

图1.10 客户机/服务器结构的数据库系统

在客户机/服务器结构的数据库系统中，客户机具有一定的数据处理和数据存储能力，通过把应用软件的计算和数据合理地分配在客户机和服务器两端，可以有效地降低网络通信量和服务器运算量，从而降低系统的通信开销。C/S结构的优点是能充分发挥客户端的处理能力，很多工作可以在客户端处理后再提交给服务器。它的缺点是只适用于局域网，客户端需要安装专用的客户端软件，升级维护不方便，并且对客户端的操作系统一般也会有一定限制。

5. 浏览器/服务器结构的数据库系统

浏览器/服务器(Browser/Server，B/S)是Web兴起后的一种网络结构模式，这种模式统一了客户端，将系统功能实现的核心部分集中到服务器上，简化了系统的开发、维护和使用。采用B/S结构的系统，作为客户端的浏览器并非直接与数据库相连，而是通过在客户端与数据库服务器之间的Web服务器与数据库进行交互，这样减少了与数据库服务器的连接数量，并且可以把业务规则、数据访问、合法性校验等处理逻辑分担给Web服务器处理，减轻了数据库服务器的负担。

B/S结构数据库系统最大的优点就是可以在任何地方进行操作而不用安装专门的软件，只要有一台能上网的计算机就能使用，客户端零维护，系统的扩展非常容易。它的缺点在于服务器端处理了系统的绝大部分事务逻辑，因此，应用服务器运行负荷较重。

1.5　数据库管理系统

1.5.1　数据库管理系统的主要功能

数据库管理系统对数据库进行统一的管理和控制，其主要功能如下。

(1) 数据定义。定义数据库的存储模式、模式和外模式，定义各个外模式与模式之间的映像，定义模式与存储模式之间的映像，定义有关的约束条件。

(2) 数据操纵。数据操纵包括对数据库中数据的检索、插入、修改和删除等基本操作。

(3) 数据库运行管理。包括对数据库进行并发控制、安全性检查、完整性约束条件的检查和执行等。

(4) 数据组织、存储和管理。对数据字典、用户数据、存取路径等数据进行分门别类的组织、存储和管理，确定以何种文件结构和存取方式物理地组织这些数据，如何实现数据之间的联系，以便提高存储空间利用率以及提高随机查找、顺序查找、增、删、改等操作的时间效率。

(5) 数据库的建立和维护。建立数据库包括数据库初始数据的输入与数据转换等。维护数据库包括数据库的转储与恢复、数据库的重组织与重构造、性能的监视与分析等。

(6) 数据通信接口。DBMS需要提供与其他软件系统进行通信的功能。例如提供与其他DBMS或文件系统的接口，从而能够将数据转换为另一个DBMS或文件系统能够接受的格式，或者接收其他DBMS或文件系统的数据。

1.5.2　数据库管理系统的组成

数据库管理系统按照功能划分，主要包括以下四个部分。

1. 数据定义语言及其翻译处理程序

数据定义语言(Data Definition Language，DDL)供用户定义数据库的存储模式、模式、外模式、各级模式间的映像、有关的约束条件等。

用DDL定义的外模式、模式和存储模式分别称为源外模式、源模式和源存储模式，各种模式翻译程序负责将它们翻译成相应的内部表示，即生成目标外模式、目标模式和目标存储模式。

2. 数据操纵语言及其翻译解释程序

数据操纵语言(Data Manipulation Language，DML)用来实现对数据库的检索、插入、修改、删除等基本操作。

3. 数据运行控制程序

数据运行控制程序负责数据库运行过程中的控制与管理(包括系统初启程序、文件读写与维护程序、存取路径管理程序、缓冲区管理程序、安全性控制程序、完整性检查程序、并发控制程序、事务管理程序、运行日志管理程序等)。

4. 实用程序

实用程序包括数据初始装入程序、数据转储程序、数据库恢复程序、性能监测程序、数据库再组织程序、数据转换程序、通信程序等。

数据库管理系统的主要成分如图 1.11 所示。

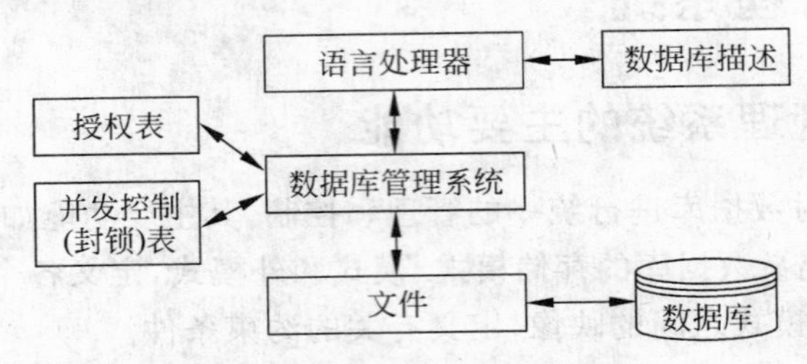

图 1.11 数据库管理系统的主要成分

1.6 常用的数据库管理系统介绍

目前市场上已出现许多数据库管理系统,如 SQL Server、Oracle、DB2、Sybase、Access、MySQL 等,它们各以自身特有的功能在数据库市场上占有一席之地。下面简要介绍几种常用的数据库管理系统。

1.6.1 SQL Server

SQL Server 是 Microsoft 公司推出的一种关系型数据库管理系统。SQL Server 最初是由 Microsoft、Sybase 和 Ashton-Tate 三家公司共同开发的,1988 年,这三家公司把 SQL Server 移植到 OS/2 上。后来 Ashton-Tate 公司退出了该产品的开发,而 Microsoft 公司、Sybase 公司则签署了一项共同开发协议,共同开发结果是发布了用于 Windows NT 操作系统的 SQL Server。在 SQL Server 4 版本发行以后,Microsoft 公司和 Sybase 公司取消了 SQL Server 的开发合同,分道扬镳,各自开发自己的 SQL Server。Microsoft 公司专注于 Windows NT 平台上的 SQL Server 开发,而 Sybase 公司则致力于 UNIX 平台上的 SQL Server 的开发。

现在 SQL Server 最新的版本是 SQL Server 2008,作为微软新一代的数据库管理产品,SQL Server 2008 建立在 SQL Server 2005 的基础上,在性能、稳定性、易用性方面都有相当大的改进,其所具有的主要特点如下。

(1) 高性能设计,可充分利用 Windows NT 的优势。

(2) 系统管理先进,支持 Windows 图形化管理工具,支持本地和远程的系统管理和配置。

(3) 强大的事务处理功能，采用各种方法保证数据的完整性。

(4) 支持对称多处理器结构、存储过程、ODBC，并具有自主的SQL语言。SQL Server以其内置的数据复制功能、强大的管理工具、与Internet的紧密集成和开放的系统结构为广大的用户、开发人员和系统集成商提供了一个出众的数据库平台。

1.6.2 DB2

DB2是IBM公司推出的一种关系型数据库管理系统，前身是1982年IBM基于System R和SQL推出的全世界最早的商业化关系型数据库SQL/DS，用在VSE和VM这两个大型主机的操作系统上，它也是第一个针对查询处理程序(Query Processing)的系统；第二年，IBM又将SQL/DS的一部分作为新的数据库产品Database 2的基础，Database 2即为我们目前惯称的DB2。为什么叫做Database 2？原因是IMS是IBM研发的第一套基于层次模型的数据库管理系统，Database 2基于关系模型，所以认为这套新的系统是第二代的数据库系统。

DB2的第一个版本当时主要用于决策支持方面的少量查询，还无法真正运用在交易上，例如银行的核心业务。现在IBM发布的最新版DB2是DB2 9.7，DB2发展成为IBM信息管理软件(Information Management Software)组合的重要组成部分。IBM信息管理软件组合是IBM五大中间件品牌之一(信息管理包括数据仓库、业务智能、内容和记录管理、信息集成和控制数据管理等)。在IBM信息随需应变策略和体系结构中，DB2扮演数据服务器的角色，并且已经发展成同时支持传统关系数据和XML的混合型数据服务器。

DB2支持从PC到UNIX，从中小型机到大型机，从IBM到非IBM各种操作平台。它既可以在主机上以主/从方式独立运行，也可以在客户机/服务器环境中运行。DB2数据库核心又称做DB2公共服务器，采用多进程多线索体系结构，可以运行于多种操作系统之上，并分别根据相应平台环境进行调整和优化，以便能够达到较好的性能。它具有的主要特点如下。

(1) 支持面向对象的编程，支持复杂的数据结构。

(2) 支持多媒体应用程序，支持二进制大对象(BLOB)和文本大对象。

(3) 支持存储过程和触发器，用户可以在建表时显式定义复杂的完整性规则。

(4) 支持异构分布式数据库访问。

(5) 支持数据复制。

1.6.3 Oracle

Oracle是ORACLE公司(即甲骨文公司)推出的一种适用于大型、中型和微型计算机的关系数据库管理系统，使用SQL作为它的数据库语言。1977年，Larry Ellison、Bob Miner和Ed Oates在硅谷共同创建了一家名为软件开发实验室(Software Development Laboratories，SDL)的计算机公司(ORACLE公司的前身)。他们三人受到IBM公司的研究员E. F. Codd在Communications of ACM上发表的那篇著名的“大型共享数据库数据的关系模型”(A Relational Model of Data for Large Shared Data Banks)的论文的启发，决定构建一种新型数据库，称为关系数据库系统。他们接手的第一个项目是为美国政府做的，该项目命名为Oracle，其含义是“智慧之源”。1978年，为了让人们了解其公司的主要业务范围，他们将软件开发实验室更名为关系软件公司（Relational Software Inc.，RSI）。1979年，RSI开发出第一款商用SQL数据库——V2（V1根本就未推出过），该版本的RDBMS可以在装有RSX-11操作系统的PDP-11机器上运行，后来又移植到了DEC VAX系统。1983年，发布的第3个版本中加入了SQL语言，而且性能也有所提升，其他功能也得到增强。与前几个版本不同的是，这个版本是完全用C语言编写的。同年，RSI更名为Oracle Corporation，也就是今天的Oracle公司。用产品名称为公司命名，帮助公司赢得了业界的认同。

经过三十多年的发展，现在Oracle已经发布的最新版本是Oracle 11g第二版，Oracle 11g是基于网络计算的、具有高可用性的、功能强大的数据库产品；它是一个高度集成的因特网应用基础平台，为企业数据存储提供了高性能的数据库管理系统；在数据关键领域、业务关键领域，它是首选的数据库产品。

Oracle数据库具有以下特性。

(1) 兼容性。Oracle采用标准SQL，并经过美国国家标准技术所(NIST)测试。与IBM SQL/DS、DB2、INGRES、IDMS/R等兼容。

(2) 可移植性。Oracle可运行于很宽范围的硬件与操作系统平台上。可以安装在70种以上不同的大、中、小型机上；可在VMS、DOS、UNIX、Windows等多种操作系统下工作。

(3) 可连接性。Oracle能与多种通信网络相连，支持各种协议。

(4) 高生产率。Oracle提供了多种开发工具，能极大地方便用户进行进一步的开发。

(5) 开放性。Oracle良好的兼容性、可移植性、可连接性和高生产率使Oracle RDBMS具有良好的开放性。

1.6.4 Sybase ASA

Sybase ASA（Sybase Adaptive Server Anywhere）是美国Sybase公司研制的一种典型的UNIX或Windows NT平台上的客户机/服务器环境下的大型数据库系统。Sybase公司成立于1984年，由Mark B. Hiffman和Robert Epstern公司创建，公司名称“Sybase”取自“system”和“database”相结合的含义。Sybase公司的第一个关系数据库产品是1987年5月推出的Sybase SQL Server 1.0。Sybase首先提出Client/Server数据库体系结构的思想，并率先在Sybase SQL Server中实现。当时，Sybase觉得单靠一家力量难以发展壮大SQL Server，于是联合微软共同开发。1994年，两家公司合作终止，各自开发自己的SQL Server。Sybase SQL Server为了与微软的MS SQL Server相区分，后来改名叫Sybase ASE（Adaptive Server Enterprise）。目前，Sybase Adaptive Server的最新版本是ASE 15.5/15.0。从这个版本开始，ASE开始了对网格下集群的完全支持。

Sybase提供了一套应用程序编程接口和库，可以与非Sybase数据源及服务器集成，允许在多个数据库之间复制数据，适于创建多层应用。系统具有完备的触发器、存储过程、规则以及完整性定义，支持优化查询，具有较好的数据安全性。Sybase通常与Sybase SQL Anywhere用于客户机/服务器环境，前者为服务器数据库，后者为客户机数据库，采用该公司研制的PowerBuilder为开发工具，在我国大中型系统中具有广泛的应用。Sybase具有的主要特点如下。

(1) 是基于客户机/服务器体系结构的数据库。

(2) 是真正开放的数据库。Sybase数据库不只是简单地提供了预编译,而且公开了应用程序接口DB-LIB,鼓励第三方编写DB-LIB接口。

(3) 是一种高性能的数据库。主要体现在它是可编程数据库,具有事件驱动的触发器,另外,就是多线索化,即Sybase数据库不让操作系统来管理进程,而把与数据库的连接当做自己的一部分来管理。此外,Sybase的数据库引擎还代替操作系统来管理一部分硬件资源,如端口、内存、硬盘等,提高了性能。

1.6.5 Access

Access是Microsoft公司推出的基于Windows的桌面关系数据库管理系统,是Office系列应用软件之一。Microsoft Access 1.0版本在1992年11月发布,Access的最初名称是Cirrus,它开发于Visual Basic之前。1995年末,Access 95发布,这是世界上第一个32位关系型数据库管理系统,Access的应用得到了普及和继续发展。1997年,Access 97发布,它的最大特点是在Access数据库中开始支持Web技术,开拓了Access数据库从桌面向网络的发展。目前,Access的最新版本是Access 2008。

Microsoft Access在很多地方得到广泛使用,例如小型企业、大公司的部门。喜爱编程的开发人员专门利用它来制作处理数据的桌面系统。它也常被用来开发简单的Web应用程序。Access提供了表、查询、窗体、报表、页、宏、模块7种用来建立数据库系统的对象;提供了多种向导、生成器、模板,把数据存储、数据查询、界面设计、报表生成等操作规范化;为建立功能完善的数据库管理系统提供了方便,也使得普通用户不必编写代码,就可以完成大部分数据管理的任务。它具有的主要特点如下。

(1) 存储方式单一,对象都存放在后缀为.mdb的数据库文件中,便于用户的操作和管理。

(2) 是一个面向对象的开发工具,利用面向对象的方式将数据库系统中的各种功能对象化,并将数据库管理的各种功能进行封装。

(3) 界面友好、易操作。Access是一个可视化工具,风格与Windows一样。

(4) 集成环境能处理多种数据信息。系统提供了表生成器、查询生成器、报表设计器以及各类向导工具,使得操作简便,容易使用和掌握。

(5) Access支持ODBC,能利用DDE(动态数据交换)和OLE(对象的链接和嵌入)特性,在一个数据表中嵌入位图、声音、Excel表格、Word文档,还可以建立动态的数据库报表和窗体等。

(6) Access是小型数据库,存在数据库不能过大,并发支持有限,安全性不够等局限性。

1.6.6 MySQL

MySQL是一个小型关系数据库管理系统,开发者为瑞典MySQL AB公司。在2008年1月16号被Sun公司收购。而2009年Sun又被Oracle收购。目前MySQL被广泛地应用在Internet上的中小型网站中。由于其体积小、速度快、总体拥有成本低,尤其是开放源码这一特点,许多中小型网站为了降低网站总体拥有成本而选择了MySQL作为网站数据库。

与其他的大型数据库如 Oracle、DB2、SQL Server 等相比，MySQL 自有它的不足之处，如规模小、功能有限等，但是这丝毫也没有减少它受欢迎的程度。对于一般的个人使用者和中小型企业来说，MySQL 提供的功能已经绰绰有余，而且由于 MySQL 是开放源码软件，因此可以大大降低总体拥有成本。

目前 Internet 上流行的网站构架方式是 LAMP(Linux＋Apache＋MySQL＋PHP)，即使用 Linux 作为操作系统，Apache 作为 Web 服务器，MySQL 作为数据库，PHP 作为服务器端脚本解释器。由于这 4 个软件都是自由或开放源码软件，因此使用这种方式不用花一分钱就可以建立起一个稳定、免费的网站系统。

MySQL 具有如下特性。

(1) 使用 C 和 C++编写，并使用了多种编译器进行测试，保证源代码的可移植性。

(2) 支持 AIX、FreeBSD、HP-UX、Linux、Mac OS、Novell Netware、OpenBSD、OS/2 Wrap、Solaris、Windows 等多种操作系统。

(3) 为多种编程语言提供了 API。这些编程语言包括 C、C++、Python、Java、Perl、PHP、Eiffel、Ruby 和 Tcl 等。

(4) 支持多线程，充分利用 CPU 资源。

(5) 优化的 SQL 查询算法，有效地提高查询速度。

(6) 既能够作为一个单独的应用程序应用在客户端服务器网络环境中，也能够作为一个库嵌入到其他的软件中提供多语言支持，常见的编码如中文的 GB 2312、BIG5，日文的 Shift_JIS 等都可以用作数据表名和数据列名。

(7) 提供 TCP/IP、ODBC 和 JDBC 等多种数据库连接途径。

(8) 提供用于管理、检查、优化数据库操作的管理工具。

(9) 可以处理拥有上千万条记录的大型数据库。

习题 1

1. 名词解释：DB、DBMS、DBS、内模式、模式、外模式、模式/内模式映像、外模式/模式映像。
2. 使用数据库系统有什么好处？
3. 试述数据管理技术的发展过程。
4. 试述文件系统的缺点。
5. 数据库阶段的数据管理有些什么特点？
6. 文件系统与数据库系统有何区别和联系？
7. 什么是数据的物理独立性与数据的逻辑独立性？
8. 简述数据库系统的三级模式结构，并说明该结构的好处。
9. 简述数据库系统的应用架构有哪些。
10. 数据库管理系统的主要功能有哪些？
11. 试说明数据库管理系统的组成。
12. 试给出三种常用的数据库管理系统，并简述其主要特点。

CHAPTER 2

第2章 信息的三种世界与数据模型

本章学习目标

- 了解信息的三种世界。
- 掌握数据模型的分类。
- 掌握E-R模型的表示。
- 了解层次模型和网状模型。
- 掌握关系模型的基本概念。

模型是对现实世界中复杂的事物或事件的抽象。数据模型(Data Model,DM)是对现实世界中数据特征的抽象。在数据库环境中,数据模型一般采用图示化方式表示数据结构、数据特性、关系、约束和转换。

在数据库系统中,不仅要反映数据本身的内容,而且要反映数据之间的联系。由于计算机不能直接处理现实世界中的具体事物,所以人们必须首先把现实世界中的具体事物抽象为信息世界,然后将信息世界转换为机器世界。

2.1 信息的三种世界及其描述

2.1.1 现实世界

现实世界是指存在于人脑之外的客观世界,包括各种事物、事物之间的相互联系以及事物的发生、发展和变化过程等。人们所看见的房子、车子、河流、山川等都是现实世界里的事物,这些用计算机是无法直接处理的,只有将这些事物的特性数据化后才能被计算机所接受和处理。以人为例,常选用姓名、性别、年龄、籍贯等描述一个人的特征。

2.1.2 信息世界

现实世界中的事物及其联系由人们的感官感知,经过人们头脑的分析、归纳、抽象,形成信息。对这些信息进行记录、整理、归类和格式化后,就构成了信息世界。信息世界有以下几个主要概念。

(1) 实体。指客观存在并可以相互区别的事物。同一类实体的集合称为实体集。

(2) 属性。属性用来描述实体的某一方面的特性,属性的具体取值为属性值。

(3) 联系。指实体集之间的对应关系,它反映现实世界的事物之间的相互关系。

2.1.3 机器世界

信息世界的信息可以用文字或符号记录下来,然后人们对其进行整理并以数据的形式存储到计算机中,这些信息存储的地方就是机器世界。机器世界有以下几个主要概念。

(1) 记录。实体的数据表示称为记录。

(2) 字段。实体某个属性的数据表示称为字段,也称为数据项。

(3) 文件。实体集的数据表示称为文件,它是同类记录的集合。

(4) 记录型。实体型的数据表示称为记录型。

2.2 数据模型

2.2.1 数据模型的内容

数据模型所描述的内容包括数据结构、数据操作和完整性约束三部分。

数据结构主要描述数据的类型、内容、性质以及数据间的联系等。数据结构是数据模型的基础,数据操作和数据的完整性约束都是建立在数据结构上的。数据结构是对系统静态特性的描述。

数据操作主要描述在相应的数据结构上被允许执行的操作类型和操作方式。数据库主要有两大类操作:检索和更新,其中更新包括数据的插入、删除和修改。数据操作是对系统动态特性的描述。

完整性约束主要描述数据结构内数据间的语法、词义联系、它们之间的制约和依存关系,以及数据动态变化的规则,以保证数据的正确、有效和相容。

2.2.2 数据模型的分类

一个好的数据模型一般应满足三方面的要求:一是能比较真实地模拟现实世界,二是容易为人所理解,三是便于在计算机上实现。但是同时满足这三个要求的数据模型不容易建立,于是出现了多种数据模型。数据模型根据不同的应用层次可分为三类,分别是概念数据模型、逻辑数据模型和物理数据模型。

概念数据模型,简称概念模型,也称信息模型。它是面向数据库用户的模型,是按照用户的观点来对现实世界的信息进行建模。概念模型主要用于数据库的设计,它不需要涉及计算机系统及 DBMS 的具体技术等问题,重点在于分析数据及数据间的联系等。概念模型的表示方法有很多种,其中最常用的是实体联系(E-R)模型。

逻辑数据模型,简称数据模型,是从数据库的角度针对数据进行建模,主要用于 DBMS 的实现。数据模型既要面向用户,又要面向系统,是具体的 DBMS 所支持的数据模型。数据模型中最常用的是层次模型、网状模型、关系模型和面向对象数据模型。

物理数据模型，简称物理模型，是针对计算机物理表示的模型，描述了数据在存储介质上的组织结构。物理模型不仅与具体的DBMS有关，而且还与操作系统和硬件有关。每一个逻辑数据模型在实现时都有一个物理数据模型与之相对应。DBMS为了保证其独立性与可移植性，大部分物理数据模型的实现工作是由系统自动完成，而设计者只需要设计索引、聚集等特殊结构。

2.2.3　实体联系模型

实体联系(Entity-Relationship)模型也称E-R模型，是概念模型中最为著名的常用模型，由P. P. S. Chen于1976年提出。该模型用E-R图来描述现实世界的概念模型。

1. E-R模型中的基本概念

实体(Entity)：是指客观存在并可相互区别的事物。实体可以是具体的对象，例如一名学生、一门课程等；也可以是抽象的事件，如一次选课、一次借书等。

属性(Attribute)：是指实体具有的若干特征。例如，每个学生实体都具有学号、姓名、年龄、性别、学院、年级等属性。

实体型(Entity Type)：用实体名及描述它的各属性名表示，可以刻画出全部同质实体的共同特征和性质。例如，学生(学号，姓名，年龄，性别，学院，年级)就是一个实体型。

实体集(Entity Set)：是指性质相同的同类实体的集合。例如，软件学院的所有学生就是一个实体集。

键(Key)：也称为码或者实体标识符，是指能唯一地标识实体集中每个实体的属性集合。例如，学号可以作为一个学校的学生实体集的键。一个实体集可以有若干个键，通常选择一个键作为主键(Primary Key)。

域(Domain)：是指属性的取值范围。例如，性别的域为集合{男，女}。

联系(Relationship)：表示实体之间的关联关系，如学生和课程的联系为选修关系，班主任和班级的联系为管理关系。

两个实体集之间的联系可以分为三类，图2.1显示了两个实体集之间的三种联系。

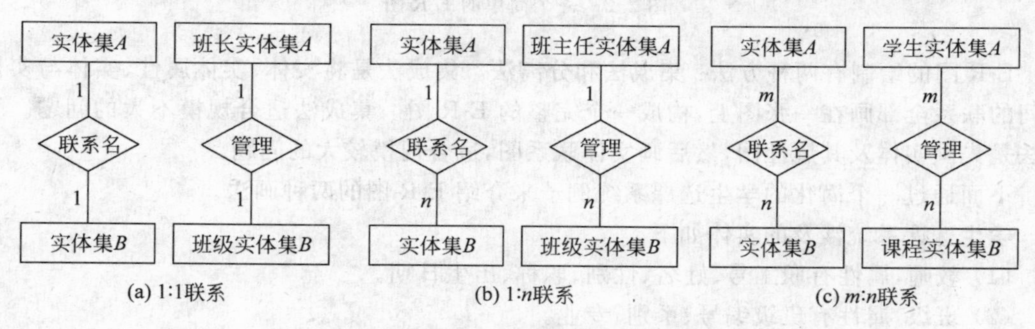

图2.1　两个实体集之间的三类联系

(1) 一对一联系(1∶1)。如果对于实体集A中的每一个实体，实体集B中至多有一个实体与之联系，反之亦然，则称实体集A与实体集B具有一对一联系，记为1∶1。例如，飞机上的座位和乘客之间的联系，班级和班长之间的联系。

(2) 一对多联系(1∶ n)。如果对于实体集A中的每一个实体，实体集B中有n个实体

($n \geqslant 2$)与之联系；反之，对于实体集 B 中的每一个实体，实体集 A 中至多有一个实体与之联系，则称实体集 A 与实体集 B 具有一对多联系，记为 $1:n$。例如，学校的学院和学生之间的联系，班主任和班级之间的联系。

(3) 多对多联系($m:n$)。如果对于实体集 A 中的每一个实体，实体集 B 中有 n 个实体($n \geqslant 2$)与之联系；反之，对于实体集 B 中的每一个实体，实体集 A 中也有 m 个实体($m \geqslant 2$)与之联系，则称实体集 A 与实体集 B 具有多对多联系，记为 $m:n$。例如，学生和课程之间的联系。

2. E-R 图绘制

E-R 图是直观表示概念数据模型的有力工具，提供了表示实体集、属性和联系的方法。

实体集：用矩形表示，矩形框内写明实体名。

属性：用椭圆形表示，并用无向边将其与相应的实体连接起来。

联系：用菱形表示，菱形框内写明联系名，并用无向边分别与有关实体连接起来，同时在无向边旁标上联系的类型($1:1$、$1:n$ 或 $m:n$)。

联系也可以有属性。如果一个联系具有属性，则这些属性也要用无向边与该联系连接起来。

图 2.2 给出了学生实体集与课程实体集及其联系的 E-R 图。其中学生实体集具有学号、姓名、性别和出生日期等属性，课程实体有课程号、课程名和学分等属性。这里的联系“选修”具有“成绩”属性。

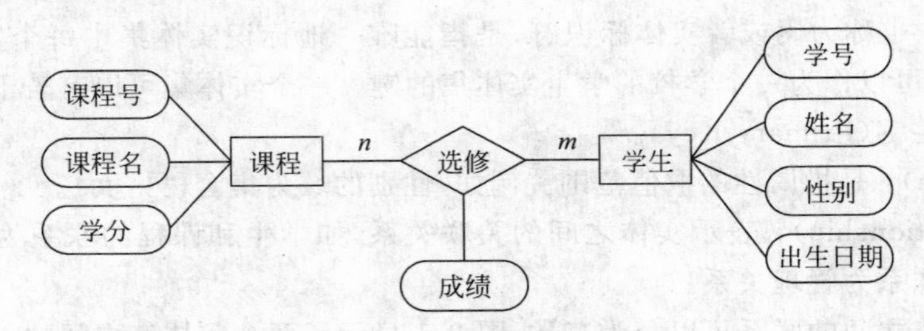

图 2.2 一个简单的 E-R 图

E-R 图的绘制有两种方法：集成法和分离法。集成法是将实体、实体属性、实体与实体之间的联系全部画在一张图上，构成一个完整的 E-R 图。集成法适合规模不大的问题。分离法是先画实体及其属性图，然后画实体联系图，适合规模较大的问题。

下面通过一个简化的学生选课系统例子来介绍 E-R 图的两种画法。

学生选课系统涉及的实体如下。

(1) 教师，属性有职工号、姓名、性别、职称、出生日期。

(2) 班级，属性有班级编号、系别、专业。

(3) 学生，属性有学号、姓名、性别、出生日期。

(4) 课程，属性有课程号、课程名、学分。

(5)参考书，属性有书号、书名、定价、内容简介。

这些实体之间的联系如下。

(1) 一个班级可以由多个学生组成，但是一个学生只能属于一个班级，因此班级和学生具有一对多的联系。

（2）一个班长可以管理多个学生，但是一个学生只能被一个班长管理，因此班长和学生具有一对多的联系。

（3）一个学生可以选修多门课程，一门课程可以被多个学生选修，因此学生和课程具有多对多的联系。用成绩来表示某一个学生在学习某门课程后所得到的成果。

（4）教师、课程和参考书三者之间具有多对多的联系。一门课程可以由多个教师讲授，也可以使用多本参考书；一个教师可以讲授多门课程，也可以使用多本参考书；一本参考书可以被多个教师使用，也可以被多门课程所使用。

根据学生选课系统的描述，用集成法绘制了一个完整的实体联系图（如图 2.3 所示），用分离法绘制了实体及其属性图（如图 2.4(a)所示）和实体及其联系图（如图 2.4(b)所示）。分离法的使用能更清晰地表示实体之间的联系。

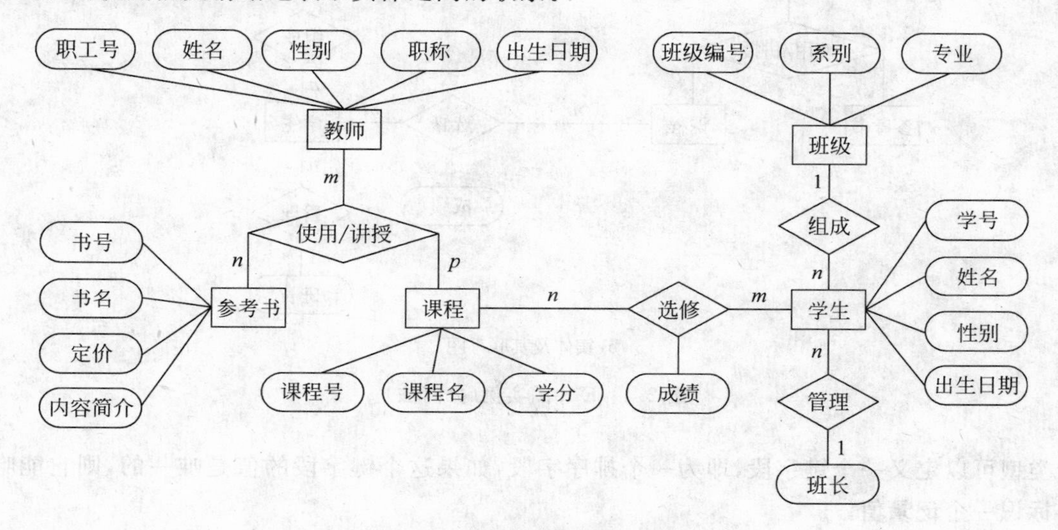

图 2.3　E-R 图实例(集成法)

实体联系模型是抽象和描述现实世界的有效工具，它独立于 DBMS，是各种数据模型的基础，因此在构建实体联系模型时，要做到准确性和有效性。

2.2.4　层次模型

层次模型是用树形结构表示实体之间联系的模型。层次模型是最早用于商品数据库管理系统的数据模型，典型代表是 1969 年 IBM 公司开发的数据库管理系统 IMS。

1. 层次模型的数据结构

在层次模型中，树的结点表示记录类型（也称实体），结点之间的连线表示相连两实体集之间的关系，这种关系只能是一对多（包括一对一）的联系。通常把表示“一”的记录类型放在上方，称为父结点；表示“多”的记录类型放在下方，称为子结点。同一父结点的子女结点称为兄弟结点，没有子女结点的结点称为叶结点。每个记录类型可以包含若干个字段，一个记录类型描述的是一个实体，一个字段描述的是实体的一个属性。每个记录类型及其字段都必须命名，但是记录类型之间不能同名，且同一记录类型中的字段之间不能同名。每个记

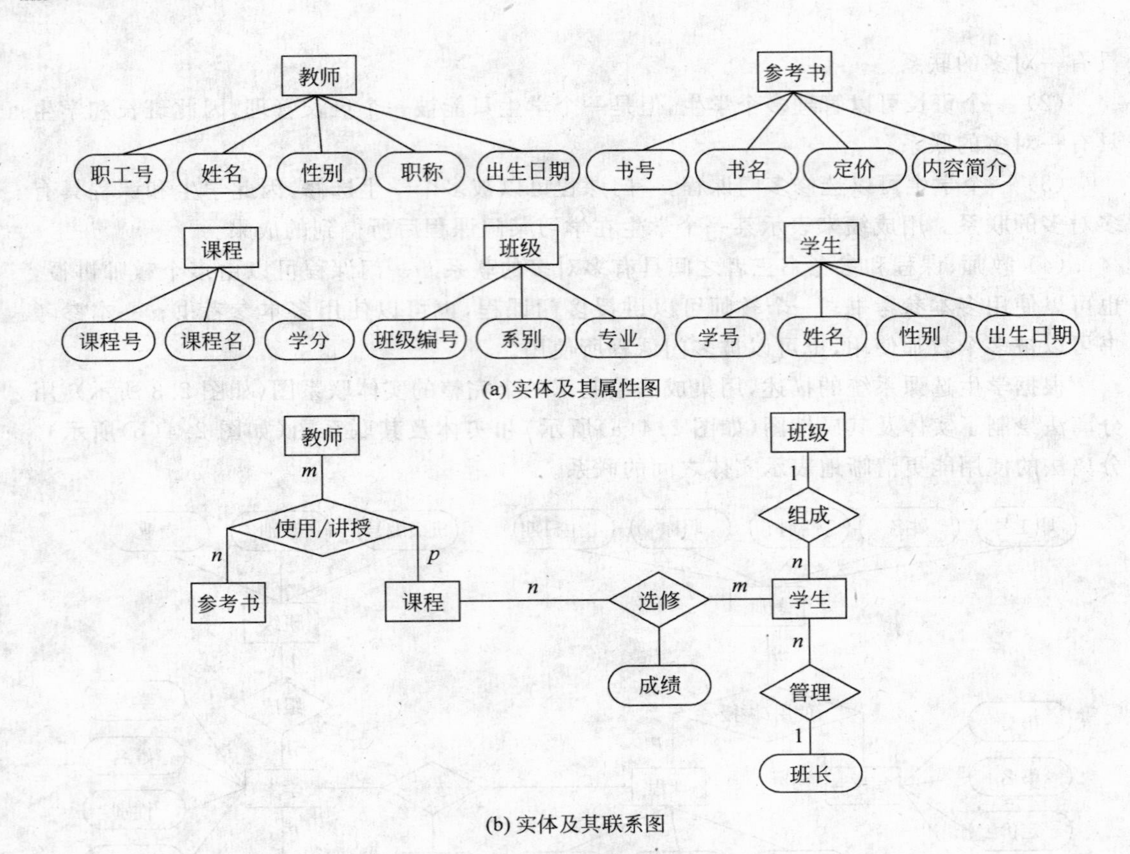

图 2.4　E-R 图实例(分离法)

录类型可以定义一个键字段,即为一个排序字段,如果这个键字段的值是唯一的,则它能唯一标识一个记录值。

图 2.5 给出了一个层次模型的例子。该层次模型有 4 个记录类型:学院实体、教研室实体、学生实体和教师实体。学院实体是根结点,其子女结点为教研室实体和学生实体,因此教研室实体和学生实体是兄弟结点。教师实体有父结点——教研室实体,但没有子结点,所以它和学生实体一样是叶结点。每个记录类型(实体)都由字段组成,例如学院实体就是由学院编号、学院名、学院办公地点 3 个字段组成。至于实体之间的联系则均为一对多的联系,例如学院实体和学生实体就是一对多的联系。

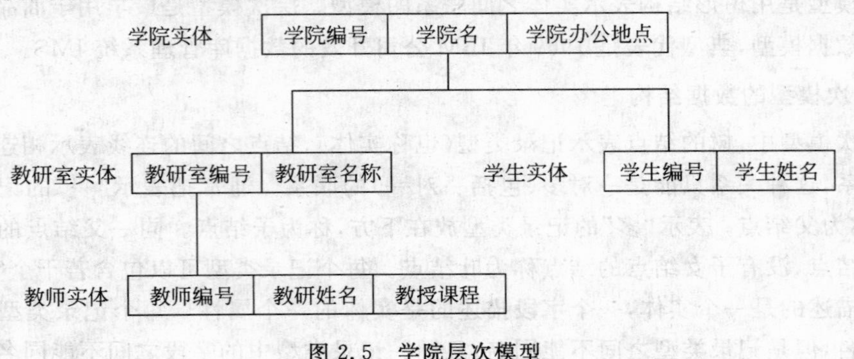

图 2.5　学院层次模型

层次模型的结构特点如下：

- 有且仅有一个根结点。
- 根结点以外的其他结点有且仅有一个父结点。因而层次模型只能表示一对多(包括一对一)的联系，不能直接表示多对多的联系。

2. 层次模型的数据操纵与完整性约束

层次模型的数据操纵主要有查询、插入、删除和修改。进行插入、删除、修改操作时需要满足层次模型的完整性约束条件。

进行插入操作时，如果没有相应的双亲结点值就不能插入子女结点值。

进行删除操作时，如果删除双亲结点值，则相应的子女结点值也被同时删除。

进行修改操作时，应修改所有相应记录，以保证数据的一致性。

3. 层次模型的存储结构

存储层次模型时，不仅要存储数据本身，还要存储数据之间的层次联系。层次模型数据的存储常常是和数据之间联系的存储是结合在一起的。常用的实现方法有两种：邻接法和链接法。

邻接法是指按照层次树前序穿越的顺序把所有记录值依次邻接存放，即通过物理空间的位置相邻来体现(或隐含)层次顺序。

链接法是指用指针来反映数据之间的层次联系。

4. 层次模型的优缺点

层次模型的优点主要有：

- 数据模型简单，操作容易。
- 实体间联系是固定的，预先定义好的应用系统性能较高。
- 提供良好的完整性支持。

层次模型的缺点主要有：

- 不适合于表示非层次性的联系。
- 对插入和删除操作的限制比较多。
- 查询子女结点必须通过双亲结点。

2.2.5　网状模型

网状模型是指用有向图结构表示实体类型及实体间联系的数据模型。网状模型的典型代表是 DBTG 系统(也称 CODASYL 系统)，它对于网状数据库系统的研制和发展产生了重大的影响。网状模型对于层次和非层次结构的事物都能比较自然的模拟，在关系数据库出现之前网状 DBMS 要比层次 DBMS 用得普遍，因此网状数据库在数据库发展史上占有重要地位。

1. 网状模型的数据结构

网状模型允许多个结点没有父结点，允许结点有多个父结点，允许两个结点之间有多种联系。在网状模型中，每个结点表示一个记录类型(实体)，每个记录类型可包含若干个字段(实体的属性)，结点间的连线表示的是记录类型(实体)间的父子关系。例如以学生学习课程为例，一个学生可以学习多门课程，一门课程可以有多个学生学习，如图 2.6 所示。

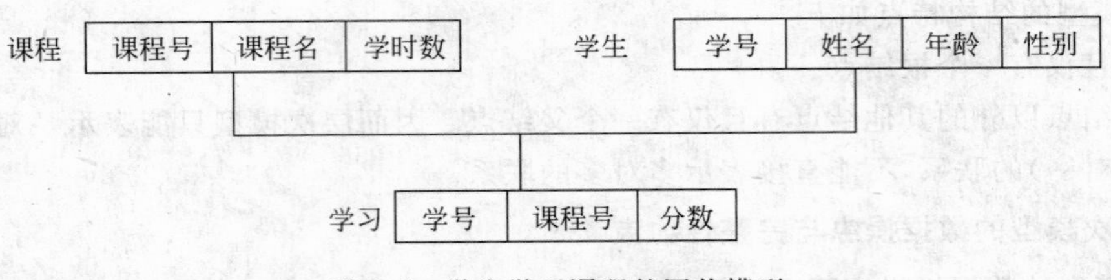

图 2.6 学生学习课程的网状模型

网状模型与层次模型的根本区别是：

- 一个子结点可以有多个父结点。
- 在两个结点之间可以有两种或多种联系。

显然，层次模型是网状模型的特殊形式，网状模型是层次模型的一般形式。

2. 网状模型的数据操纵与完整性约束

网状模型的数据操纵主要包括查询、插入、删除和修改数据。

进行插入操作时，允许插入尚未确定双亲结点值的子女结点值。

进行删除操作时，允许只删除双亲结点值。

进行修改操作时，可直接表示非树型结构，而无须像层次模型那样增加冗余结点，因此，修改操作时只需更新指定记录即可。它没有像层次数据库那样有严格的完整性约束条件，只提供一定的完整性约束。

3. 网状模型的存储结构

网状模型的存储结构经常使用单向链接、双向链接、环状链接、向首链接等链接法，此外还有指引元阵列法、二进制阵列法、索引法等其他实现方法。

4. 网状模型的优缺点

网状模型的优点主要有：

- 能够更为直接地描述现实世界。
- 具有良好的性能，存取效率较高。

网状模型的缺点主要有：

- 其数据定义语言(DDL)极其复杂。
- 数据独立性较差。

由于实体间的联系本质上是通过存取路径指示的，因此应用程序在访问数据时要指定存取路径。

2.2.6 关系模型

20 世纪 60 年代后期，IBM 的研究员 E. F. Codd 博士提出了关系数据模型。1970 年 6 月在他发表的题为“关于大型共享数据库数据的关系模型”一文中，首先概述了关系数据模型及其原理，并把它用于数据库系统中。关系模型的逻辑结构是一张二维表(table，表)，它由行和列组成，如表 2.1 所示。关系模型也就是通过二维表的形式表示实体和实体之间联系的数据模型。

表 2.1 关系模型

学 号	姓 名	性 别	院 系	籍 贯
98001	李勇	男	计算机科学	江苏
98002	刘利	女	信息科学	四川
98003	张力	男	计算机科学	广东
98004	杨小东	男	物理	浙江

以关系模型为基础的关系数据库是当前应用的主流，因此，关系模型是本教材的重点内容之一，其详细内容请见第3章。

2.2.7 面向对象数据模型

面向对象数据模型是面向对象的数据库系统的模型基础，是一种可扩充的数据模型。面向对象数据模型提出于20世纪70年代末80年代初，它吸收了语义数据模型和知识表示模型的一些基本概念，同时又借鉴了面向对象程序设计语言和抽象数据类型的一些思想，能够适应一些在新应用领域中模拟复杂对象、模拟对象的复杂行为的需求。面向对象数据模型不是一开始就有明确的定义，而是在发展中逐步形成的。直到1991年，美国国家标准协会(ANSI)的一个面向对象数据库工作组(Object-Oriented DataBase Task Group，OODBTG)才提出第一个有关OODB标准化的报告。它的核心概念有以下5个。

1. 对象标识

现实世界中的任何实体都被统一地用对象表示，每一个对象都有唯一的标识，称为对象标识(Object Identifier，OID)，如商品的唯一的条形码。OID与对象的物理存储位置无关，也与数据的描述方式和值无关。

2. 封装

每一对象是其状态和行为的封装。面向对象技术把数据和行为封装在一起，使得数据应用更为灵活。从对象外部看，对象的状态和行为是不可见的，只能通过显式定义的消息传递来存取。

3. 类

所有具有相同属性和方法集的对象抽象出类(class)。类中的每一个对象称为类的实例。所有的类组成一个有根的有向非环图，称为类层次。一个类中的所有对象共同具有一个定义，尽管它们对变量所赋的值不同。面向对象数据模型中类的概念相当于E-R模型中实体集的概念。

4. 继承

一个类可以继承类层次中其直接或间接祖先的所有属性和方法。继承性可以用超类和子类的层次联系实现。一个子类可以继承某一超类的结构和特性，称为单继承。一个子类可以继承多个超类的结构和特性，称为多继承。继承是数据间的泛化/细化联系。

5. 消息

由于对象是封装的，对象与外部的通信一般只能通过显式的消息传递，即消息从外部传送给对象，存取和调用对象中的属性和方法，在内部执行所要求的操作，操作的结果仍以消息的形式返回。

2.2.8 半结构化数据模型

半结构化数据是介于模式固定的结构化数据(比如关系型数据库中的数据)和完全的无结构数据(比如声音文件、图像文件等)之间的数据。半结构化数据具有一定的结构,但是结构不完整、不规则,或者结构是隐含的,比如 HTML 文档就是半结构化数据。Serge Abiteboul 将半结构化数据定义为:半结构化数据是指那些既不是完全无结构的,也不是传统数据库系统中那样有严格结构的数据。半结构化数据主要来源于网络,网络对于数据的存储是无严格模式限制的,常见的有 HTML、XML 等文件,这样就存在着大量的结构和内容都不固定的数据。

目前,对于半结构化数据及其模式主要有五种描述方法,分别是基于图的描述形式、基于树的描述形式、基于逻辑的描述形式、基于关系的描述形式、基于对象的描述形式。基于图的描述形式采用的是标记有向图,其中最有代表性的是 OEM(Object Exchange Model)模型,其优点是模式和数据采用同一种数据模型(图模型),处理方便。基于树的描述形式比基于图的描述形式简单些,它同样具有基于图的描述形式的优点,但不能直接利用树状数据模型表达图状数据。常见的描述形式有标记有序树、标记无序树等。基于逻辑的描述形式如描述逻辑、一阶逻辑以及 Datalog 等是半结构化数据模式描述形式中重要的一类,其中比较典型的是基于 Datalog 的模式描述形式。基于关系的描述形式采用关系模型进行数据存储,对不能完全映射到关系模型的数据采用溢出图存储。基于对象的描述形式一般对传统对象模型进行扩展,使其具有管理 OEM 模型数据的能力,扩展对象查询语言,使其具有管理半结构化数据的能力。

除了这五类模型外,还有其他的半结构化数据模型。例如 XML 文档是一种常见的半结构化数据,而其数据模型之一就是文档对象模型(Document Object Model,DOM)。DOM 是一种结合树表示方法和对象表示方法的数据模型。

习题 2

1. 试述信息的三种世界的概念。
2. 试述数据模型的组成要素及其分类。
3. 解释概念模型中以下术语:实体,实体型,实体集,属性,键,实体联系图(E-R 图)。
4. 试给出三个实际部门的 E-R 图,要求实体集之间具有一对一、一对多、多对多三种不同的联系。
5. 试给出一个实际部门的 E-R 图,要求有三个实体集,而且三个实体集之间有多对多联系。三个实体集之间的多对多联系和三个实体集两两之间的三个多对多联系等价吗?为什么?
6. 学校中有若干院系,每个院系有若干班级和教研室,每个教研室有若干教员,其中有的教授和副教授每人各带若干研究生,每个班有若干学生,每个学生选修若干课程,每门课可由若干学生选修。用 E-R 图画出该学校的概念模型。
7. 某工厂生产若干产品,每种产品由不同的零件组成,有的零件可用在不同的产品上。

这些零件由不同的原材料制成,不同零件所用的材料可以相同。这些零件按所属的不同产品分别放在仓库中,原材料按照类别放在若干仓库中。用E-R图画出该工厂产品、零件、材料、仓库的概念模型。

8. 试述层次模型的概念,举出两个层次模型的实例。

9. 试述网状模型的概念,举出两个网状模型的实例。

10. 试述网状、层次数据库的优缺点。

11. 试述面向对象数据模型的核心概念。

12. 试述半结构化数据的概念及其模式的描述方法。

CHAPTER 3

第3章 关系模型

本章学习目标

- 了解关系数据库的基本术语。
- 理解并掌握关系的超键、候选键、主键和外键的含义。
- 理解和掌握关系代数的各种运算并能灵活运用其表示实际查询问题。
- 理解关系演算的两类演算语言。
- 了解关系代数表达式的优化策略。

在关系模型中，使用二维表格表示实体和实体间联系。以数据的关系模型为基础设计的数据库系统称为关系型数据库系统，简称关系数据库。与层次数据库、网状数据库相比，关系数据库应用数学方法来处理数据库中的数据，具有坚实的理论基础、简单灵活的数据模型、较高的数据独立性，能提供良好性能的语言接口，是目前最为流行的数据库系统。

3.1 关系模型的由来

关系模型的由来要追溯到1970年，当时网状数据库和层次数据库已经很好地解决了数据的集中和共享问题，但是在数据独立性和抽象级别上仍有较大欠缺。IBM的研究员E. F. Codd博士在刊物《Communication of the ACM》上发表了一篇名为“A Relational Model of Data for Large Shared Data Banks”的论文，提出了关系模型的概念，奠定了关系模型的理论基础，是数据库系统历史上具有划时代意义的里程碑。后来E. F. Codd又陆续发表了多篇文章，论述了范式理论和衡量关系系统的12条标准，用数学理论奠定了关系数据库的基础。E. F. Codd也以其对关系数据库的卓越贡献获得了1983年ACM图灵奖。

关系模型是以集合论中的关系概念为基础发展起来的，具有严格的数学基础和较高的抽象级别。在关系模型中，无论是实体还是实体间的联系均由单一的结构类型——关系(也称为表)来表示。其结构简单清晰，便于理解和使用。但是当时也有人认为关系模型是理想化的数据模型，用来实现 DBMS 是不现实的，尤其担心关系数据库的性能，更有人认为其会威胁到正在进行中的网状数据库规范化工作。为此，1974 年 ACM 牵头组织了一次研讨会，会上开展了一场分别以 Codd 和 Bachman 为首的支持和反对关系数据库两派之间的辩论。这次著名的辩论推动了关系数据库的发展，使其最终成为现代数据库产品的主流。

3.2 关系数据库的结构

3.2.1 关系模型的基本术语

关系模型的数据结构的逻辑形式是一张二维表，这个二维表就叫做关系。下面以顾客表 CUSTOMERS(见表 3.1)为例，介绍关系模型的常用术语。关系模型一般具有等价的两套标准术语。一套采用的是表、列、行；另外一套术语采用关系(对应表)、元组(对应行)、属性(对应列)。

表 3.1 CUSTOMERS 表

cid	cname	city	discnt
c001	Tip Top	Duluth	10.00
c002	Basics	Dallas	12.00
c003	Allied	Dallas	8.00
c004	ACME	Duluth	8.00
c006	ACME	Tokyo	0.00
c007	Windix	Dallas	NULL

关系(relation)：一个关系就是一张二维表，如表 CUSTOMERS(见表 3.1)。

元组(tuple)：表中的一行就是一个元组。例如，第一个元组可写成('c001','Tip Top','Duluth',10)。

属性(attribute)：表中的一列就是一个属性，每个属性有一个属性名。关系 CUSTOMERS 有四个属性 cid、cname、city、discnt，分别表示顾客的编号、姓名、居住城市和购买商品的折扣率。

值域(domain)：关系中的每个属性都有一个取值范围，这个取值范围称为属性的值域，属性 A 的值域表示为 DOM(A)。比如 cid 的取值范围为长度为 4 的字符串。discnt 的取值范围为 0～100 的实数。

分量：元组的某一个属性值就是一个分量。比如第一个元组的 cid 分量值为'c001'。

关系模式(relation schema)：关系模式是对关系的结构性描述，即关系包括哪些属性，一般表示为：关系名(属性 1，属性 2，…，属性 n)，例如，CUSTOMERS 的关系模式为 CUSTOMERS(cid,cname,city,discnt)。

表的内容(the content of table)：指表的元组的集合。

基数(cardinality)：关系中元组的个数叫做基数，比如关系 CUSTOMERS 中有 6 个元组，所以基数是 6。

元数(arity)：关系中属性的个数叫做元数。比如关系 CUSTOMERS 中有 4 个属性，所以元数是 4。

关系数据库：是表或者关系的集合。比如教材中使用到的关系数据库 Sales 由四个关系组成：顾客关系 Customers，代理商关系 Agents，商品关系 Products，订购关系 Orders，可以表示为：Sales={ Customers，Agents，Products，Orders}。

空值(NULL)：空值是指未知的或者尚未定义的属性值。比如 CUSTOMERS 的第六行的 discnt 值为 NULL，表示顾客'c007'的折扣率是未知的。NULL 不同于 0 或空字符串。

3.2.2 关系的键

在给定的关系中，需要用某个或某几个属性来唯一地标识一个元组，称这样的属性或属性组为指定关系的键(Key)。通常键分为超键、候选键、主键、外键。

定义 3.1 超键(super key)：在一个关系中，若某一个属性或属性集合的值可唯一地标识元组，则称该属性或属性集合为该关系的超键。如教学管理数据库的学生关系中的学号、姓名所组成的属性集合即为该关系的一个超键。在一个表中可能有多个超键。

定义 3.2 候选键 (candidate key)：如果一个属性或属性集合的值能唯一标识一个关系的元组而又不含有多余的属性，则称该属性或属性集合为该关系的候选键，如学生关系中的学号。候选键可能包含一个属性，也可能包含多个属性。如果关系的全部属性构成关系的候选键，则称为全键(all-key)。构成候选键的诸属性称为主属性(prime attribute)。不包含在任意候选键中的属性称为非主属性(non-prime attribute)。

定义 3.3 主键 (primary key)：有时一个关系中有多个候选键，此时可以选择一个作为插入，删除或检索元组的操作变量。被选用的候选键称为主键。每一个关系都有一个并且只有一个主键。

定义 3.4 外键(foreign key)：关系 R 中的属性 A 不是关系 R 的主键，但 A 是另一个关系 S 的主键，则属性 A 就是关系 R 的外键。其中 R 是参照关系，S 是被参照关系。外键在关系 R 中的取值有两种可能：或为空值，或必须是被参照关系 S 中已有的属性值。外键值是否允许为空值，主要依赖于应用环境的语义。

键是关系中非常重要的概念，为了帮助大家准确理解其含义，下面举例说明。

【例 3.1】 在高校学生管理系统中，其数据库包含学生表、学院表、课程表、学生选课表等关系。其关系模式为：

学生(学号，姓名，性别，出生年月，学院号，入学时间，身份证号)
学院(学院号，学院名称，院长)
课程(课程号，课程名，类型，学分，学时)
学生选课(学号，课程号)

这 4 张表的内容分别如表 3.2～表 3.5 所示。

表 3.2 学生表

学号	姓名	性别	出生年月	学院号	入学时间	身份证号
20100001	王丹	女	1992.3.4	S10	2010.9	513024199203040429
20100002	章华	男	1992.6.12	S11	2010.9	512197199206120311
20100003	李力	男	1991.10.5	S12	2010.9	416128199110050227
…						

表 3.3　学院表

学院号	学院名称	院长
S10	软件学院	周军
S11	数理学院	张风
S12	机械工程学院	杨奇
…		

表 3.4　课程表

课程号	课程名	类型	学分	学时
09000001	数据库原理	必修	3	48
09000002	多媒体技术	选修	2	32
09000003	数据结构	必修	3	48
…				

表 3.5　学生选课表

学号	课程号	学号	课程号
20100001	09000001	20100002	09000003
20100001	09000003	…	
20100002	09000001		

分析：

在学生表中，属性“学号”和“身份证号”都能唯一标识一个关系的元组，并且不含有多余的属性，即每个学生的学号都是唯一的，每个学生的身份证号也是唯一的。所以学生表的候选键有两个：“学号”和“身份证号”。“学号”和“身份证号”是主属性，其他属性如姓名、性别、出生年月、学院号、入学时间都是非主属性。

在我们创建学生表时，一般将(学号)设置为主键，一张表中，只能有一个主键，主键的值不能为空值。

对于学生表而言，超键有很多，因为超键是能唯一地标识元组的一个属性或属性集合，可能含有多余属性。首先候选键就是超键，另外候选键和其他非主属性的集合也是超键。比如，(学号)、(身份证号)、(学号，姓名)、(学号，性别)、(学号，出生年月)、(学号，姓名，出生年月)等都是超键。

属性“学院号”不是学生表的主键，但在学院表中，“学院号”是主键。可以将“学院号”定义为学生表的外键，在学生表中，学院号的取值有两种可能：为空值，表示该学生尚未分配到任何学院中；若为非空值，则必须是学院表中某个元组的学院号值，表示该学生不可能分配到一个不存在的学院中。

对于课程表，属性“课程号”是课程表的候选键，也是主键，而在学生选课表中，“学号”和“课程号”均为外键，根据语义，学号和课程号均不能为空值，学号的取值必须是学生表中某个元组的学号值；课程号的取值必须是课程表中某个元组的课程号值，表示只有正常注册的学生才能选择学校开设的课程。“学号”和“课程号”合在一起构成候选键，也是主键，因为选课关系的全部属性构成关系的候选键，所以“学号，课程号”也称为全键。

3.2.3 基于集合论的关系定义

在3.2.1节中,我们已经给出了关系模型的基本术语,对其已经有了一个基本认识。因为关系理论是以集合代数理论为基础的,关系也可以在集合代数中给出定义,为了从集合论的角度给出关系的定义,引入了笛卡儿乘积的概念。

定义3.5 给定一组集合 $D_1, D_2, \cdots, D_n$,这些集合可以相同,也可以不同。笛卡儿乘积的运算符号为×,定义 $D_1, D_2, \cdots, D_n$ 的笛卡儿乘积(cartesian product)为:

$D_1 \times D_2 \times \cdots \times D_n = \{(d_1, d_2, \cdots, d_n) \mid d_i \in D_i, i=1,2,\cdots,n\}$,其中的每一个元素$(d_1, d_2, \cdots, d_n)$叫做一个 n 元组(n-tuple),元素中第 i 个值 d_i 叫做第 i 个分量。

笛卡儿积是一个集合之上的代数系统运算符,它的算子是单个的集合。简单地说,两个数据域的笛卡儿积即是左边数据域的每一个元素去组合右边数据域的每一个元素,形成一个元组的集合。所以如果一个数据域有5个元素,另一个数据域有4个元素,笛卡儿积之后应该有5×4=20个元组。

【例3.2】 给出三个域:

D_1= Student ={张三,刘四}

D_2=Sexchar ={男,女}

D_3=College ={软件学院,数理学院,机械工程学院}

则 $D_1 \times D_2 \times D_3$ 的笛卡儿积见二维表3.6,共有12个元组。

表3.6 $D_1 \times D_2 \times D_3$ 的笛卡儿积

Student	Sexchar	College
张三	男	软件学院
张三	男	数理学院
张三	男	机械工程学院
张三	女	软件学院
张三	女	数理学院
张三	女	机械工程学院
刘四	男	软件学院
刘四	男	数理学院
刘四	男	机械工程学院
刘四	女	软件学院
刘四	女	数理学院
刘四	女	机械工程学院

定义3.6 笛卡儿积 $D_1 \times D_2 \times \cdots \times D_n$ 的任一个子集称为 $D_1, D_2, \cdots, D_n$ 上的一个关系。集合 $D_1, D_2, \cdots, D_n$ 是关系中元组的取值范围,称为关系的域(domain),n 称为关系的目或度(degree)。度为 n 的关系称为 n 元关系,如 $n=1$ 的关系称一元关系,$n=2$ 的关系称二元关系。

【例3.3】 在表的笛卡儿积中取出有实际意义的元组来构造一个关系:SSC(Student, Sexchar, College),因为学生与性别的关系是1:n,即一个学生只能对应一个性别,一个性别可以有多个学生。学生与学院的关系也是1:n,即一个学生只能在一个学院,一个学院可以有多个学生。于是 SSC 关系可以包含 2 个元组(见表 3.7)。

表 3.7　关系 SSC

Student	Sexchar	College
张三	男	软件学院
刘四	女	数理学院

3.2.4　关系规则

关系模型中有一些规则规定了关系表中结构和内容必须满足的条件。例如,只有满足第一范式(1NF)规则的才是关系表,三个完整性规则规定表中输入的数据必须符合哪些条件,哪些检索操作是受限的。

1. 第一范式规则

构造数据库必须遵循一定的规则。在关系数据库中,这种规则就是范式。范式是符合某一种级别的关系模式的集合。关系数据库中的关系必须满足一定的要求,即满足不同的范式。

定义 3.7　第一范式是指关系数据库中表的每一列都是不可分割的基本数据项,同一列中不能有多个值,即关系模型不允许含有多值属性,并且属性的类型必须是简单类型。

在任何一个关系数据库中,第一范式是对关系模式的基本要求,不满足 1NF 的数据库就不是关系数据库。

【例 3.4】　在表 3.8 中,存储了学生的相应信息。属性"家庭住址"由"省"、"城市"和"街道"三部分组成,即属性"家庭住址"不是简单类型,它包含内部结构,这在关系表中是不允许的。属性"家庭成员"的值可能有多个,即该属性是多值属性,这在关系表中也是不允许的。因此表 3.8 不符合 1NF,不是关系表。

表 3.8　学生信息(非关系表)

<table>
<tr><th rowspan="2">学号</th><th rowspan="2">姓名</th><th rowspan="2">性别</th><th rowspan="2">出生年月</th><th colspan="3">家庭住址</th><th rowspan="2">家庭成员</th></tr>
<tr><th>省</th><th>城市</th><th>街道</th></tr>
<tr><td rowspan="2">20100001</td><td rowspan="2">王丹</td><td rowspan="2">女</td><td rowspan="2">1992.3.4</td><td rowspan="2">四川</td><td rowspan="2">成都</td><td rowspan="2">人民路 30 号</td><td>王一升</td></tr>
<tr><td>张梅</td></tr>
<tr><td rowspan="3">20100002</td><td rowspan="3">章华</td><td rowspan="3">男</td><td rowspan="3">1992.6.12</td><td rowspan="3">重庆</td><td rowspan="3">重庆</td><td rowspan="3">沙中路 22 号</td><td>章中新</td></tr>
<tr><td>刘西</td></tr>
<tr><td>章柏</td></tr>
</table>

在实际应用中,可以将表 3.8 转化为两个表——表 3.9 和表 3.10,这两个表都符合 1NF,都是关系表。

表 3.9　学生关系表

学号	姓名	性别	出生年月	省	城市	街道
20100001	王丹	女	1992.3.4	四川	成都	人民路 30 号
20100002	章华	男	1992.6.12	重庆	重庆	沙中路 22 号
……						

表 3.10　家庭成员关系表

学　号	家庭成员	学　号	家庭成员
20100001	王一升	20100002	刘西
20100001	张梅	20100002	章柏
20100002	章中新	…	

关系描述了现实世界中的数据，这些数据以数据库表的形式存储到计算机中。如果现实世界中的数据发生了变化，计算机中的数据也要做相应的变化。为了维护数据库中的数据与现实世界中的数据的一致性，关系数据库中的数据的建立与数据的更新必须遵守以下规则。

2. 实体完整性规则

一个基本关系通常对应现实世界的一个实体集。例如学生关系对应于学生的集合，课程关系对应于课程的集合。现实世界中的实体是可区分的，即它们具有某种唯一性标识。相应地，关系模型中定义主键作为实体的唯一性标识，也就是说，如果一个元组代表着一个具体实体，那么它是可以和同类实体相区分的。

定义 3.8　实体完整性规则是指：定义关系中主键的取值不能为空值。所谓空值 NULL 就是未知的或无意义的值。如果主键为空值，就说明存在某个不可标识的实体，即存在不可区分的实体，这与现实世界中实体都是可区分的相矛盾。

【例 3.5】　在例 3.1 的学生关系（学号，姓名，性别，出生年月，学院号，入学时间，身份证号）中，“学号”为主键，则任一个学生的学号值不能为空值。

3. 参照完整性规则

现实世界中的实体之间往往存在某种联系。在关系模型中，实体与实体间的联系也是采用关系来描述的。

定义 3.9　参照完整性规则是指：若属性或属性组 F 是关系 R 的外键，它与关系 S 的主键 K_s 相对应，则对于 R 中每个元组在 F 上的值，或者取空值，或者等于 S 中某个元组的主键值。关系 R 和 S 既可以是不同的关系，也可以是相同的关系。F 是否能为空值，主要依赖于应用的环境。

参照完整性规则定义了外键与主键之间的引用规则，是数据库中数据的一致性和准确性的保证。

【例 3.6】　有如下两个关系表：

部门(部门编码,部门名称,电话,办公地址)
职工(职工编码,姓名,性别,年龄,籍贯,部门编码)

在职工关系中的“部门编码”与部门关系中的主键“部门编码”相对应，所以“部门编码”是职工关系的外键。职工关系通过外键描述与部门关系的关联。职工关系中的每个元组通过外键表示该职工所属的部门。

在职工关系中，某一个职工的“部门编码”要么取空值，表示该职工未被分配到指定部门；要么等于部门关系中某个元组的“部门编码”，表示该职工隶属于指定部门。若既不为空值，又不等于被参照关系部门中某个元组的“部门编码”分量值，表示该职工被分配到一个不存在的部门，则违背参照完整性规则。当然，被参照关系的主键和参照关系的外键可以同名，也可以不同名。被参照关系与参照关系可以是不同关系，也可以是同一关系。

例如职工(职工编码，姓名，性别，年龄，籍贯，所属部门编码，班组长编码)，其中"班组长编码"与关系的主键"职工编码"相对应，属性"班组长编码"是外键，职工关系既是参照关系，也是被参照关系。

4. 用户定义的完整性规则

实体完整性规则和参照完整性规则分别定义了对主键的约束和对外键的约束，适用于任何关系数据库系统。除此之外，不同的关系数据库系统根据其应用环境的不同，还需要一些特殊的约束条件。

定义 3.10 用户定义的完整性规则就是针对某一具体关系数据库的约束条件，反映某一具体应用所涉及的数据必须满足的语义要求。

【例 3.7】 在例 3.1 的学生表（学号，姓名，性别，出生年月，学院号，入学时间，身份证号)中，属性"性别"的取值只能是"男"或"女"。这可以采用用户定义的完整性规则来定义保证。

5. 关系的其他性质

在关系数据库中，关系还具有如下性质。

(1) 表中同一属性的数据具有相同质性，即同一列中的分量是同一类型的数据，来自同一个域。

【例 3.8】 在学生选课表（学号，课程号，成绩)中，属性"成绩"的值必须是同一类型的数据，统一语义，比如或为百分制，或为 5 分制，或为等级制，不能几种计分法混用。

(2) 同一关系的属性名具有不能重复性，即不同的属性要定义不同的属性名，同一关系中不同属性的数据可出自同一个域。

【例 3.9】 设计一个能存储两科成绩的学生成绩表，其表模式不能为学生成绩(学号，成绩，成绩)，可以设计为学生成绩(学号，成绩 1，成绩 2)。

(3) 关系中的元组位置具有顺序无关性，即关系元组的顺序可以任意交换。

关系表可以按照任意属性排序，比如学生成绩表的元组可以按学号升序排序，或者按照成绩升序排序，或者按照成绩降序排序，或者按照堆的方式排序等。DBMS 使数据排序操作容易实现，所以用户不必担心关系中元组排列的顺序会影响数据操作或数据输出形式。

(4) 关系中的列位置具有顺序无关性，即关系中的属性顺序不影响使用，属性的次序可以任意交换。

【例 3.10】 例 3.1 的学生表（学号，姓名，性别，出生年月，学院号，入学时间，身份证号)，也可以任意改变属性顺序，比如学生表（学号，姓名，身份证号，出生年月，性别，学院号，入学时间)，两者是等价的，属性顺序变化不会影响数据操作或数据输出形式。

3.2.5 关系操作

关系模型规定关系操作的功能和特点，但不对 DBMS 语言的语法做出具体的规定。关系操作采用集合操作方式，即操作的对象和结果都是集合。

1. 常用关系操作

常用的关系操作包括查询操作和更新操作。

查询操作包括选择(select)、投影(project)、连接 (join)、除 (division)、并(union)、交(intersection)、差(difference)等操作。这些操作均是对关系的内容或表体实施操作,得到的结果仍为关系。

更新操作包括增加(insert)、删除(delete)、修改(update) 等操作。

2. 关系操作表示方式

关系操作的表示方式主要有三种。

(1) 关系代数。关系代数是一种抽象的查询语言,用代数运算来表达关系的查询要求和条件。它是关系数据库运算的基础。

(2) 关系演算:关系演算也是一种抽象的查询语言,用谓词来表达关系的查询要求和条件。

(3) 结构化查询语言 (Structure Query Language,SQL):SQL 兼用关系代数和关系演算来表达关系的查询要求和条件,是一种数据库查询和程序设计语言,用于存取数据以及查询、更新和管理关系数据库系统。SQL 已成为关系数据库的标准语言。

3.3 关系代数

关系代数是 1970 年由 E. F. Codd 率先提出的,其目的是演示一个查询语言从关系数据库中检索信息的能力。关系代数是以关系为运算对象的一组高级运算的集合。关系代数通过对关系的运算来表达查询,其运算对象是关系,运算结果亦为关系。关系代数中的运算可分为两类。

(1) 传统的集合运算(见表 3.11),包括并、交、差、广义笛卡儿积。

(2) 自然关系运算(见表 3.12),包括投影、选择、连接、除法。

其中并、差、投影、广义笛卡儿积和选择五种运算为基本运算,而其他运算如交、连接、除法均可以用这五个基本运算表示。

表 3.11 传统的集合运算

名 称	符 号	示 例
并	$\cup$	$R\cup S$
交	$\cap$	$R\cap S$
差	$-$	$R-S$
广义笛卡儿积	$\times$	$R\times S$

表 3.12 自然关系运算

名称	符 号	示 例
投影	$\pi_A(R)$	$\pi_{3,1}(R)$
选择	$\sigma_F(R)$	$\sigma_{sno='20100101'}(R)$
连接	$\bowtie$	$R\bowtie S$
除法	$\div$	$R\div S$

3.3.1 传统的集合运算

传统集合运算是二目运算，包括并、交、差、广义笛卡儿积4种运算。关系的集合运算要求参加运算的关系必须是相容的关系。

定义3.11 若关系R和S具有相同的度，即具有相同的属性，并且R中的第$i(i=1,2,\cdots,n)$个属性和S中的第i个属性定义在同一个域上，称R与S是相容的关系。

1. **并运算**(union)

定义3.12 两个相容的关系R和S的并是由属于R或属于S的所有元组构成的一个新关系，记为：

$R\cup S=\{t|t\in R\vee t\in S\}$，$t$是元组变量。

2. **差运算**(difference)

定义3.13 两个相容的关系R和S的差是由属于R但不属于S的元组构成的一个新关系，记为：

$R-S=\{t|t\in R\wedge t\notin S\}$，$t$是元组变量。

3. **交运算**(intersection)

定义3.14 两个相容的关系R和S的交是由属于R同时也属于S的元组构成的一个新关系，记为：

$R\cap S=\{t|t\in R\wedge t\in S\}$，$t$是元组变量。

并、交、差运算通常也可以采用文氏图(Venn Diagram)来表示，文氏图是在集合论数学分支中，在不太严格的意义下用以表示集合的一种草图，用于展示在不同的事物集合之间的数学或逻辑联系。并、交、差运算的文氏图如图3.1所示。

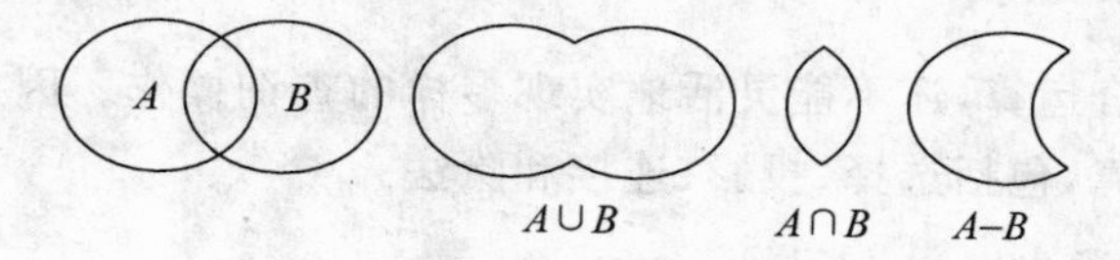

图3.1 文氏图表示的并、交、差运算

从图3.1中，可以很容易地得到并、交、差运算之间的关系：

$$R\cap S=R-(R-S) \quad 或 \quad R\cap S=S-(S-R)$$

4. **广义笛卡儿积**(extended cartesian product)

定义3.15 广义笛卡儿积是指关系的乘法。设R为m元关系，S为n元关系，则R与S的广义笛卡儿积$R\times S$是一个$(m+n)$元关系，其中的每个元组的前m个分量是R中的一个元组，后n个分量是S中的一个元组。若R有K_1个元组，S有K_2个元组，则$R\times S$有$(K_1\times K_2)$个元组，即广义笛卡儿积为：

$$R\times S=\{(a_1,a_2,\cdots,a_m,b_1,b_2,\cdots b_n)|(a_1,a_2,\cdots,a_m)\in R\wedge(b_1,b_2,\cdots,b_n)\in S\}$$

【例3.11】 R和S分别是具有三个属性列的关系，见图3.2(a)和图3.2(b)所示，关系R和S的并如图3.2(c)所示，关系R与S的交如图3.2(d)所示，关系R与S的差如图3.2(e)所示，关系R与S的广义笛卡儿积如图3.2(f)所示。

A	B	C
a_1	b_1	c_1
a_1	b_2	c_2
a_2	b_2	c_1

(a) 关系 R

A	B	C
a_1	b_2	c_2
a_1	b_3	c_2
a_2	b_2	c_1

(b) 关系 S

A	B	C
a_1	b_1	c_1
a_1	b_2	c_2
a_2	b_2	c_1
a_1	b_3	c_2

(c) $R\cup S$

A	B	C
a_1	b_2	c_2
a_2	b_2	c_1

(d) $R\cap S$

A	B	C
a_1	b_1	c_1

(e) $R-S$

R.A	R.B	R.C	S.A	S.B	S.C
a_1	b_1	c_1	a_1	b_2	c_2
a_1	b_1	c_1	a_1	b_3	c_2
a_1	b_1	c_1	a_2	b_2	c_1
a_1	b_2	c_2	a_1	b_2	c_2
a_1	b_2	c_2	a_1	b_3	c_2
a_1	b_2	c_2	a_2	b_2	c_1
a_2	b_2	c_1	a_1	b_2	c_2
a_2	b_2	c_1	a_1	b_3	c_2
a_2	b_2	c_1	a_2	b_2	c_1

(f) $R\times S$

图 3.2 传统的集合运算

在 $R\times S$ 的结果中，我们使用 $R.A$ 的形式来表示一个属性的名字，其中 R 为表名，这种表示叫做限定属性名。如果属性名只出现在一个表中，我们可以直接使用非限定属性名，即直接使用属性名，不带表名，比如 A、B、C 等，因为图 3.2(f) 中 A、B、C 三个属性在两张表中都有，所以必须采用限定属性名加以区分。

3.3.2 自然关系运算

仅依靠传统的集合运算，还不能灵活地实现多样的查询操作。因此，E. F. Codd 又定义了一组专门的关系运算，包括选择、投影、连接和除法。

1. 选择运算(select)

定义 3.16 选择是指从关系 R 中选取满足给定条件的元组构成一个新的关系。选择运算记作：

$$\sigma_F(R)=\{t \mid t\in R \wedge F(t)=\text{true}\}$$

其中 σ 是选择运算符，F 是限定条件的布尔表达式，可以递归定义为：

(1) F 可以是任何形如 $A_i\theta A_j$ 或者 $A_i\theta a$ 的条件，其中 A_i 和 A_j 是具有相同域的属性，θ 是比较运算符，可以是＞、＜、＝、＞＝、＜＝、＜＞，a 是 A_i 的域中的一个常数。

(2) 如果 F_1 和 F_2 都是条件，$F_1\vee F_2$ 表示满足条件之一即为真，$F_1\wedge F_2$ 表示要同时满足两个条件，$\neg F_1$ 表示不满足条件即为真。

【例 3.12】 数据库 SALES 包含 4 种关系：

CUSTOMERS(cid,cname,city,discnt)，CUSTOMERS 存储顾客的信息，包括顾客编号、姓名，所在城市和获得的折扣率。

PRODUCTS(pid, pname, city, quantity, price)，PRODUCTS 存储商品的信息，包括商品编号、名称、商品库存所在城市、库存量、单价。

AGENTS(aid，aname，city，percent)，AGENTS存储代理商的信息，包括代理商编号、名称、城市和代理佣金。

ORDERS(ordno，month，cid，aid，pid，qty，dollars)，ORDERS存储订购信息，包括订购编号、月份、顾客编号、代理商编号、商品编号、订购数量、总价。

这4张表内容如表3.13～3.16所示。

表3.13　AGENTS

aid	aname	city	percent
a01	Smith	New York	6
a02	Jones	Newark	6
a03	Brown	Tokyo	7
a04	Gray	New York	6
a05	Otasi	Duluth	5
a06	Smith	Dallas	5

表3.14　CUSTOMERS

cid	cname	city	discnt
c001	Tip Top	Duluth	10.00
c002	Basics	Dallas	12.00
c003	Allied	Dallas	8.00
c004	ACME	Duluth	8.00
c006	ACME	Tokyo	0.00

表3.15　PRODUCTS

pid	pname	city	quantity	price
p01	comb	Dallas	111400	0.50
p02	brush	Newark	203000	0.50
p03	razor	Duluth	150600	1.00
p04	pen	Duluth	125300	1.00
p05	pencil	Dallas	221400	1.00
p06	folder	Dallas	123100	2.00
p07	case	Newark	100500	1.00

表3.16　ORDERS

ordno	month	cid	aid	pid	qty	dollars
1011	jan	c001	a01	p01	1000	450.00
1012	jan	c001	a01	p01	1000	450.00
1013	jan	c002	a03	p03	1000	880.00
1017	feb	c001	a06	p03	600	540.00
1018	feb	c001	a03	p04	600	540.00
1019	feb	c001	a02	p02	400	180.00
1022	mar	c001	a05	p06	400	720.00
1023	mar	c001	a04	p05	500	450.00
1025	apr	c001	a05	p07	800	720.00
1026	mar	c002	a05	p03	800	704.00

① 查询编号为 c002 的顾客的信息。

$\sigma_{cid='c002'}(CUSTOMER)$

查询结果如表 3.17 所示。

表 3.17 查询结果表

cid	cname	city	discnt
c002	Basics	Dallas	12.00

② 查询佣金大于 6 的代理商。

$\sigma_{percent>6}(AGENTS)$

查询结果如表 3.18 所示。

表 3.18 查询结果表

aid	aname	city	percent
a03	Brown	Tokyo	7

③ 查询编号为 c001 的顾客通过代理商 a01 订购的信息。

$\sigma_{cid='c001' \wedge aid='a01'}(ORDERS)$

查询结果如表 3.19 所示。

表 3.19 查询结果表

ordno	month	cid	aid	pid	qty	dollars
1011	jan	c001	a01	p01	1000	450.00
1012	jan	c001	a01	p01	1000	450.00

2. 投影运算(projection)

定义 3.17 投影是指从一个关系 R 中选取所需要的列组成一个新关系，投影运算记为：

$$\pi_{i_1,i_2,\cdots,i_k}(R)=\{t[A]\mid t\in R\}$$

或者

$$\pi_A(R)=\{t[A]\mid t\in R\}$$

其中 π 是投影运算符，A 为关系 R 属性的子集，$t[A]$为 R 中元组相应于属性集 A 的分量，$i_1,i_2,\cdots,i_k$ 表示 A 中属性在关系 R 中的顺序号。

不同的行在列上投影后，可能行会相同，因为用于区别两个行的列已经被删除掉。当发生这种情况的时候，投影运算符将删除重复的行，相同的结果只留下一行。

【例 3.13】 采用投影运算表示下面的查询需求。

(1) 查询 CUSTOMERS 关系在姓名属性上的投影。

$$\pi_{cname}(CUSTOMERS)$$

或

$$\pi_2(CUSTOMERS)$$

查询结果如表 3.20 所示。

表 3.20 查询结果表

cname
Tip Top
Basics
Allied
ACME

说明：CUSTOMERS关系在姓名属性上投影后，有两行的值均为“ACME”，于是删除了重复的行，相同的结果只留下一行。

(2) 查询PRODUCTS关系中产品的编号和库存城市。

$$\pi_{pid,city}(PRODUCTS)$$

查询结果如表3.21所示。

表3.21　查询结果表

pid	city	pid	city
p01	Dallas	p05	Dallas
p02	Newark	p06	Dallas
p03	Duluth	p07	Newark
p04	Duluth		

3. 连接运算(join)

在数据库的查询中，有些时候需要通过两个以上的关系才能得到查询结果，当被处理的各个关系的属性之间毫无联系的时候，可以通过笛卡儿积来实现我们的目标。但在许多情况下，对参与运算的各个关系的元组常常附加了某些限制条件，这时可以采用连接运算。

连接是指从二个关系的广义笛卡儿积中选取满足一定连接条件的元组，也叫θ连接，记为：

$$R\underset{A\theta B}{\bowtie}S=\{\widehat{t_r t_s}\mid t_r\in R\wedge t_s\in S\wedge t_r[A]\theta t_s[B]\}$$

其中，A和B分别为R和S中度数相等且可比的属性组，即是同一数据类型，比如都是数字型或都是字符型，A和B称为连接属性，θ为比较运算符。

$t_r\in R, t_s\in S, \widehat{t_r t_s}$称为元组的连接，是一个$n+m$列的元组，前$n$个分量为$R$中的一个$n$元组，后$m$个分量为$S$中的一个$m$元组。连接运算是从$R$和$S$的广义笛卡儿积中选取$R$关系在$A$属性组上的值与$S$关系在$B$属性组上的值满足比较关系$\theta$的元组。

所以，$R\underset{A\theta B}{\bowtie}S=\sigma_{A\theta B}(R\times S)$。

连接运算中有两种最为重要也最为常用的连接：一种是等值连接(Equi-Join)，另一种是自然连接(Natural Join)。

(1) 等值连接

等值连接是θ为“=”时的情况，它是从关系R与S的笛卡儿积中选取A属性值和B属性值相等的那些元组。等值连接可记作：

$$R\underset{A=B}{\bowtie}S=\{\widehat{t_r t_s}\mid t_r\in R\wedge t_s\in S\wedge t_r[A]=t_s[B]\}$$

(2) 自然连接

自然连接是指两个关系进行连接比较的属性列完全相同的等值连接，且结果关系中没有重复的属性。自然连接是一种特殊的等值连接，参加连接的两个关系具有部分同名的属性。一般情况下，以后如无特殊说明，则连接均指自然连接。

一般的连接操作是从行的角度进行运算，但自然连接还要取消重复列，所以是同时从行和列的角度进行运算的。若R和S具有相同的属性组B，则自然连接可记作：

$$R\bowtie S=\{\widehat{t_r t_s}\mid t_r\in R\wedge t_s\in S\wedge t_r[B]=t_s[B]\}$$

自然连接的运算步骤是：

① 计算 $R\times S$。

② 选择满足等值条件 $R.B_{i1}=S.B_{j1}\wedge\cdots\wedge R.B_{in}=S.B_{jn}$ 的元组。

③ 去掉 $S.B_{j1},\cdots,S.B_{jn}$ 列。

【例 3.14】 设图 3.3(a)和图 3.3(b)分别是关系 R 和关系 S，图 3.3(c)为 $R\underset{C<E}{\bowtie}S$ 的结果，图 3.3(d)为等值连接 $R\underset{R.B=S.B}{\bowtie}S$ 的结果，图 3.3(e)为自然连接 $R\infty S$ 的结果。

A	B	C
a_1	b_1	5
a_1	b_2	6
a_2	b_3	8
a_2	b_4	12

(a) 关系 R

B	E
b_1	3
b_2	7
b_3	10
b_3	2
b_5	2

(b) 关系 S

A	R.B	C	S.B	E
a_1	b_1	5	b_2	7
a_1	b_1	5	b_3	10
a_1	b_2	6	b_2	7
a_1	b_2	6	b_3	10
a_2	b_3	8	b_3	10

(c) $R\underset{C<E}{\bowtie}S$

A	R.B	C	S.B	E
a_1	b_1	5	b_1	3
a_1	b_2	6	b_2	7
a_2	b_3	8	b_3	10
a_2	b_3	8	b_3	2

(d) $R\underset{R.B=S.B}{\bowtie}S$

A	B	C	E
a_1	b_1	5	3
a_1	b_2	6	7
a_2	b_3	8	10
a_2	b_3	8	2

(e) $R\bowtie S$

图 3.3　连接运算举例

【例 3.15】 查询代理商和顾客不在同一个城市的代理商编号和顾客编号组合。采用 θ 连接表示如下：

$$\pi_{\text{aid,cid}}(\text{AGENTS}\bowtie_{\text{AGENTS.city}<>\text{CUSTOMERS.city}}\text{CUSTOMERS})$$

采用基本运算表示如下：

$$\pi_{\text{aid,cid}}(\sigma_{\text{AGENTS.city}<>\text{CUSTOMERS.city}}(\text{AGENTS}\times\text{CUSTOMERS}))$$

【例 3.16】 查询所有订购商品 p05 的顾客的姓名。

分析：订购信息存储在 ORDERS 表中，顾客的姓名存储在 CUSTOMERS 表中，从 ORDERS 表中，我们能够得到订购了商品 p05 的顾客的编号，现在我们需要的是顾客的姓名，则可以让 ORDERS 和 CUSTOMERS 作一个自然连接，两个表都具有的属性是 cid，也就是说两个表中 cid 相同的行串接成一行，这样扩展了 ORDERS 表中顾客的信息。连接之后针对 pid='p05'作选择，最后再对 cname 投影。

$$\pi_{\text{cname}}(\sigma_{\text{pid='p05'}}(\text{ORDERS}\bowtie\text{CUSTOMERS}))$$

该关系代数分为三步。

① ORDERS⋈CUSTOMERS

查询结果如表 3.22 所示。

表 3.22 查询结果表

ordno	month	cid	aid	pid	qty	dollars	cname	city	discnt
1011	jan	c001	a01	p01	1000	450.00	Tip Top	Duluth	10.00
1012	jan	c001	a01	p01	1000	450.00	Tip Top	Duluth	10.00
1013	jan	c002	a03	p03	1000	880.00	Basics	Dallas	12.00
1017	feb	c001	a06	p03	600	540.00	Tip Top	Duluth	10.00
1018	feb	c001	a03	p04	600	540.00	Tip Top	Duluth	10.00
1019	feb	c001	a02	p02	400	180.00	Tip Top	Duluth	10.00
1022	mar	c001	a05	p06	400	720.00	Tip Top	Duluth	10.00
1023	mar	c001	a04	p05	500	450.00	Tip Top	Duluth	10.00
1025	apr	c001	a05	p07	800	720.00	Tip Top	Duluth	10.00
1026	mar	c002	a05	p03	800	704.00	Basics	Dallas	12.00

② $\sigma_{pid='p05'}$(ORDERS⋈CUSTOMERS)

查询结果如表 3.23 所示。

表 3.23 查询结果表

ordno	month	cid	aid	pid	qty	dollars	cname	city	discnt
1023	mar	c001	a04	p05	500	450.00	Tip Top	Duluth	10.00

③ $\pi_{cname}(\sigma_{pid='p05'}$(ORDERS⋈CUSTOMERS))

查询结果如表 3.24 所示。

表 3.24 查询结果表

cname
Tip Top

4. 除法运算(division)

除法运算在表达某种特殊类型的查询时非常有效。例如查询购买了所有商品的顾客的编号。除法运算可以通过像集来描述。

定义 3.18 给定一个关系 $R(X,Z)$，X 和 Z 为属性组。当 $t[X]=x$ 时，x 在 R 中的像集定义为：

$$Z_x=\{t[Z]\mid t\in R,t[X]=x\}$$

它表示 R 中属性组 X 上值为 x 的诸元组在 Z 上分量的集合。

定义 3.19 设关系 R 和 S 的度数分别为 n 和 $m(n>m>0)$，那么 $R\div S$ 是一个度数为 $(n-m)$ 的关系，它满足下列条件：$R\div S$ 中的每个元组 t 与 S 中每个元组 u 所组成的元组 (t,u) 必在关系 R 中。

定义 3.20 给定关系 $R(X,Y)$ 和 $S(Y)$，其中 X、Y 为属性组。R 中的 Y 与 S 中的 Y 可以有不同的属性名，但必须出自相同的域集。R 与 S 的除法运算得到一个新的关系 $P(X)$，P 是 R 中满足下列条件的元组在 X 属性组上的投影：元组在 X 上分量值 x 的像集 Y_x 包含 S 在 Y 上投影的集合。记作：

$$R\div S=\{t_r[X]\mid t_r\in R\wedge\pi_Y(S)\subseteq Y_x\}$$

其中 Y_x 是 X 在 R 中的像集，$x=t[X]$。

【例 3.17】 设关系 R、S 分别如图 3.4(a)和图 3.4(b)所示，$R \div S$ 的结果如图 3.4(c)所示。

A	B	C
a_1	b_1	c_2
a_2	b_3	c_5
a_3	b_4	c_4
a_1	b_2	c_3
a_4	b_6	c_4
a_2	b_2	c_3
a_1	b_2	c_1

(a) R

B	C	D
b_1	c_2	d_1
b_2	c_1	d_1
b_2	c_3	d_2

(b) S

A
a_1

(c) $R \div S$

图 3.4 除法运算举例

分析：在关系 R 中，元组在 A 上的分量值可以取 4 个值$\{a_1, a_2, a_3, a_4\}$。其中，

a_1 的像集为：$\{(b_1, c_2), (b_2, c_3), (b_2, c_1)\}$；

a_2 的像集为：$\{(b_3, c_5), (b_2, c_3)\}$；

a_3 的像集为：$\{(b_4, c_4)\}$；

a_4 的像集为：$\{(b_6, c_4)\}$；

S 在(B,C)上的投影为：$\{(b_1, c_2), (b_2, c_3), (b_2, c_1)\}$。

因为只有 a_1 的像集包含 S 在(B,C)上的投影，所以 $R \div S = \{a_1\}$。

通过给临时变量赋值，可以把关系代数表达式分开，以便一部分一部分地书写，这样可以把复杂的表达式化整为零，成为简单的表达式。赋值运算使用赋值运算符"="表示。赋值运算不是执行关系的操作，而是把赋值运算符右侧的表达式结果赋给左侧的关系变量，该关系变量可以在后续的表达式中继续使用。

除运算 $R \div S$ 也可以用基本关系代数操作符表示，为叙述方便起见，我们假设 S 的属性为 R 中的后 m 个属性，则 $R \div S$ 的具体计算过程如下：

① $T = \pi_{1,2,\cdots,n-m}(R)$。

② $W = (T \times S) - R$（即计算 $T \times S$ 中但不在 R 中的元组）。

③ $V = \pi_{1,2,\cdots,n-m}(W)$。

④ $R \div S = T - V$。

【例 3.18】 仍然计算例 3.17，使用不同的计算方法计算除法运算之后的结果，与例 3.17 比较看两者是否相同。

① $T = \pi_A(R)$

结果如表 3.25 所示。

表 3.25 结果表(1)

A
a_1
a_2
a_3
a_4

② $W = (T \times S) - R$

结果如表 3.26 所示。

表 3.26 结果表(2)

A	B	C	A	B	C
a_2	b_1	c_2	a_3	b_2	c_3
a_2	b_2	c_1	a_4	b_1	c_2
a_3	b_1	c_2	a_4	b_2	c_1
a_3	b_2	c_1	a_4	b_2	c_3

③ $V=\pi_A(W)$

结果如表 3.27 所示。

④ $R\div S=T-V$

结果如表 3.28 所示。

表 3.27　查询结果表(1)

A
a_2
a_3
a_4

表 3.28　查询结果表(2)

A
a_1

通过四步计算，得到的结果与通过像集求除法结果相同，通过像集求除法和我们人工查询数据的过程类似，比较容易理解。建议一般还是采用像集求除法计算关系的除法结果。

【例 3.19】　查询订购了顾客 c002 订购的所有商品的顾客编号。

分析：假如这个问题需要人工从这四张表中找到符合条件的记录，应该怎么做？

首先需要从 ORDERS 表中查询到顾客 c002 订购了哪些商品，即得到 c002 订购的所有商品的编号。

然后从 OREDERS 表中得到每个顾客订购的商品的编号，即每个顾客订购了哪些商品，如果这个顾客订购的商品包含 c002 订购的所有商品，则这个顾客即是我们要查询的顾客。

从这个人工的计算过程可以发现，从 OREDERS 表中得到每个顾客订购的商品的编号即是求元组在 cid 上分量值 x 的像集 Y_x，由此这个问题可以采用除法来解决。

这个查询需求比较复杂，其关系代数表达式可以按以下步骤构造完成。

① 查询订购商品的所有顾客编号和产品编号。对 ORDERS 表在 cid 和 pid 上做投影即完成。关系代数表达式为：

$$R=\pi_{\text{cid},\text{pid}}(\text{ORDERS})$$

查询结果如表 3.29 所示。

表 3.29　查询结果表(1)

cid	pid	cid	pid
c001	p01	c001	p06
c001	p03	c001	p05
c001	p04	c001	p07
c001	p02	c002	p03

② 查询顾客 c002 订购的所有商品的产品编号。对 ORDERS 表进行选择，选择条件为 cid='c002'，之后对 pid 做投影。关系代数表达式为：

$$S=\pi_{\text{pid}}(\sigma_{\text{cno}='\text{c002}'}(\text{ORDERS}))$$

查询结果如表 3.30 所示。

表 3.30　查询结果表(2)

pid
p03

③ 根据两个关系的除法定义，查询订购了顾客 c002 订购的所有商品的顾客编号的关系代数表达式为：

$$R\div S=\pi_{\text{cid},\text{pid}}(\text{ORDERS})\div\pi_{\text{pid}}(\sigma_{\text{cno}='\text{c002}'}(\text{ORDERS}))$$

采用第一种方法，首先在关系 R 中，元组在 cid 上的分量值可以取 2 个值{c001，c002}。其中：

c001 的像集为：{p01，p02，p03，p04，p05，p06，p07}；

c002 的像集为：{p03}；

S 在 pid 上的投影为：{p03}。

因为 c001 和 c002 的像集都包含 S 在 pid 上的投影，所以 $R \div S=$ {c001，c002}。所以查询结果如表 3.31 所示。

表 3.31 查询结果表(3)

cid
c001
c002

3.3.3 关系代数综合实例

关系代数是 SQL 查询语句的基础，掌握关系代数能帮助用户更好地理解 SQL。前面两节我们已经学习了关系代数中传统的集合运算和自然关系运算，为了进一步巩固所学知识，下面我们进一步学习在实际问题中如何用关系代数表示查询需求。很多时候，查询需求是多种关系运算的一个综合。像算术运算一样，关系代数运算也是具有优先级的(见表 3.32)，用户可以通过括号改变优先级级别。

表 3.32 关系代数的优先级表

优先级	关系代数运算	符号
高	投影	$\pi_A(R)$
	选择	$\sigma_F(R)$
	广义笛卡儿积	$\times$
↓	连接、除法	$\bowtie$，$\div$
	交	$\cap$
低	并、差	$\cup$，$-$

【例 3.20】 求下面查询需求的关系代数表达式。

(1) 查询所有订购了至少一个价值为 1 元的商品的顾客的姓名。

分析：

① 商品的价格等信息存储在商品表 Products 中，商品的订购信息存储在订购表 Orders 中，顾客的姓名等信息存储在顾客表 Customers 中。对 Products 作选择，条件为 price=1，可以得到价值为 1 元的商品信息。

$A=\sigma_{price=1}(\text{Products})$

查询结果如表 3.33 所示。

表 3.33 查询结果表(1)

pid	pname	city	quantity	price
p03	razor	Duluth	150600	1.00
p04	pen	Duluth	125300	1.00
p05	pencil	Dallas	221400	1.00
p07	case	Newark	100500	1.00

② $\sigma_{price=1}(\text{Products})$再和 Orders 作连接，连接字段为 pid，得到订购了至少一个价值为 1 元的商品的订购信息。

$$B=\sigma_{price=1}(\text{Products})\bowtie \text{Orders}$$

查询结果如表 3.34 所示。

表 3.34 查询结果表(2)

pid	pname	city	quantity	price	ordno	month	cid	aid	qty	dollars
p03	razor	Duluth	150600	1.00	1013	jan	c002	a03	1000	880.00
p03	razor	Duluth	150600	1.00	1017	feb	c001	a06	600	540.00
p04	pen	Duluth	125300	1.00	1018	feb	c001	a03	600	540.00
p05	pencil	Dallas	221400	1.00	1023	mar	c001	a04	500	450.00
p07	case	Newark	100500	1.00	1025	apr	c001	a05	800	720.00

③ 为了得到订购了至少一个价值为 1 元的商品的顾客的姓名，很自然地想到将上步结果表连接 Customers 表，但是，大家应该注意到上步结果表(表 3.34)和 Customers 表都有的字段除了 cid，还有 city，所以应该对表 3.34 先做投影，以去掉 city 字段，再连接 Customers 表。或者对 Customers 表在 cid 和 cname 列上先做投影，以去掉 city 字段，再连接表 3.34。

$$C=\pi_{cid}(\sigma_{price=1}(\text{Products})\bowtie \text{Orders})\bowtie \text{Customers}$$

或者

$$C=\sigma_{price=1}(\text{Products})\bowtie \text{Orders}\bowtie \pi_{cid,cname}(\text{Customers})$$

查询结果如表 3.35 所示。

表 3.35 查询结果表(3)

cid	cname	city	discnt
c001	Tip Top	Duluth	10.00
c002	Basics	Dallas	12.00

④ 最后再在顾客姓名 cname 列作投影，即得到所有订购了至少一个价值为 1 元的商品的顾客的姓名。

$$D=\pi_{cname}(\pi_{cid}(\sigma_{price=1}(\text{Products})\bowtie \text{Orders})\bowtie \text{Customers})$$

或者：

$$D=\pi_{cname}(\sigma_{price=1}(\text{Products})\bowtie \text{Orders}\bowtie \pi_{cid,cname}(\text{Customers}))$$

查询结果如表 3.36 所示。

表 3.36 查询结果表(4)

cname
Tip Top
Basics

(2) 查询订购了商品 pen 的顾客姓名。

分析：

① 对产品表 Products 作选择，选择条件为 pname='pen'，然后对 pid 投影。可以得到商品 pen 的编号。关系代数表达式为：

$$A=\pi_{pid}(\sigma_{pname='pen'}(\text{Products}))$$

② A 与 Orders 表作连接，得到订购了商品 pen 的订购信息。关系代数表达式为：

$$B=\pi_{pid}(\sigma_{pname='pen'}(\text{Products}))\bowtie \text{Orders}$$

③ B 与 Customers 表作连接，得到订购了商品 pen 的订购信息，并且包括订购顾客的详细信息。关系代数表达式为：

$$C=\pi_{pid}(\sigma_{pname='pen'}(\text{Products}))\bowtie \text{Orders}\bowtie \text{Customers}$$

④ 最后对 C 在 cname 列上做投影，得到订购了商品 pen 的顾客姓名。此查询需求的关系代数表达式为：

$$\pi_{cname}(\pi_{pid}(\sigma_{pname='pen'}(Products)) \bowtie Orders \bowtie Customers)$$

(3) 新进一种商品('p08','shoe','Dallas',100,30)，将这些信息插入关系 Products 中。

分析：插入操作在关系代数中可以采用集合运算中的并运算完成。此查询需求的关系代数表达式为：

$$Products \cup \{'p08', 'shoe', 'Dallas', 100, 30\}$$

(4) 查询既订购了产品 p01 也订购了产品 p03 的顾客编号。

分析：

① 对订购表 Orders 作选择，选择条件为 pid='p01'，然后对 cid 投影。可以得到订购了产品 p01 的顾客编号。关系代数表达式为：

$$A = \pi_{cid}(\sigma_{pid='p01'}(Orders))$$

② 同样，可以得到订购了产品 p03 的顾客编号，关系代数表达式为：

$$B = \pi_{cid}(\sigma_{pid='p03'}(Orders))$$

③ 两个结果表作交运算，即得到既订购了产品 p01 也订购了产品 p03 的顾客编号，关系代数表达式为：

$$A \cap B = \pi_{cid}(\sigma_{pid='p01'}(Orders)) \cap \pi_{cid}(\sigma_{pid='p03'}(Orders))$$

(5) 查询没有订购产品 p02 的顾客的编号和姓名。

分析：

① 首先可以得到订购了产品 p02 的顾客的编号和姓名。关系代数表达式为：

$$A = \pi_{cid,cname}(\sigma_{pid='p02'}(Orders \bowtie Customers))$$

② 对 Customers 表在 cid 和 cname 字段上投影，可以得到全部顾客的编号和姓名，关系代数表达式为：

$$B = \pi_{cid,cname}(Customers)$$

③ 全部顾客的编号和姓名的结果表与订购了产品 p02 的顾客的编号和姓名的结果表作差运算，即得到没有订购产品 p02 的顾客的编号和姓名，关系代数表达式为：

$$B - A = \pi_{cid,cname}(Customers) - \pi_{cid,cname}(\sigma_{pid='p02'}(Orders \bowtie Customers))$$

(6) 检索订购了所有产品的顾客的编号和姓名。

分析：根据题意"检索订购了所有产品的……"这类问题必须采用关系代数的除法运算解决，首先应该得到除法的被除表达式和除法表达式，步骤如下：

① 对 Orders 表在 cid 和 pid 字段上投影，可以得到作了订购的顾客编号和产品编号，关系代数表达式为：

$$A = \pi_{cid,pid}(Orders)$$

② 对 Products 表在 pid 字段上投影，可以得到所有产品的产品编号，关系代数表达式为：

$$B = \pi_{pid}(Products)$$

③ A 除以 B，可得到订购了所有产品的顾客的编号，关系代数表达式为：

$$C = A \div B = \pi_{cid,pid}(Orders) \div \pi_{pid}(Products)$$

④ 因为需要查询顾客的姓名和编号，而姓名仅存储在 Customers 表中，所以 C 需要和 Customers 表作连接，最后将连接结果在 cid 和 cname 两列上投影，关系代数表达式为：

$$\pi_{cid,cname}((\pi_{cid,pid}(Orders) \div \pi_{pid}(Products)) \bowtie Customers)$$

3.3.4 扩展的关系代数运算

除了前面已经学习的传统集合运算和自然关系运算之外，还有些关系代数运算也是比较有用的，比如外连接(Outer Join)。

外连接是自然连接的扩展，也可以说是自然连接的特例，可以处理缺失的信息。假设两个关系 R 和 S，它们的公共属性组成的集合为 Y，在对 R 和 S 进行自然连接时，在 R 中的某些元组可能与 S 中所有元组在 Y 上的值均不相等，同样，对 S 也是如此，那么在 R 和 S 的自然连接的结果中，这些元组都将被舍弃。使用外连接可以避免这样的信息丢失。外连接运算有三种：左外连接、右外连接和全外连接(见表 3.37)。

表 3.37 扩展的关系代数运算

名　称	符 号	键 盘 格 式	示　例
外连接	$\bowtie_{O}$	OUTERJ	R $\bowtie_{O}$ S　或　R OUTERJ S
左外连接	$\bowtie_{LO}$	LOUTERJ	R $\bowtie_{LO}$ S　或　R LOUTERJ S
右外连接	$\bowtie_{RO}$	ROUTERJ	R $\bowtie_{RO}$ S　或　R ROUTERJ S

1. 左外连接(left outer join)

取出左侧关系中所有与右侧关系的任一元组都不匹配的元组，用空值 NULL 填充所有来自右侧关系的属性，再把产生的元组加到自然连接的结果上。左外连接可以表示为：

左外连接＝内连接＋左边表中失配的元组

其中，缺少的右边表中的属性值用 NULL 表示。

2. 右外连接(right outer join)

与左外连接相对称，取出右侧关系中所有与左侧关系的任一元组都不匹配的元组，用空值 NULL 填充所有来自左侧关系的属性，再把产生的元组加到自然连接的结果上。右外连接可以表示为：

右外连接＝内连接＋右边表中失配的元组

其中，缺少的左边表中的属性值用 NULL 表示。

3. 全外连接(full outer join)

完成左外连接和右外连接的操作，既填充左侧关系中与右侧关系的任一元组都不匹配的元组，又填充右侧关系中与左侧关系的任一元组都不匹配的元组，并把结果加到自然连接的结果上。全外连接可以表示为：

全外连接＝内连接＋左边表中失配的元组＋右边表中失配的元组

其中，缺少的左边表或者右边表中的属性值用 NULL 表示。

【例 3.21】 设有两个关系模式 R 和 S(如表 3.38 所示)，求关系 R 和 S 的自然连接、左外连接、右外连接和全外连接。

分析：R 和 S 都具有的属性是 A_1 和 A_2，自然连接是指两个关系进行连接比较的属性列完全相同的等值连接，且结果关系中没有重复的属性。即 R 关系中元组的 A_1 和 A_2 与 S 关系中元组的 A_1 和 A_2 均对应相等，则这两个元组可以串接成一行。一一比较 R 中的每个

元组和 S 中的每个元组，可得 R 中的第二个元组和 S 中的第二个元组的 A_1 和 A_2 均对应相等，可以串接；R 中的第三个元组和 S 中的第三个元组的 A_1 和 A_2 均对应相等，可以串接，最后得到关系 R 和 S 的自然连接共有两行，如表 3.39 所示。

表 3.38 关系 R 和 S

R关系			S关系		
A_1	A_2	A_3	A_1	A_2	A_4
a	b	c	a	z	a
b	a	d	b	a	h
c	d	d	c	d	d
d	f	g	d	s	c

表 3.39 关系 R 和 S 自然连接的结果表

A_1	A_2	A_3	A_4
b	a	d	h
c	d	d	d

根据"左外连接＝内连接＋左边表中失配的元组"，R 与 S 的左外连接除包含内连接的二行外，左边的表 R 的第一行和第四行与右侧关系 S 的任一元组都不匹配，故这两行也是左外连接的结果，且用空值 NULL 填充来自右侧关系的属性 A_4，如表 3.40 所示。

类似可得 R 与 S 的右外连接如表 3.41 所示，R 与 S 的全外连接如表 3.42 所示。

表 3.40 R 与 S 左外连接的结果表

A_1	A_2	A_3	A_4
a	b	c	NULL
b	a	d	h
c	d	d	d
d	f	g	NULL

表 3.41 R 与 S 右外连接的结果表

A_1	A_2	A_3	A_4
a	z	NULL	a
b	a	d	h
c	d	d	d
d	s	NULL	c

表 3.42 R 与 S 完全外连接的结果表

A_1	A_2	A_3	A_4
a	b	c	NULL
b	a	d	h
c	d	d	d
d	f	g	NULL
a	z	NULL	a
d	s	NULL	c

【例 3.22】 查询所有顾客的顾客号、顾客姓名、订购的产品号、订购数量，没有订购过产品的顾客的订购信息显示为空。

分析：顾客信息存放在 Customers 表，订购信息存放在 Orders 表中，要获得顾客的订购信息，显然应该 Customers 和 Orders 作连接。但是如果顾客还没有任何订单，则这类顾客的信息是不在连接之后的结果表中的。因为题目要求没有订购过产品的顾客的订购信息显示为空，所以这里应使用左外连接。关系代数表达式为：$\pi_{cid,\ cname,\ pid,\ qty}$(Customers $\bowtie_{LO}$ Orders)。

查询结果如表 3.43 所示。

表 3.43　查询结果表

cid	cname	pid	qty
c001	Tip Top	p01	1000
c001	Tip Top	p01	1000
c001	Tip Top	p03	600
c001	Tip Top	p04	600
c001	Tip Top	p02	400
c001	Tip Top	p06	400
c001	Tip Top	p05	500
c001	Tip Top	p07	800
c002	Basics	p03	1000
c002	Basics	p03	800
c003	Allied	NULL	NULL
c004	ACME	NULL	NULL
c006	ACME	NULL	NULL

3.4 关系演算

在关系运算中，用数理逻辑中的谓词公式来表达查询要求的方式称为关系演算。关系演算是一种非过程化语言。根据谓词变量对象的不同，可分为元组关系演算和域关系演算。

3.4.1 元组关系演算

元组关系演算的最初定义是由 E. F. Codd 在 1972 年给出的。元组关系演算以元组变量作为谓词变元的基本对象。一种典型的元组关系演算语言是 E. F. Codd 提出的 ALPHA 语言。这一语言虽然没有实际实现，但关系数据库管理系统 INGRES 所用的 QUEL 语言是参照 ALPHA 语言研制的，与 ALPHA 十分类似。

元组关系演算是用元组集表示关系运算的结果，表达式的一般形式为$\{t \mid P(t)\}$，它是使 $P(t)$为真的所有元组 t 构成的集合。其中，t 是元组变量，$P(t)$是公式，它由原子公式和运算符组成。

元组关系演算的原子公式有三类。

(1) $R(s)$，其中 R 是关系名，s 是元组变量，它表示这样一个命题："s 是关系 R 中的一个元组”。因此，关系 R 可表示为 $\{s \mid R(s)\}$。

(2) $t[i]\theta s[j]$，其中 t、s 是元组变量，θ 是算术比较符。$t[i]$、$s[j]$ 分别表示 t 的第 i 个分量和 s 的第 j 个分量。$t[i]\theta s[j]$ 表示这样一个命题：“元组 t 的第 i 个分量与元组 s 的第 j 个分量之间满足 θ 关系”。例如，$t[1]\leqslant s[2]$ 表示元组 t 的第 1 个分量值必须小于等于 s 的第 2 个分量值。

(3) $t[i]\theta a$ 或 $a\theta t[i]$，其中 a 为常量，$t[i]\theta a$ 表示这样一个命题：“元组 t 的第 i 个分量与常量 a 满足 θ 关系”。例如，$t[3]>5$ 表示元组 t 的第 3 个分量值必须大于 5。

设 Φ_1、Φ_2 是公式，则 $\neg \Phi_1$、$\Phi_1 \wedge \Phi_2$、$\Phi_1 \vee \Phi_2$、$\Phi_1 \Rightarrow \Phi_2$ 也都是公式。

设 Φ 是公式，t 是 Φ 中的某个元组变量，那么 $(\forall t)(\Phi)$、$(\exists t)(\Phi)$ 都是公式。$\forall$ 为全称量词，含义是“对所有的……”；$\exists$ 为存在量词，含义是“至少存在一个……”。受量词约束的变量称为约束变量，不受量词约束的变量称为自由变量。

在元组演算的公式中，各种运算符的运算优先次序如下。

(1) 算术比较运算符优先级最高。

(2) 量词次之，且按 $\exists$、$\forall$ 的先后次序进行。

(3) 逻辑运算符优先级最低，且按 $\neg$、$\wedge$、$\vee$、$\Rightarrow$ 的先后次序进行。

(4) 括号中的运算优先。

关系代数的运算均可以用关系演算表达式来表示(反之亦然)。下面用元组关系演算表达式来表示五种基本运算：

(1) 并

$$R \cup S = \{t \mid R(t) \vee S(t)\}$$

(2) 差

$$R - S = \{t \mid R(t) \wedge \neg S(t)\}$$

(3) 投影

$$\pi_{i_1, i_2, \cdots, i_k}(R) = \{t \mid (\exists u)(R(u) \wedge t[1] = u[i_1] \wedge \cdots \wedge t[k] = u[i_k])\}$$

【例 3.23】 仍以 SALES 数据库为例，写出下列查询需求的元组关系演算表达式。

① 查询 CUSTOMERS 关系在姓名属性上的投影。

$$\{t \mid (\exists u)(\text{CUSTOMERS}(u) \wedge t[1] = u[2])\}$$

说明：其中 $u[2]$ 代表 CUSTOMERS 表的第 2 个属性，即姓名 sname，$t[1]$ 代表结果关系的第 1 个属性。

② 查询 PRODUCTS 关系中产品的编号和库存城市。

$$\{t \mid (\exists u)(\text{PRODUCTS}(u) \wedge t[1] = u[1] \wedge t[2] = u[3])\}$$

说明：其中 $u[1]$ 代表 PRODUCTS 表的第 1 个属性，即编号 pid，$t[1]$ 代表结果关系的第 1 个属性；$u[3]$ 代表 PRODUCTS 表的第 3 个属性，即库存城市 city，$t[2]$ 代表结果关系的第 2 个属性。

(4) 选择

$$\sigma_F(R) = \{t \mid R(t) \wedge F\}$$

其中，F 是以 t 为变量的布尔表达式。

【例 3.24】 仍以 SALES 数据库为例，写出下列查询需求的元组关系演算表达式。

① 查询编号为 c002 的顾客的信息。

$$\{t \mid CUSTOMERS(t) \land t[cid] = 'c002'\}$$

② 查询编号为 c001 的顾客通过代理商 a01 订购的信息。

$$\{t \mid ORDERS(t) \land t[cid] = 'c001' \land t[aid] = 'a01'\}$$

(5) 笛卡儿积

$$R \times S = \{t \mid (\exists u)(\exists v)(R(u) \land S(v) \land t[1] = u[1] \land \cdots \land t[n] = u[n] \land t[n+1] = v[1] \land \cdots \land t[n+m] = v[m])\}$$

【例 3.25】 查询所有订购商品 p05 的顾客的姓名。

$$\{t \mid (\exists u)(\exists v)(ORDERS(u) \land u[pid] = 'p05' \land CUSTOMERS(v) \land u[cid] = v[cid] \land t[1] = v[2])\}$$

为了更好地理解元组关系演算,下面给出了一些综合实例。

【例 3.26】 以 SALES 数据库为例,写出下列查询需求的元组关系演算表达式。

(1) 查询所有订购了至少一个价值为 1 元的商品的顾客的姓名。

$$\{t \mid (\exists u)(\exists v)(\exists w)(PRODUCTS(u) \land u(price) = 1 \land ORDERS(v) \land CUSTOMERS(w) \land u[pid] = v[pid] \land v[cid] = w[cid] \land t[1] = w[2])\}$$

(2) 查询订购了产品 p01 或 p03 的顾客编号。

$$\{t \mid (\exists u)(ORDERS(u) \land (u[pid] = 'p01' \lor u[pid] = 'p03') \land t[1] = u[3])\}$$

(3) 查询既订购了产品 p01 也订购了产品 p03 的顾客编号。

$$\{t \mid (\exists u)(\exists v)(ORDERS(u) \land u[pid] = 'p01' \land ORD1(v) \land v[pid] = 'p03' \land u[cid] = v[cid] \land t[1] = u[3])\}$$

其中,定义 ORDERS 的别名 ORD1。

(4) 查询没有订购产品 p02 的顾客的编号和姓名。

$$\{t \mid (\exists u)(CUSTOMERS(u) \land (\forall v)(ORDERS(v) \land (u[cid] = v[cid] \Rightarrow v[pid] \neq p02') \land t[1] = u[1] \land t[2] = u[2]))\}$$

(5) 检索订购了所有产品的顾客的编号和姓名。

$$\{t \mid (\exists u)(\forall v)(\exists w)(CUSTOMERS(u) \land PRODUCTS(v) \land ORDERS(w) \land u[cid] = w[cid] \land w[pid] = v[pid] \land t[1] = u[1] \land t[2] = u[2])\}$$

【例 3.27】 假设 R 和 S 分别是三元和二元关系,试把表达式 $\pi_{1,5} = (\sigma_{2=4 \lor 3=4}(R \times S))$ 转换成等价的元组关系演算表达式。

分析:与$(R \times S)$等价的元组关系演算表达式为:

$$\{t \mid (\exists u)(\exists v)(R(u) \land S(v) \land t[1] = u[1] \land t[2] = u[2] \land t[3] = u[3] \land t[4] = v[1] \land t[5] = v[2])\}$$

与$(\sigma_{2=4 \lor 3=4}(R \times S))$等价的元组关系演算表达式为:

$$\{t \mid (\exists u)(\exists v)(R(u) \land S(v) \land t[1] = u[1] \land t[2] = u[2] \land t[3] = u[3] \land t[4] = v[1] \land t[5] = v[2] \land (t[2] = t[4] \lor t[3] = t[4]))\}$$

与 $\pi_{1,5}(\sigma_{2=4 \lor 3=4}(R \times S))$等价的元组关系演算表达式为:

$$\{w \mid (\exists t)(\exists u)(\exists v)(R(u) \land S(v) \land t[1] = u[1] \land t[2] = u[2] \land t[3] = u[3] \land t[4] = v[1] \land t[5] = v[2] \land (t[2] = t[4] \lor t[3] = t[4] \land w[1] = t[1] \land w[2] = t[5]))\}$$

再对上述元组关系演算表达式化简(消去 t)可得:

$$\{w \mid (\exists u)(\exists v)(R(u) \land S(v) \land (u[2]=v[1] \lor u[3]=v[1]) \land w[1]=u[1] \land w[2]=v[2])\}$$

熟练后,不需要一步一步分别写出元组关系演算表达式,可以直接写出上式。

3.4.2 域关系演算

用元组集合表示关系运算的结果,称为域演算表达式。表达式的一般形式为:

$$\{t_1,t_2,\cdots,t_k \mid P(t_1,t_2,\cdots,t_k)\}$$

其中,“$t_1,t_2,\cdots,t_k$”是域变量,即元组分量的变量,其变化范围是某个值域;$P(t_1,t_2,\cdots,t_k)$ 是由原子公式和运算符组成的公式。该表达式的含义是:它是使 $P(t_1,t_2,\cdots,t_k)$ 为真的那些域变量“$t_1,t_2,\cdots,t_k$”组成的元组的集合。

域关系演算表达式中的原子公式有以下两种。

(1) $R(t_1,t_2,\cdots,t_k)$。R 是一个 k 元关系,每个 t_i 是域变量或者常量。

(2) $x\theta y$。其中 x 为域变量,y 为域变量或者为常量。θ 是算术比较符。$x\theta y$ 表示 x 与 y 满足 θ 关系。

设 Φ_1、Φ_2 是公式,则 $\neg\Phi_1$、$\Phi_1 \land \Phi_2$、$\Phi_1 \lor \Phi_2$、$\Phi_1 \Rightarrow \Phi_2$ 也都是公式。

设 $\Phi_1(t_1,t_2,\cdots,t_k)$ 是公式,那么 $(\forall t_i)(\Phi)$、$(\exists t_i)(\Phi)$ 且 $i=(1,2,\cdots,k)$ 都是公式。

域关系演算公式中运算符的优先级类同元组演算规定。每一个关系代数表达式有一个等价的域演算表达式,反之亦然。域关系演算、元组关系演算、关系代数三者的描述能力是一样的。

域关系演算和元组关系演算是类似的,不同之处是用域变量代替元组变量的每一个分量。与元组变量不同的是,域变量的变化范围是某个值域而不是一个关系。可以像元组演算一样定义域演算的原子公式。转换的方法为:

(1) 如果 t 是有 n 个分量的元组变量,则为 t 的每个分量 $t[i]$ 引进一个域变量 t_i,用 t_i 来替换公式中所有的 $t[i]$。相应的域关系演算表达式则有了 n 个域变量,形式为 $\{t_1,t_2,\cdots,t_k \mid P(t_1,t_2,\cdots,t_k)\}$

(2) 出现存在量词 $(\exists u)$ 或者全称量词 $(\forall u)$ 的时候,如果 u 是有 m 个分量的元组变量,则为 u 的每个变量 $u[i]$ 引进一个域变量 u_i,将量词辖域内所有的 u 用 u_1、u_2、u_3、…、u_m 替换,所有的 $u[i]$ 用 u_i 来替换。

【例 3.28】 以 SALES 数据库为例,写出下列查询需求的域关系演算表达式。

(1) 查询 PRODUCTS 关系中产品的编号和库存城市。

$$\{t_1 t_3 \mid \text{PRODUCTS}(t_1,t_2,t_3,t_4,t_5)\}$$

(2) 查询编号为 c001 的顾客通过代理商 a01 订购的信息。

$$\{t_1 t_2 t_3 t_4 t_5 t_6 t_7 \mid \text{ORDERS}(t_1,t_2,t_3,t_4,t_5,t_6,t_7) \land t_3 = \text{'c001'} \land t_4 = \text{'a01'}\}$$

(3) 查询所有订购商品 p05 的顾客的姓名。

$$\{t \mid (\exists u)(\exists v)(\text{ORDERS}(u) \land u(\text{pid}) = \text{'p05'} \land \text{CUSTOMERS}(v) \land u[\text{cid}] = v[\text{cid}] \land t[1] = v[2])\}$$

$$\{t_1 \mid (\exists u_1 u_2 u_3 u_4 u_5 u_6 u_7)(\exists v_1 v_2 v_3 v_4)\text{ORDERS}(u_1,u_2,u_3,u_4,u_5,u_6,u_7) \land \text{CUSTOMERS}(v_1,v_2,v_3,v_4) \land u_5 = \text{'p05'} \land u_3 = v_1 \land t_1 = v_2\}$$

(4) 查询订购了产品 p01 或 p03 的顾客编号。

$$\{t \mid (\exists u)(\mathrm{ORDERS}(u) \wedge (u[\mathrm{pid}] = \text{'p01'} \vee u[\mathrm{pid}] = \text{'p03'}) \wedge t[1] = u[3])\}$$

$$\{t_1 \mid (\exists u_1 u_2 u_3 u_4 u_5 u_6 u_7)\mathrm{ORDERS}(u_1, u_2, u_3, u_4, u_5, u_6, u_7) \wedge (u_5 = \text{'p01'} \vee u_5 = \text{'p03'}) \wedge t_1 = u_3\}$$

(5) 查询既订购了产品p01也订购了产品p03的顾客编号。

$$\{t_1 \mid (\exists u_1 u_2 u_3 u_4 u_5 u_6 u_7)(\exists v_1 v_2 v_3 v_4 v_5 v_6 v_7)\mathrm{ORDERS}(u_1, u_2, u_3, u_4, u_5, u_6, u_7) \wedge \mathrm{ORDERS}(v_1, v_2, v_3, v_4, v_5, v_6, v_7) \wedge u_5 = \text{'p01'} \wedge v_5 = \text{'p03'} \wedge u_3 = v_3 \wedge t_1 = u_3\}$$

【例3.29】 假设 R 和 S 分别是三元和二元关系，试把表达式 $\pi_{1,5}(\sigma_{2=4 \vee 3=4}(R \times S))$ 转换成等价的域关系演算表达式。

分析：由例3.27，我们已经得到了等价的元组关系演算表达式为：

$$\{w \mid (\exists u)(\exists v)(R(u) \wedge S(v) \wedge (u[2] = v[1] \vee u[3] = v[1]) \wedge w[1] = u[1] \wedge w[2] = v[2])\}$$

将之转换为等价的域关系演算表达式为：

$$\{w_1 w_2 \mid (\exists u_1)(\exists u_2)(\exists u_3)(\exists v_1)(\exists v_2)(R(u_1 u_2 u_3) \wedge S(v_1 v_2) \wedge (u_2 = v_1 \vee u_3 = v_1) \wedge w_1 = u_1 \wedge w_2 = v_2)\}$$

再化简(消去 u_1、v_2)，得：

$$\{w_1 w_2 \mid (\exists u_2)(\exists u_3)(\exists v_1)(R(w_1 u_2 u_3) \wedge S(v_1 w_2) \wedge (u_2 = v_1 \vee u_3 = v_1))\}$$

域关系演算以元组变量的分量即域变量作为谓词变元的基本对象。1975年由M. M. Zloof提出的QBE(Query By Example，通过例子进行查询)就是一个很有特色的域关系演算语言，该语言于1978年在IBM 370上得以实现。

3.5 关系代数表达式的优化

查询优化是关系数据库管理系统需要解决的一个重要问题。查询优化器的优点不仅在于用户不必考虑如何最好地表达查询以获得较好的效率，而且在于系统自动优化存取路径可以比用户的程序“优化”做得更好。

1. 查询优化步骤

虽然实际的DBMS对查询优化的具体实现方法不尽相同，但一般地可以归纳为4个步骤。

(1) 将查询需求转换成某种内部表示，通常是语法树。

(2) 根据一定的等价变换规则把语法树转换成标准(优化)形式。

(3) 选择低层的操作算法。对于语法树中的每一个操作需要根据存取路径、数据的存储分布、存储数据的聚簇等信息来选择具体的执行算法。

(4) 生成查询计划。查询计划也称查询执行方案，是由一系列内部操作组成的。这些内部操作按一定的次序构成查询的一个执行方案。通常这样的执行方案有多个，需要计算每个执行方案的执行代价，从中选择代价最小的一个。

商品化RDBMS大都采用基于代价的优化算法。这种方法要求查询优化器充分考虑系统中的各种参数(如缓冲区大小、表的大小、数据的分布、存取路径等)，通过某种代价模型计算出各种查询计划的执行代价，然后选取代价最小的执行方案。

在集中式关系数据库中，计算代价时主要考虑磁盘读写的I/O次数，也有一些系统还考虑 CPU 的处理时间。因此，在集中式数据库中，查询的执行代价为：

总代价 = I/O 代价 + CPU 代价

多用户环境下内存的分配情况会明显地影响这些用户查询执行的总体性能。例如，当系统把大量的内存分配给某个用户用于查询处理时，虽然会加速该用户查询的执行速度，但却可能使系统内的其他用户得不到足够的内存而影响其查询处理速度。因此，多用户环境下关系数据库还应考虑查询的内存开销，即查询的执行代价为：

总代价 = I/O 代价 + CPU 代价 + 内存代价

2. 查询优化策略

查询优化的一般策略主要有以下 6 个。

(1) 选择运算应尽早执行。选择符合条件的元组可以使中间结果所含的元组数大大减少，从而减少运算量和输入输出次数。这一点对减少查询时间是最有效的，是查询优化中最基本的策略。

【例 3.30】 关系代数表达式 $\pi_{sname}(\sigma_{cno='c02'}(SC \bowtie S))$ 的语法树可表示为图 3.5(a)，优化后的关系代数表达式 $\pi_{sname}((\sigma_{cno='c02'}(SC)) \bowtie S)$ 的语法树变成图 3.5(b)。

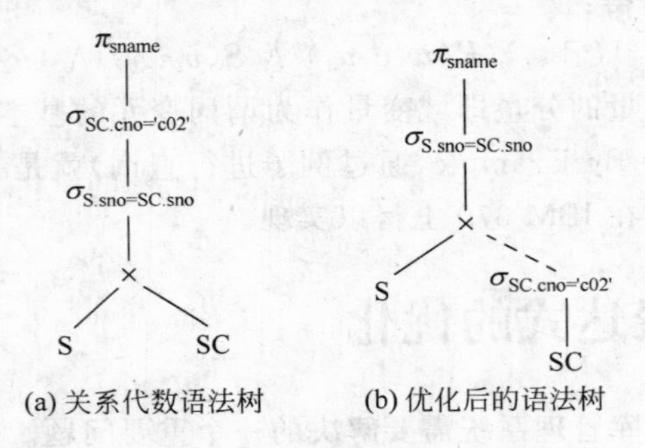

图 3.5 关系代数优化

(2) 把投影运算和选择运算同时进行。如果投影运算和选择运算是对同一关系操作，则可以在对关系的一次扫描中同时完成，从而减少操作时间。

(3) 把投影操作与它前面或后面的一个双目运算结合起来，不必为投影(减少几个字段)而专门扫描一遍关系。

(4) 在执行连接运算之前，可对需要连接的关系进行适当的预处理，如建索引或排序，这样，当一个关系读入内存后，可根据连接属性值在另一个关系中快速查找符合条件的元组，加速连接运算速度。

(5) 把笛卡儿乘积和其后的选择运算合并成为连接运算，可避免扫描笛卡儿乘积的中间结果。两个关系的连接运算，特别是等值连接运算比同样两个关系的笛卡儿乘积节约更多计算时间。

(6) 存储公用子表达式。对于重复出现的子表达式(简称公用子表达式)，如果该表达式的结果不是很大的关系，则应将这个公用子表达式的结果关系存于外存。这样，从外存中读出这个关系比计算它的时间少得多，从而达到节省操作时间的目的，特别是当公用子表达式频繁出现时效果更加显著。

【例 3.31】 查询订购了商品"pen"并且居住在 New York 的顾客姓名。

(1) 写出该查询的关系代数表达式。

(2) 写出该查询优化的关系代数表达式。

(3) 画出该查询初始的关系代数表达式的语法树。

(4) 使用优化算法,对语法树进行优化,并画出优化后的语法树。

解:(1)关系代数表达式为:

$\pi_{cname}(\sigma_{pname='pen' \wedge city='New York'}(\pi_{pid,panme}(PRODUCTS) \bowtie ORDERS \bowtie CUSTOMERS))$

(2) 设

$$L_1 = \pi_{pid,pname}(\sigma_{pname='pen'}(PRODUCTS))$$
$$L_2 = \pi_{pid,cid}(ORDERS)$$
$$L_3 = \pi_{cid,cname}(\sigma_{city='New York'}(CUSTOMERS))$$

该查询优化的关系代数表达式为:

$$\pi_{cname}(\sigma_{ORDERS.cid=CUSTOMERS.cid}(\pi_{ORDERS.cid}(\sigma_{PRODUCTS.pid=ORDERS.pid}(L_1 \times L_2)) \times L_3))$$

(3) 该查询初始的关系代数表达式的语法树如图3.6所示。

(4) 优化后的语法树如图3.7所示。

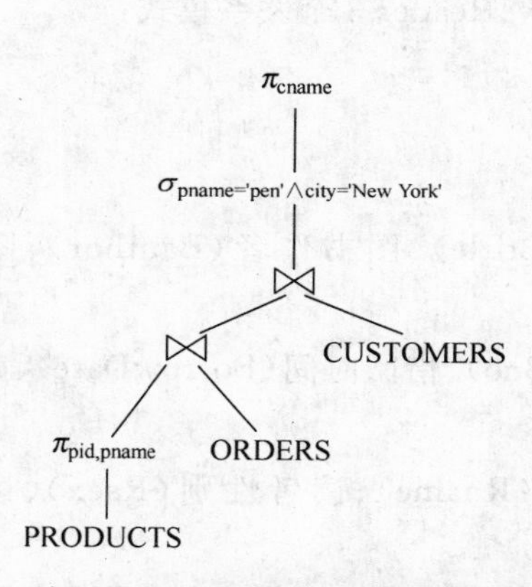

图3.6 该查询初始的关系代数表达式的语法树

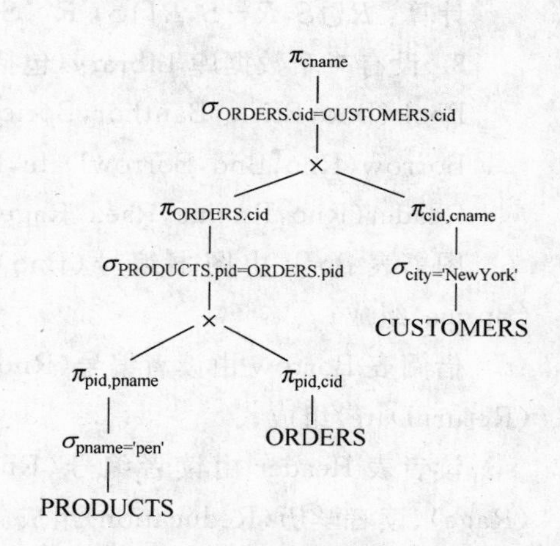

图3.7 优化后的语法树

习题3

1. 解释下列术语,说明它们之间的联系与区别:

(1) 笛卡儿积,关系,元组,属性,域。

(2) 超键,候选键,主键,外键。

(3) 连接,等值连接,自然连接,全外连接,左外连接,右外连接。

2. 关系数据库中,关系的规则有哪些?

3. 关系代数中的操作有哪些?

4. 关系演算有哪几种?

5. 试述关系代数五种基本运算的定义。

6. 试用关系代数的五种基本运算来表示交、连接和除法等运算。

7. 设有关系 R 和 S(见表3.44和表3.45):

表 3.44 关系 R

A	B	C
5	3	6
4	7	2
8	2	6
4	4	2

表 3.45 关系 S

A	B	C
4	7	2
3	4	6

计算：$R\cup S$，$R-S$，$R\cap S$，$R\times S$，$\pi_{3,2}(S)$，$\sigma_{B<'5'}(R)R\bowtie S$。

8. 设有一个数据库 Library，包括 Book、Borrow、Reader 3 个关系模式：

Book(Bno，Btitle，Bauthor，Bprice)；

Borrow(Rno，Bno，BorrowDate，ReturnDate)；

Reader(Rno，Rname，Rsex，Rage，Reducation)；

图书表 Book 由图书编号(Bno)、图书名称(Btitle)、图书作者(Bauthor)、图书价格(Bprice)组成；

借阅表 Borrow 由读者编号(Rno)、图书编号(Bno)、借阅时间(BorrowDate)、归还时间(ReturnDate)组成；

读者表 Reader 由读者编号(Rno)、读者姓名(Rname)、读者性别(Rsex)、读者年龄(Rage)、读者学历(Reducation)组成。

针对数据库 Library，用关系代数表达式表示下列查询语句。

(1) 查询全体读者的姓名(Rname)、出生年份。

(2) 查询所有年龄在 18～20 岁(包括 18 岁和 20 岁)之间的读者姓名(Rname)及年龄(Rage)。

(3) 查询学历为研究生的读者的编号(Rno)、姓名(Rname)和性别(Rsex)。

(4) 查询读者的借书情况，要求列出读者姓名、图书名称、借书日期。

(5) 查询所有读者的基本情况和借书情况，没有借书的读者也输出基本信息。

(6) 查询借阅了编号为 b02 的图书的读者编号(Rno)和读者姓名(Rname)。

(7) 查询至少借阅了读者 r01 借阅的全部书籍的读者编号(Rno)和读者姓名(Rname)。

(8) 查询数据库类图书和价格低于 50 元的图书的信息。

9. 设有两个关系 $R(A,B,C)$ 和 $S(D,E,F)$，试把下列关系代数表达式转换成等价的元组表达式：

(1) $\pi_A(R)$；(2) $\sigma_{B='17'}(R)$；(3) $R\times S$；(4) $\pi_{A,F}(\sigma_{C=D}(R\times S))$

10. 在教学数据库 S、SC、C 中，用户有一查询语句：检索女同学选修课程的课程名和任课教师名。

(1) 试写出该查询的关系代数表达式。

(2) 试写出查询优化的关系代数表达式。

(3) 画出该查询初始的关系代数表达式的语法树。

(4) 使用优化算法,对语法树进行优化,并画出优化后的语法树。

C H A P T E R 4

第4章 SQL Server 2008 关系数据库管理系统

本章学习目标

- 了解 SQL Server 2008 的特性。
- 了解 SQL Server 2008 的体系结构。
- 理解 SQL Server 2008 数据库及数据库对象。
- 熟练使用 SQL Server 2008 的管理工具。
- 掌握 Transact-SQL 语言的使用。

4.1 SQL Server 2008 概述

SQL Server 是一个高性能的、多用户的关系型数据库管理系统。由于它具有强大、灵活的功能,丰富的应用编程接口及精巧的系统结构,深受广大用户的青睐,故而成为当前最流行的数据库服务器系统之一。

1996 年,Microsoft 公司推出了 SQL Server 6.5 版本。1998 年,SQL Server 7.0 版本和用户见面。2000 年,Microsoft 公司增强了 SQL Server 7.0 的功能,发布了 SQL Server 2000,包括企业版、标准版、开发版和个人版 4 个版本。2005 年,Microsoft 公司又推出了 SQL Server 2005,提供了一个完整的数据管理和分析解决方案,给不同需求的组织和个人带来帮助。2008 年,SQL Server 2008 面世。SQL Server 2008 是一个重大的产品版本,它推出了许多新的特性并进行了关键改进。本章将介绍 SQL Server 2008 的体系结构、管理工具以及 Tranact-SQL 程序设计。

4.1.1 SQL Server 2008 的各种版本

SQL Server 2008 的使用人员包括数据库管理员、开发人员和普通用户等,为了满足不同需求的用户,Microsoft 公司设计出不同的版本,每一种版本以某种需求的人员为目标,产生一种最合适的解决方案来满足这种需求的人员所特有的性能、运行时间和价格需求。SQL Server 2008 的四个版本介绍如表 4.1 所示。

表 4.1　SQL Server 2008 的 4 个版本

版　本	描　述	使用场所
企业版(Enterprise Edition)	一个全面的数据管理和商业智能平台,提供企业级的可扩展性、高可用性和高安全性以运行企业关键业务应用	大规模 OLTP 大规模报表 先进的分析 数据仓库
标准版(Standard Edition)	一个完整的数据管理和商业智能平台,提供最好的易用性和可管理性来运行部门级应用	部门级应用 中小型规模 OLTP 报表和分析
工作组版(Workgroup Edition)	一个可信赖的数据管理和报表平台,提供各分支应用程序以安全、远程同步和管理功能	分支数据存储 分支报表 远程同步
学习版(Express Edition)	提供学习和创建桌面应用程序和小型应用程序,并可被 ISVS 重新发布的免费版本	入门级 & 学习 免费的 ISVS 重发 富桌面端应用

4.1.2　SQL Server 2008 的新特性

Microsoft SQL Server 2008 提供了一套综合的能满足不断增长的企业业务需求的数据平台。SQL Server 中不仅包含了可以扩展服务器功能以及大型数据库的技术,而且还提供了性能优化工具。该平台有以下特点。

(1) 可信任的。在安全、可靠和可扩展的平台中运行关键业务型应用程序。

(2) 高效的。在合理开发数据应用程序的同时,降低数据基础架构的管理成本。

(3) 智能的。提供了一个全面的平台,可以在用户需要的时候发送观察信息,在整个企业中实现商业智能。

Microsoft SQL Server 2008 是一个用于大规模联机事务处理 (OLTP)、数据仓库和电子商务应用的数据库平台;也是用于数据集成、分析和报表解决方案的商业智能平台。该平台使用集成的商业智能工具提供企业级的数据管理。SQL Server 2008 主要增加的新特性包括以下几方面。

1. 集成服务

SQL Server 集成服务(SQL Server Integration Service,SSIS)是一个嵌入式应用程序,用于开发和执行 ETL(Extract-Transform-Load,解压缩、转换和加载)包。SSIS 代替了 SQL Server 2000 的 DTS(Data Transformation Services),整合服务功能既包含了实现简单的导入导出包所必需的 Wizard 导向插件、工具以及任务,也有非常复杂的数据清理功能。SQL Server 2008 SSIS 的功能有很大的改进和增强,在 SSIS 2005 中,数据管道不能跨越两个处理器,而 SSIS 2008 能够在多处理器机器上跨越两个处理器,而且它提高了处理大件包的性能,SSIS 引擎更加稳定,锁死率更低。

Lookup 是 SSIS 一个常用的获取相关信息的功能,比如从 CustomerID 查找 Customer Name,获取数据集。Lookup 在 SSIS 中很常见,而且可以处理上百万行的数据集,因此性能可能很差。SQL Server 2008 对 Lookup 的性能作出很大的改进,能够处理不同的数据源,包括 ADO. NET、XML、OLEDB 和其他 SSIS 压缩包。

2. 分析服务

SSAS(SQL Server Analysis Services,SQL Server 分析服务)也得到了很大的改进和增强。Microsoft SQL Server 2008 分析服务建立在分析工具的强大基础上,提供了一个真实的企业级解决方案。它充分改进了性能和可扩展性,使数据处理更快,极大提高了大型数据库备份和监控能力。通过将数据集市结合到一个统一多维模型(Unified Dimensional Model,UDM)中,提高关键企业数据的可管理性,增强了数据挖掘工具集预测能力。

3. 报表服务

SSRS(SQL Server Reporting Services ,SQL Server 报表服务)的处理能力和性能得到改进,使得大型报表不再耗费所有可用内存。另外,在报表的设计和完成之间有了更好的一致性。SQL Server 2008 SSRS 推出了一个新的数据显示类型,即跨越表格和矩阵的 TABLIX。报表服务 2008 提供了制作从很多数据源获得数据、具有丰富的格式的报表所需要的工具和功能,并且提供了一组功能全面的熟悉工具,用来管理和保护企业报表解决方案。报表能被快速而有效地处理和发送,使用户可以从订阅自动接收到报表,或者即席访问报表库中的报表,或者在他们的业务处理过程中直接使用已内嵌到他们的商业或 Web 应用程序中的报表。

4. 与 Microsoft Office 2007 完美结合

SQL Server 2008 能够与 Microsoft Office 2007 完美地结合。例如,SQL Server 报表服务能够直接把报表导出生成为 Word 文档。使用 Report Authoring 工具,Word 和 Excel 都可以作为 SSRS 报表的模板。Excel SSAS 新添了一个数据挖掘插件,提高了性能。

4.2 SQL Server 2008 体系结构

SQL Server 2008 的体系结构是指对 SQL Server 2008 的组成部分和这些组成部分之间关系的描述。Microsoft SQL Server 2008 系统由 4 个部分组成,这 4 个部分称为 4 个服务,分别是数据库引擎、Analysis Services、Reporting Services 和 Integration Services。4 个服务之间的相互关系如图 4.1 所示。

图 4.1　SQL Server 2008 的体系结构

1. 数据库引擎

数据库引擎是 Microsoft SQL Server 2008 系统的核心服务，负责完成数据的存储、处理和安全管理。使用数据库引擎创建用于联机事务处理或联机分析处理数据的关系数据库，包括创建用于存储数据的表和用于查看、管理和保护数据安全的数据库对象（如索引、视图和存储过程）。数据库引擎使用 SQL Server Management Studio 管理数据库对象，例如，创建数据库、创建表、执行各种数据查询、访问数据库等。数据库引擎包含了许多功能组件，例如复制、全文搜索、Service Broker 等。

2. Analysis Services

Analysis Services 是一种核心服务，可支持对业务数据的快速分析，为商业智能应用程序提供联机分析处理和数据挖掘功能。使用 Analysis Services，用户可以设计、创建和管理包含来自于其他数据源数据的多维结构，通过对多维数据进行多角度的分析，可以使管理人员对业务数据有更全面的理解。另外，通过使用 Analysis Services，用户可以完成数据挖掘模型的构造和应用，实现知识的发现、表示和管理。

3. Integration Services

Integration Services 是用于生成企业级数据集成和数据转换解决方案的平台。使用 Integration Services 可解决复杂的业务问题，方法是复制或下载文件，发送电子邮件以响应事件，更新数据仓库，清除和挖掘数据以及管理 SQL Server 对象和数据。这些包可以独立使用，也可以与其他包一起使用以满足复杂的业务需求。Integration Services 可以提取和转换来自多种源（如 XML 数据文件、平面文件和关系数据源）的数据，然后将这些数据加载到一个或多个目标。

4. Reporting Services

Reporting Services 是基于服务器的报表平台，提供来自关系和多维数据源的综合数据报表。Reporting Services 包含处理组件、一整套可用于创建和管理报表的工具和允许开发人员在自定义应用程序中集成和扩展数据和报表处理的应用程序编程接口。生成的报表可以基于 SQL Server、Analysis Services、Oracle 或任何 Microsoft .NET Framework 数据访问接口（如 ODBC 或 OLE DB）提供的关系数据或多维数据。

利用 Reporting Services，可以创建交互式报表、表格式报表或自由格式报表，可以根据计划的时间间隔检索数据或在用户打开报表时按需检索数据。Reporting Services 还允许用户基于预定义模型创建即席报表，并且允许通过交互方式浏览模型中的数据。所有报表可以按桌面格式或面向 Web 的格式呈现。

4.3　SQL Server 2008 系统数据库

4.3.1 SQL Server 2008 数据库的组成

1. 文件

在 SQL Server 中，数据库的物理存储结构在磁盘上是以文件为单位存储的，包括数据文件和事务日志文件两种文件形式,数据文件又分为主数据文件和次要数据文件两种。

(1) 日志文件

日志文件是用来记录数据库更新情况的文件,包含恢复数据库所需的所有日志信息。如使用 insert、update、delete 语句等对数据库进行更改的操作都会记录在此文件中。每个数据库必须至少有一个日志文件,也可以有多个。日志文件的推荐文件扩展名是.ldf。

(2) 主数据文件

主数据文件用来存储数据库的启动信息和部分或全部数据。主数据文件是数据库的起点,指向数据库中文件的其他部分。每个数据库都有一个主数据文件。主数据文件的推荐文件扩展名是 .mdf。

(3) 次要数据文件

除主数据文件以外的所有其他数据文件都是次要数据文件,可以用来存放表、视图和存储过程等用户文件,但不能存储系统对象。某些数据库可能不含有任何次要数据文件,而有些数据库则含有多个次要数据文件。次要数据文件的推荐文件扩展名是 .ndf。

2. 文件组

文件组是指将构成数据库的数个文件集合起来组织成为一个群体,并给定一组名。当在数据库中创建数据库对象时,可以特别指定要将某些对象存储在某一特定的组上。使用文件组可以提高表中数据的查询性能。SQL Server 有两种类型的文件组:主文件组和用户定义文件组。

(1) 主文件组

主文件组包含主数据文件和任何没有明确分配给其他文件组的其他文件。系统表的所有页均分配在主文件组中。

(2) 用户定义文件组

用户定义文件组是通过在 create database 或 alter database 语句中使用 filegroup 关键字指定的任何文件组。日志文件不包括在文件组内,日志空间与数据空间分开管理。

一个文件不可以是多个文件组的成员。表、索引和大型对象数据可以与指定的文件组相关联。在这种情况下,它们的所有页将被分配到该文件组,或者对表和索引进行分区。已分区表和索引的数据被分割为单元,每个单元可以放置在数据库中的单独文件组中。

每个数据库中均有一个文件组被指定为默认文件组。如果创建表或索引时未指定文件组,则将假定所有页都以默认文件组分配。一次只能有一个文件组作为默认文件组。db_owner 固定数据库角色成员可以将默认文件组从一个文件组切换到另一个。如果没有指定默认文件组,则将主文件组作为默认文件组。

4.3.2 SQL Server 2008 数据库

SQL Server 2008 系统提供了两种类型的数据库,即系统数据库和用户数据库。系统数据库存放 SQL Server 2008 系统的系统级信息,例如系统配置、数据库信息、登录账户信息、数据库文件信息、数据库备份信息、警报、作业等。SQL Server 2008 使用这些系统级信息管理和控制整个数据库服务器系统。用户数据库是由用户创建的，用来存放用户数据。SQL Server 2008 系统的数据库类型示意图如图 4.2 所示。

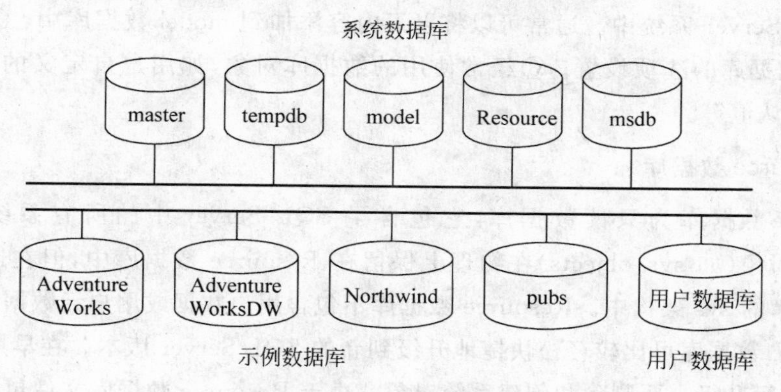

图 4.2 数据库类型示意图

当 SQL Server 2008 安装成功之后，系统自动创建了 5 个系统数据库和多个用户示例数据库。系统数据库分别是 master、tempdb、model、Resource 和 msdb。用户示例数据库主要包括 AdventureWorks、AdventureWorksDW、Northwind 和 pubs 数据库。AdventureWorks 是一个 OLTP 类型的示例数据库，AdventureWorksDW 则是一个数据仓库类型的示例数据库。pubs 数据库以一个图书出版公司为模型，Northwind 数据库是以 Northwind Traders 的虚构公司为模型，存放了一些公司的销售数据，该公司从事世界各地的特产食品进出口贸易。SQL Server 2008 不自动安装 pubs 和 Northwind 示例数据库。用户可以从微软网站上下载安装这两个示例数据库。

下面分别介绍这些系统数据库和用户数据库的作用和特点。

1. master 数据库

master 数据库记录 SQL Server 系统的所有系统级信息，包括实例范围的元数据(例如登录账户)、端点、链接服务器和系统配置设置。此外，master 数据库还记录了所有其他数据库的存在、数据库文件的位置以及 SQL Server 的初始化信息。因此，如果 master 数据库不可用，则 SQL Server 无法启动。在 SQL Server 2008 中，系统对象不再存储在 master 数据库中，而是存储在 Resource 数据库中。

2. tempdb 数据库

tempdb 系统数据库是连接到 SQL Server 实例的所有用户都可用的全局资源，它保存所有临时表和临时存储过程。另外，它还用来满足所有其他临时存储要求，例如存储 SQL Server 生成的工作表。

每次启动 SQL Server 时，都要重新创建 tempdb，所以系统启动时，该数据库总是空的。在断开连接时会自动删除临时表和存储过程，并且在系统关闭后没有活动连接。因此 tempdb 中不会有什么内容从一个 SQL Server 会话保存到另一个会话。

3. model 数据库

model 数据库用作在 SQL Server 实例上创建的所有数据库的模板(包括用户数据库和

tempdb 数据库)。当创建数据库时,系统会将 model 数据库中的内容复制到新建的数据库中去。因为每次启动 SQL Server 时都会创建 tempdb 数据库,所以 model 数据库必须始终存在于 SQL Server 系统中。通常可以将以下内容添加到 model 数据库中:①数据库的最小容量;②数据库的选项设置;③经常使用的数据库对象,如用户自定义的数据类型、函数、规则和默认值等。

4. Resource 数据库

Resource 数据库为只读数据库,它包含了 SQL Server 中的所有系统对象。SQL Server 系统对象(如 sys. objects)在物理上保留在 Resource 数据库中,但在逻辑上却显示在每个数据库的 sys 架构中。Resource 数据库不包含用户数据或用户元数据。

Resource 数据库可比较轻松快捷地升级到新的 SQL Server 版本。在早期版本的 SQL Server 中,进行升级需要删除和创建系统对象。由于 Resource 数据库文件包含所有系统对象,因此,现在仅通过将单个 Resource 数据库文件复制到本地服务器便可完成升级。同样,回滚 Service Pack 中的系统对象更改只需使用早期版本覆盖 Resource 数据库的当前版本。

5. msdb 数据库

msdb 数据库由 SQL Server 代理用于计划、警报和作业,也可以由其他功能(如 Service Broker 和数据库邮件)使用。

6. AdventureWorks 数据库

AdventureWorks 是一个示例 OLTP 数据库,存储了某公司的业务数据。用户可以利用该数据库来学习 SQL Server 的操作,也可以模仿该数据库的结构设计用户自己的数据库。

7. AdventureWorksDW 数据库

AdventureWorksDW 是一个示例 OLAP 库,用于在线事务分析。用户可以利用该数据库来学习 SQL Server 的 OLAP 操作,也可以模仿该数据库的结构设计用户自己的 OLAP 数据库。

4.3.3 SQL Server 2008 数据库对象

数据库是数据和数据库对象的容器。数据库对象就是存储、管理和使用数据的不同结构形式。在 Microsoft SQL Server 2008 系统中,主要的数据库对象包括数据库关系图、表、视图、同义词、存储过程、函数、触发器、程序集、类型、规则、默认值等。在某种程度上可以这样说,设计数据库的过程实际上就是设计和实现数据库对象的过程。在 SQL Server 2008 系统中,使用 SQL Server Management Studio 工具的“对象资源管理器”可以把数据库中的对象表示成树状结点形式,如用户定义的 Sales 数据库中的数据库对象结点如图 4.3 所示。

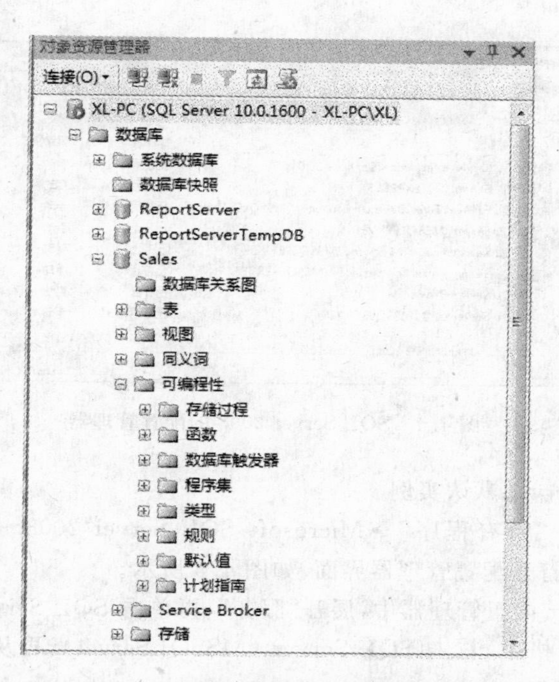

图 4.3 “对象资源管理器”中的数据库对象结点

4.4 SQL Server 2008 的管理工具

Microsoft SQL Server 2008 系统提供了大量的管理工具,通过这些管理工具,可以实现对系统快速高效的管理。这些管理工具主要包括 SQL Server 配置管理器、SQL Server Management Studio、SQL Server Profiler、数据库引擎优化顾问以及大量的命令行实用工具。下面分别介绍这些工具的主要作用和特点。

4.4.1 SQL Server 配置管理器

SQL Server 2008 配置管理器是一种用来配置进行数据库访问的工具,用于管理与 SQL Server 相关联的服务、配置 SQL Server 使用的网络协议以及从 SQL Server 客户端计算机管理网络连接配置。

1. 配置 SQL Server 2008 服务

SQL Server 作为一个大型产品,在服务器后台需要运行许多不同的服务,数据库引擎和 SQL Server 代理都是作为服务运行在 Microsoft 操作系统上。使用 SQL Server 配置管理器可以启动、暂停、恢复或停止服务,还可以查看或更改服务属性。完整安装的 SQL Server 包括 9 个服务,其中 7 个服务可使用配置管理器来管理(另外两个是作为后台支持的服务)。SQL Server 配置管理器可以代替 SQL Server 服务管理器。图 4.4 列出 Microsoft SQL Server 2008 系统的 8 个服务。

下面以“启动 SQL 实例”的具体操作来展示 SQL Server 配置管理器如何管理 SQL Server 服务。

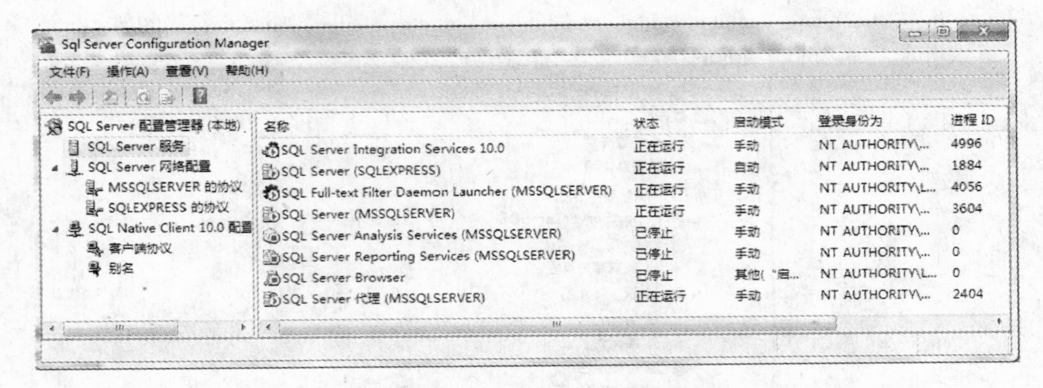

图 4.4 SQL Server 2008 的配置管理器

(1) 启动 SQL Server 默认实例

① 选择"开始"→"所有程序"→Microsoft SQL Server 2008 →"配置工具"→"SQL Server 配置管理器",打开配置管理器界面,如图 4.5 所示。

② 在 SQL Server 配置管理器中,展开"服务",再单击 SQL Server。

③ 在详细信息窗格中,右击 SQL Server (MSSQLServer),再从弹出的快捷菜单中选择"启动",如图 4.5 所示。

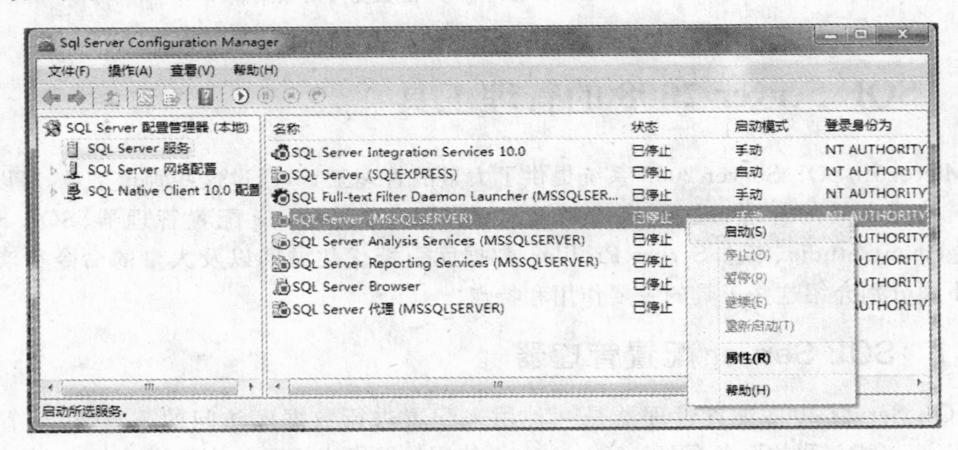

图 4.5 启动 SQL Server 的服务

④ 如果工具栏上和服务器名称旁的图标中出现绿色箭头,则指示服务器已成功启动。

⑤ 关闭 SQL Server 配置管理器。

(2) 启动 SQL Server 命名实例

与启动 SQL Server 默认实例的步骤基本一致,只是在第二步中展开"服务"后,需要单击所想管理的服务 SQL Server(<instance_name>)。

(3) 使用启动选项启动 SQL Server 实例

① 选择"开始"→"所有程序"→Microsoft SQL Server 2008 →"配置工具",然后单击"SQL Server 配置管理器"。

② 在 SQL Server 配置管理器中,展开"服务",再单击 SQL Server(MSSQLSERVER)。

③ 在详细信息窗格中，右击 SQL Server 实例，再从弹出菜单中选择“属性”。

④ 在“SQL Server ＜MSSQLSERVER＞ 属性”对话框中，选择“高级”选项卡，再单击“启动参数”，如图 4.6 所示。

图 4.6 SQL Server 实例的属性

⑤ 在原始文本结尾处的“值”列中输入想要的启动参数，然后单击“确定”按钮。参数之间用分号隔开，例如“-c;-m”。

⑥ 参数将在 SQL Server 重新启动后生效。

2. SQL Server 2008 网络配置

SQL Server 配置管理器可以配置服务器和客户端网络协议以及连接选项。启用正确协议后，通常不需要更改服务器网络连接。但是，如果需要重新配置服务器连接，以使 SQL Server 侦听特定的网络协议、端口或管道，则可以使用 SQL Server 配置管理器。

使用 SQL Server 配置管理器可以创建或删除别名、更改使用协议的顺序或查看服务器别名的属性，其中包括：

- 服务器别名——客户端所连接到的计算机的服务器别名。
- 协议——用于配置条目的网络协议。
- 连接参数——与用于网络协议配置的连接地址关联的参数。

使用 SQL Server 配置管理器可以管理服务器和客户端网络协议，其中包括强制协议加密、查看别名属性或启用/禁用协议等功能。SQL Server 支持 Shared Memory、TCP/IP、Named Pipes 以及 VIA 协议等网络协议，如图 4.7 所示。

若要连接到 SQL Server 数据库引擎，必须启用网络协议。Microsoft SQL Server 可同时通过多种协议处理请求。客户端用单个协议连接到 SQL Server。如果客户端程序不知道 SQL Server 正在侦听哪个协议，可以配置客户端按顺序尝试多个协议，可以使用 SQL Server 配置管理器启用、禁用以及配置网络协议。

协议必须在客户端和服务器上都启用才能正常工作。服务器可以同时监听所有已启用

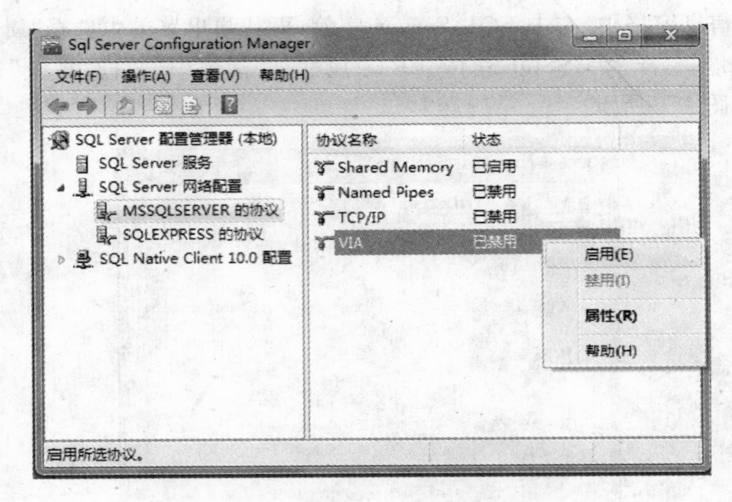

图 4.7　SQL Server 的网络配置

的协议的请求。客户端计算机可以选取一个协议，或按照 SQL Server 配置管理器中列出的顺序尝试这些协议。下面介绍几种常见的协议。

(1) Shared Memory

Shared Memory 是可供使用的最简单协议，没有可配置的设置。由于使用 Shared Memory 协议的客户端仅可以连接到同一台计算机上运行的 SQL Server 实例，因此它对于大多数数据库活动而言是没用的。如果怀疑其他协议配置有误，请使用 Shared Memory 协议进行故障排除。

(2) TCP/IP

TCP/IP 是 Internet 上广泛使用的通用协议。它与互联网中硬件结构和操作系统各异的计算机进行通信。TCP/IP 包括路由网络流量的标准，并能够提供高级安全功能。它是目前在商业中最常用的协议。

(3) Named Pipes

Named Pipes 是为局域网而开发的协议。内存的一部分被某个进程用来向另一个进程传递信息，因此一个进程的输出就是另一个进程的输入。第二个进程可以是本地的(与第一个进程位于同一台计算机上)，也可以是远程的(位于互联网中的其他计算机上)。

(4) VIA

虚拟接口适配器（VIA）协议和 VIA 硬件一同使用。

3. SQL Native Client 配置

客户端应用程序可以使用 TCP/IP、命名管道、VIA 或共享内存协议连接到 Microsoft SQL Server。SQL Server Native Client 主要用来配置客户和服务器进行通信所使用的协议。展开 SQL Native Client 配置，可以看到其中包括“客户端协议”和“别名”两个选项，如图 4.8 所示。

(1) 客户端协议

配置客户端计算机的网络协议属性。在任何一个协议上单击鼠标右键，在弹出的快捷菜单中选择“属性”菜单项，即可对该协议进行配置。

图 4.8 SQL Native Client 配置

(2) 别名

配置用于单个服务器连接的网络协议选项。

4.4.2 SQL Server Management Studio

SQL Server Management Studio 是管理 SQL Server 数据库的优秀图形化工具,是 Visual Studio IDE 环境的一个子集。在使用该工具时,可以通过简单的、可视化的图形化用户界面来管理服务器的各种功能。

SQL Server 中的大部分任务管理工作都是使用 SQL Server Management Studio 来完成的,使用它可以配置数据库系统、建立或删除数据库对象、设置或取消用户的访问权限等。利用该工具还可以维护服务器与数据库的安全、浏览错误日志等。

打开 SQL Server Management Studio 界面的具体步骤为:选择“开始”→“所有程序”→ Microsoft SQL Server 2008 → SQL Server Management Studio,启动 Management Studio,启动后将出现如图 4.9 所示的“连接到服务器”对话框。

图 4.9 SQL Server 数据库连接界面

在“连接到服务器”对话框中，有“服务器类型”、“服务器名称”、“身份验证”三个选项。

(1) 服务器类型

在 SQL Server 2008 中，存在不同类型的服务器，包括数据库引擎、Analysis Services、Reporting Services、SQL Server Compact Edition、Integration Services，登录时要选择正确的服务器类型，因为在 SQL Server 中不同类型的服务器可以使用相同的名称。

(2) 服务器名称

服务器名称是用户想要登录的服务器的一个标识符，在同一种服务器类型下，服务器名称是唯一的标识符。默认情况下登录的服务器是本机的默认 SQL Server 实例，其服务器名称为“(local)”，并不管本机如何命名。可以使用“.”来代替 local，二者是等价的。

(3) 身份验证

在 SQL Server 中，有两种身份验证方式可以选择：Windows 身份验证和 SQL Server 身份验证。

使用 Microsoft SQL Server 安装向导的“身份验证模式”页，可以选择用于验证该 SQL Server Express 实例连接的身份验证形式。如果选择“混合模式”，则必须输入并确认 SQL Server 系统管理员 (sa) 密码。在设备与 SQL Server 成功建立连接之后，用于 Windows 身份验证和混合模式的安全机制相同。

在图 4.9 所示的界面上，输入用户名、密码以后单击“连接”按钮，就看到如图 4.10 所示的界面。

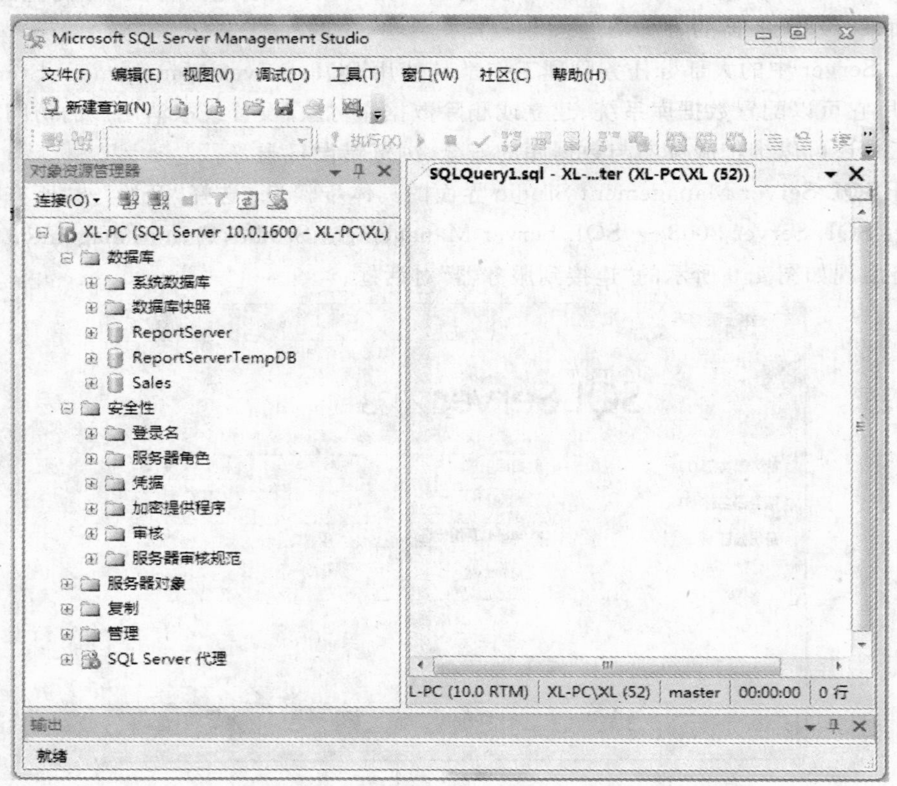

图 4.10 Microsoft SQL Server Management Studio 窗口

4.4.3　SQL Server Profiler

SQL Server Profiler 程序是一个功能强大的 SQL 跟踪的图形用户界面，能够显示一些服务器信息。数据库管理员完成了数据库的部署和设计后，用户能定期地访问，进行插入、修改和删除等操作。而管理员则需要监视服务器，以保障数据库能正常运行。系统管理员可以通过 SQL Server Profiler 监视 SQL Server 2008 的事件，捕获每个事件的数据并将其保存到文件或 SQL Server 表中供以后分析，使用 SQL Server Profiler 可以执行下列操作：

- 创建基于可重用模板的跟踪。
- 当跟踪运行时监视跟踪结果。
- 将跟踪结果存储在表中。
- 根据需要启动、停止、暂停和修改跟踪结果。
- 重播跟踪结果。

打开 SQL Server Profiler 界面的具体步骤如下。

(1) 选择“开始”→“所有程序”→Microsoft SQL Server 2008→“性能工具”→SQL Server Profiler 菜单项。

(2) 选择“文件”→“新建跟踪”，填写数据库连接信息后选择连接。默认情况下使用 Standard 模板，它是不会跟踪异常的。如果要跟踪异常，先切换到“事件选择”选项卡。选中右下方的“显示所有事件”复选框，再选中 Errors and Warnings 节下的 Exception 和 User Error Message 复选框，其他复选框可根据需要选择。选择完成后单击“运行”按钮，此时开始跟踪，如图 4.11 所示。

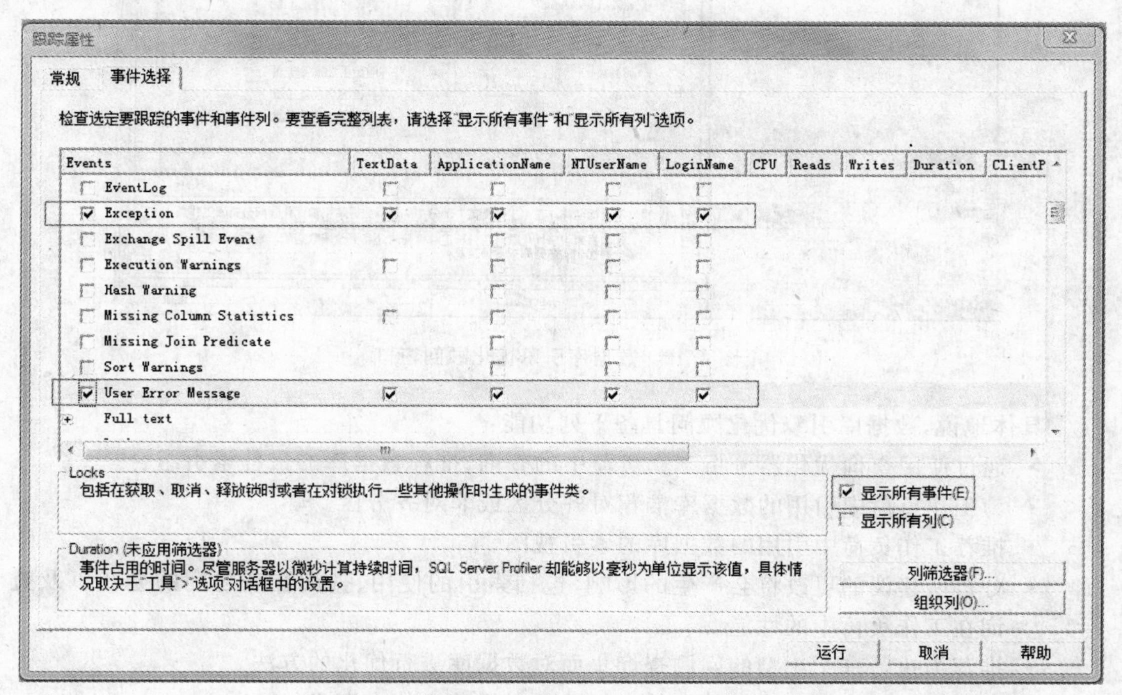

图 4.11　SQL Server Profiler 的“跟踪属性”对话框

4.4.4 数据库引擎优化顾问

数据库引擎优化顾问(Database Engine Tuning Advisor)工具用于分析在一个或多个数据库中运行的工作负荷的性能效果。工作负荷是对将要优化的一个或多个数据库执行的一组Transact-SQL语句。数据库引擎优化顾问会提供在Microsoft SQL Server数据库中添加、删除或修改物理设计结构的建议。这些物理性能结构包括聚集索引、非聚集索引、索引视图和分区。用户不必详细了解数据库的结构就可以选择和创建最佳的索引、索引视图、分区等。

数据库引擎优化顾问提供两个用户界面：图形用户界面（GUI）和dta命令提示实用工具。使用GUI可以方便快捷地查看优化会话结果，而使用dta实用工具可将数据库引擎优化顾问功能并入脚本中，从而实现自动优化。数据库引擎优化顾问窗口如图4.12所示。

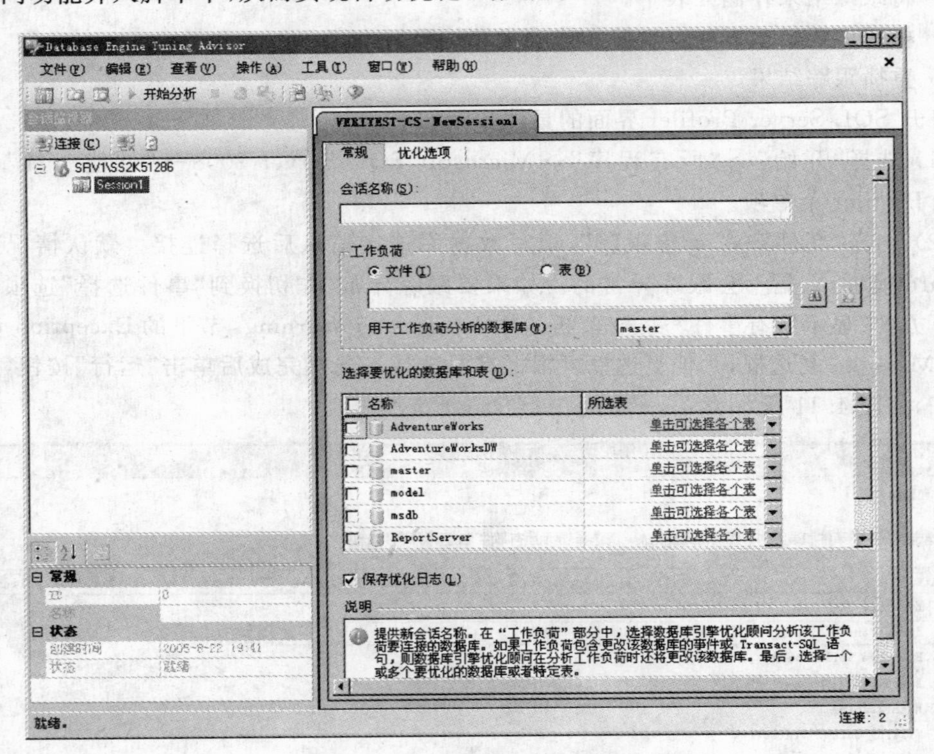

图 4.12 数据库引擎优化顾问窗口

具体地说，数据库引擎优化顾问具备下列功能：

- 通过使用查询优化器分析工作负荷中的查询，推荐数据库的最佳索引组合。
- 为工作负荷中引用的数据库推荐对齐分区或非对齐分区。
- 推荐工作负荷中引用的数据库的索引视图。
- 分析所建议的更改将会产生的影响，包括索引的使用、查询在表之间的分布以及查询在工作负荷中的性能。
- 推荐为执行一个小型的问题查询集而对数据库进行优化的方法。
- 允许通过指定磁盘空间约束等高级选项对推荐进行自定义。
- 提供对所给工作负荷的建议执行效果的汇总报告。

• 考虑备选方案，即可以以假定配置的形式提供可能的设计结构方案，供数据库引擎优化顾问进行评估。

4.4.5 实用工具

在 Microsoft SQL Server 2008 系统中，不仅提供了大量的图形化工具，还提供了大量的命令行实用工具。这些命令行实用工具包括 bcp、dta、dtexec、dtutil、Microsoft. AnalysisServices. Deployment、osql、profiler、rs、rsconfig、rskeymgmt、sqlagent90、sqlcmd、SQLdiag、sqllogship 应用程序、sqlmaint、sqlservr、Ssms、tablediff 等。

bcp 实用工具可以在 Microsoft SQL Server 2008 实例和用户指定格式的数据文件之间进行大容量的数据复制。也就是说，使用 bcp 实用工具可以将大量数据导入 SQL Server 表中，或者将表中的数据导出到数据文件中。

dta 实用工具是数据库引擎优化顾问的命令提示符版本。通过使用 dta 实用工具，用户可以在应用程序和脚本中使用数据库引擎优化顾问功能，从而扩大了数据库引擎优化顾问的作用范围。

dtexec 实用工具用于配置和执行 Microsoft SQL Server 2008 Integration Services (SSIS)。用户通过使用 dtexec 实用工具，可以访问所有 SSIS 包的配置信息和执行功能，这些信息包括连接、属性、变量、日志、进度指示器等。

dtutil 实用工具的作用类似 dtexec 实用工具，也是执行与 SSIS 包有关的操作。但是，该工具主要是用于管理 SSIS 包，这些管理操作包括验证包的存在性以及对包进行复制、移动、删除等操作。

Microsoft. AnalysisServices. Deployment 实用工具执行与 Analysis Services 有关的部署操作。该工具部署到使用的输入文件，是在 Business Intelligence Development Studio 中生成的 XML 输出文件。这些文件可以提供对象定义、部署目标、部署选项和配置设置。同时，该实用工具将使用指定的部署选项和配置设置，尝试将对象定义部署到指定的部署目标。

osql 实用工具可以用来输入 Transact-SQL 语句、系统过程和脚本文件。该工具通过 ODBC 与服务器通信。

profiler 实用工具用于在命令提示符下启动 SQL Server Profiler。利用该命令后面列出的可选参数，可以控制应用程序的启动方式。

rs 实用工具用于运行专门管理 Reporting Services 报表服务器的脚本。使用此实用工具，可以实现报表服务器部署与管理任务的自动化。

rsconfig 配置工具用于配置报表服务器连接。利用该工具可以在 RSReportServer. config 文件中加密并存储连接和账户值。加密值包括用于无人参与报表处理的报表服务器数据库连接信息和账户值。

rskeymgmt 实用工具用于管理报表服务器上的加密密钥。该工具可以用来提取、还原、创建以及删除对称密钥，该密钥用于保护敏感报表服务器数据免受未经授权的访问。

sqlagent90 应用程序用于在命令提示符下启动 SQL Server 代理。需要注意的是，通常情况下，应从 SQL Server Management Studio 或在应用程序中使用 SQL-SMO 方法来运行 SQL Server 代理。只有在诊断 SQL Server 代理时或被主要支持提供程序定向到命令提示符时，才从命令提示符处运行 sqlagent90。

sqlcmd 实用工具可以在命令提示符处、在 sqlcmd 模式下的查询编辑器中、在 Windows 脚本文件中或者在 SQL Server 代理作业的操作系统（Cmd. exe）作业步骤中输入 Transact-SQL 语句、系统过程和脚本文件。此实用工具使用 OLE DB 执行 Transact-SQL 批处理。

SQLdiag 实用工具用于为 Microsoft 客户服务和支持部门收集诊断信息。使用该工具可以从 SQL Server 和其他类型的服务器中收集日志和数据文件，同时还可将其用于一直监视服务器或对服务器的特定问题进行故障排除。

sqllogship 实用工具用于执行日志传送配置中的备份、复制或还原操作，以及相关的清除任务，无须运行备份、复制和还原作业。

sqlmaint 实用工具可以对一个或多个数据库执行一组指定的维护操作，这些操作包括 DBCC 检查、备份数据库及其事务日志、更新统计以及重建索引，并且生成报表，发送到指定的文本文件、HTML 文件或电子邮件账户。

sqlservr 实用工具可以在命令提示符下启动、停止、暂停和继续 Microsoft SQL Server 的实例。

Ssms 实用工具用于打开 SQL Server Management Studio，并且还用于与服务器建立连接以及打开查询、脚本、文件、项目和解决方案。

tablediff 实用工具用于比较两个表中的数据以查看数据是否无法收敛，这对于排除复制拓扑中的非收敛故障非常有用。用户可以从命令提示符或在批处理文件中使用该实用工具执行比较任务。

4.4.6 联机丛书

联机丛书是 SQL Server 2008 帮助文档的主要来源，是 SQL Server 中最重要的工具之一。SQL Server 联机丛书涵盖了 SQL Server 的丰富信息，当用户遇到困难时可以从中找到答案。

如图 4.13 所示，SQL Server 2008 中的联机丛书用最新的. NET 联机帮助界面替代了以前 Microsoft 技术产品系列中使用的联机帮助界面(MSDN)。

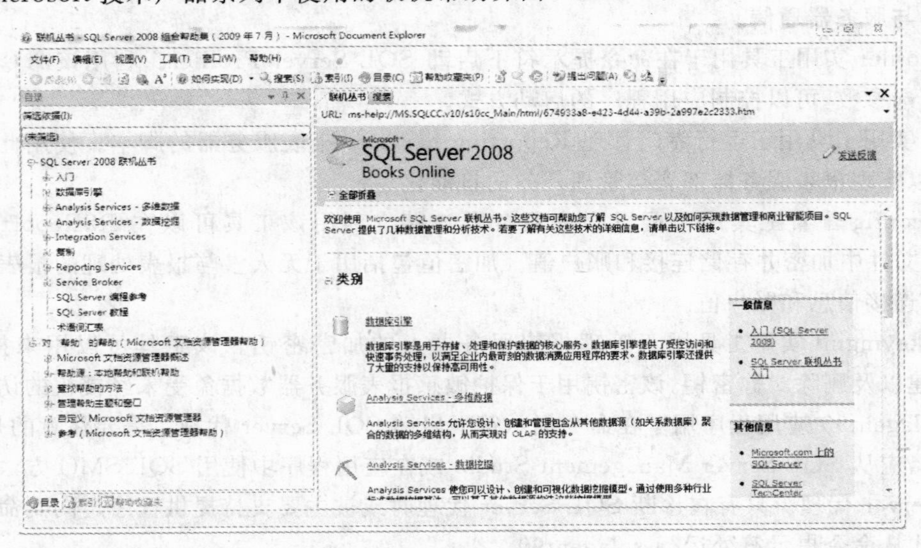

图 4.13　SQL Server 2008 的联机丛书

习题 4

1. Microsoft SQL Server 2008 系统由哪几个部分组成？对各个部分进行简单介绍。

2. Microsoft SQL Server 2008 系统中至少包含几个系统数据库，分别列出其名称以及作用。

3. Microsoft SQL Server 2008 主要的管理开发工具有哪些？对其功能分别进行简单介绍。

4. 掌握 SQL Server 配置管理器的基本操作，能熟练管理 SQL Server 服务，熟练进行网络配置。

5. SQL Server 支持哪两种身份验证模式？各有何特点？

6. 完成登录 SQL Server Management Studio 操作，熟悉其环境，在该环境中完成新建查询“Select * from Sales. dbo. AGENTS”，并将结果以不同形式呈现。

CHAPTER 5

第5章 关系数据库标准语言——SQL

本章学习目标：

- 了解SQL的发展历程和特点。
- 掌握SQL的数据定义功能。
- 重点掌握SQL的数据查询功能。
- 掌握SQL的数据操纵功能。
- 掌握视图的优点及创建方法。
- 掌握索引的作用及创建方法。
- 掌握SQL的数据控制功能。
- 掌握存储过程和函数的使用。
- 掌握Transact-SQL的用法。
- 了解嵌入式SQL的使用。

SQL的全称是结构化查询语言（Structured Query Language)，它是一种介于关系代数与关系演算之间的、面向集合的数据库查询语言，功能包括数据定义、数据查询、数据操纵和数据控制4个方面。目前SQL已成为关系数据库的标准语言。因此，本章将详细介绍SQL的相关知识，涉及数据定义、数据查询、数据控制、数据操纵、嵌入式和动态SQL以及存储过程与函数等内容，并通过实例讲解SQL命令的具体使用方法。

5.1 SQL概述及特点

5.1.1 SQL的发展历程

SQL的前身是IBM公司在20世纪70年代为其研制的关系数据库系统SYSTEM R配制的一种查询语言，称为SEQUEL(Structured English Query Language)，后来简称SQL。SQL的研制和实现针对具体系统，采用非过程化的语句，使关系数据的操作符合用户的要求。SQL语言结构简洁，功能强大，简单易学，包括了数据定义、操纵、控制、查询等方面的功能，在实际系统的运行性能方面也不断地得到改进和提高，最后得到了广泛的应用。

随着关系数据库系统逐渐走向实用，1982年，美国国家标准局（American National Standards Institute，ANSI）将原先进行的数据库标准研究项目分成为网状数据库语言（Network Definition Language，NDL）和关系数据库语言（SQL）。第二年，ISO/IEC（International Standards Organization/International Electro technical Commission）也接受了这两个项目的分组。经过几年的研究与实际应用，1986年10月，ANSI的数据库委员会批准了SQL作为关系数据库语言的美国标准。1987年6月，国际标准化组织将其采纳为SQL的第一个国际标准，这个标准也称为SQL/86。到1989年，ISO/IEC又通过并正式公布了第二个版本"ISO/IEC 9075：1989信息处理系统——数据库语言具有完整性增强特征的SQL"，对SQL/86进行更新，称为SQL/89，这个版本对SQL功能进一步作了补充、增强和完善。

1992年，ISO/IEC制定了"ISO/IEC 9075：1992信息技术——数据库语言SQL"，其文本约是SQL/89文本的5倍，称为SQL/92。SQL/92内容丰富，完善了原标准的一些功能，同时增加了许多新的重要特征，如包括对时间及时间间隔数据的处理、民族字符集的处理、标量操作、集合操作、数据库模式的操纵能力、特权、完整性设施、动态SQL、临时表、滚动游标、远程数据库访问的支持设施、信息模式，以及增加C、Ada和MUMPS宿主语言等。

1999年，ISO/IEC又发布了SQL/99标准，也称SQL 3标准。SQL/99标准是SQL/92的一个超集，它不仅对原标准的一些功能设施进行了修订完善，同时也增加扩充了新的功能特征。主要包括引入对象概念，以对象方法对SQL进行了对象-关系的整体集成扩展；支持大数据类型的存储和操纵；改善数据库完整性，允许对DBMS中的商业规则进行检验的机制；增加表示复杂数据关联的方法等。

2003年，ISO/IEC又发布了SQL 3的升级版，并把它称为SQL 2003。SQL 2003更新或修改了某些语句及行为，新增了在线分析处理修正和大量的数字功能等。2006年，ISO/IEC再次发布了新SQL标准SQL 2006，最主要的改进是对SQL 3的保留和增强。ANSI SQL 2006的发布是在SQL 3的基础上演化而来的，SQL 2006增加了SQL与XML间的交互，提供了应用XQuery整合SQL应用程序的方法等。

SQL成为国际标准后，各种类型的计算机和数据库系统都采用SQL作为其存取语言和标准接口。并且，SQL标准对数据库以外的领域也产生很大影响，不少软件产品将SQL语言的数据查询功能与图形功能、软件工程工具、软件开发工具、人工智能程序结合起来。SQL现在已成为数据库领域中使用最为广泛的一个主流语言。尽管如此，各数据库厂商仍然针对各自的数据库产品对SQL进行了某种程度的扩充和修改，开发了自己的SQL语言，以便适应特定的专业需求。比如SQL Server使用的SQL语言叫做Transact-SQL（简称T-SQL），它基于SQL标准，但在此基础上有所扩充和增强，增加了判断、分支、循环等功能。Oracle中的PL-SQL语言也对SQL标准做了扩展，提供了类似于应用开发语言中的一些流程控制语句，使得SQL的功能更加强大。

5.1.2 SQL的组成及特点

SQL语言由以下几个部分组成：

- 数据定义语言（Data Definition Language，DDL），提供了定义SQL模式、基本表、视

图、索引等结构的语句。

- 数据查询语言(Data Query Language,DQL)是 SQL 语言中负责进行数据查询的语句,使用 SELECT 实现查询功能。
- 数据操纵语言(Data Manipulation Language,DML),提供了插入(INSERT)、删除(DELETE)、修改(UPDATE)等数据更新语句。
- 数据控制语言(Data Control Language,DCL),提供了对事务、并发控制、完整性和安全性等方面的支持。
- 嵌入式 SQL 的使用,涉及 SQL 语句嵌入在宿主语言程序中的使用规则。

SQL 语言具有如下特点:

- SQL 是一种综合统一的语言,具有十分灵活和强大的功能。它将 DDL、DQL、DML 和 DCL 的功能集于一体,语言风格统一,能完成各种复杂的操作。
- SQL 是高度非过程化的语言。“非过程化”是指采用 SQL 语言进行数据操作,用户只需提出“做什么”,而不必指明“怎么做”,用户无须了解存取路径。SQL 语句的操作过程由 DBMS 自动完成,从而大大减轻了用户负担,提高了数据独立性。
- SQL 语言所支持的数据库都是关系型数据库,采用面向集合的操作方式,不仅操作的对象是元组的集合,操作结果也是元组的集合。
- SQL 既可作为交互式语言独立使用,也可作为子语言嵌入到高级语言程序中,供程序员设计程序时使用。
- SQL 语言简洁,易学易用,它包含的词汇不多,完成数据定义、数据查询、数据操纵、数据控制的核心功能只用了 9 个动词(见表 5.1)。

表 5.1 SQL 语言的动词

SQL 功能	动 词
数据查询	SELECT
数据定义	CREATE,DROP,ALTER
数据操纵	INSERT,UPDATE,DELETE
数据控制	GRANT,REVOKE

5.1.3 Transact-SQL 概述

Transact-SQL 语言是 Microsoft 公司对标准 SQL 语言的扩展,它是 SQL Server 数据库应用的中心。所有的应用程序,无论它们使用哪种编程接口开发,它们与 SQL Server 间的通信均使用 Transact-SQL 语句。Transact-SQL 增强了 SQL 语言的功能,同时兼容 SQL 标准。尽管不同的关系数据库使用的 SQL 版本有一些差异,但大多数都遵循 ANSI SQL 标准。SQL Server 遵循 ANSI 制定的 SQL-92 标准,使用 ANSI SQL-92 的扩展集,称为 T-SQL。

Transact-SQL 语言是一种交互式查询语言,具有功能强大、简单易学的特点。该语言既允许用户直接查询数据库中的数据,也可以把语句嵌入到某种高级程序设计语言中来使用。在 SQL Server 中,Transact-SQL 语句由数据定义语言(DDL)、数据操纵语言(DML)、数据查询语言(DQL)、数据控制语言(DCL)4 个部分组成。

Transact-SQL 是使用 SQL Server 的核心。在 SQL Server 2008 中,与 SQL Server 实例通

信的所有应用程序都通过 Transact-SQL 语句同数据库服务器实现联系。因此，Transact-SQL 语言是 SQL Server 与应用程序之间的语言，是 SQL Server 对应用程序开发的接口。

5.1.4 SQL 语言的基本概念

1. 数据类型

关系的所有属性都需要用数据类型加以描述，目的是为了给不同的数据分配合适的空间，确定合适的存储形式。例如，在学生表中，我们要求年龄属性必须是整数，不能输入字母；学号只能是8个字节的字符串等。为关系中的属性定义数据类型是一种数据检验方式，可以极大减少由于输入错误而产生的错误数据。SQL 提供的常用基本数据类型分为字符串、Unicode 字符串、二进制数据、位、整数数据、浮点数、日期和时间数据、货币数据等。SQL Server 中的数据类型有两种：系统数据类型和用户自定义数据类型。下面对这两种数据类型做详细介绍。

(1) 系统数据类型

在 SQL Server 2008 系统中，需要使用数据类型的对象包括表中的列、视图中的列、定义的局部变量、存储过程中的参数、Transact-SQL 函数、存储过程的返回值等。

SQL Server 提供了各种系统数据类型，在2008版本中，又新增了几种系统数据类型，如表5.2所示。

表 5.2 SQL Server 2008 的系统数据类型

类　别	数据类型定义符
精确数字	bigint、int、smallint、tinyint、bit、decimal、numeric、money、smallmoney
近似数字	float、real
日期和时间	datetime、smalldatetime、date、datetime2、datetimeoffset、time
字符串	char、varchar、text
Unicode 字符串	nchar、nvarchar、ntext
二进制字符串	binary、varbinary、image
其他数据类型	cursor、sql_variant、table、timestamp、uniqueidentifier、xml、hierarchyid

① 精确数字类型

a) 整数数据类型

整数数据类型可以存储整数精确数据。在 Microsoft SQL Server 2008 中有5种整数数据类型，即 bigint、int、smallint、tinyint 和 bit。可以从取值范围和长度两个方面来理解这些整数数据类型，其标识符及取值范围和精度如表5.3所示。

表 5.3 SQL Server 2008 的整数数据类型

数据类型	范　围	存　储
bigint	$-2^{63}\sim2^{63}-1$	8字节
int	$-2^{31}\sim2^{31}-1$	4字节
smallint	$-2^{15}\sim2^{15}-1$	2字节
tinyint	0～255	1字节
bit	0或1	1位

b）decimal 和 numeric

decimal 和 numeric 是带固定精度和小数位数的数值数据类型，这两种数据类型在功能上是等价的。

c）money 和 smallmoney

money 和 smallmoney 是代表货币或货币值的数据类型，用于存储代表货币数值的数据。货币类型的标识符是 money，小货币类型的标识符是 smallmoney。money 和 smallmoney 这两种数据类型的差别在于存储字节的大小和取值范围不同。

money 和 smallmoney 作为代表货币的数据类型，可以在数字前面加上 $ 作为货币符号。它们的小数位数最多是 4 位，可以精确表示出当前货币单位的万分之一。当小数位数超过 4 位时，自动按照四舍五入进行处理。

d）bit

bit 是可以存储 1、0 或 NULL 数据的数据类型。这些数据主要用于一些条件逻辑判断。也可以把 TRUE 和 FALSE 数据存储到 bit 数据类型中，这时需要按照字符格式存储 TRUE 和 FALSE 数据。字符串值 TRUE 和 FALSE 可以转换为以下 bit 值：TRUE 转换为 1，FALSE 转换为 0。

② 近似数字类型

近似数字类型包含 float 和 real。近似数字类型是用于表示浮点数值数据的数据类型。浮点数据为近似值。因此，并非数据类型范围内的所有值都能精确地表示。所以如果想要进行科学计算，并且希望存储更大的数值，但是对数据的精度要求并不是绝对的严格，那么可以考虑使用 float 或 real 数据类型。real 数据类型的长度是 4 字节。如果 float 数据类型是 float(n)，则 n 的最大值是 53，默认值也是 53。float(53)数据类型的长度是 8 字节。

③ 日期和时间类型

日期和时间类型是用于表示某天的日期和时间的数据类型。日期和时间类型包含 datetime、smalldatetime、date、datetime2、datetimeoffset、time。其中 date、datetime2、datetimeoffset、time 为 SQL Server 2008 新增加的数据类型。

date 用来定义一个日期。datetime2 定义结合了 24 小时制时间的日期。可将 datetime2 视作现有 datetime 类型的扩展，其数据范围更大，默认的小数精度更高，并具有可选的用户定义的精度。datetimeoffset 用于定义一个与采用 24 小时制并可识别时区的一日内时间相组合的日期。time 定义一天中的某个时间。此时间不能感知时区且基于 24 小时制。

这 6 种数据类型的差别在于其表示的日期和时间范围不同，时间精确度也不同。它们的取值范围和精度值如表 5.4 所示。

表 5.4　日期和时间数据类型

数据类型	范围	精确度
datetime	1753 年 1 月 1 日到 9999 年 12 月 31 日	3.33ms
smalldatetime	1900 年 1 月 1 日到 2079 年 6 月 6 日	1min
date	0001 年 1 月 1 日到 9999 年 12 月 31 日	1 天
datetime2	0001 年 1 月 1 日 到 9999 年 12 月 31 日	100ns
datetimeoffset	0001 年 1 月 1 日 到 9999 年 12 月 31 日	100ns
time	00:00:00.0000000 到 23:59:59.9999999	ns

④ 字符串类型

字符串类型用于存储固定长度或可变长度的字符数据类型，包含 char、varchar、text。

char(*n*)用于存储固定长度、非 Unicode 字符数据，长度为 *n* 个字节。*n* 的取值范围为 1～8000，存储大小是 *n* 个字节。如果没有指定 *n* 的大小，则 *n* 取默认值 1。

varchar(*n*|max)也用于存储非 Unicode 字符数据，但是其存储长度是可变的。*n* 的取值范围为 1～8000。varchar(max)指示可以存储最大为 $2^{31}-1$ 个字节的字符数据。存储大小是输入数据的实际长度加 2 个字节。所输入数据的长度可以为 0 个字符。实际上，varchar(max)被称为大数值数据类型，text 是即将被取消的数据类型，可以使用 varchar(max)来代替 text 数据类型。Microsoft 公司建议，尽量避免使用 text 数据类型，而应该使用 varchar(max)来存储大文本数据。

如果使用 char 或 varchar，建议执行以下操作：

- 如果列数据项的大小一致，则使用 char。
- 如果列数据项的大小差异相当大，则使用 varchar。
- 如果列数据项大小相差很大，而且大小可能超过 8000 字节，则使用 varchar(max)。

⑤ Unicode 字符串类型

如果站点支持多语言，可以使用 Unicode nchar 或 nvarchar 数据类型，以最大限度地消除字符转换问题。Unicode 是“统一字符编码标准”，用于支持国际上非英语语种的字符数据的存储和处理。Unicode 是为了在数据库中容纳多种语言存储数据而制定的数据类型。当数据库中存储的数据有可能涉及多种语言时，应该使用 Unicode 数据类型。其占用的存储空间是使用非 Unicode 数据类型所占用的存储空间的两倍。Unicode 数据类型包括 nchar(长度固定)、nvarchar(长度可变)、ntext。

⑥ 二进制字符串类型

二进制字符串类型是用于存储具有固定长度或可变长度的 Binary 数据的类型，包含 binary、varbinary 和 image。

binary(*n*)用于存储长度为 *n* 字节的固定长度二进制数据，其中 *n* 是 1～8000 的值，存储大小为 *n* 字节。

varbinary(*n*|max)用于存储可变长度的二进制数据。*n* 可以取 1～8000 的值。max 指示最大的存储大小为 $2^{31}-1$ 字节。存储大小为所输入数据的实际长度加 2 个字节。所输入数据的长度可以是 0 字节。

如果列数据项的大小一致，则使用 binary。如果列数据项的大小差异相当大，则使用 varbinary。当列数据条目超出 8000 字节时，则使用 varbinary(max)。

image 中的数据被存储为位串，数据库管理系统不对其进行解释。对 image 列中的数据的任何解释都必须由应用程序来完成。例如，应用程序可以用 BMP、TIFF、GIF 或 JPEG 格式将数据存储在 image 列中。从 image 列中读取数据的应用程序必须能够识别数据的格式并正确显示数据。image 列所做的全部工作就是提供一个位置，以存储组成图像数据值的位流。

⑦ 其他数据类型

- cursor：这是变量或存储过程 output 参数的一种数据类型，这些参数包含对游标的引用。使用 cursor 数据类型创建的变量可以为空。

- timestamp：是数据库中用于记录更新时间的数据类型(类似于邮件上的邮戳)。
- sql_variant：用于存储 SQL Server 支持的各种数据类型的值。
- uniqueidentifier：记录的全球性唯一标识(GUID)。该数据用 NewID()函数产生。
- table：一种特殊的数据类型，用于存储结果集以进行后续处理。table 主要用于临时存储一组作为表值函数的结果集返回的行。
- xml：存储 XML 数据的数据类型。可以在列中或者 xml 类型的变量中存储 xml 实例。
- hierarchyid：是 SQL Server 2008 新增加的数据类型。hierarchyid 数据类型是一种长度可变的系统数据类型，可表示层次结构中的位置。类型为 hierarchyid 的列不会自动表示树。由应用程序来生成和分配 hierarchyid 值，使行与行之间的所需关系反映在这些值中。hierarchyid 数据类型可转换为其他数据类型，如使用 ToString()方法将 hierarchyid 值转换为作为 nvarchar(4000) 数据类型的逻辑表示形式。

(2) 用户自定义数据类型

用户自定义数据类型的定义基于 SQL Server 中提供的数据类型。当几个表中必须存储同一种数据类型并且为保证这些列具有相同的数据类型、长度和可空性时，可以使用用户自定义数据类型。例如，可定义一种称为 postal_code 的数据类型，用于限定邮政编码的数据类型，postal_code 基于 char 数据类型。

当创建用户自定义的数据类型时，必须提供 3 个参数：数据类型的名称、所基于的系统数据类型、数据类型是否允许空值。

① 创建用户自定义数据类型

系统存储过程 sp_addtype 可用来创建用户自定义数据类型。其语法格式如下：

```
sp_addtype{新数据类型},[,系统数据类型][,'null_type']
```

其中，“新数据类型”是用户自定义数据类型的名称；“系统数据类型”是系统提供的数据类型，例如 int、decimal、char 等；null_type 表示该数据类型是如何处理空值的，必须使用单引号引起来，例如'NULL'、'NOT NULL'或'NO NULL'。

【例 5.1】 基于数据库 Sales，创建用户自定义数据类型 agentName，agentName 基于的系统数据类型是变长为 8 的字符，不允许为空。在 Microsoft SQL Server Management Studio 中执行以下代码：

```
use sales
exec sp_addtype agentname,'varchar(8)','not null'
go
```

执行结果如图 5.1 所示。

② 删除用户自定义数据类型

用户自定义数据类型是可删除的。但是应该注意，如果表中的列正在使用用户自定义的数据类型，或者其上还绑定有默认或其他规则，这种用户自定义数据类型是无法被删除的。

系统存储过程 sp_droptype 用来删除自定义数据类型。其语法格式如下：

```
sp_droptype[@typename=]'用户定义数据类型'
```

【例 5.2】 删除用户自定义数据类型 agentName。在 Microsfot SQL Server Management Studio 中执行以下代码：

```
use sales
exec sp_droptype 'agentname'
go
```

执行结果如图 5.2 所示。

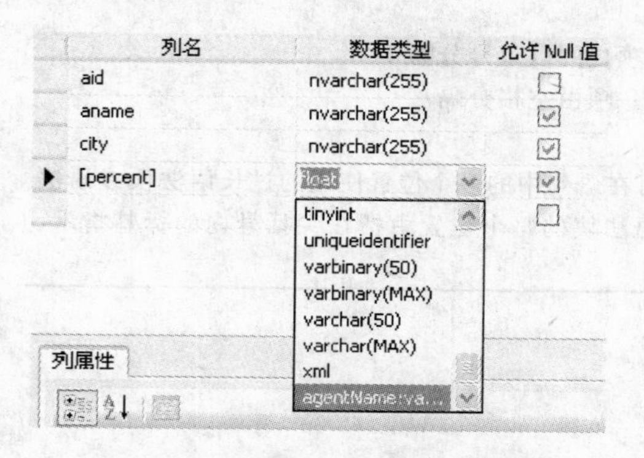

图 5.1　创建用户定义的数据类型

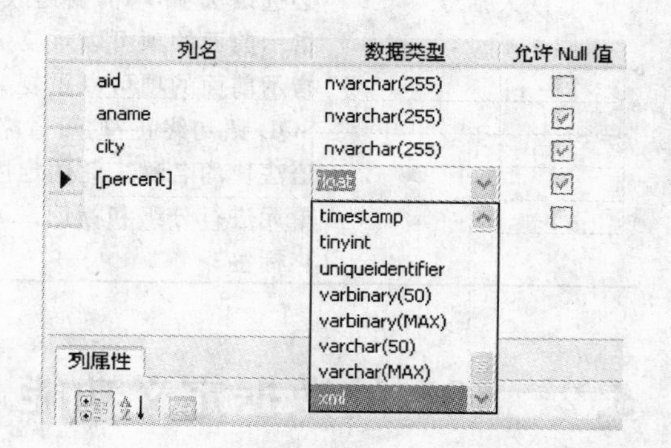

图 5.2　删除用户自定义类型

2. 表达式

表达式是标识符、值和运算符的组合，在应用时可以对其求值以获取结果。访问或更改数据时，可在多个不同的位置使用表达式。例如，可以将表达式用作查询数据的一部分，也可以用作查找满足一组条件的数据时的搜索条件。

表达式可以是常量、函数、列名、变量、子查询，还可以用运算符对这些实体进行组合以生成表达式。比如“price * 1.5”或“price + sales_tax”。

3. 运算符

运算符是一种符号，用来指定要在一个或多个表达式中执行的操作。SQL 的运算符(见表 5.5)一般分为算术运算符、比较运算符、赋值运算符、逻辑运算符等。

算术运算符对两个表达式执行数学运算，这两个表达式可以是数值数据类型类别的一个或多个数据类型。比较运算符测试两个表达式是否相同。逻辑运算符对某些条件进行测试，以获得其真实情况。

表 5.5　运算符

运　算　符	含　义
算术运算符	+(加)、-(减)、*(乘)、/(除)、%(取模)
比较运算符	=、>、<、>=、<=、<>、!=、!<、!>
赋值运算符	=
逻辑运算符	AND、OR、NOT

4. SQL 语法规则与规定

本章中的 SQL 语法使用如表 5.6 所示的规则，SQL 语句全部采用小写形式。

表 5.6　SQL 的语法约定

约　定	用　于
下划线	指示当语句中省略了包含带下划线的值的子句时应用的默认值
|(竖线)	分隔括号或大括号中的语法项，只能使用其中一项
[ ](方括号)	可选语法项，不需要键入方括号
{ }(大括号)	必选语法项，不需要键入大括号
[,…n]	指示前面的项可以重复 n 次，各项之间以逗号分隔
[…n]	指示前面的项可以重复 n 次，每一项由空格分隔
;	SQL 语句终止符，可省略
< label > ::=	语法块的名称。此约定用于对可在语句中的多个位置使用的过长语法段或语法单元进行分组和标记。可使用语法块的每个位置由括在尖括号内的标签指示：<标签>

5.2　SQL 的数据定义功能

SQL 的数据定义语句主要包括创建数据库、创建表、创建视图、创建索引等，如表 5.7 所示。

表 5.7　SQL 的数据定义语句

操作对象	创　建	修　改	删　除
数据库	CREATE DATABASE	ALTER DATABASE	
表	CREATE TABLE	ALTER TABLE	DROP TABLE
视图	CREATE VIEW		DROP VIEW
索引	CREATE INDEX		DROP INDEX

本节着重介绍数据库和表的创建，视图和索引的创建分别见 5.5 节和 5.6 节。

5.2.1　数据库的创建和删除

在 DBMS 中，数据库是用来存储数据库对象和数据的，数据库对象包括表(table)、视图(view)、索引(index)、触发器(trigger)、存储过程(stored procedure)等，在创建数据库对象之前需要先创建数据库。

1. 数据库的创建

创建数据库采用 create database 语句，其语法格式为：

```
create database 数据库名
```

说明：

(1) 输入数据库名就可以建立一个新的数据库，所有设置都使用系统默认设置，数据库名称必须遵循标识符命名规则。在 SQL Server 2008 中，有两类标识符：常规标识符和分隔标识符。常规标识符在使用时不用将其分隔开，如 TableX、KeyCol 等。分隔标识符包含在双引号（"）或者方括号（[ ]）内，如[My Table]、[percent]等。常规标识符和分隔标识符包含的字符数必须在1～128之间。符合所有标识符格式规则的标识符可以使用分隔符，也可以不使用分隔符。不符合常规标识符格式规则的标识符必须使用分隔符。

(2) 创建数据库的用户将成为该数据库的所有者，拥有该数据库的所有权限。

(3) 有三种文件类型可用于存储数据库。

① 主数据文件。这些文件包含数据库的启动信息。主数据文件还用于存储数据。每个数据库都包含一个主数据文件。

② 次要数据文件。这些文件含有不能置于主数据文件中的所有数据。如果主数据文件足够大，能够容纳数据库中的所有数据，则该数据库不需要次要数据文件。有些数据库可能非常大，因此需要多个次要数据文件，或可能在各自的磁盘驱动器上使用次要数据文件，以便在多个磁盘上存储数据。

③ 事务日志。这些文件包含用于恢复数据库的日志信息。每个数据库必须至少有一个事务日志文件。日志文件最小为512 KB。

【例5.3】 创建示例数据库sales。

```
create database sales
```

2. 数据库的删除

当不再需要用户定义的数据库，或者已将其移到其他数据库或服务器上时，即可删除该数据库。数据库删除之后，对应的文件及其数据都从服务器上的磁盘中删除。数据库删除之后，即被永久删除，并且数据库中的所有对象都会被删除。如果不使用以前的备份，则无法恢复该数据库。只有数据库的所有者(即创建数据库的用户)或者超级用户可以删除数据库。系统数据库不能删除。

删除数据库采用drop database语句，其语法格式为：

```
drop database 数据库名
```

【例5.4】 删除数据库sales。

```
drop database sales
```

5.2.2 基本表的创建、修改、删除

基本表(Base Table)是独立存放在数据库中的表，是实表。在SQL中，一个关系就对应一个基本表。基本表的创建操作并不复杂，复杂的是表应该包含哪些内容，这是在数据库设计阶段的主要任务。创建表时，需要考虑的主要问题包括：表中包含哪些字段，字段的数据类型、长度、是否为空，建立哪些约束，等等。

1. 基本表的创建

基本表的创建使用语句create table，其格式为：

```
create table <表名> (<列名> <数据类型> [列级完整性约束条件] [,<列名> <数据类型> [列级完整性约束条件] [ ,…n ] [,<表级完整性约束条件>] [ ,…n ]];
```

说明：

① 建表时可以定义与该表有关的完整性约束条件(如表 5.8 所示)，包括 primary key、not null、unique、foreign key 或 check 等。约束条件被存入 DBMS 的数据字典中。当用户操作表中数据时，由 DBMS 自动检查该操作是否违背这些完整性约束条件。如果完整性约束条件涉及该表的多个属性列，则必须定义在表级上，称为表级完整性约束条件，否则完整性约束条件既可以定义在列级，也可以定义在表级。定义在列级的完整性约束条件称为列级完整性约束条件。

表 5.8　完整性约束条件

完整性约束条件	含　义
primary key	定义主键
not null	定义的属性不能取空值
unique	定义的属性值必须唯一
foreign key(属性名 1)references 表名[(属性名 2)]	定义外键
check(条件表达式)	定义的属性值必须满足 check 中的条件

② 在为对象选择名称时，特别是表和列的名称，最好使名称反映出所保存的数据的含义。比如学生表名可定义为 students，姓名属性可定义为 name 等。

③ 表中的每一列的数据类型可以是基本数据类型，也可以是用户预先定义的数据类型。

【例 5.5】　本章实例仍然采用第 3 章的 Sales 数据库，共包含 4 个表：customers、products、agents 和 orders，其结构如图 5.3～图 5.6 所示。

MY-TOMATO.S...bo.CUSTOMERS

列名	数据类型	允许 Null 值
cid	nvarchar(255)	☐
cname	nvarchar(255)	☑
city	nvarchar(255)	☑
discnt	float	☑

图 5.3　customers 表的结构

图 5.4　products 表的结构

MY-TOMATO.S... dbo.AGENTS

列名	数据类型	允许 Null 值
aid	nvarchar(255)	☐
aname	nvarchar(255)	☑
city	nvarchar(255)	☑
[percent]	float	☑

图 5.5　agents 表的结构

MY-TOMATO.S... dbo.ORDERS

列名	数据类型	允许 Null 值
ordno	nvarchar(255)	☐
month	nvarchar(255)	☑
cid	nvarchar(255)	☐
aid	nvarchar(255)	☐
pid	nvarchar(255)	☐
qty	float	☑
dollars	float	☑

图 5.6　orders 表的结构

(1) 创建示例数据库中的顾客表 customers。

```
create table customers (
    cid nvarchar (255) not null primary key,           -- 列级完整性约束
    cname nvarchar (255),
```

```
    city nvarchar (255),
    [discnt] float,
    check ([discnt]> 0),                                   -- 表级完整性约束
    )
```

(2) 创建示例数据库中的产品表 products。

```
create table products (
    pid nvarchar (255) not null,
    pname nvarchar (255),
    city nvarchar (255),
    quantity float,
    [price] float ,
    primary key (pid),                                     -- 表级完整性约束
    )
```

(3) 创建示例数据库中的代理商表 agents。

```
create table agents (
    aid nvarchar (255) not null,
    aname nvarchar (255),
    city nvarchar (255),
    [percent] float ,
    primary key (aid) ,                                    -- 表级完整性约束
    )
```

说明：percent 一般是 DBMS 的保留关键字，所以采用分隔标识符，包含在方括号([])内。

(4) 创建示例数据库中的订购表 orders。

```
create table orders (
    ordno nvarchar (255) not null,
    month nvarchar (255),
    cid nvarchar (255) not null,
    aid nvarchar (255) not null,
    pid nvarchar (255) not null,
    qty float,
    [dollars] float,
    primary key (ordno),                                   -- 表级完整性约束
    foreign key(cid) references customers(cid),            -- 表级完整性约束
    foreign key(aid) references agents(aid),               -- 表级完整性约束
    foreign key(pid) references products(pid),             -- 表级完整性约束
    )
```

2. 基本表的修改

表结构在创建以后，根据需要可以对其进行修改。基本表的修改采用语句 alter table，可以添加列、删除列、修改列定义、添加或删除约束、禁用或启用约束。alter table 的格式为：

```
alter table <表名>[add <新列名> <数据类型> [完整性约束]]
[drop[完整性约束名]] [drop column <列名>]
[alter column <列名> <数据类型>];
```

说明：

① add 子句用于增加新列和新的完整性约束条件。

② drop 子句用于删除完整性约束。

③ drop column 子句用于删除列。

④ alter column 子句用于修改原有的列定义，包括修改列名和数据类型。

（1）修改表中列的属性

列的属性是其所包含数据的规则和行为。修改表中列的属性包括列的数据类型、列的长度、有效位数或小数点位数、列值能否为空值等。

【例 5.6】 将表 customers 中的姓名（cname）列的长度改为 20，语句如下：

```
alter table customers
   alter column cname varchar(20)
```

（2）添加列

如果添加的列不允许空值，则只有在指定了默认值或表为空的情况下，才能用 alter table 语句添加该列。

【例 5.7】 向数据表 agents 增加电子信箱 email 列，列名：email，数据类型：char，长度：40，允许空否：NOT NULL。语句如下：

```
alter table agents
   add email char(40) not null
```

（3）删除列

【例 5.8】 删除数据表 agents 的电子信箱 email 列，语句如下：

```
alter table agents
   drop column email
```

3. 基本表的删除

删除表时会将与表有关的所有对象一起删掉。基本表一旦删除，表中的数据、在此表上建立的索引都将自动被删除掉，而建立在此表上的视图虽仍然保留，但已无法引用。因此执行删除操作一定要格外小心。基本表的删除使用 drop table 命令，语法格式为：

```
drop table <表名> [restrict|cascade]
```

如果使用了 restrict 选项，并且表被视图或约束引用，drop 命令不会执行成功，会显示一个错误提示。如果使用了 cascade 选项，删除表的同时也将全部引用视图和约束删除。

【例 5.9】 删除订购表 orders，语句如下：

```
drop table orders
```

5.3 SQL 的数据查询功能

数据查询即是从表中找到用户需要的数据，查询是数据库的核心操作，SQL 语言提供了 select 语句进行数据库查询。

5.3.1 查询语句的基本结构

在第 3 章中，我们采用关系代数来表示数据库的查询，比较常用的表达式为：

$$\pi_{A_1,A_2,\cdots,A_n}(\sigma_F(R_1 \times R_2 \times \cdots \times R_m))$$

其中，$R_1, R_2, \cdots, R_m$ 为关系，F 为条件表达式，$A_1, A_2, \cdots, A_n$ 为属性。与之对应的 SQL 语句为：

```
select A1, A2, …, An
from R1, R2, …, Rm
where F
```

【例 5.10】 在例 3.15 中，要求查询代理商和顾客不在同一个城市的代理商编号和顾客编号组合。

它的关系代数表达式为：

$$\pi_{aid,,cid}(\sigma_{AGENTS.city<>CUSTOMERS.city}(AGENTS \times CUSTOMERS))$$

我们可以写出 SQL 语句：

```
select aid,cid
from agents,customers
where agents.city <> customers.city
```

一般情况下，SQL 是大小写无关的，为了统一，后面的 SQL 语句均用小写表示。

SELECT 语句的完整格式如下：

```
select [ * |all|distinct]
    [<目标列表达式 [[as] 列别名]> [,<目标列表达式 [[as] 列别名]> [ ,…n ]]
from <表名或视图名 [[as]表别名]> [,<表名或视图名 [[as]表别名]>] [ ,…n ]
[where <条件表达式>]
[group by <列名 1 > [having <条件表达式>]]
[order by <列名 2 > [asc|desc]];
```

select 语句不是一个单独的语句，它包含一些子句，分为必要子句和可选子句。from 子句是一条必要子句，采用 select 查询时必须使用。where 子句、group by 子句、having 子句、order by 子句是可选子句，根据查询要求选用。

在查询语句中，关键词 select 后紧跟字段列表，即查询输出包含哪些字段。“*”表示输出结果中包含表中的所有字段。选项 all 表示显示所有行，包含重复的行。选项 distinct 禁止在输出结果中包含重复的行。from 后面指定数据的来源，可以是一张表，叫做单表查询或简单查询；也可以是多张表，表之间采用逗号分隔，叫做连接查询。

执行 select 语句的概念性步骤如下。

① 对 from 子句中的所有表作关系乘法。

② 删除 where 子句中条件不为真的元组。

③ 根据 group by 子句中指定的列对剩余元组分组。

④ 删除 having 子句中条件不为真的组。

⑤ 计算 select 子句选择列表中目标列表达式的值。

⑥ 如果存在 distinct 关键字，则删除重复的元组。

⑦ 如果有 order by 子句，则对所有选出的元组按其后列值进行排序。

5.3.2 简单查询

简单查询是指仅涉及一个数据库表的查询。

1. 选择表中的列

选择表中的全部列或部分列，这类运算在关系代数中称为投影。

【例 5.11】 查询全体顾客的详细记录。

```
select * from customers
```

说明：该 select 语句实际上是无条件地把 customers 表的全部信息都查询出来，所以也称为全表查询，这是最简单的一种查询。

【例 5.12】 查询全部产品的编号(pid)、名称(pname)、单价(price)。

```
select pid, pname, price
from products
```

说明：<目标列表达式> 中各个列的先后顺序可以与表中的顺序不一致，即用户在查询时可以根据应用的需要改变列的显示顺序。

2. 消除取值重复的行

select 语句不会自动删除查询结果中的重复行，如果要求查询结果中行是唯一的，必须采用 distinct。

【例 5.13】 查询订货记录中所有产品的 pid。

```
select pid from orders;
```

查询结果如表 5.9 所示。

【例 5.14】 查询订货记录中所有产品的 pid，保证 pid 的唯一性。

```
select distinct pid from orders;
```

查询结果如表 5.10 所示。

表 5.9 例 5.13 的查询结果

	pid
1	p01
2	p01
3	p03
4	p03
5	p04
6	p02
7	p06
8	p05
9	p07
10	p03
11	p01

表 5.10 例 5.14 的查询结果

	pid
1	p01
2	p02
3	p03
4	p04
5	p05
6	p06
7	p07

3. 查询经过计算的值

select 子句的〈目标列表达式〉不仅可以是表中的属性，也可以是关系表达式，即可以将查询出来的属性列经过一定的计算后列出结果。还可以是字符串常量、函数等。

【例 5.15】 查询全部产品的名称(pname)、库存的总金额。

```
select pname,quantity * price totalqty
from products
```

表 5.11 例 5.15 的查询结果

	Pname	totalqty
1	comb	55700
2	brush	101500
3	razor	150600
4	pen	125300
5	pencil	221400
6	folder	246200
7	case	100500

说明：此例中的“quantity * price”不是列名，而是一个计算表达式，是用产品的库存数量 quantity 乘以产品的单价 price 得到产品的库存的总金额。totalqty 是别名，作为查询结果中库存总金额的列标题。该查询输出的结果如表 5.11 所示。

4. 条件查询

where 子句为查询指定条件，条件的值为真(TRUE)或假(FALSE)，查询结果必须是条件为真的元组，即选择满足要求的元组。

where 子句可以使用的条件表达式见表 5.12。

表 5.12 常用的查询条件

查询条件	谓词
比较	=(等于)，<(小于)，>(大于)，>=(大于等于)，<=(小于等于)，!=或<>(不等于)
确定范围	between and(介于两者之间)，not between and(不介于两者之间)
确定集合	in(在其中)，not in(不在其中)
存在	exists，not exists
量化比较	any，all
字符匹配	like(匹配)，not like(不匹配)
空值	is null(是空值)，is not null(不是空值)
多重条件	and(与)，or(或)，not(非)

(1) 单个条件查询

SQL 在条件返回值中采用三值逻辑：TRUE、FALSE 和 UNKNOWN，TRUE 和 FALSE 的含义我们都很清楚，所以这里仅特别讲解一下 UNKNOWN。UNKNOWN 作为处理字段中 NULL 值的一种方式，在条件表达式中，只要出现空值，则条件表达式返回值为 UNKNOWN。对于条件查询语句，只有条件为 TRUE 才返回相应的行，条件为 FALSE 或 UNKNOWN 均不返回行。

【例 5.16】 查询居住在纽约(New York)的代理商的编号(aid)和姓名(aname)。

```
select aid,aname from agents where city = 'new york';
```

说明：因为 city 列的数据类型是字符串，所以 city 列值为字符串常量，字符串常量应包含在单引号内，如果单引号中的字符串包含一个嵌入的引号，可以使用两个单引号表示嵌入的单引号。对于嵌入在双引号中的字符串则没有必要这样做。下面是字符串的示例：

```
'New York'
'O''Brien'
'Process X is 50 % complete.'
'The level for job_id: %d should be between %d and %d.'
```

如果 Agents 的内容如表 5.13 所示，则执行上面的查询语句，查询结果如表 5.14 所示。

表 5.13 Agents 的内容

	aid	aname	city	percent
1	a01	Smith	New York	6
2	a02	Jones	Newark	6
3	a03	Brown	Tokyo	7
4	a04	Gray	New York	6
5	a05	Otasi	Duluth	5
6	a06	Smith	Dallas	5
7	a07	Mary	NULL	5

表 5.14 例 5.16 的查询结果(1)

	aid	aname
1	a01	Smith
2	a04	Gray

在该查询中，对于每一元组，如果 city 字段的值为'New York'，则条件 city='New York'返回结果为 TRUE，第 1 行和第 4 行符合，所以查询结果返回两行。对于第 7 行，city 字段为 NULL，则条件 city='New York'返回结果为 UNKNOWN；对于其余的行，条件 city='New York'返回结果为 FALSE。

对于 3 个布尔值的非运算，我们已经知道，TRUE 的非运算结果为 FALSE，FALSE 的非运算结果为 TRUE。需要注意的是，UNKNOWN 的非运算结果为 UNKNOWN，既不是 FALSE，也不是 TRUE。非运算真值表如表 5.15 所示。

表 5.15 非运算真值表

原　值	True	False	UNKNOWN
非运算的结果	False	True	UNKNOWN

下面通过查询语句验证一下。not (city='New York')表示对条件 city='New York'作非运算。在下面第一条查询语句中，如果 UNKNOWN 的非运算结果为 TRUE，查询结果应该返回 aid 为 a07 的这行。在下面第二条查询语句中，如果 UNKNOWN 的非运算结果为 FALSE，再次作非运算，结果应为 TRUE，则查询结果也应该返回 aid 为 a07 的这行。但是现在这两个查询结果均未包含 aid 为 a07 的这行，由此证明 UNKNOWN 的非运算结果为 UNKNOWN。

```
select aid,aname from agents
where not (city='new york');
```

执行上面的查询语句，查询结果如表 5.16 所示。

```
select aid,aname from agents
where not(not (city='new york'));
```

执行上面的查询语句，查询结果如表 5.17 所示。

表 5.16 例 5.16 的查询结果(2)

	aid	aname
1	a02	Jones
2	a03	Brown
3	a05	Otasi
4	a06	Smith

表 5.17 例 5.16 的查询结果(3)

	aid	aname
1	a02	Jones
2	a03	Brown
3	a05	Otasi
4	a06	Smith

(2) 确定范围查询

between…and 用于查询位于一个给定最大值和最小值之间的值，最大值和最小值包含在内。语法格式为：

表达式 [not]between 最小值 and 最大值

其中，

表达式 between 最小值 and 最大值

等价于

最小值≤表达式 and 表达式≤最大值

表达式 not between 最小值 and 最大值

等价于

最小值>表达式 or 表达式>最大值

【例 5.17】 查询单价(price)在 5～10 元(包括 5 元和 10 元)之间的产品名称(pname)及单价(price)。

```
select pname,price
from products
where price between 5 and 10
```

(3) 多重条件查询

在单个条件查询时，where 子句后面的搜索条件是单一条件。实际上，可以通过布尔运算符 and 和 or，将多个单独的搜索条件组合起来，形成一个复合的搜索条件。当对复合搜索条件求值时，DBMS 对每个单独的搜索条件求值，然后执行布尔运算来决定整个 where 子句的值是 TRUE 还是 FALSE。

在 where 子句中，and 运算符表示"与"的关系。and 组合两个布尔表达式，当两个表达式均为 TRUE 时返回 TRUE。当语句中使用多个逻辑运算符时，将首先计算 and 运算符，可以通过使用括号改变求值顺序。表 5.18 显示了使用 and 运算符的真值表，其中第 1 行和第 1 列除 and 外表示操作元，表单元表示运算结果。

表 5.18 and 运算符的真值表

and	true	false	unknown
true	true	false	unknown
false	false	false	false
unknown	unknown	false	unknown

【例 5.18】 查询产品单价(price)大于 5 且小于 8 的产品信息。

```
select * from products
where price > 5 and price < 8
```

在 where 子句中，or 运算符表示"或"的关系。or 将两个条件组合起来，当两个条件中的任何一个为 TRUE 时，or 返回 TRUE。在一个语句中使用多个逻辑运算符时，在 and 运算符之后对 or 运算符求值。不过，使用括号可以更改求值的顺序。表 5.19 显示 or 运算符的真值表，其中第 1 行和第 1 列除 or 外表示操作元，表单元表示运算结果。

【例 5.19】 查询居住在纽约(New York)或者 Dallas 的顾客的编号(cid)、姓名(cname)和

城市(city)。

表 5.19 or 运算符的真值表

or	TRUE	FALSE	UNKNOWN
TRUE	TRUE	TRUE	TRUE
FALSE	TRUE	FALSE	UNKNOWN
UNKNOWN	TRUE	UNKNOWN	UNKNOWN

```
select cid,cname,city
from customers
where city = ' new york ' or city = 'dallas'
```

UNKNOWN 与 TRUE 进行 OR 运算时,结果为 TRUE。下面通过一个实例来说明。

【例 5.20】 从 Agents 表中查询居住在纽约(New York)或者佣金(percent)小于 6 的代理商的编号(aid)和姓名(aname)。

```
select aid,aname from agents
where city = 'New York' or [percent]< 6;
```

查询结果如表 5.20 所示。

表 5.20 例 5.20 的查询结果

	aid	aname
1	a01	Smith
2	a04	Gray
3	a05	Otasi
4	a06	Smith
5	a07	Mary

该查询中,对第一个条件 city='New York',表的第 1 行和第 4 行返回结果为 TRUE,第 7 行返回结果为 UNKNOWN,对于第二个条件[percent]<6,第 5~7 行返回结果为 TRUE,两个条件经过 OR 运算后,从查询结果可以看出第 7 行条件的最终结果为 TRUE,即 UNKNOWN 和 TRUE 作 or 运算,结果为 TRUE。

(4) 模糊查询

前面提到的查询实际上都是精确查询,即对查询字段的值有准确的描述。但在实际应用中,如果只知道字符串的一部分时,希望找出与其匹配的整个字符串,可以采用模糊查询。模糊查询在 where 子句中使用 like 或 not like 谓词和相关的通配符来查询数据库。语法格式为:

```
[not]like '<匹配串>'[escape'<转义字符>']
```

表示查找指定的属性列值与<匹配串>相匹配的元组。<匹配串>可以是一个完整的字符串,也可以含有通配符,主要的通配符和描述如表 5.21 所示。

表 5.21 通配符表

通配符	描述	示例
%	包含零个或更多字符的任意字符串	where cname like '%abc%',查找姓名包含 abc 的所有顾客
_(下划线)	任何单个字符	where cname like '_ean' 将查找姓名以 ean 结尾的具有 4 个字母的顾客(Dean、Sean 等)
[ ]	指定范围 ([a-f]) 或集合 ([abcdef]) 中的任何单个字符	where cname like '[C-P]ers' 将查找姓名以 er 结尾且开始字符介于 C 与 P 之间的顾客,例如 Cers、Lers、Kers 等
[^]	不属于指定范围 ([a-f]) 或集合 ([abcdef]) 的任何单个字符	where cname like 'de[^a]%' 将查找姓名以 de 开始且其后的字母不为 a 的所有顾客

ESCAPE后面紧跟着的字符叫转义字符，在使用LIKE关键字进行模糊查询时，“%”、“_”和“[]”单独出现时，会被认为是通配符。但是有时候希望在字符数据类型的列中出现的百分号(%)、下划线(_)或者方括号([])字符按照实际值，而不是通配符来解释。转义字符就是提供一种方法，告诉DBMS紧跟在转义字符之后的字符按照字符的本身含义来解释，而不是按照通配符来解释。

【例5.21】 查询姓名(cname)以字母“A”开始的顾客的所有信息。

```
select * from customers where cname like 'A%';
```

【例5.22】 查询姓名(cname)的第三个字母不等于“%”的顾客的编号(cid)和姓名(cname)。

```
select cid,cname from customers
where cname not like '__\%%' escape '\';
```

说明：匹配串"__\%%"中转义字符'\'后的第1个%按照本身含义来解释，第二个%才是通配符。

(5) 空值的处理

判断某个列值是否为空值，采用：

```
列 is null
```

这里，“is”不能用“=”代替。

【例5.23】 查询尚未输入城市(city)值的顾客信息。

```
select * from customers
where city is null
```

5. 聚合函数

为了进一步方便用户增强检索功能，SQL提供了许多聚合函数，主要有五个。

(1) count

count的作用是统计组中的项数。语法格式为：

```
count({[[all|distinct]expression] | * })
```

count函数统计的是行数，与列的数据类型没有关系，列可以是任意数据类型。其中all是默认值，“count(all〈列名〉)”对组中的每一行的指定列计算并返回非空值的数量。“count(distinct〈列名〉)”对组中的每一行的指定列计算并返回唯一非空值的数量。count(*)返回表中行的总数，包括null值和重复项。expression可以是除text、image或ntext以外任何类型的表达式，不允许使用聚合函数和子查询。

【例5.24】 查询有顾客居住的城市数。

```
select count(distinct city) from customers
```

(2) sum

sum函数返回表达式中所有值的和或仅非重复值的和。sum只能用于数字列。空值将被忽略。语法格式为：

```
sum([all|distinct] expression)
```

其中,all 是默认值,表示对所有的值应用此聚合函数; distinct 指定 sum 返回唯一值的和。expression 表示常量、列或函数与算术、位和字符串运算符的任意组合。expression 是精确数字或近似数字数据类型类别(bit 数据类型除外)的表达式。不允许使用聚合函数和子查询。

【例 5.25】 查询所有订货交易的总金额。

```
select sum(dollars) as totaldollars from orders
```

(3) avg

avg 函数返回组中各值的平均值,只能用于数字列,将忽略空值。语法格式为:

avg([all|distinct] expression)

其中,all 是默认值,表示对所有的值应用此聚合函数。distinct 指定 avg 只在每个值的唯一值上执行,而不管该值出现了多少次。expression 是精确数值或近似数值数据类别(bit 数据类型除外)的表达式。不允许使用聚合函数和子查询。

【例 5.26】 查询所有产品的平均价格。

```
select avg(price) as avgprice from products
```

(4) max

max 函数求一列值中的最大值。语法格式为:

```
max([all|distinct] expression )
```

其中,all 是默认值,表示对所有的值应用此聚合函数。distinct 指定考虑每个唯一值。distinct 对于 max 无意义,使用它仅仅是为了与 ISO 实现兼容。expression 是常量、列名、函数以及算术运算符、位运算符和字符串运算符的任意组合。max 可用于 numeric 列、character 列和 datetime 列,但不能用于 bit 列。不允许使用聚合函数和子查询。

【例 5.27】 查询订购表中最高的订购总价。

```
select max(dollars) from orders
```

(5) min

min 函数求一列值中的最小值。语法格式为:

```
min([all|distinct]expression )
```

其中,all 是默认值,表示对所有的值应用此聚合函数。distinct 指定每个唯一值都被考虑。distinct 对于 min 无意义,使用它仅仅是为了符合 ISO 标准。expression 是常量、列名、函数以及算术运算符、位运算符和字符串运算符的任意组合。min 可用于 numeric、char、varchar 或 datetime 列,但不能用于 bit 列。不允许使用聚合函数和子查询。

【例 5.28】 查询代理商表中最低的代理佣金。

```
select min([percent]) from agents
```

6. 查询结果排序

使用 order by 子句可以对查询结果进行排序。升序排列用 asc 表示,降序排列用 desc

表示,如果不指定,默认为升序排列。对于字符排序,升序指从 A 到 Z 的顺序,降序指从 Z 到 A 的顺序。对于数值排序,升序指从 1 到 9 的顺序,降序指从 9 到 1 的顺序。

【例 5.29】 查询所有的顾客信息,按照顾客姓名(cname)升序排列。

```
select * from customers
order by cname asc;
```

7. 查询结果分组

group by 子句将表中的元组按某一列或多列值分组,值相等的为一组,针对不同的组归纳信息,汇总相关数据。例如,在数据库 sales 中,我们想知道每个顾客订购产品的总金额。我们要做的就是在 orders 表中,按照 pid 的值分组,然后计算每组的总金额。在查询语句中,使用 group by 可以完成这项功能。

【例 5.30】 查询每种产品的订购总量。

```
select pid,sum(qty) total
from orders group by pid;
```

说明:该语句对 orders 表中信息按产品编号 pid 的值分组,产品编号相同的所有元组为一组,然后对每一组应用聚合函数 sum 求和,以查询每种产品的订购总量。

在 group by 子句中也可以指定多列。例如,下面这个查询在 group by 子句中就包含了 orders 表中的 pid 和 aid 列。

【例 5.31】 查询某个代理商订购的某种产品的总量。

```
select aid,pid,sum(qty) as total
from orders
group by aid ,pid;
```

如果要对分组的结果再进行筛选,比如上例,我们希望查询某个代理商所订购的某种产品的总量超过 1000 的产品 ID、代理商 ID 和总量,可以在 group by 子句之后使用 having 子句。where 子句和 having 子句都是对数据进行筛选,但是它们之间是有区别的。having 子句用于筛选分组以后的数据,而 where 则用于在分组之前筛选数据。

【例 5.32】 查询满足条件为某个代理商所订购的某种产品的总量超过 1000 的产品 ID、代理商 ID 和总量。

```
select pid,aid,sum(qty) as total
from orders
group by pid,aid
having sum(qty) > 1000;
```

【例 5.33】 查询被至少两个顾客订购的所有产品的 pid 值。

```
select pid from orders
group by pid
having count (distinct cid) > = 2;
```

5.3.3 连接查询

在实际数据库中,数据通常被分解存储到多个不同的表中,这样的存储使得数据处理起来更方便,并且具有很大的伸缩性。若一个查询同时涉及两个以上的表,则称为连接查询。连接查询实际上是关系数据库中最主要的查询。主要包括等值连接查询、非等值连接查询、自身连接查询、外连接查询和复合条件连接查询。

连接查询可由 where 子句中的连接条件实现,其格式通常为:

```
select 列名 1,列名 2,…
from 表名 1,表名 2,…
where 连接条件 1 and 连接条件 2…
```

(1) 等值与非等值连接查询

当用户的一个查询请求涉及数据库的多个表时,必须按照一定的条件把这些表连接在一起,以便能够共同提供用户需要的信息。连接条件的一般格式为:

```
[<表名 1>]<列名 1><比较运算符>[<表名 2>]<列名 2>
```

连接条件中的列名称为连接字段。连接条件中的各连接字段类型必须是可比的,但不必是相同的。例如,可以都是字符型,或都是日期型;也可以一个是整型,另一个是实型,整型和实型都是数值,因此是可比的。

比较运算符主要有=,>,<,>=,<=,!=。

当连接运算符为"="时,称为等值连接。使用其他连接运算符则称为非等值连接。

【例 5.34】 查询所有满足条件"顾客通过代理商订了货"的顾客-代理商姓名组合(cname,aname)。查询会涉及 customers、orders 和 agents 三个表:

```
select distinct customers.cname,agents.aname
from customers,orders,agents
where customers.cid = orders.cid and orders.aid = agents.aid;
```

【例 5.35】 查询居住在同一城市的所有顾客对。

```
select c1.cid cid1,c2.cid cid2 from customers c1,customers c2
where c1.city = c2.city and c1.cid < c2.cid;
```

这里为了区分两张 customers 表,分别定义了别名 c1 和 c2。

【例 5.36】 查询订购了某个被代理商 a06 订购过的产品的所有顾客的 cid 值。

```
select distinct y.cid
from orders x,orders y
where x.pid = y.pid and x.aid = 'a06';
```

【例 5.37】 查询至少订购了一件价格低于＄0.60 商品的所有顾客的名字。

```
select distinct cname
from ((orders o join (select pid from products where price < 0.60) p
on o.pid = p.pid) join customers c on o.cid = c.cid);
```

【例 5.38】 查询通过居住在 Duluth 或 Dallas 代理商订了货的所有顾客的 cid 值。

```
select distinct cid from orders,agents
where orders.aid = agents.aid and (city = 'duluth' or city = 'dallas');
```

【例 5.39】 查询既订购了产品 p01 又订购了产品 p07 的顾客的 cid 值。

```
select distinct x.cid from orders x ,orders y
where x.pid = 'p01' and x.cid = y.cid and y.pid = 'p07';
```

（2）内连接

除了以上这种方式以外，还可以通过 inner join（内连接）建立表之间的连接，其通常格式为：

```
select 列名 1,列名 2…
from 表名 1 inner join 表名 2
on 连接条件 1
inner join 表名 3
on 连接条件 2
…
```

其中，inner 可以省略。

【例 5.40】 查询所有满足条件“顾客通过代理商订了货”的顾客-代理商姓名组合（cname，aname）。也可以写成用 inner join 连接的形式。

```
select distinct customers.cname, agents.aname
from customers join orders
on customers.cid = orders.cid
join agents on orders.aid = agents.aid
```

有时，为了书写方便，可以用别名代替表名，例如：

```
select distinct c.cname, a.aname
from customers c join orders o
on c.cid = o.cid join agents a on o.aid = a.aid
```

这里分别给 customers、orders、agents 三个表取别名为 c、o、a，在连接的时候可以使用别名代替表名，而不用每次都重复书写复杂的表名。

相对于用 where 语句指定连接条件的方式，内连接（inner join）可以把表连接条件与数据连接条件区分开，这样更便于阅读，因此实际开发中推荐使用内连接的方式进行表连接。

（3）外连接

与内连接相对应的是外连接（outer join）。在通常的连接操作中，只有满足连接条件的元组才能作为结果输出。如某个顾客没有订购记录，那么他就不会出现在查询结果中。若我们想以 customers 表为主体列出每个顾客的基本情况及其订购情况，且没有订购的顾客也希望输出其基本信息，这时就需要使用外连接。

外连接分为左外连接（left outer join）和右外连接（right outer join）两种类型。左外连接即以 join 左边的表为主表进行连接，右外连接即以 join 右边的表为主表进行连接。其中 outer 可以省略。

【例 5.41】 查询所有顾客的顾客号、顾客姓名、订购的产品号、订购数量。没有订购过产品的顾客的订购信息显示为空。

```
select c.cid, c.cname, o.pid, o.qty
from customers c left outer join orders o
on c.cid = o.cid;
```

查询结果如表5.22所示。

表5.22 例5.41的查询结果

	cid	cname	pid	qty
1	c001	Tip Top	p01	1000
2	c001	Tip Top	p01	1000
3	c001	Tip Top	p03	600
4	c001	Tip Top	p04	600
5	c001	Tip Top	p02	400
6	c001	Tip Top	p06	400
7	c001	Tip Top	p05	500
8	c001	Tip Top	p07	800
9	c002	Basics	p03	1000
10	c003	Allied	NULL	NULL
11	c004	ACME	NULL	NULL
12	c006	ACME	p03	800
13	c006	ACME	p01	NULL
14	c007	Windix	NULL	NULL

5.3.4 嵌套查询

在SQL语言中，一个select-from-where语句称为一个查询块。将一个查询块嵌套在另一个查询块的where子句或having短语的条件中的查询称为嵌套查询或子查询。嵌套在where子句或having短语条件中的下层查询块又称为内层查询块或子查询块。它的上层select-from-where查询块又称为外层查询或父查询或主查询。SQL语言允许多层嵌套查询。即一个子查询中还可以嵌套其他子查询。

嵌套查询的求解方法是由里向外处理。即每个子查询在其上一级查询处理之前求解，子查询的结果用于建立其父查询的查找条件。通常可以使用in或not in、比较运算符、谓词any或or以及exists或not exists进行嵌套查询。

1. 带有in谓词的子查询

in谓词的子查询用于判断某个属性列值是否在子查询的结果中或者由多个常量组成的集合中，in谓词的语法格式为：

表达式 in (子查询)| 表达式 in (常量1{,常量2…})

in谓词表示如果计算之后表达式的值至少与子查询结果中的一个值相同时，或者与常量构成的集合中的一个值相同时，返回true，否则返回false。

【例5.42】 查询通过居住在Duluth或Dallas的代理商订了货的所有顾客的cid值。

```
select distinct cid from orders
where aid in
    (select aid from agents
    where city = 'duluth'or city = 'dallas');
```

注意，这里的"in"不能换成"="，因为居住在Duluth或Dallas的代理商有可能不止一个，只有当子查询得到的值只有一个时才能使用"="。

在这个查询中，子查询独立于外部查询，即子查询的查询条件不依赖于外层父查询中的orders表，我们将子查询独立于外部查询的这类查询称为不相关子查询(noncorrelated subquery)。不相关子查询总共执行一次，执行完毕后将值传递给外部查询。

在 in 谓词的使用语法中，“表达式 in(常量 1 {,常量 2…})”等价于“表达式＝常量 1 or 表达式＝常量 2 or…”，也就是说，上面的查询也可以写成：

```
select distinct cid from orders
where aid in
  (select aid from agents
  where city in ('duluth','dallas'));
```

相对于 in 谓词，还有 not in 谓词。not in 谓词的语法格式为：

```
表达式 [not]in (子查询)| 表达式 [not]in (常量 1 {,常量 2… })
```

not in 谓词表示如果计算之后表达式的值与子查询结果中的所有值都不相同时，或者与常量构成的集合中的所有值都不相同时，返回 true，否则返回 false。

【例 5.43】 查询没有通过居住在 Duluth 或 Dallas 的代理商订货的所有顾客的 cid 值。

```
select distinct cid from orders
where aid not in
   (select aid from agents
   where city =  'duluth'or city =  'dallas');
```

2. 带有比较运算符的子查询

当用户能确切知道内层查询返回的是单值时，可以用＞、＜、＝、＞＝、＜＝、！＝或＜＞等比较运算符。

【例 5.44】 查询折扣值小于最大折扣值的所有顾客的 cid 值。

```
select cid from customers
where discnt <
   (select max(discnt) from customers);
```

说明：因为子查询中聚合函数 max 返回折扣值的最大值，肯定是单值，所以可以在表达式与子查询之间使用比较运算符“＜”。

【例 5.45】 查询至少被两个顾客订购的产品。

```
select pid from products p
where 2 <=
  (select count(distinct cid) from orders
  where pid = p.pid);
```

3. 带有量化比较谓词的子查询

在某些情况下，子查询返回多个值，SQL 提供了 any、some 或 all 这些量化比较谓词将表达式的值和子查询的结果进行比较。语法格式如下：

```
表达式 θ {some|any|all}(子查询)
```

其中 θ 是比较运算符(＞,＜,＞＝,＜＝,＝,＜＞或！＝)中的一个。表达式 θ some 子查询和表达式 θ any 子查询含义相同，如果在子查询的结果中至少存在一个元素 a，使表达式的值与该元素作 θ 运算为真，即表达式 θ a 为真，则它们的值为真。表达式 θ all 子查询为真，当且仅当对于子查询返回的每一个值 a，表达式 θ a 的值均为真。

带有量化比较谓词的子查询的直接含义见表 5.23。

表 5.23　量化比较谓词

量化比较谓词	含　义	量化比较谓词	含　义
＞any ＞some	大于子查询结果中的某一个值	＞ALL	大于子查询结果中的所有值
＜any ＜some	小于子查询结果中的某一个值	＜all	小于子查询结果中的所有值
＞＝any ＞＝some	大于等于子查询结果中的某一个值	＞＝all	大于等于子查询结果中的所有值
＜＝any ＜＝some	小于等于子查询结果中的某一个值	＜＝all	小于等于子查询结果中的所有值
＝any ＝some	等于子查询结果中的某一个值	＝all	等于子查询结果中的所有值
！＝any 或＜＞any！＝some 或＜＞some	不等于子查询结果中的某一个值	！＝all 或＜＞all	不等于子查询结果中的任何一个值

【例 5.46】 查询佣金百分率最小的代理商的 aid 值。

```
select aid from agents
where [percent]<= all
   (select [percent] from agents);
```

说明：如果一个代理商的佣金小于等于所有代理商的佣金，则就是最小的佣金。

【例 5.47】 查询与居住在 Dallas 或 Boston 的顾客拥有相同折扣的所有顾客。

```
select cid,cname from customers
where discnt = some
   (select discnt from customers
   where city = 'dallas' or city = 'boston');
```

【例 5.48】 查询既订购了产品 p01 又订购了产品 p07 的顾客的 cid 值。

```
select distinct cid from orders x
where pid = 'p01' and cid in
   (select cid from orders where pid = 'p07');
```

4. 带有 EXISTS 谓词的子查询

exists 的意思是“存在”。带有 exists 谓词的子查询不返回任何实数据，它只产生逻辑真值 true 或逻辑假值 false。语法格式为：

```
exists (子查询)
```

当且仅当子查询返回的集合存在元素，即非空，其值为真。由于带 exists 谓词的相关子查询只关心内层查询是否有返回值，并不需要查询具体值，因此其效率并不一定低于不相关子查询，有时是高效的方法。

【例 5.49】 查询既订购了产品 p01 又订购了产品 p07 的顾客的 cid 值。除了可以用前面介绍的谓词 IN 的方法进行查询外，也可以改成：

```
select distinct cid from orders
where pid = 'p01' and exists
   (select * from orders
   where cid = x.cid and pid = 'p07');
```

说明：exists后面的子查询，其目标列表达式通常都用*，因为带exists的子查询只返回真值或假值，给出列名无实际意义。

在这个查询中，子查询的查询条件依赖于外层父查询的中orders表的cid值，我们将子查询的查询条件依赖于外层父查询的表属性的这类查询称为相关子查询（correlated subquery）。求解相关子查询不能像求解不相关子查询那样一次将子查询求解出来，然后求解父查询。相关子查询的内层查询由于与外层查询有关，一般处理过程如下：首先取外层查询中表的第一个元组，根据它与内层查询相关的属性值处理内层查询，若where子句返回值为真（即内层查询结果非空），则取此元组放入结果表；然后再检查该表的下一个元组；重复这一过程，直到该表全部检查完毕为止。

与exists谓词相对应的是not exists谓词。语法格式为：

```
not exists (子查询)
```

当且仅当子查询返回的集合不存在元素，即为空，其值为真。

【例5.50】 查询没有通过代理商a05订货的所有顾客的名字。

```
select distinct c.cname from customers c
where not exists
   (select * from orders x
   where c.cid = x.cid and x.aid = 'a05');
```

一些带exists或not exists谓词的子查询不能被其他形式的子查询等价替换，但所有带in谓词、比较运算符、any和all谓词的子查询都能用带exists谓词的子查询等价替换。

5.3.5 集合查询

select语句查询的结果是元组的集合，所以多个select语句的结果可进行集合操作。集合操作主要包括并（union）、交（intersect）、差（except）。

1. 并

并操作将两个或更多查询的结果合并为单个结果集，进行union运算的子查询的结果表必须是相容的表，即列相同和列的顺序必须相同，并且对应项的数据类型也相同。语法格式为：

```
子查询1 union [all] 子查询2
```

如果指定all，将全部行并入结果中，包括重复行。如果未指定该参数，则删除重复行。

【例5.51】 查询得到顾客所居住的城市、代理商所在城市或者两者皆在的城市。

```
select city from customers
union
select city from agents;
```

查询结果如表 5.24 所示。

```
select city from customers
union all
select city from agents;
```

查询结果如表 5.25 所示，通过与表 5.24 进行对比，可看出 union all 将全部行并入结果中，其中包括重复行。

表 5.24　例 5.51 的查询结果(1)

	city
1	NULL
2	Dallas
3	Duluth
4	New York
5	Newark
6	Tokyo

表 5.25　例 5.51 的查询结果(2)

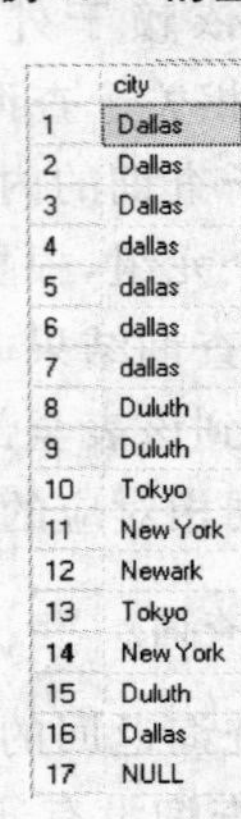

	city
1	Dallas
2	Dallas
3	Dallas
4	dallas
5	dallas
6	dallas
7	dallas
8	Duluth
9	Duluth
10	Tokyo
11	New York
12	Newark
13	Tokyo
14	New York
15	Duluth
16	Dallas
17	NULL

2. 交

交操作返回两个或更多查询的结果中都具有的非重复行。进行交运算的子查询的结果表必须是相容的表，即列相同和列的顺序必须相同，并且对应项的数据类型也相同。语法格式为：

子查询 1 intersect 子查询 2

【例 5.52】 查询既订购了产品 p01 又订购了产品 p07 的顾客的 cid 值。

```
select cid from orders where pid = 'p01'
intersect
select cid from orders where pid = 'p07';
```

说明：intersect 左边的查询结果为订购了产品 p01 的顾客的 cid 值，右边的查询结果为订购了产品 p07 的顾客的 cid 值，两个查询结果作交操作，即得到既订购了产品 p01 又订购了产品 p07 的顾客的 cid 值。

3. 差

差操作从左查询中返回右查询没有找到的所有非重复值。进行差运算的子查询的结果表必须是相容的表，即列数相同和列的顺序必须相同，并且对应项的数据类型也相同。语法格式为：

子查询 1 except 子查询 2

【例 5.53】 查询没有通过代理商 a05 订货的所有顾客的名字。

```
select c.cname from customers c
except
```

```
select c.cname from customers c,orders x
where (c.cid = x.cid and x.aid = 'a05');
```

5.3.6　复杂查询

由第 4 章我们知道，关系代数的除法可以解决“查询订购了所有产品的顾客的 cid”之类的问题。但是，如何用 SQL 语句表示这类问题呢？因为 SQL 中没有与除法运算等价的除法运算符，所以必须将除法运算符转换为等价的形式。

对于“订购了所有产品的顾客”，可以等价于“没有一个产品该顾客没有订购”，即：$(\forall x)P \equiv \neg(\exists x(\neg P))$。

在这个问题中，x 是产品，P 是“顾客已订购”，$(\forall x)P$ 含义为对于任意一个产品，顾客都已订购。$\neg(\exists x(\neg P))$含义为不存在一个产品顾客没有订购。

【例 5.54】　查询订购了所有产品的顾客的 cid 值。

(1) 用 SQL 语句描述反例“有一个产品我们的候选顾客没有订购”。

```
select pid from orders x
where not exists
   (select * from orders y
   where x.pid = y.pid and y.cid = ?.cid)
```

这里的“?”表示候选顾客涉及的表。

(2) 用 SQL 语句描述不存在反例，在步骤(1)的 SQL 语句前增加 NOT EXISTS 谓词，即：

```
not exists
   (select pid from orders x where not exists
      (select * from orders y
      where x.pid = y.pid and y.cid = ?.cid))
```

(3) 最后“?”用外层查询中的表 c 代替，完成该查询。

```
select c.cid from customers c
where not exists
   (select pid from orders x where not exists
      (select * from orders y
      where x.pid = y.pid and y.cid = c.cid))
```

对于需要用关系代数除法解决的查询问题，转换成 SQL 语句的一般形式为：

```
select …where not exists(select…where not exists(select…));
```

【例 5.55】　查询被所有居住在 New York 的顾客订购的产品的 pid。

```
select pid from products p
where not exists
   (select cid from customers c
   where c.city = 'new york' and not exists
      (select * from orders x
      where x.pid = p.pid and x.cid = c.cid));
```

该语句表示的含义为：查询这样的产品，即不存在居住在'New York'的某位顾客没有订购该产品的情况。

5.4 SQL的数据操纵功能

SQL语言的数据操纵功能，主要包括数据插入、删除和更新三个方面的内容。

5.4.1 插入数据

一旦表创建完成，就可以向表内插入数据。插入数据有两种格式：一种是向具体记录插入常量数据；另一种是把子查询的结果输入到另一个表中去。前者一次只能插入一条记录，后者一次可插入多条记录。

1. 插入单条记录

在SQL语言中，插入单条记录的命令格式为：

```
insert into <表名> (<属性列 1>[,<属性列 2>] [ ,…n ])
values (<属性值 1>[,<属性值 2>] [ ,…n ])
```

说明：

① 如果某些属性列在into子句中没有出现，则新记录在这些列上将取空值。但在表定义时说明了not null属性的列则不能取空值，否则会出错。

② 如果into子句中没有指明任何列名，则新插入的记录必须在每个属性列上均有值。

③ 指定列名时，列名的排列顺序不一定要和表定义时顺序一致，但values子句值的排列顺序必须和列名表中列名排列顺序一致且个数相等。

【例5.56】 使用insert into语句插入数据至表agents中。

```
insert into agents(aid,aname,city,[percent])
values ('a11','smith','new york',6)
```

插入时，也可在表名后面不指定列名，即一次为所有的列都指定值，此时要求insert语句的值的个数必须和表的列数匹配。

【例5.57】 向agents表插入一条记录。

```
insert into agents
values ('a12','tom','new york',6)
insert into agents
values ('a13','sam',null,5)
```

2. 插入子查询结果

将一个子查询结果集插入到表中，其语句的格式为：

```
insert into <表名> [(<属性列 1>[,<属性列 2>] [ ,…n ])
子查询语句
```

【例5.58】 设数据库中已有一个关系cust1，其关系模式与customers完全一样，将关系customers中的所有元组插入到关系cust1中去。

```
insert into cust1
```

```
select * from customers
```

5.4.2　更新数据

数据更新的目的是修改记录中的一个或多个属性的值。在SQL语言中，使用update命令完成，其一般格式为：

```
update <表名>
set <列名 1 > = <表达式 1 >[,<列名 2 > = <表达式 2 >][ ,…n ]
[where <条件>];
```

说明：update语句的功能是修改指定表中满足where子句条件的记录。其中set子句用于指定修改方法，即用<表达式>的值取代相应的属性列值。如果省略where子句，则表示要修改表中的所有记录。

【例5.59】　修改表agents中的数据，把"a01"的"percent"值改成6。

```
update agents
set [percent] = 6
where aid = 'a01'
```

【例5.60】　将所有订货总金额超过2000的顾客的折扣率增加10%。

```
update customers
set discnt = discnt * 1.1
where cid in
    (select cid from orders
    group by cid having sum(dollars)> 2000);
```

5.4.3　删除数据

要从一个表中删除一条记录，须使用delete命令。删除语句的命令格式为：

```
delete from <表名>
[where<条件>]
```

delete语句的功能是从指定表中删除满足where子句条件的所有记录，而且delete语句中的where子句指定的条件也可以为一个子查询。如果省略where子句，则表示删除表中全部记录，但表的定义仍然存在，即delete语句删除的是表中的数据，而不是表的定义。

【例5.61】　删除数据表agents中的居住在"New York"的所有代理商的记录。

```
delete from agents
where city = 'new york'
```

【例5.62】　删除orders表中所有订购记录。

```
delete from orders
```

【例5.63】　删除所有没有人订购的产品。

```
delete from products
where pid not in
```

```
(select pid from orders)
```

5.5 视图

5.5.1 视图的概念及特点

视图(view)是从一个或几个基本表(或视图)导出的一个虚拟表,数据库中只存放视图的定义,而不存放视图对应的数据,这些数据仍然存储在原来的基本表中,如果基本表的数据发生了改变,视图中查询出的数据也会发生改变。

视图一经定义,就可以和基本表一样被查询、被删除,也可以用来定义新的视图,但对更新(增、删、改)操作则有一定的限制。

使用视图的主要优点如下:

- 提高安全性。通过视图可以只允许用户查看表中的部分数据,如银行账户表,可以用视图只显示客户的姓名、地址,而不显示银行账号、账户金额等。
- 简化操作。视图大大简化了用户对数据的操作,对于一些复杂的查询,可以用视图的方式存储到数据库中,这样在每一次执行相同的查询时,不必重新写这些复杂的查询语句,只要一条简单的查询视图语句即可。
- 增强数据逻辑独立性。视图可以使应用程序和数据库表在一定程度上独立。如果没有视图,应用一定是建立在表上的。有了视图之后,应用可以建立在视图之上,从而使程序与数据库表被视图分割开来。

5.5.2 视图的创建和使用

视图的创建采用 create view 命令,其格式为:

```
create view <视图名>[(<列名>[,<列名>][,…n])]
as
    <子查询语句>
    [with check option]
```

说明:

① 子查询语句可以任意复杂,但通常不允许含有 order by 子句和 distinct 子句。

② with check option 表示对视图进行更新操作时要保证更新的行满足视图定义中的谓词条件,即满足视图查询语句中的条件表达式。

③ 如果仅指定了视图名,省略了组成视图的各属性列名,则隐含该视图由子查询中 select 子句目标列中的诸字段组成,但在下列 3 种情况下必须明确指定组成视图的所有列名:

- 目标列名中的某个目标列是集合函数或表达式。
- 多表连接时选出了几个同名字段作视图的字段。
- 需要在视图中为某个列启用新的名字。

【例 5.64】 创建一个视图 custp01,列出订购了产品 p01 的顾客编号、姓名、产品编号、产品数量和总金额。

```
create view custp01
```

```
as
select c.cid,cname,pid,qty,dollars
from customers c,orders o
where c.cid = o.cid and o.pid = 'p01';
```

视图定义后，用户就可以像查询基本表一样使用视图，每次需要查询订购了产品p01的顾客编号、姓名、产品数量和总金额的时候，就可以直接查询视图：

```
select * from custp01
```

【例5.65】 创建一个视图，列出顾客所在城市和代理商所在城市的组合，并且该顾客通过这个代理商作了订购。

```
create view cacities(ccity,acity)
as
select c.city,a.city
from customers c,orders o,agents a
where c.cid = o.cid and o.aid = a.aid;
```

说明：在这个SQL语句中，视图名后的属性列名不能省略，因为子查询中select后的两个目标列名相同，所以在视图定义中必须指定不同的列名。

视图可以嵌套，即视图既可以在基本表基础上创建，也可以在视图基础上创建。

【例5.66】 在视图custp01基础上创建一个二级视图custp01_1，列出订购了产品p01且总金额大于2000的顾客编号和姓名。

```
create view custp01_1
as
select cid,cname
from custp01
where dollars > 2000;
```

5.5.3 视图的更新

由于视图是不实际存储数据的虚表，因此对视图的更新，最终要转换为对基本表的更新。更新视图包括插入(insert)、删除(delete)和修改(update)三类操作。

为了防止用户通过视图对数据进行增、删、改时无意或故意操作不属于视图范围内的基本表数据，可在定义视图时加上with check option子句，这样在视图上增、删、改数据时，DBMS会进一步检查视图定义中的条件，若不满足条件，则拒绝执行该操作。

【例5.67】 建立一个视图，查询折扣率小于15的顾客信息。

方法1：

```
create view cust1
as
select * from customers
where discnt <= 15
```

方法2：

```
create view cust2
```

```
as
select * from customers
where discnt <= 15 with check option
```

cust1 和 cust2 均是折扣率小于 15 的顾客信息的视图，区别是 cust2 增加了 with check option，其含义为所有在视图上执行的数据修改语句都必须符合定义视图的 select 语句中所设定的条件，任何可能导致行消失的修改都会被取消，并显示错误信息。也就是说，通过视图对 customers 表进行修改时，如果有元组不满足 discnt＜＝15，则显示错误信息。

执行下面的修改语句：

```
update cust1 set discnt = discnt + 4
```

语句执行成功，customers 表中每个元组的 discnt 增加 4。若修改前 customers 表的内容如表 5.26 所示，则修改后 customers 表的内容如表 5.27 所示。

表 5.26　customers 表的内容（修改前）

	cid	cname	city	discnt
1	c001	Tip Top	Duluth	10
2	c002	Basics	Dallas	12
3	c003	Allied	Dallas	8
4	c004	ACME	Duluth	8
5	c006	ACME	Tokyo	0
6	c007	Windix	Dallas	NULL

表 5.27　通过视图 cust1 修改后 customers 的内容

	cid	cname	city	discnt
1	c001	Tip Top	Duluth	14
2	c002	Basics	Dallas	16
3	c003	Allied	Dallas	12
4	c004	ACME	Duluth	12
5	c006	ACME	Tokyo	4
6	c007	Windix	Dallas	NULL

执行 update customers set discnt＝discnt－4，将 customers 表恢复为原值。思考：执行这条语句 update cust1 set discnt＝discnt－4 能不能将 customers 表恢复为原值？为什么？

再执行下面的修改语句：

```
update cust2 set discnt = discnt + 4
```

语句没有成功执行，提示如下：

```
消息 550,级别 16,状态 1,第 2 行
试图进行的插入或更新已失败,原因是目标视图或者目标视图所跨越的某一视图指定了 with check
option,而该操作的一个或多个结果行又不符合 check option 约束。
语句已终止
```

说明：为什么会出现这种报错的情况？因为建立视图时的 with check option 子句要保证通过视图对基本表的更新应该符合 where 条件，即 discnt＜＝15。而 customers 的内容见表 5.26，对于顾客 c002，discnt 增加 4 后变成 16.0，则违背了 where 条件要求，所以该操作不会成功。

【例 5.68】 向视图 cust1 中插入信息。

```
insert into cust1
values('c008','mary','dallas',16);
```

这条语句成功执行，最后是在 customers 表中增加了一行。

【例 5.69】 向视图 cust2 中插入信息。

```
insert into cust2
```

```
values('c009','mary','dallas',16);
```

显示提示信息如下：

```
消息 550,级别 16,状态 1,第 1 行
试图进行的插入或更新已失败,原因是目标视图或者目标视图所跨越的某一视图指定了 with check option,而该操作的一个或多个结果行又不符合 check option 约束。
语句已终止。
```

这条语句没有成功执行，原因是 cust2 视图中指定了 with check option，因此，插入的行的 discnt 应该小于等于 15，否则违背了定义视图时的条件。

如果语句修改成：

```
insert into cust2
values('c009','mary','dallas',12);
```

则这条语句能够成功执行。

在关系数据库中，并不是所有的视图都是可更新的，因为有些视图的更新不能唯一有效地转换成对相应基本表的更新。下列几种情况下是不允许更新视图的：

- 若视图是由两个以上基本表导出的，则视图不允许更新。
- 若视图的字段来自表达式或常数，则不允许对此视图执行插入和更新操作，但允许删除。
- 若视图定义中含有 group by 子句，则此视图不允许更新。
- 若视图的属性列来自聚集函数，则此视图不允许更新。

【例 5.70】 创建 agentsales 视图，包含所有下过订单的代理商的 aid 值以及他们的销售总额。

```
create view agentsales(aid,totsales)
as
select aid,sum(dollars)
from orders group by aid;
```

对视图 agentsales 进行更新，增加销售总额 1000 元。

update agentsales set totsales＝totsales＋1000

执行该语句，显示提示信息如下：

```
消息 4406,级别 16,状态 1,第 1 行
对视图或函数'agentsales'的更新或插入失败,因其包含派生域或常量域。
```

思考：为什么会出现这种情况？

5.5.4 视图的删除

在视图不需要时，可以用 drop view 命令将视图删除，命令格式为：

```
drop view <视图名>
```

【例 5.71】 删除视图 cust1。

```
drop view cust1;
```

5.6 索引

5.6.1 索引的概念及作用

索引(index)是对数据库表中一列或多列的值进行排序的一种结构。建立索引是加快查询速度的有效手段,用户可以根据应用环境的需要,在基本表上建立一个或多个索引,以提供多种存取路径,加快查询速度。索引提供指针以指向存储在表中指定列的数据值,然后根据指定的排序次序排列这些指针。数据库使用索引的方式与使用书的目录很相似:通过搜索索引找到特定的值,然后跟随指针到达包含该值的行。

通常情况下,只有当经常查询索引列中的数据时,才需要在基本表上创建索引。为基本表设置索引是要付出代价的:一是索引需要占据物理空间,除了数据表占据数据空间之外,每一个索引还要占据一定的物理空间,如果要建立聚集索引,那么需要的空间就会更大;二是创建索引和维护索引要耗费时间,这种时间随着数据量的增加而增加;三是当对表中的数据进行增加、删除和修改的时候,索引也要进行动态的维护,这样就降低了数据的维护速度。不过,在多数情况下,索引所带来的数据检索速度的优势大大超过它的不足。然而,如果应用程序非常频繁地更新数据,或磁盘空间有限,那么最好限制索引的数量。

5.6.2 索引的分类

索引分为聚集索引、非聚集索引和唯一性索引。聚集索引基于聚集索引键对存储表或视图中的数据行按顺序排序。非聚集索引中的每个索引行都包含非聚集键值和行定位符,此定位符指向聚集索引或堆中包含该键值的数据行。索引中的行按索引键值的顺序存储,但是不保证数据行按任何特定顺序存储,除非对表创建聚集索引。聚集索引能提高多行检索的速度,而非聚集索引对于单行的检索很快。唯一性索引可以保证数据库表中每一行数据的唯一性。聚集索引和非聚集索引都可是唯一性索引。

5.6.3 索引的创建及删除

1. 索引的创建

索引是建立在数据库表中的某些列的上面。在创建索引的时候,应该考虑在哪些列上可以创建索引,在哪些列上不能创建索引。一般来说,应该在以下这些列上创建索引:

- 经常需要搜索的列,可以加快搜索的速度。
- 作为主键的列,强制该列的唯一性和组织表中数据的排列结构。
- 经常用于连接的列,这些列主要是一些外键,可以加快连接的速度。
- 经常需要根据范围进行搜索的列,因为索引已经排序,其指定的范围是连续的。
- 经常需要排序的列,因为索引已经排序,这样查询可以利用索引的排序,加快排序查询速度。
- 经常使用在 where 子句中的列,在这些列上建立索引可以加快条件的判断速度。

同样,对于有些列不应该创建索引。一般来说,具有下列特点的列不应该创建索引:

- 那些在查询中很少使用或者参考的列不应该创建索引。这是因为这些列很少使用到，有索引或者无索引，并不能提高查询速度。相反，由于增加了索引，反而降低了系统的维护速度和增大了空间需求。

- 那些只有很少数据值的列也不应该增加索引。这是因为，由于这些列的取值很少，例如人事表的性别列，在查询的结果中，结果集的数据行占了表中数据行的很大比例，即需要在表中搜索的数据行的比例很大。增加索引，并不能明显加快检索速度。
- 那些定义为 text、image 和 bit 数据类型的列不应该增加索引。这是因为这些列的数据量要么相当大，要么取值很少。
- 当修改性能远远大于检索性能时，不应该创建索引。这是因为修改性能和检索性能是互相矛盾的。当增加索引时，会提高检索性能，但是会降低修改性能。当减少索引时，会提高修改性能，降低检索性能。因此，当修改性能远远大于检索性能时，不应该创建索引。

建立索引采用 create index 命令，一般格式为：

```
create [unique] [clustered | nonclustered] index <索引名>
on <表名> ( <列名> [<asc|desc>] [ ,<列名> [<asc|desc>]][ ,…n ] )
```

其中，表名是要建索引的基本表名字。索引可以建立在该表的一列或者多列上，列名之间用逗号分隔，列名后面还可以用 asc(升序)或 desc(降序)指定索引值的排列顺序，默认情况为 asc。unique 表示此索引的每一个索引值对应唯一的数据记录。clustered 表示聚集索引，nonclustered 表示非聚集索引。默认情况为非聚集索引。

【例 5.72】 在 agents 表中创建一个索引 aidx，保证每一行都有唯一的 aid 值。

```
create unique index aidx on agents (aid);
```

2. 索引的删除

删除索引的 SQL 语句格式如下：

```
drop index <索引名>;
```

【例 5.73】 删除索引 aidx。

```
drop index agents.aidx;
```

5.7 SQL 的数据控制功能

数据库的安全性是指保护数据库以防止因用户非法使用数据库造成数据泄露、更改或破坏等。数据库系统的安全保护措施是否有效是数据库系统主要的性能指标之一。

DBMS 提供的数据库安全保护常用措施有：用户鉴别、存取权限控制、视图、跟踪审查、数据加密存储。

5.7.1 授予权限

存取权限控制是 DBMS 提供的内部安全性保护措施。存取权限控制机制主要包括定义用户权限和合法权限检查两部分。定义用户权限是指预先定义不同的用户对不同的数据对象允许执行的操作权限,并将用户权限登记到数据字典中,这个过程也被称为授权(authorization)。合法权限检查是指每当用户发出存取数据库的操作请求后,系统根据预先定义的用户操作权限对请求进行检查,确保他只能执行合法操作,若用户的操作请求超出了定义的权限,系统将拒绝执行此操作。

SQL 语言用 grant 语句将对指定操作对象的指定操作权限授予指定的用户。grant 语句的命令格式为:

```
grant <权限>[,<权限>][ ,…n ]
[on<对象类型><对象名>]
to <用户>[,<用户>][ ,…n ]
[with grant option];
```

说明:

① SQL 中定义的供用户使用的权限如下。

- select:允许对基本表或视图进行查询。
- insert:允许对基本表或视图插入新数据。
- update:允许对基本表或视图进行修改。
- delete:允许对基本表或视图进行删除。
- alter:允许对基本表的结构进行修改。
- index:允许对基本表建立索引。
- references:允许用户在定义新关系时引用其他关系的主键作为外键。
- createtab:对数据库可以有建立表的权限。该权限属于 DBA(数据库管理员),可以由 DBA 授予普通用户,普通用户拥有此权限后可以建立基本表。
- all privileges:给予在这个对象上可以赋予的所有权限。

② [with grant option]是一个可选项,如果指定了这个子句,则获得某种权限的用户还可以把这种权限再授予其他的用户。

【例 5.74】 授予用户 wintest 对数据库 sales 的 agents 表的插入、更新权限。

```
grant insert,update on agents
to wintest
```

【例 5.75】 授予用户 sqltest 对数据库 sales 的 customers 表的列 cid、cname 的查询权限。

```
grant select
on customers(cid,cname) to sqltest
```

【例 5.76】 把查询视图 cust1 的权限授予给所有用户。

```
grant select
on view cust1 to public;
```

说明:public 表示所有用户。

【例 5.77】 授予用户 sqltest 对数据库 sales 的 orders 表的查询、更新和插入权限。

```
grant select,insert,update
on orders to sqltest
```

5.7.2　收回权限

与授权操作相对应的是收回权限操作。授予的权限可以由 DBA 或其他授权者用 revoke 语句收回。revoke 语句的命令格式为：

```
revoke <权限>[,<权限>][ ,…n ]
[on<对象类型><对象名>]
from <用户>[,<用户>][ ,…n ];
```

【例 5.78】　把用户 sqltest 对 agents 表的插入、更新权限收回。

```
revoke insert,update
on table agents
from sqltest;
```

说明：授予和回收权限是有层次的。假设用户 A 把自己的权限授予了用户 B，并允许 B 再向别人授权。用户 B 又将这些权限授予了用户 C。后来，用户 A 回收了用户 B 的某些权限，则用户 C 的这部分权限自然也被取消了。

【例 5.79】　收回所有用户对视图 cust1 的查询权限。

```
revoke select
on view cust1
from public;
```

5.7.3　视图机制保证安全性

视图机制把需要保密的数据对无权存取这些数据的用户隐藏起来，从而自动地对数据提供一定程度的安全保护。在实际应用中，通常把视图机制与授权机制配合使用，首先用视图机制屏蔽掉一些保密数据，然后在视图上再进一步定义其存取权限。

【例 5.80】　用户 user1 只能查询 orders 表顾客 c001 的订购信息。

(1) 建立视图。

```
create view view_orders
as
select * from orders
where cid = 'c001'
```

(2) 对视图定义存取权限。

```
grant select
on view view_orders to user1;
```

5.8　存储过程

存储过程(Stored Procedure,SP)是 SQL 语句与控制流语句的预编译集合，它以一个名称存储并作为一个单元处理，应用程序可以通过调用来执行存储过程。利用存储过程可以使用户对数据库的管理和操作更加容易，效率更高。一些主要的 RDBMS 产品先后提供了存储过程。下面以 SQL Server 数据库系统为例说明存储过程的概念和使用。

5.8.1 存储过程简介

存储过程是一组完成特定功能的 SQL 语句集，经编译后存储在数据库中。用户通过指定存储过程的名字并给出参数(如果该存储过程带有参数)来执行它。存储过程是数据库中的一个重要对象，任何一个设计良好的数据库应用程序都应该用到存储过程。

使用存储过程具备以下优点：

- 重复使用。存储过程可以重复使用，从而可以减少数据库开发人员的工作量。
- 提高性能。存储过程在创建的时候就进行了编译，将来使用的时候不用再重新编译。一般的 SQL 语句每执行一次就需要编译一次，所以使用存储过程提高了效率。
- 减少网络流量。存储过程位于服务器上，调用的时候只需要传递存储过程的名称以及参数就可以了，因此降低了网络传输的数据量。
- 安全性。参数化的存储过程可以防止 SQL 注入式攻击，而且可以将 grant、deny 以及 revoke 权限应用于存储过程。

在 SQL Server 2008 中，存储过程分为以下 4 类。

1. 系统存储过程

SQL Server 为了实现对各种活动的管理，提供了系统存储过程。这些存储过程一般以 sp_作为前缀存放在 master 数据库中，如 sp_help 就是取得指定对象的相关信息。从物理意义上来看，系统存储过程存储在源数据库中；从逻辑意义上看，系统存储过程出现在每个系统数据库和用户数据库的 sys 架构中。

2. 扩展存储过程

扩展存储过程是指使用某种编程语言如 C 语言等创建的外部例程，是可以在 SQL Server 实例中动态加载和运行的 DLL。扩展存储过程通常以 xp_开头，用来调用操作系统提供的功能。例 exec master..xp_cmdshell 'ping 10.8.16.1'。

从 SQL Server 2005 版本开始，Microsoft 公司宣布将逐步删除扩展存储过程类型，这是因为使用 CLR 存储过程可以可靠而又安全地实现扩展存储过程的功能。

3. CLR 存储过程

CLR 存储过程是指对 Microsoft.NET Framework 公共语言运行时(CLR)方法的引用，可以接受和返回用户提供的参数，它们在.NET Framework 程序集中是作为类的公共静态方法实现的。CLR 提供了更为可靠和安全的替代方法来编写扩展存储过程。

4. 用户定义的存储过程

以上三类存储过程都是根据系统的操作使用需要编制好的功能模块，在实际业务中，为了更好地完善数据库应用系统的功能，提高系统效率，在数据库系统开发中可根据业务需求，利用 SQL 语句、控制流语句和内部函数预先编制一些存储过程，这就是用户自定义存储过程。用户自定义的存储过程是主要的存储过程类型，是封装了可重用代码的模块或例程。用户自定义的存储过程可以接受输入参数，向客户端返回表格或标量结果及消息，调用数据定义语言、数据操纵语言语句，然后返回参数。

5.8.2　存储过程的创建与执行

1. 创建存储过程

创建存储过程用 create procedure 命令，格式如下：

```
create procedure[拥有者.]存储过程名[;程序编号]
[(参数#1,…,参数#n)]
[with
{recompile|encryption|recompile,encryption}
]
[for replication]
as 程序行
```

说明：

- 程序编号：可选整数，用于对同名的过程分组。使用一个 drop procedure 语句可将这些分组过程一起删除。
- 参数：在 create procedure 语句中可以声明一个或多个参数。除非定义了参数的默认值或者将参数设置为等于另一个参数，否则用户必须在调用过程时为每个声明的参数提供值。通过将@符号用作第一个字符来指定参数名称。参数名称必须符合有关标识符的规则。
- recompile：指示数据库引擎不缓存该过程的计划，该过程在运行时编译。
- encryption：将 create procedure 语句的原始文本进行加密。
- for replication：指定不能在订阅服务器上执行为复制创建的存储过程。
- 程序行：要包含过程中的一个或多个 SQL 语句。

2. 存储过程中的参数使用

存储过程通过参数与它的调用程序通信。调用存储过程时，通过输入参数将数据传给存储过程，存储过程可以通过输出参数和返回值将数据返回给调用它的程序。

执行带输入参数的存储过程时，SQL Server 提供了两种传递参数的方式：按位置传递和通过参数名传递。

输入参数可以设置默认值。如果存储过程中有输入参数，在执行存储过程时没有给出参数也没有设置默认值，则系统会显示错误提示；如果有默认值，则采用该值作为输入参数值。

通过定义输出参数，可以从存储过程中返回一个或多个值。定义输出参数需要在参数定义的数据类型后使用关键字 OUTPUT，或简写为 OUT。

【例 5.81】 创建存储过程 proc_qcustomer，通过顾客的 cid 来查询顾客的姓名、城市和这个顾客的折扣，默认顾客 cid 为 c001。

```
create procedure proc_qcustomer
    @cid nvarchar(255) = 'c001',
    @cname nvarchar(255) output,
    @city nvarchar(255) output,
    @discnt float output
as
```

```
select @cname = cname, @city = city, @discnt = discnt
from customers where cid = @cid
```

【例 5.82】 创建存储过程 proc_sumdol，从 orders 表中查询订单中某一顾客订购的商品总金额。

```
create procedure proc_sumdol
    @cid nvarchar(255), @dol_sum float output
as
select @dol_sum = sum(dollars)
from orders where cid = @cid
```

3. 执行存储过程

执行存储过程的命令是 exec，格式如下：

```
exec <存储过程名>[(参数表)]
```

【例 5.83】 执行存储过程 proc_qcustomer，输入 cid＝c002，显示这个顾客的姓名、城市、折扣。

```
declare @cid nvarchar(255), @cname nvarchar(255),
      @city nvarchar(255), @discnt float
select @cid = 'c002'
exec proc_qcustomer @cid,
      @cname = @cname output,
      @city = @city output,
      @discnt = @discnt output
print @cname
print @city
print @discnt
go
```

【例 5.84】 执行存储过程 proc_sumdol，查询并显示顾客 c001 订购商品的总金额。

```
declare @cid nvarchar(255), @dol_sum float
select @cid = 'c001'
exec proc_sumdol @cid, @dol_sum output
print rtrim(@cid) + ' = ' + ltrim(str(@dol_sum))
go
```

5.8.3 存储过程的修改

修改存储过程的命令是 alter procedure，格式如下：

```
alter procedure <存储过程名>[(参数表)]
as 程序行
```

【例 5.85】 修改存储过程 proc_qcustomer，把定义的变量 cid 的长度修改为 20 个字节。存储过程定义改为：根据顾客的 cid 来查询顾客的姓名、城市。默认顾客 cid 为 c002。

```
alter procedure proc_qcustomer
```

```
        @cid nvarchar(20) = 'c002',
        @cname nvarchar(255)output,
        @city nvarchar(255)output,
        @discnt float output
as
select @cname = cname, @city = city
from customers where cid = @cid
```

5.8.4 重新编译存储过程

在执行诸如添加索引或更改索引列中的数据等操作而更改了数据库时，应重新编译访问数据库表的原始查询计划以对其重新优化。

SQL Server 2008 中，强制重新编译存储过程的方式有以下 3 种：

- sp_recompile 系统存储过程，强制在下次执行存储过程时对其重新编译。
- 创建存储过程时，在其定义中指定 with recompile 选项，指明 SQL Server 将不为该存储过程缓存计划，在每次执行该存储过程时对其重新编译。
- 在执行存储过程时，通过指定 with recompile 选项，强制对其重新编译。

5.8.5 存储过程的删除

删除存储过程的命令为 drop procedure，格式如下：

```
drop procedure <存储过程名>
```

【例 5.86】 删除存储过程 proc_qcustomer。

```
drop procedure proc_qcustomer
```

5.8.6 使用存储过程的注意事项

使用存储过程的目的是为了提高应用系统的运行效率，增强系统的可维护性，保证数据的完整性与一致性，但是，不恰当地使用存储过程，不仅不能提高系统性能，反而可能会带来一些负面的作用，所以在数据库应用系统中使用存储过程时要注意以下几个方面。

(1) 在存储过程定义语句中不能使用 create 语句创建如视图、默认对象、触发器及存储过程等数据库对象，在存储过程中如果创建了除此之外的其他数据库对象之后又删除它们，则该过程内不能再创建与该对象同名的新对象。

(2) 存储过程的使用权限默认情况授予 sysadmin 固定服务器角色和 db_owner 固定数据库角色。

(3) 避免嵌套的、递归的存储过程的使用。嵌套的存储过程的使用或存储过程递归调用本身，将大大增加应用的空间、时间复杂度，降低数据库的性能，所以应尽量避免使用。

(4) 在删除存储过程之前，需确定存储过程是否被分组。如果存储过程已被分组，则无法删除组内的单个存储过程。删除组内的一个存储过程时，会将同一组内的所有存储过程一起删除。可执行系统存储过 sp_depends 确认。

(5) 如果执行在远程 SQL Server 实例上进行更改的远程存储过程。则不能回滚这些更改。

5.9 函数

5.9.1 函数的概念及优点

函数是由一个或多个 SQL 语句组成的子程序，可用于封装代码以便重新使用。使用函数有以下优点。

(1) 允许模块化程序设计。

只需要创建一次函数并将其存储在数据库中，以后便可以在程序中调用任意次。用户自定义函数可以独立于程序源代码进行修改。

(2) 执行速度更快。

与存储过程相似，函数通过缓存计划并在重复执行时重用它来降低代码的编译开销。这意味着每次使用函数时均无须重新解析和重新优化，从而缩短了执行时间。

(3) 减少网络流量。

某些复杂的约束无法用单一标量的表达式表示，但可以表示为函数，在 where 子句中调用，以减少发送至客户端的数字或行数。

函数和存储过程的区别如下：

- 一般来说，存储过程实现的功能要复杂一点，而函数实现的功能针对性更强。
- 存储过程可以返回参数，而函数只能返回值或者表对象。

存储过程一般作为一个独立的部分来执行，而函数可以作为查询语句的一个部分来调用，由于函数可以返回一个表对象，因此它可以在查询语句中位于 from 关键字的后面。

5.9.2 函数的创建与使用

创建函数的格式如下：

```
create function [拥有者.] 函数名
  ( [ { @parameter_name [as ]参数数据类型 [ = default ] }[ ,…n ]] )
returns 标量返回数据类型
    [with < function_option > [ [,] …n ] ]
      [as]
begin
            函数体
    return 标量表达式
end
```

说明：

- 函数名：用户定义函数的名称。函数名称必须符合有关标识符的规则。
- @ parameter_name ：用户定义函数中的参数。可声明一个或多个参数。执行函数时，如果未定义参数的默认值，则用户必须提供每个已声明参数的值。
- [= default]：参数的默认值。如果定义了 default 值，则无须指定此参数的值即可执行函数。

【例 5.87】 创建一个标量函数 price_fun，要求根据顾客姓名和商品名，查询订购该商品的总价。

```
create function price_fun(@cname char(50),@pname char(50))
returns float
as
begin
    declare @price_out float
    select @price_out = sum(dollars)
    from orders,customers,products
     where orders.cid = customers.cid and orders.pid = products.pid
          and customers.cname = @cname and
          products.pname = @pname
    return (@price_out)
end
go
```

【例 5.88】 使用用户定义的标量函数 price_fun,查询顾客"tip top"订购的产品"comb"的总金额。

```
declare @tip_price float
use sales
exec @tip_price = dbo.price_fun 'tip top','comb'
print'tip top 订购的产品 comb 的总价格为:' + str(@tip_price)
go
```

5.9.3 函数的修改

修改函数的格式如下:

```
alter function <函数名>[(参数表)]
as 程序行
```

【例 5.89】 修改用户自定义函数 all_qty_fun,要求增加 1 个输出列——客户的折扣列。

```
alter function all_qty_fun(@pname char(30))
returns @all_qty_tab
    table(aid char(30),aname char(30),
    cid char(30),cname char(30),discnt float,qty float,dollars float)
as
begin
    insert @all_qty_tab
    select agents.aid,aname,customers.cid,cname,discnt,qty,dollars
    from agents,customers,products,orders
    where agents.aid = orders.aid and customers.cid = orders.cid
        and products.pid = orders.pid and pname = @pname
    order by qty desc
    return
end
```

5.9.4 函数的删除

删除函数的格式如下:

```
drop function <函数名>
```

【例 5.90】 删除用户定义的函数 all_qty_fun。

```
drop function all_qty_fun;
```

5.9.5 SQL Server 2008 中的内置函数

Transact-SQL 语言包含大量的可以在计算或者以其他方式处理数据时使用的函数。SQL Server 2008 中的函数可分为内置函数和用户自定义函数两种。

1. 内置函数

内置函数的作用是用来帮助用户获得系统的有关信息，执行有关计算，实现数据转换以及统计功能等操作。SQL 所提供的内置函数又分为系统函数、日期和时间函数、字符串函数、数学函数、集合函数等。SQL Server 2008 系统提供了许多内置函数，这些函数可以完成许多特殊的操作，增强了系统的功能，提高了系统的易用性。

SQL Server 2008 系统提供的内置函数分为 14 种类型，每一种类型的内置函数都可以完成某种类型的操作，如表 5.28 所示。

表 5.28 内置函数的类型和描述

函数类型	说明
行集函数	返回值为对象的函数，该对象可在 T-SQL 语句中作为表使用。所有的行集函数都是非确定的，即每次用一组特定参数调用它们时，所返回的结果都不总是相同的
聚合函数	对一组值进行运算，但返回一个汇总值
排名函数	对分区中的每一行均返回一个排名值
配置函数	返回当前配置信息
游标函数	返回有关游标信息
日期和时间函数	对日期和时间输入值执行运算，然后返回字符串、数字或日期和时间值
数学函数	基于作为函数的参数提供的输入值执行运算，然后返回数字值
元数据函数	返回有关数据库和数据库对象的信息
安全函数	返回有关用户和角色的信息
字符串函数	对字符串(char 或 varchar)输入值执行运算，然后返回一个字符串或数字值
系统函数	执行运算后返回 SQL Server 实例中有关值、对象和设置的信息
系统统计函数	返回系统的统计信息
文本和图像函数	对文本或图像输入值或列执行运算，然后返回有关值的信息

在 SQL Server 2008 系统中，根据函数得到的结果的确定性，可以把这些内置函数分为确定性函数和非确定性函数。如果对于一组特定的输入值，函数始终可以返回相同的结果，那么这种函数就是确定性函数。例如，sqrt(81)的结果始终是 9，因此该平方根函数是确定性函数。但是，如果对于一组特定的输入值，函数的结果可能会不同，那么这种函数就是非确定性函数。例如，getdate( )函数用于返回当前系统的日期和时间，不同时间运行该函数都有不同的结果，因此该函数是一种非确定性函数。只有确定性函数才可以在索引视图、索引计算列、持久化计算列、用户定义的函数中调用。

在 SQL Server 2008 系统中，所有的配置函数、游标函数、元数据函数、安全函数、系统统计函数等都是非确定性函数。下面介绍 SQL Server 2008 几个常用的内置函数。

(1) 聚合函数

聚合函数对一组值执行计算并返回单一的值。除 count 函数外,聚合函数忽略空值。聚合函数通常与 select 语句的 group by 子句一起使用。常用的聚合函数如表 5.29 所示。

表 5.29 常用的聚合函数

函数名	说 明
count	返回组中的项数,count 始终返回 int 数据类型值
avg	返回组中各值的平均值。将忽略空值。后面可能跟随 over 子句
sum	返回表达式中所有值的和或仅非重复值的和。sum 只能用于数字列。空值将被忽略。后面可能跟随 over 子句
max	返回表达式的最大值,后面可能跟随 over 子句
min	返回表达式的最小值,后面可能跟随 over 子句

聚合函数在如下情况下允许作为表达式使用:

- selecet 语句的选择列表(子查询或外部查询)
- 与 compute 或 compute by 子句一同使用
- having 子句

【例 5.91】 计算属于 dallas 的产品的最低单价和最高单价。实现该功能的 SQL 语句如下:

```
use sales
select '最高价格' = max(price),'最低价格' = min(price)
from products where city = 'dallas'
go
```

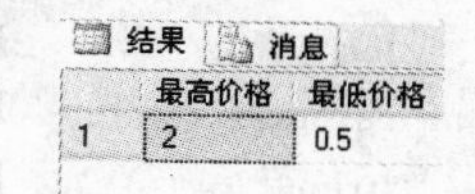

图 5.7 使用聚合函数示例

执行结果如图 5.7 所示。

(2) 日期和时间函数

日期和时间函数对输入的日期和时间值执行运算,返回字符串、数值或日期和时间值。日期和时间数据由有效的日期和时间组成。

在 SQL Server 2008 中,日期和时间数据使用 datetime、smalldatetime、date、datetime2、datetimeoffset、time 数据类型存储。常用的日期和时间函数如表 5.30 所示。

表 5.30 常用日期和时间函数

函 数 名	说 明
getdate	返回当前的日期和时间
day	返回表示指定日期的天数
month	返回表示指定日期的月份数
year	返回表示指定日期的年份数
isdate	确定日期输入表达式是否为有效的日期或时间值
dateadd	在一个日期值上加上一个时间间隔,返回值是 datetime
datediff	计算两个日期值之间的间隔,返回值是一个整数
datetime	返回表示日期中某部分的字符串
datepart	返回表示日期中某部分的数值

【例 5.92】 调用 getdate()函数和 year、month、day 函数显示系统的当前时间和日期，以及对应的年、月、日的值。实现该功能的 SQL 语句如下：

```
select '当前日期' = getdate(),'年' = year(getdate()),
'月' = month(getdate()),'日' = day(getdate())
go
```

执行结果如图 5.8 所示。

图 5.8 使用日期和时间函数示例

(3) 字符串函数

字符串函数对字符串输入值执行运算，返回字符串或数值。字符串函数实现字符数据的转换、查找操作，字符数据由字母、数字、符号组成。字符串函数的使用方法很简单，常用的字符串函数如表 5.31 所示。

表 5.31 常用的字符串函数

函 数	说 明
lower	将大写字符数据转换为小写字符数据后返回字符表达式
upper	将小写字符数据转换为大写字符数据后返回字符表达式
space	产生空格字符串
replace	用另一个字符串值替换出现的所有指定字符串值
stuff	用一个子串按规定取代另一个子串
replicate	以指定的次数重复字符串值
len	返回指定字符串表达式的字符数
reverse	取字符串的逆序
ltrim	删除字符串的前导空格
rtrim	删除字符串的尾部空格
charindex	返回一个子串在字符串表达式中的起始位置
substring	取子串函数
datalength	返回字符串长度
str	将数值转换成字符串
char	把一个表示 ASCII 代码的数值转换成对应的字符
sounddex	返回两个字符串发音的匹配程度
diffrence	返回两个字符串的匹配程度

【例 5.93】 实现字母大小写转换。实现该功能的 SQL 语句如下：

```
select upper = upper('abc'),lower = lower('ABC')
```

执行结果如图 5.9 所示。

【例 5.94】 将字符串"ABCDEFGHIJ"中的字符串"CDEF"删除后插入字符串"ghi"。实现该功能的 SQL 语句如下：

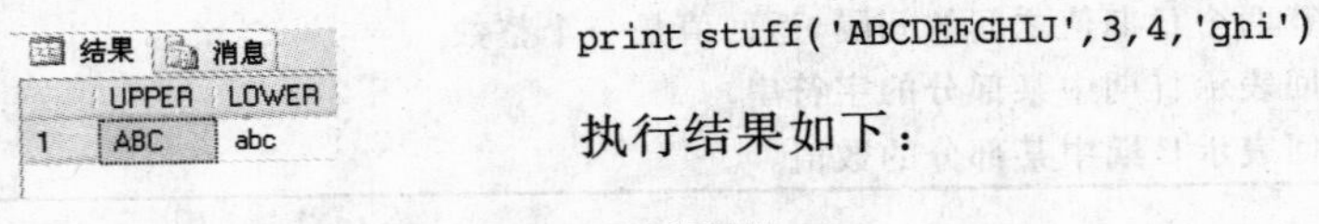

图 5.9 使用字符串函数示例

```
print stuff('ABCDEFGHIJ',3,4,'ghi')
```

执行结果如下：

```
ABghiGHIJ
```

【例5.95】 字符串"ABC"重复输出2次后将"BC"替换为"bc"。实现该功能的SQL语句如下：

```
select replace(replicate('ABC',2),'BC','bc')
```

执行结果如下：

```
AbcAbc
```

(4) 系统函数

系统函数对SQL Server服务器和数据库对象进行操作，并返回服务器配置和数据库对象数值等信息，它为用户提供一种便捷的系统检索手段。系统函数可用于选择列表、子句以及其他允许使用表达式的地方。

系统函数可以让用户在得到信息后，使用条件语句，根据返回的信息进行不同的操作。与其他函数一样，可以在select语句的select和where子句以及表达式中使用系统函数。部分系统函数如表5.32所示。

表5.32 部分系统函数

函 数	说 明
host_name	返回工作站名
host_id	返回工作站标识号
datalength	返回用于表示任何表达式的字节数
current_timestamp	返回当前数据库系统时间戳，返回值的类型为datetime，并且不含数据库时区偏移量
isnull	使用指定的替换值替换NULL
formatmessage	根据sys.messages中现有的消息构造一条消息。formatmessage返回供进一步处理的格式化消息
cast	允许把一种数据类型强制转换为另一种数据类型
convert	允许用户把表达式从一种数据类型转换为另一种数据类型，还允许把日期转换成不同的样式

【例5.96】 查找sales数据库中表products中pname列的长度。实现该功能的SQL语句如下：

```
use sales
select '产品名' = pname,'数据长度' = datalength(pname)
from products
go
```

执行结果如图5.10所示。

	产品名	数据长度
1	comb	8
2	brush	10
3	razor	10
4	pen	6
5	pencil	12
6	folder	12
7	case	8

图5.10 使用系统函数示例

(5) 数学函数

数学函数用来对数值型数据进行数学运算。数学函数通常基于作为参数提供的输入值执行计算，并返回一个数值。常见的标量函数有rand、sign、abs、log、round、sin、pi、power、cos等。

例如，rand返回一个介于0到1(不包括0和1)之间的伪随机 float 值。

Transact-SQL 语法约定：RAND（[seed]），其中参数 seed 提供种子值的整数表达式(tinyint、smallint 或 int)。如果未指定 seed，则 SQL Server 数据库引擎随机分配种子值。对于指定的种子值，返回的结果始终相同。返回类型为 float。

使用同一个种子值重复调用 rand() 会返回相同的结果。对于一个连接，如果使用指定的种子值调用 rand()，则 rand() 的所有后续调用将基于使用该指定种子值的 rand() 调用生成结果。例如，以下查询将始终返回相同的数字序列：

```
select rand(100),rand(),rand()
```

(6) 游标函数

游标函数用来返回游标信息。

可调用 @@CURSOR_ROWS 以确定当其被调用时检索了游标符合条件的行数，语法如下：

```
@@CURSOR_ROWS;
```

返回类型为 integer，返回值含义如表 5.33 所示。

表 5.33　游标函数返回值说明

返回值	说　明
$-m$	游标被异步填充。返回值"$-m$"是键集中当前的行数
-1	游标为动态游标。因为动态游标可反映所有更改，所以游标符合条件的行数不断变化，永远不能确定已检索到所有符合条件的行
0	没有已打开的游标。当上一个打开的游标没有符合条件的行，或上一个打开的游标已被关闭或被释放时返回 0
n	游标已完全填充。返回值 n 是游标中的总行数

下面的示例声明了一个游标，并且使用 select 显示 @@cursor_rows 的值。

```
use adventureworks;
go
select @@cursor_rows;
declare name_cursor cursor for
select lastname ,@@cursor_rows from person.contact;
open name_cursor;
fetch next from name_cursor;
select @@cursor_rows;
close name_cursor;
deallocate name_cursor;
go
```

2. 用户自定义函数

SQL Server 2008 支持 3 种用户自定义函数：标量函数、内联表值函数和多语句表值函数。

用户自定义函数采用零个或多个输入参数并返回标量值或表。一个函数最多可以有

1024 个输入参数。如果函数的参数有默认值,则调用该函数时必须指定 default 关键字,才能获取默认值。此行为与在用户自定义存储过程中具有默认值的参数不同,在后一种情况下,忽略参数同样意味着使用默认值。用户自定义函数不支持输出参数。

(1) 标量函数

用户自定义标量函数返回在 returns 子句中定义的类型的单个数据值。简单标量函数没有函数体;标量值从单个函数语句(通常是 select 语句)中得出。在多语句标量函数中,函数体在 begin…end 块中定义,并且包含一系列返回单个值的 Transact-SQL 语句。返回值类型可以是除 text、ntext、image、cursor、hierarchyID 和 timestamp 外的任何数据类型。

(2) 内联表值函数

内联表值函数返回 table 数据类型,没有函数主体,表是单个 select 语句的结果集。

(3) 多语句表值函数

多语句表值函数返回 table 数据类型。在 begin…end 块定义函数体,并包含一系列 Transact-SQL 语句,这些语句生成行并将其插入返回的表结果中。

【例 5.97】 针对 sales 数据库,创建一个多语句表值函数 all_qty_fun,要求:根据产品名来查询所有订购该产品的数量信息,包括代理商号 aid、代理商名字 aname、顾客号 cid、顾客名字 cname、产品数量 qty、产品的价格 dollars,结果按产品数量的升序排列。使用用户自定义的多语句表值函数 all_qty_fun 查询产品 razor 的订购情况。实现创建多语句表值函数 all_qty_fun 的 SQL 语句如下:

```
use Sales
create function all_qty_fun(@pname char(30))
returns @all_qty_tab table(aid char(30),aname char(30),
cid char(30),cname char(30),qty float,dollars float)
as
begin
      insert @all_qty_tab
      select agents.aid,aname,customers.cid,cname,qty,dollars
      from agents,customers,products,orders
      where agents.aid = orders.aid and customers.cid = ordrs.cid
      and products.pid = orders.pid and pname = @pname order by qty desc
return
end
go
```

使用用户自定义的多语句表值函数 all_qty_fun 查询产品 razor 的订购情况的 SQL 语句如下:

```
use sales
select * from all_qty_fun('razor')
go
```

结果　消息

	aid	aname	cid	cname	qty	dollars
1	a03	Brown	c002	Basics	1000	880
2	a03	Brown	c002	Basics	800	704
3	a05	Otasi	c001	Tip Top	600	540

图 5.11　执行用户自定义的多语句表值函数

执行结果如图 5.11 所示。

5.10 Transact-SQL 的流程控制语句

流程控制语句是指那些用来控制程序运行与流程分支的语句，即条件判断语句、循环语句等。通过这些语句，可以使程序更具结构性和逻辑性，并可以完成较复杂的操作。Transact-SQL 提供了许多用于流程控制的语句，包括：

- begin…end
- if…else
- case
- while
- goto
- waitfor
- return
- try/catch

5.10.1 begin…end 语句

begin…end 语句作为一对表示符包含多条 Transact-SQL 语句，将其组合为一个具有逻辑性的语句块整体，并看成一条简单的 Transact-SQL 语句来执行。在条件与循环控制语句中，如果满足某个条件时需要执行多条语句，运用 begin…end 语句，使得多条语句成为一个代码块来执行，在代码块中允许程序员对 SQL 语句进行逻辑组合，以便得到预期的效果。

语法格式如下：

```
begin
{
sql_statement | statement_block
}
end
```

【例 5.98】 显示变量 PRICE 的值为 456。实现该功能的 SQL 语句如下：

```
begin
  declare @price int
  set @price = 456
    begin
    print '变量@price 的值: '
    print cast(@price as varchar(12))
  end
end
```

执行结果如下：

```
变量@price 的值:
456
```

5.10.2 if…else 语句

if…else 是单条件判断语句，在 if 后面是个逻辑表达式，如果表达式结果为真，则程序执行 if 后面的语句，否则，执行 else 后面的语句。语法格式为：

```
if boolean_expression
{sql_satatement | statement_block}
[
else
{sql_statement | statement_block}]
```

说明：

- boolean_expression 返回 true 或者 false 的表达式。如果布尔表达式中含有 select 语句，则必须用圆括号将 select 语句括起来。
- { sql_statement | statement_block }表示任何 Transact-SQL 语句或用语句块定义的语句分组。除非使用语句块，否则 if 或 else 条件只能执行一个 Transact-SQL 语句。
- 若要定义语句块，需要使用控制流关键字 begin 和 end。

if…else 语句可以嵌套，而且嵌套层次没有限制。

【例 5.99】 基于 products 表，如果产品的平均价格高于 2，则输出"products are expensive"，否则输出"products are cheap"。实现该功能的 SQL 语句如下：

```
if(select avg(price) from products)> 2
 begin
   print 'products are expensive'
 end
else
 begin
   print 'pronducts are cheap'
 end
```

执行结果如下：

```
products are cheap
```

5.10.3 case 语句

case 语句是多条件判断语句，与作为单条件判断语句的 if…else 相比，case 语句可实现一个表达式为多值的时候分别执行相应的语句。case 语句有两种，分别是简单 case 函数及 case 搜索函数。

1. 简单 case 函数

语法格式为：

```
case input_expression
when when_expression
then result_expression [ …n ]
```

```
[
else else_result_expression
]
end
```

说明：

- input_expression 为计算的表达式，可以是任意有效的表达式。
- when_expression 为与 input_expression 进行比较的简单表达式，input_expression 及每个 when_expression 表达式的数据类型必须相同或必须是隐式转换的数据类型。
- when_true_result_expression 为当 when 子句计算结果为 true 时返回的标量值。
- else_result_expression 为当没有任何 when 子句的计算结果为 true 时返回的标量值。

简单 case 函数必须以 case 开头并以 end 结尾，用于把一个表达式与一系列的简单表达式进行比较，并返回符合条件的结果表达式。

【例 5.100】 基于 products 表对产品按价格进行等级认定，并输出商品名、所在城市、价格等级。价格等于 2 的为"EXPENSIVE"，价格等于 1 为"MEDIUM"，价格等于 0.5 的为的"CHEAP"，否则为"未确定"。实现该功能的 SQL 语句如下：

```
use sales
select pname as '商品名',city as '所在城市',
case price
   when '3' then 'expensive'
   when '1' then 'medium'
   when '0.5' then 'cheap'
      else '未确定'
      end as '价格'
from products
go
```

执行结果如图 5.12 所示。

	商品名	所在城市	价格
1	comb	Dallas	CHEAP
2	brush	Newark	CHEAP
3	razor	Duluth	MEDIUM
4	pen	Duluth	MEDIUM
5	pencil	Dallas	MEDIUM
6	folder	Dallas	未确定
7	case	Newark	MEDIUM

图 5.12 使用简单 case 函数示例

2. case 搜索函数

语法格式为：

```
case when boolean_expression
then result_expression [ …n ]
[else else_result_expression]
end
```

如果 SQL Server 执行时遇到一个 case 搜索函数，它会依顺序检查每一个 when 参数 boolean_expression，直到发现第一个返回 true 的 boolean_expression，然后将 result_expression 返回。如果没有一个 when 参数的 boolean_expression 返回 true，SQL Server 会检查是否加入了 else 参数，如果存在 else 参数，便把 else_result_expression 返回；如果不存在 else 参数，便返回一个 null 值。

注意：在一个 case 搜索函数中，如果同时有多个 when 参数的 boolean_expression 返回 true，则只有第一个返回 true 的 result_expression 会被返回。

【例 5.101】 基于 products 表对产品按价格分等级，并输出商品名、所在城市、价格等级，价格大于等于2的为“expensive”，价格大于等于1小于2的为“medium”，价格大于等于0.5小于1的为“cheap”。实现该功能的SQL语句如下：

```
use sales
select pname as '商品名',city as '所在城市',
case
     when price >= 2 then 'expensive'
     when price >= 1 then 'medium'
     when price >= 0.5 then 'cheap'
     else '未确定'
end as '价格等级'
from products
go
```

执行结果如图5.13所示。

	商品名	所在城市	价格等级
1	comb	Dallas	未确定
2	brush	Newark	未确定
3	razor	Duluth	MEDIUM
4	pen	Duluth	MEDIUM
5	pencil	Dallas	MEDIUM
6	folder	Dallas	EXPENSIVE
7	case	Newark	MEDIUM

图5.13 使用case搜索函数示例

5.10.4 while语句

while语句是一个循环语句，用来处理一个操作在满足某个特定条件后需要反复执行的情况。当判断条件为true时，则进入循环重复执行。如果判断条件为false或者遇到break标识符后，则跳出循环。

语法格式为：

```
while boolean_expression
statement_block1
[break]
satement_block2
```

在while循环语句中，有两个用于控制循环进程的语句。

(1) break

在while语句循环过程中，可以使用break语句强行退出循环。

(2) continue

在while语句循环过程中，当程序执行遇到continue语句后，则跳过语句块中的其他语句，返回循环开始处，再次对判断条件boolean_expression进行求值。

【例5.102】 利用SQL语句计算从1加到100的和。实现该功能的SQL语句如下：

```
declare @value int,@number int
set @value = 0
set @number = 0
```

```
while @number <= 100
   begin
      set @value = @value + @number
      set @number = @number + 1
   dnd
print '1 + 2 + … + 100 = ' + cast(@value as char(25))
```

执行结果：

```
1 + 2 + … + 100 = 5050
```

5.10.5 goto 语句

goto 语句将执行流更改到标签处，跳过 goto 后面的 Transact-SQL 语句，并从标签位置继续处理。goto 语句和标签可在过程、批处理或语句块中的任何位置使用。goto 语句可嵌套使用。

定义标签的语法格式为：

```
label :
```

更改执行流的语法格式为：

```
goto label
```

【例 5.103】

```
declare @counter int;
set @counter = 1;
while @counter < 10
begin
     select @counter
     set @counter = @counter + 1
     if @counter = 4 goto branch_one            -- 跳转到. branch_one 标签处
     if @counter = 5 goto branch_two            -- 这句不会执行.
end
branch_one:
     select 'jumping to branch one.'
     goto branch_three;                         -- 跳转到 branch_three 标签处
branch_two:
     select 'jumping to branch two.'
branch_three:
     select 'jumping to branch three.'
```

5.10.6 waitfor 语句

waitfor 语句主要用于以下两个方面：

- 暂停执行程序一段时间（采用 hh:mm:ss 的时间格式）后再继续执行。
- 暂停执行程序到指定时间（采用 hh:mm:ss 的时间格式）后再继续执行。

【例 5.104】 指定在 11 时 42 分时执行一个提示语句。实现该功能的 SQL 语句如下：

```
begin
        waitfor tinme '11:42:00'
        print '现在是 11:42:00'
end
```

执行后，等计算机上的时间到了 11 时 42 分时，出现下面结果：

```
现在是 11:42:00
```

5.10.7　return 语句

return 语句能够无条件地终止一个查询、存储过程或批处理，此时 return 之后的程序代码将不会执行。return 语句通常用于存储过程或自定义函数中。

5.10.8　try/catch 语句

实现与 Microsoft Visual C# 和 Microsoft Visual C++语言中的异常处理类似的错误处理。SQL 语句组可以包含在 try 块中。如果 try 块内部发生错误，则会将控制传递给 catch 块中包含的另一个语句组。

语法格式为：

```
begin try
  { sql_statement | statement_block }
end try
begin catch
  [ { sql_statement | statement_block } ]
end catch
[; ]
```

【例 5.105】 下面的代码示例显示生成被零除错误的 SELECT 语句。返回发生错误的行号。

```
use sales;
go
begin try
    select 1/0;            -- 产生一个除 0 错误
end try
begin catch
    select error_line() as errorline;
end catch;
go
```

5.11　SQL Server 2008 中 Transact-SQL 的扩展功能

SQL Server 2008 数据库引擎引入了一些新功能和增强功能，这些功能可以提高设计、开发和维护数据存储系统的架构师、开发人员和管理员的能力和工作效率。增强的功能包括数据库的可用性、易管理性、可编程性、可扩展性、安全性。对于可编程性的增强，体现在了 SQL Server 2008 对 Transact-SQL 语言的进一步增强。

1. 兼容级别

新的 alter database set compatibility_level 语法替换了 sp_dbcomplevel 存储过程，它用来设置特定数据库的兼容性级别，其语法形式为：

```
alter database database_name set compatibility_level = { 80 | 90 | 100 }
```

其中，database_name 为需要设置特定兼容性级别的数据库。80、90 和 100 分别代表 SQL Server 2000、SQL Server 2005 和 SQL Server 2008。

2. 复合运算符

SQL Server 2008 现已提供可执行操作并将变量设置为结果的运算符(如+=，*=，/=，%=，|=)。例如：

```
declare @x1 int = 27
set @x1 += 2
```

3. convert 函数

convert 函数现已增强，允许在二进制和十六进制值之间进行转换。

4. 日期和时间功能

SQL Server 2008 包含对 ISO 周-日期系统的支持。

5. grouping sets

新的 Transact-SQL 对 group by 子句增加了 grouping sets、rollup 和 cube 操作符。新的函数 grouping_id()相比 grouping()函数返回更多分组级别的信息。不推荐使用不符合 ISO 规范的 with rollup、with cube 和 all 语法。

6. Transact-SQL 行构造函数

增强后的 Transact-SQL 可以允许将多个值插入单个 insert 语句中。例如：

```
create table sampletable (id int, item varchar(20))
insert into SampleTable values (1,'apple'),(2,'orange'),(3,'banana')
go
```

7. merge 语句

这个新的 Transact-SQL 语句根据与源表连接的结果对目标表执行 insert、update 或 delete 操作。该语法允许数据源与目标表或视图连接，然后根据该连接的结果执行多项操作。例如：

```
create table sampletable2 (ID int, Item varchar(20))
insert into SampleTable2 VALUES (1,'apple'),(2,'watermelon'),(4,'pear')
merge SampleTable2 AS TargetTable
using (select ID, Item from SampleTable2) SourceTable
on TargetTable.ID = SourceTable.ID
when matched
then update set TargetTable.Item = SourceTable.Item
when not matchedf
then insert values (ID, Item) ;
```

```
go
select * from SampleTable2
go
```

执行结果如图 5.14 所示。

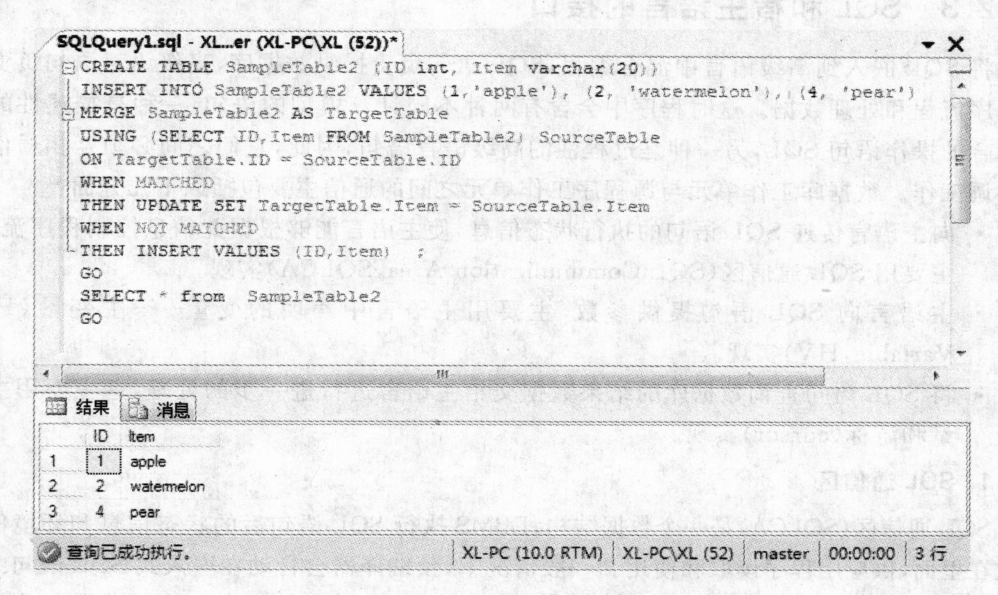

图 5.14　merge 语句的执行结果

5.12　嵌入式 SQL

5.12.1　嵌入式 SQL 的定义及实现

嵌入式 SQL(Embedded SQL,ESQL)就是将 SQL 语句直接嵌入到高级程序设计语言的源代码中,利用高级语言的过程性结构来弥补 SQL 语言实现复杂应用方面的不足。接受 SQL 嵌入的高级语言,称为主语言或者宿主语言。

嵌入式 SQL 的实现有两种方式。一种是采用预处理的方式,先用预处理程序对程序的源代码进行扫描,识别出 SQL 语句,并转换成主语言调用语句,然后由主语言编译程序将整个源程序编译成目标程序。另一种是修改和扩充主语言的编译程序,使之能处理 SQL 语句。目前多数系统采用前一种方式。

5.12.2　嵌入式 SQL 语句的使用

在主语言中使用嵌入式 SQL 时,为了能够区分主语言语句与嵌入式 SQL 语句,在嵌入的 SQL 语句前必须加前缀 exec sql,并且还必须加结束标志。结束标志在不同的主语言中是不同的,在 C、PL/I 和 PASCAL 中以分号“;”结束,在 COBOL 中以 END-EXEC 结束。

【例 5.106】 在终端交互方式下使用 SQL 语句,删除顾客表(customers)的语句为:

```
drop table customers
```

嵌入到C语言中，就应写成：

```
exec sql drop table customers;
```

5.12.3 SQL和宿主语言的接口

将SQL嵌入到高级语言中混合编程，SQL语句负责操纵数据库，高级语言语句负责控制程序流程和处理数据。这时程序中会含有两种不同计算模型的语句，一种是描述性的面向集合的操作语句SQL，另一种是过程性的高级语言语句，因此，它们之间必须互相通信才能协调工作。数据库工作单元与源程序工作单元之间的通信主要包括以下几方面：

- 向主语言传递SQL语句的执行状态信息，使主语言能够根据此信息控制程序流程，主要用SQL通信区(SQL Communication Area，SQLCA)实现。
- 主语言向SQL语句提供参数，主要用主语言中声明的变量——主变量(Host Variable，HV)实现。
- 将SQL语句查询数据库的结果数据交给主语言进行进一步的处理，这主要用主变量和游标(cursor)实现。

1. SQL通信区

SQL通信区(SQLCA)是一个数据结构，DBMS执行SQL语句后的状态信息和环境信息存放在里面，供应用程序读取和使用。一般情况下，预编译器会自动在嵌入式SQL语句中插入SQLCA数据结构。SQLCA中存放的信息随主语言的不同而稍有变化。但SQLCA中始终有一个存放每次SQL语句执行情况的变量SQLCODE。应用程序每执行完一条SQL语句之后都应该测试一下SQLCODE的值，以了解该SQL语句执行情况并做相应处理。

如果SQLCODE等于预定义的常量SUCCESS(有的规定为0)，则表示SQL语句执行成功，否则在SQLCODE中存放表示错误的代码。

例如，在执行删除语句delete后，对于不同的执行情况SQLCA中有下列不同的信息：

- 成功删除，并有删除的行数(SQLCODE＝SUCCESS)。
- 无条件删除警告信息。
- 违反数据保护规则，拒绝操作。
- 没有满足条件的行，一行也没有删除。
- 由于各种原因，执行出错。

2. 主变量

主变量也叫共享变量或者宿主变量，数据库和主语言程序间信息的传递是通过主变量实现的。在C语言中，主变量的声明格式为：

```
exec sql begin declare section
<主变量说明>
exec sql end declare section
```

【例5.107】 主变量声明示例。

```
exec sql begin declare section;
    char user[31],passwd[31];
```

```
exec sql end declare section;
```

为了便于识别主变量，当嵌入式 SQL 语句中出现主变量时，必须在主变量名称前标上冒号(：)。冒号的作用是通知预编译器，这是主变量而不是表名或列名。在 SQL 语句之外，主变量可以直接引用，不必加冒号。

主变量根据其作用的不同，分为输入主变量和输出主变量。输入主变量由应用程序对其赋值，SQL 语句引用；输出主变量由 SQL 语句对其赋值或设置状态信息，返回给应用程序。一个主变量有可能既是输入主变量又是输出主变量。利用输入主变量，可以指定向数据库中插入的数据，可以将数据库中的数据修改为指定值，可以指定执行的操作，可以指定 where 子句或 having 子句中的条件。利用输出主变量，可以得到 SQL 语句的结果数据和状态。

【例 5.108】 主变量应用示例。

```
exec sql begin declare section;
cs_char cname1[255];
exec sql end declare section;
…
exec sql select cname into :cname1 from customers
where cid = 'c001';
exec sql delete from customers where cname = :cname1;
```

大多数程序设计语言(如 C)都不支持 NULL。所以对 NULL 的处理，一定要在 SQL 中完成。我们可以使用指示符变量(indicator variable)来解决这个问题。一个主变量附带的指示符变量是一个整型变量，用来表示所指主变量的值或条件。指示变量可以指示输入主变量是否为空值，可以检测输出主变量是否空值，值是否被截断。

【例 5.109】 NULL 处理示例。

```
exec sql select cname into :cname :cname_nullflag
from customers
where city = 'dallas'
```

其中，cname 是主变量，cname_nullflag 是指示符变量。

如果指示符变量的值为−1，表示主变量应该为 NULL；如果指示符变量的值>0，表示主变量包含了有效值，则指示符变量存放该主变量数据的最大长度。

3. 游标

SQL 语言是面向集合的，一条 SQL 语句可以产生或处理一条或多条记录，主语言是面向记录的，一组主变量一次只能存放一条记录。如果 SQL 语句产生的是单行结果，可以使用 select into 语句；如果 SQL 语句产生的是多行结果，为了解决 SQL 语句和主语言处理方式的矛盾，则必须使用游标来完成。

游标(cursor)是计算机系统为用户开设的一个数据缓冲区，用于存放 SQL 语句的结果数据集，每个游标区都有一个名字。用户可以通过游标逐一读取数据记录，然后赋值给主变量，再交给主语言程序作进一步处理。

游标的典型使用过程包括如下步骤。

(1) 用 declare 语句声明游标。

declare 语句的一般形式为：

```
declare CursorName cursor for SelectStatement;
```

其中的 CursorName 是声明的游标名，由程序员命名，SelectStatement 是一条完整的 select 语句，它可以是简单查询语句，也可以是复杂的连接查询和嵌套查询。定义游标的 declare 语句仅仅是一条说明性语句，这时 DBMS 并不执行其后的 select 语句，只有使用 open 命令后才执行。

(2) 用 open 语句打开游标。

open 语句一般形式为：

```
open CursorName;
```

打开游标实际上是执行游标中相应的 select 语句，并把查询结果从数据库服务器端读取到客户端的缓冲区中。这时的游标处于活动状态，指针指向结果数据集中的第 1 条记录。

(3) 用 fetch 语句读取一条记录。

fetch 语句读取缓冲区中的当前记录数据，并把数据存入指定的主变量中，同时将游标的指针向前推进一条记录。

fetch 语句的一般形式为：

```
fetch CursorName into HostVariableList;
```

其中，CursorName 是 opne 语句打开的游标名，HostVariableList 是主变量列表，它必须与 select 语句中选择的字段一一对应。

fetch 语句通常用在一个循环结构中，通过循环执行 fetch 语句逐条取出结果数据集中的记录进行处理。为进一步方便用户处理数据，现在许多关系数据库管理系统对 fetch 语句做了扩充，允许向任意方向以任意步长移动游标指针，而不仅仅是把游标指针向前推进一行。

(4) 处理读出的记录数据。

(5) 判断游标中数据是否读取完毕，若未完则重复执行步骤(3)～(5)，否则执行步骤(6)。

(6) 用 close 语句关闭游标。

close 语句关闭 open 语句打开的游标，释放结果数据集占用的缓冲区及其他资源，其语句的一般形式为：

```
close CursorName;
```

5.12.4 嵌入式 SQL 语句

使用嵌入式 SQL 语句一般包括下列 5 个步骤。

(1) 通过 sqlca 建立应用程序和数据库的 SQL 通信区域。

(2) 声明主变量。

(3) 连接到数据库。

(4) 通过 SQL 语句操作数据。

(5) 处理错误和结果信息。

以 SQL Server 为例，在程序中使用“connect to”语句来连接数据库。该语句的完整语法为：

```
connect to {[server_name.]database_name} [as connection_name] user [login[.password] |
```

```
$ integrated]
```

其中，server_name 为服务器名，如果省略，则为本地服务器名；database_name 为数据库名；connection_name 为连接名，可省略；login 为登录名；password 为密码。

【例 5.110】 数据库连接示例。

```
exec sql connect to liu.sales as abc user sa.password;
```

服务器是 liu，数据库为 sales，登录名为 sa，密码为 password。

在嵌入式 SQL 语句中，使用 diconnect 语句断开数据库的连接。其语法为：

diconnect[connection_name | all | current]

其中，connection_name 为连接名，ALL 表示断开所有的连接，current 表示断开当前连接。例如：

```
exec sql disconnect abc;
```

为了能够更好地理解嵌入式 SQL，下面在例 5.111 中给出带有嵌入式 SQL 的一小段 C 程序。

【例 5.111】 逐行打印 customers 表的 cid、cname、city 和 discnt 的值。

```
…
exec sql include sqlca;                /* 定义 sql 通信区
exec sql begin declare section;        /* 声明主变量
char user1[30];
char passwd[30];
char cid1 (255);
char cname1 (255);
char city1 (255);
float discnt1
exec sql end declare section;
main()
{
/* 连接到 sql server 服务器 */
printf("\nplease enter your userid ");
gets(user1);
printf("\npassword ");
gets(passwd);
exec sql connect to liu.sales as abc user :user. :passwd;
exec sql declare c1 cursor for         /* 定义游标
select cid,cname,city,discnt from customers;
exec sql open c1;                      /* 打开游标
for(;;)
{
exec sql fetch c1 into :cid1,: cname1,: city1,: discnt1;   /* 推进游标指针,将当前数据放入主
变量 */
if (sqlca.sqlcode <> success)          /* 利用 sqlca 中的状态信息决定何时退出循环 */
break;
/* 打印查询结果 */
printf("cid: % s,cname: % s,city: % s,discnt: % f ",:cid1,: cname1,: city1,: discnt1);
}
exec sql close c1;                     /* 关闭游标
```

5.12.5 动态 SQL 语句

嵌入式 SQL 语句分为静态 SQL 语句和动态 SQL 语句两类。静态 SQL 语句在编译时已经确定了引用的表和列,可以使用主变量改变查询参数值,但是不能使用主变量代替表名或列名。

动态 SQL 语言不在编译时确定 SQL 的表和列,而是在运行时由程序提供,然后将 SQL 语句传给 DBMS 执行。静态 SQL 语句在编译时已经生成执行计划,而动态 SQL 语句只有在执行时才生成执行计划。

动态 SQL 语句首先执行预备语句 prepare,要求 DBMS 分析、确认和优化 SQL 语句,并为其生成执行计划。然后使用 execute 语句执行执行计划,并设置 SQLCODE,以表明完成状态。

动态 SQL 预备语句格式为:

```
exec sql prepare <语句名>from: 主变量;
```

该语句接收含有 SQL 语句串的主变量,并把该语句送到 DBMS。DBMS 编译语句并生成执行计划。在语句串中包含的"?"表明参数,"?"可以有多个,有多少"?"表示有多少个参数,当执行语句时,DBMS 需要参数来替代这些"?"。

动态 SQL 执行语句格式为:

```
exec sql execute <语句名>[using: 替换主变量];
```

该语句的功能是请求 DBMS 执行 prepare 语句准备好的语句。因此其中的"语句名"是指在 prepare 语句中指定的语句名。替换主变量值会逐一代替 prepare 语句中的参数标志("?")。

【例 5.112】 动态 SQL 语句示例。

```
exec sql begin declare section;
char    prep[] = "insert into customers values(?,?,?,?)";
char    id[255];
char    name[255];
char    city1[255];
float    discnt1;
exec sql end declare section;
exec sql prepare prep_stat from :prep;
while (sqlcode == 0)
{
    strcpy(id,"c011");
    strcpy(name,"mary");
    strcpy(city1,"new york");
    discnt1 = 7;
    exec sql execute prep_stat using :id, :name, :city1, :discnt1;
}
```

说明:这个例子的 prepare 中,prep_stat 是语句名,prep 主变量的值是一个 insert 语句,其中 4 个"?"表示 4 个参数。在 execute 语句中,:id、:name、:city1、:discnt1 分别为这 4

个参数提供值。

习题5

1. 简述SQL语言的特点。

2. 简述查询语句中having子句与where子句的区别。

3. 简述基本表和视图的定义,以及两者的区别和联系。

4. 视图的优点是什么?

5. 是否所有的视图都可以更新?为什么?举例说明哪些视图可以更新,哪些视图不可以更新。

6. 试述索引的概念及其分类。

7. 数据库安全性保护的常用措施有哪些?

8. 试述存储过程和函数的定义,并简述两者的优点。

9. 试述嵌入式SQL的定义及其分类。

10. 在嵌入式SQL中是如何区分SQL语句和主语句的?

11. 嵌入式SQL的实现方式有哪些?

12. 在嵌入式SQL中如何实现数据库和主语句程序间信息的传递?

13. 设有一个数据库Library,包括Book、Borrow、Reader 3个关系模式。

```
Book(Bno,Btitle,Bauthor,Bprice);
Borrow(Rno,Bno,BorrowDate,ReturnDate);
Reader(Rno,Rname,Rsex,Rage,Reducation);
```

图书表Book由图书编号(Bno)、图书名称(Btitle)、图书作者(Bauthor)、图书价格(Bprice)组成;借阅表Borrow由读者编号(Rno)、图书编号(Bno)、借阅时间(BorrowDate)、归还时间(ReturnDate)组成;读者表Reader由读者编号(Rno)、读者姓名(Rname)、读者性别(Rsex)、读者年龄(Rage)、读者学历(Reducation)组成。

针对数据库Library,写出实现下列操作的SQL语句。

(1) 创建数据库Library。

(2) 创建Book、Borrow和Reader表。

(3) 向已有读者关系Reader增加电子信箱Email列;列名:Email;数据类型:Char;长度:40;允许空否:NOT NULL。

(4) 修改读者关系Reader中电子信箱Email列,把Email列修改成下列定义:列名:Email;数据类型:Char;长度:20;允许空否:NULL。

(5) 查询全体读者的姓名(Rname)、出生年份。

(6) 查询所有年龄在18~20岁(包括18岁和20岁)之间的读者姓名(Rname)及年龄(Rage)。

(7) 查询学历为研究生的读者的编号(Rno)、姓名(Rname)和性别(Rsex)。

(8) 查询所有姓林且全名为2个汉字的读者的姓名(Rname)、性别(Rsex)和年龄(Rage)。

(9) 查询尚未归还的借书记录。

(10) 查询读者总人数。

(11) 计算学历为研究生的读者的平均年龄。

(12) 查询所有的借阅记录，按照读者编号(Rno)升序排列，读者编号相同的，按照借阅时间(BorrowDate)降序排列。

(13) 查询借书次数大于一次的读者编号。

(14) 查询读者的借书情况，要求列出读者姓名、图书标题、借书日期。

(15) 查询所有读者的基本情况和借书情况，没有借书的读者也输出基本信息。

(16) 查询所有借了编号为 B02 的图书的读者编号(Rno)和读者姓名(Rname)。

(17) 查询比编号为 b01 的图书的价格低的图书的编号(Bno)、书名(Btitle)和价格(Bprice)。

(18) 查询至少借阅了读者 r01 借阅的全部书籍的读者编号(Rno)和读者姓名(Rname)。

(19) 查询数据库类图书和价格低于 50 元的图书的信息。

14. 针对习题 13 中的数据库 Library，写出实现下列操作的 SQL 语句。

(1) 复制数据表 Book，生成一个新表 test1。

(2) 修改数据表 test1 中的数据，把编号“b01”的 Btitle（书名)值改成“算法基础”。

(3) 删除数据表 test1 中编号为“b01”的记录。

15. 针对习题 13 中的数据库 Library，写出实现下列操作的 SQL 语句。

(1) 创建一个视图 View_Borrow，显示读者的借书记录，包括读者姓名、书名、借书日期。

(2) 创建一个学历为研究生的读者的视图 View_Reader1，视图的属性名包括 Rno、Rname、Reducation。

(3) 创建一个学历为研究生的读者的视图 View_Reader2，视图的属性名包括 Rno、Rname、Reducation，增加 with check option 子句。

(4) 通过视图 View_Borrow，查询读者借书记录。

(5) 通过视图 View_Reader1，插入 Rno 为“r07”、Rname 为“张三”、Reducation 为“研究生”的记录。

(6) 通过视图 View_Reader2，插入 Rno 为“r07”、Rname 为“张三”、Reducation 为“研究生”的记录，执行结果与(5)进行比较。

(7) 通过视图 View_Reader1 将编号为“r01”的读者的学历改为“本科”。

(8) 更改视图定义 View_Borrow，增加“作者”字段。

(9) 删除视图 View_Reader2。

16. 针对习题 13 中的数据库 Library，写出实现下列操作的 SQL 语句。

(1) 为 Reader、Book 和 Borrow 三个表建立索引，其中 Reader 表按读者编号升序建唯一索引，Book 表按图书编号升序建唯一索引，Borrow 表按读者编号升序和借阅日期降序建唯一索引。

(2) 删除第(1)题中建立的索引。

17. 针对习题 13 中的数据库 Library，创建下列存储过程。

(1) 利用读者姓名查询该读者借阅的书籍名称、借阅时间、书籍的作者。

(2) 查询书籍的最高价格和最低价格。

(3) 利用读者姓名和书籍名检索该书籍的作者、价格、书籍的借阅时间和归还时间。

(4) 根据书籍名统计该书籍借阅的人数,并给出借阅"数据结构"的人数。

(5) 根据书籍名查询借阅该书籍的读者姓名、年龄、学历、借阅时间、归还时间,并给出"操作系统概论"书籍的查询信息。

18. 针对习题 13 中的数据库 Library,创建下列函数。

(1) 创建一个函数,要求根据读者姓名和借阅书籍名查询该读者借阅的时间。

(2) 创建一个函数,要求根据书籍名查询该书籍被借阅的信息,包括读者名、读者年龄、读者学历、书籍借阅时间、归还时间,并按书籍借阅时间降序排序。

(3) 创建一个函数,要求统计各书籍被借阅的次数、读者平均年龄。

19. 针对习题 13 中的数据库 Library,写出实现下列操作的 SQL 语句。

(1) 授予用户 SQLTeacher 对表 Book 的列 Bauthor 进行插入、修改、删除权限。

(2) 授予用户 SQLAdmin 对表 Reader 进行插入、修改、删除权限。

(3) 收回用户 SQLAdmin 对表 Reader 的插入权限。

20. Transact-SQL 语句由哪 4 个部分组成?说明各个部分的用途。

21. 试简单描述各种流程控制语句的功能。

22. 运用局部变量编制一个简单加法器的 SQL 程序,当在查询分析器中执行这段 SQL 程序时,就能完成两个参数的加法运算并显示结果。

CHAPTER 6

第6章 数据库保护

本章学习目标：

- 了解数据库的数据字典和系统目录。
- 掌握数据库完整性规则及完整性约束。
- 掌握触发器的工作原理及使用方法。
- 了解 SQL Server 2008 数据库的完整性控制。
- 了解数据库的安全性控制的措施。
- 了解 SQL Server 2008 数据库的安全性机制。
- 理解并发控制的原则和方法。
- 掌握数据库恢复的技术。

6.1 系统目录

6.1.1 系统目录简介

一个关系数据库管理系统需要维护关于其所有表和索引的信息，该信息都存储在目录表(catalog table)这一特殊表的集合中。目录表也被称为数据字典(data dictionary)、系统目录(system catalog)，或简称目录(catalog)。

系统目录是由系统维护的，包含数据库中定义的对象的信息的表(或视图)。这些对象包括用 create table 语句定义表、列、索引、视图、权限、约束等。例如，在 X/Open 标准中，目录表 INFO_SHEM. TABLES 的一行就是一个已定义的表的信息。表 6.1 所示是 X/Open 的 INFO_SHEM. TABLES 系统视图中的几个列。

表 6.1 INFO_SCHEM. TABLES 系统视图

列　名	描　述
TABLE_SCHEM	表的模式名(通常是表所有者的用户名)
TABLE_NAME	表名
TABLE_TYPE	BASE_TABLE 或 VIEW

1. 系统目录的信息

系统目录中存储的信息一般包括：

- 关系的名字。
- 每个关系的属性的名字。
- 属性的域和长度。
- 在数据库上定义的视图的名字和这些视图的定义。
- 完整性约束(例如键约束)。

系统目录中也存储用户的信息、关系的统计数据、关系的描述数据、关系的存储组织(顺序组织、散列组织或堆组织)、存储位置、索引等信息。具体包括：

- 用户的账户信息。
- 用于认证用户的密码或其他信息。
- 关系中元组的总数。
- 关系所使用的存储方法(例如聚簇或非聚簇)。
- 如果关系被存储在操作系统文件中，系统目录将会记录包含每个关系的文件名。
- 如果数据库把所有关系存储在一个文件中，系统目录可能将包含每个关系记录的块记录在链表这样的数据结构中。
- 索引的名字及被索引的关系的名字。
- 索引的属性及构造的索引类型。

实际上，所有这些信息组成了一个微型数据库。一些数据库系统使用专用的数据结构和代码来存储这些信息。通常人们更倾向于在数据库中存储关于数据库本身的数据，而通过使用系统目录来存储系统数据。

2. 目录信息的内容

系统目录的具体结构因 DBMS 而异，不同的数据库产品对目录表的约定都不同，商用数据库都有着一套不同结构的目录表名。下面用一个简化的例子介绍数据目录的一般内容。这个数据目录有下面一些表：SYSTAB、SYSCOL、SYSIDX、SYSVIEW、SYSVWATR，分别用来描述基本表、属性、索引、视图和视图属性。表名前都用"SYS"表示，说明这些表是由系统定义和生成且为系统所有。各表的内容如表 6.2(a)、6.2(b)、6.2(c)、6.2(d)、6.2(e)所示。

系统目录还包括数据访问权限的规定，在分布式数据库的数据目录中，还应包含数据分布的信息，在这里都没有列出。

表 6.2　系统目录示例

(a) SYSTAB 表(表中属性的含义依次为关系名、属性数、元组的大小、元组数、表的创建者、表的所有者)

RNAME	NO_OF_ATTR	ROW_SIZE	NO_OF_ROWS	CREATOR	OWNER
SYSTAB	6	82		SYS	DBA
…	…	…		…	…
SYSVWATR	3	22		SYS	DBA
SC	3	18	10 *	USR1	USR1
…	…	…		…	…

续表

(b) SYSCOL 表(表中属性的含义依次为关系名、属性名、属性类型、是否主键成员、是否外键成员、外键所引自的关系、是否允许为 NULL、现有不同属性值的个数、默认值)

RNAME	ATTR_NAME	ATTR_TYPE	MEMBER_OF_PK	MEMBER_OF_FK	FK_RELATION	NULL_ALLOWANCE	NO_OF_EXISTING_DISTINCT_VALUES	DEFAULT
SYSTAB	RNAME	CHAR(10)	YES	NO		NO		
SYSTAB	NO_OF_ATTR	INTEGER	NO	NO		NO		
SYSTAB	ROW_SIZE	INTEGER	NO	NO		NO		
SYSTAB	NO_OF_ROWS	INTEGER	NO	NO		YES		NULL
SYSTAB	CREATOR	CHAR(30)	NO	NO		NO		
SYSTAB	OWNER	CHAR(30)	NO	NO		NO		
…	…	…	…	…	…	…	…	…
SC	SNO	CHAR(7)	YES	YES	STUDENT	NO	5 *	
SC	CNO	CHAR(6)	YES	YES	COURSE	NO	5 *	
SC	GRADE	DEC(4.1)	NO	NO		YES	8 *	NULL

(c) SYSIDX 表(表中属性的含义依次为关系名、索引名、索引键的成员属性、索引类型、属性在索引键中的序号、升序或降序)

RNAME	INAME	MEMBER_ATTR	INDEX_TYPE	ATTR_NO	ASC_DESC
…	…	…	…	…	…
SC	SC_INDEX	SNO	UNIQUE	1	ASC
SC	SC_INDEX	CNO	UNIQUE	2	DESC
…	…	…	…	…	…

(d) SYSVIEW 表(表中属性的含义依次为视图名、查询定义)

VIEW_NAME	QUERY
…	…
GRADE_AVG	SELECT SNAME,AVG(GRADE) FROM SC,STUDENT WHERE SC. SNO=STUDENT. SNO GROUP BY SNAME;
…	…

(e) SYSVWATR 表(表中属性的含义依次为视图名、视图属性名、视图属性序号)

VIEW_NAME	ATTR_NAME	ATTR_NUM
…	…	…
GRADE_AVG	SNAME	1
GRADE_AVG	AVGGRADE	2
…	…	…

从表 6.2 可知,系统目录中的数据按其易变程度可分为两类：一类来自基本表、视图和索引的定义,这些数据相对稳定；另一类来自数据库状态的统计,例如元组个数、现有不同属性值的个数等,这些数据随着表的更新而经常变化。由于统计数据主要用于查询优化,对

其准确性不太苛求，可以定期更新，不一定随着数据的更新而立即更新。

3. 目录信息的查询

系统目录本身也是一个表的集合，目录表可以和其他表一样使用 DBMS 查询语言查询。此外，所有可用于实现和管理表的技术都可以直接用于目录表。DBA 可以用普通 SQL 的 select 语句引用目录表来获取相关的信息，例如“select table_name from tables”。执行动态 SQL 的应用程序为了作出某个决定可能需要访问目录表。例如，要知道某个表中列的数目和名称。数据库系统本身也根据目录表来转化视图上的查询，对运行期的更新语句加上约束。

目录表是在建立数据库时建立的，目录表信息只能由系统根据数据定义语句和其他类型的语句进行更新。由于数据目录是被频繁访问的数据，同时又是十分重要的数据，几乎 DBMS 的每个部分在运行时都要用到数据目录。如果把数据目录中所有基本表的定义全部删去，则数据库中的所有数据，尽管还存储在数据库中，将无法访问。为此，DBMS 一般不允许用户对数据目录进行更新操作，而只允许用户对它进行有控制的查询。很多产品只允许用户通过只读视图(即只授予 public select 权限)访问目录表以保证不发生更新。

系统目录的选择和它们的模式并不是唯一的，而是由 DBMS 决定的。在实际的数据库系统中，系统目录模式的设计随着系统的不同而变化，但是，目录总是作为一组表来实现的，并且从本质上来讲，都描述了存储在数据库中的所有数据。

6.1.2 SQL Server 2008 的系统目录

SQL Server 系统目录的核心是一个视图集，这些视图显示了描述 SQL Server 实例中的对象的元数据。元数据是描述系统中对象属性的数据。基于 SQL Server 的应用程序可以使用以下方式访问系统目录中的信息：

- 目录视图(建议使用这种访问方法)。
- 信息架构视图。
- 兼容性视图；OLE DB 架构行集。
- ODBC 目录函数。
- 系统存储过程和函数。

1. 目录视图

从 SQL Server 2005 开始引入了目录视图，通过这些目录视图可以访问服务器上各数据库中存储的元数据。但目录视图不提供对复制、SQL Server 代理或备份元数据的访问。

使用目录视图访问元数据的优点在于以下几方面：

- 所有元数据都作为目录视图提供。
- 目录视图以一种独立于所有目录表实现的格式来表示元数据，因此，不受基础目录表变化的影响。
- 目录视图是访问核心服务器元数据的最有效的方式。
- 目录视图是目录元数据的常规界面，提供了获取、转换以及表示此自定义形式的元数据的最直接的方式。
- 目录视图名称和它们的列名称是说明性的。查询结果将与具备该功能(与正被查询的元数据相对应)中等知识的用户期望一致。

【例 6.1】 用 sys.objects 目录视图查询来返回在最近 10 天内修改过的所有数据库对象。

```
select name as object_name,
       schema_name(schema_id) as schema_name ,
       type_desc,
       create_date,
       modify_date
from sys.objects
where modify_date > GETDATE() - 10
order by modify_date;
```

2. 信息架构视图

信息架构视图是 SQL Server 提供的几种获取元数据的方法之一。信息架构视图是在名为 INFORMATION_SCHEMA 的特殊架构中定义的。此架构包含在每个数据库中。每个信息架构视图均包含存储在特定数据库中的所有数据对象的元数据。

信息架构视图基于的是 ISO 标准中的目录视图定义。它们以一种独立于所有目录表实现的格式来表示目录表信息,因此不受基础目录表变化的影响。使用这些视图的应用程序可在符合 ISO 标准的异类数据库系统之间移植。

【例 6.2】 利用信息架构视图查询 INFORMATION_SCHEMA.COLUMNS 视图,并返回 AdventureWorks 数据库中的 Contact 表的所有列。

```
select table_name,column_name,
columnproperty(object_id(table_schema + '.' + table_name),COLUMN_NAME,'columnID') as column_id
from adventureworks.information_schema.columns
where table_name =  'Contact'
```

3. 兼容性视图

SQL Server 早期版本中的许多系统表现在都作为一组视图实现。这些视图称为兼容性视图,仅用于向后兼容。兼容性视图公开的元数据在 SQL Server 2000 中也提供。但是,兼容性视图不公开与在 SQL Server 2005 及更高版本中引入的功能有关的任何元数据。

因此,当使用新功能(例如 Service Broker 或分区)时,必须切换到使用目录视图。升级到目录视图的另一个原因是,存储用户 ID 和类型 ID 的兼容性视图列可能返回 NULL 或触发算术溢出。这是因为在 SQL Server 2005 及更高版本中可以创建超过 32 767 个用户、组和角色,以及超过 32 767 种数据类型。

例如,如果要创建 32 768 个用户,则可运行以下查询: select * from sys.sysusers。如果 ARITHABORT 设置为 ON,则查询会失败,并出现算术溢出错误。如果 ARITHABORT 设置为 OFF,则 uid 列返回 NULL。若要避免这些问题,建议使用新增的目录视图,这些 SQL Server 系统视图可以处理增加的用户 ID 和类型 ID 数目。

4. OLE DB 架构行集

OLE DB 规范定义了一个 IDBSchemaRowset 接口,该接口公开了一组包含目录信息的架构行集。OLE DB 架构行集是显示不同的 OLE DB 访问接口所支持的目录信息的标准方法。行集独立于基础目录表的结构。

5. ODBC 目录函数

ODBC 规范定义了一组目录函数，该组目录函数能够返回包含目录信息的结果集。这些函数是显示不同的 ODBC 驱动程序所支持的目录信息的标准方法。结果集独立于基础目录表结构。

SQL Server Native Client ODBC 驱动程序使应用程序能够通过调用 ODBC 目录函数来确定数据库结构。目录函数返回结果集中的信息，这些函数是使用目录存储过程实现的，用于查询该目录中的系统表。例如，应用程序可以请求包含系统上所有表的相关信息的结果集或包含特定表中的所有列的相关信息的结果集。标准 ODBC 目录函数用于获取连接应用程序的 SQL Server 中的目录信息。

6. 系统存储过程和函数

Transact-SQL 定义了返回目录信息的服务器系统存储过程和函数。虽然这些系统存储过程和函数为 SQL Server 所特有，但它们隔离了用户与基础系统目录表的结构。

通过 SQL Server 提供的系统存储过程与函数是获取元数据最常用的方法。系统存储过程与函数在系统表和元数据之间提供了一个抽象层，使得用户不用直接查询系统表就能获得当前数据库对象的元数据。

6.2 数据库完整性

定义 6.1 数据库的完整性是指保护数据库中数据的正确性、有效性和相容性，防止不合语义的数据进入数据库。

正确性是指数据的合法性，例如，年龄属于数值型数据，只能含 0,1,…,9，不能含字母或特殊符号；有效性是指数据是否属于所定义的有效范围，例如性别要求只能是男或女；学生的年龄限制在 15～30 岁之间；相容性是指表示同一事实的两个数据应相同，不一致就是不相容。例如，学生的学号必须唯一，一个学生不能有两个学号。数据库是否具备完整性关系到数据库系统能否真实地反映现实世界，因此维护数据库的完整性是非常重要的。

DBMS 必须提供一种功能来保证数据库中数据是正确的，避免不符合语义的错误数据的输入和输出所造成的无效操作和错误结果。检查数据库中数据是否满足规定的条件称为“完整性检查”，数据库中数据应该满足的条件称为“完整性规则”。

数据库的完整性是由 DBMS 的完整性子系统实现的。完整性子系统的主要功能有以下两点：

- 监督事务（特别是对数据库的更新事务）的执行，并测试是否违反完整性约束。
- 若有违反现象，则采取恰当的动作（如拒绝、报告违反情况、改正错误等操作）。

6.2.1 完整性规则

为了实现完整性控制，数据库管理员应向 DBMS 提出一组完整性规则。完整性规则用来检查数据库中的数据是否满足语义约束。这些语义约束构成了数据库的完整性规则，以作为 DBMS 控制数据完整性的依据。完整性规则定义了何时检查、检查什么、查出错误怎样处理等事项。

具体地说,完整性规则主要由以下三部分构成。

- 触发条件:规定系统什么时候使用规则来检查数据。
- 约束条件:规定系统检查用户发出的操作请求违背了什么样的完整性约束条件。
- 违约响应:规定系统如果发现用户的操作请求违背了完整性约束条件,应该采取什么动作来保证数据的完整性,即违约时要做的事情。

完整性规则从执行时间上可分为立即执行约束(immediate constraints)和延迟执行约束(deferred constraints)。

立即执行约束是指在执行用户事务过程中,某一条语句执行完成后,系统立即对此数据进行完整性约束条件检查。延迟执行约束是指在整个事务执行结束后再对约束条件进行完整性检查,结果正确后才能提交。

如果发现用户操作请求违背了立即执行约束,则可以拒绝该操作,以保护数据的完整性。如果发现用户操作请求违背了延迟执行约束,而又不知道是哪个事务的操作破坏了完整性,则只能拒绝整个事务,把数据库恢复到该事务执行前的状态。

6.2.2 完整性约束

目前,大多数 DBMS 都提供了完整性约束机制。SQL 中的完整性约束机制主要有:①主键(primar key)约束;②外键(foreign key)约束;③属性约束,其中包括非空值(not null)约束、键值唯一(unique)约束、检查(check)约束等;④域约束;⑤断言(assertion)约束;⑥触发器(trigger)约束。本节重点介绍前 5 种完整性约束,触发器约束放在 6.23 节单独介绍。

1. 主键约束

主键约束是数据库中最重要的一种约束。主键约束体现了实体完整性。

实体完整性要求表中所有的元组都应该有一个唯一的标识符,这个标识符就是平常所说的主键。主键不能为空值,所谓空值就是“不知道”或“无意义”的值,如果主属性取空值,就说明存在不可标识的实体,即存在不可区分的实体,这与客观世界中实体要求唯一标识相矛盾。因此这个规则是现实世界的客观要求。

例如,学生选课的关系中成绩表(学号,课程号,分数)中的学号和课程号共同组成主键,则学号和课程号两个属性都不能为空。因为没有学号的成绩或没有课程号的成绩都是不存在的。

【例 6.3】 创建带有主键约束的表 customers。实现该功能的 SQL 语句如下:

```
create table customers
      (cid char(4) not null,primary key,          /* 主键约束 */
      cname varchar(13),
      city varchar(20),
      discnt real check(discnt <= 15.0));         /* check 约束 */
```

【例 6.4】 为 sales 数据库中的 agents 表创建主键约束。实现该功能的 SQL 语句如下:

```
create table agents
(aid nvarchar (255) not null,aname nvarchar (255),
```

```
    city nvarchar (255),[percent] float
  constraint pk_aid primary key (aid));                    /* 主键约束 */
```

2. 外键约束

外键约束涉及的是一个表中的数据如何与另一个表中的数据相联系，这就是它称为参照完整性约束的原因——它引用另一个表。参照完整性是指一个关系中给定属性集上的取值也在另一关系的某一属性集的取值中出现。

外键体现了参照完整性。在实际应用中，作为主键的关系称为被参照关系（referenced relation）或目标关系（target relation），作为外键的关系称为参照关系（referencing relation）。外键的取值或者为空值，或者为被参照关系的主键值。显然，被参照关系和主键与参照关系的外键必须定义在同一个（或一组）域上。

【例 6.5】 学生实体和系别实体可以用下面的关系表示，其中主键用下划线标出：

系别(系号,系名,负责人)
学生(学号、姓名、性别、系号)

为确保学生所在的系一定是学校中真实存在的系，学生关系中的“系号”字段的任何取值必须是出现在系别关系的“系号”字段值。此时，学生关系中的字段“系号”为外键，系别关系的字段“系号”为主键，我们称关系系别是被参照关系，关系学生是参照关系。

表 6.3 对外键约束进行了说明。在表 6.3 中，系别关系中的系号值为 D25，没有被学生关系引用，但是出现在学生关系中的每个系号值要么为 NULL，要么都是系别关系的主键字段系号所具有的值。

学生关系中某个元组的“系号”属性值为 NULL，表示该学生尚未分配到任何系中；取非空值，则必须是系别关系中某个元组的系号值，它的主键值等于该参照关系学生的外键值。

表 6.3　参照完整性

学号	姓名	性别	系号
S256	王丹	男	D23
S257	章华	女	NULL
S258	李力	男	D30

系号	系名	负责人
D23	物理	王娟
D25	机械	杨华
D30	计算机	张天

如果我们向学生关系插入记录（S300，周明，D55），由于在系别关系中没有“系号”为 D55 的记录，该插入违反完整性约束，于是系统拒绝执行。同样，如果我们从系别关系中删除记录（D30，计算机，张天），由于在学生关系中的记录（S258，李力，男，D30）具有“系号”值 D30，该删除将违反参照完整性约束，系统或者拒绝执行删除操作，或者同时删除学生关系的相应记录。

下面详细讨论参照完整性必须考虑的几个问题。

(1) 外键是否接受空值问题

在学生关系中，学号为该关系的主键，系号为外键，但它是系别关系的主键。其中系别关系为被参照关系，学生关系为参照关系。在学生关系中，若系号取空值，表示该学生入学后尚未分配任何系，这符合高校的管理模式。但若在学生关系中，系号取非空值，则必须是系别关系中某个元组的系号值，表示该学生不可能分到一个不存在的系中。即被参照关系“系别”中一定存在一个元组，它的主键值等于该参照关系“学生”的外键值。所以在参照完整性约束中必须提供外键属性是否允许取空值的约束机制。

(2) 在被参照关系中删除元组问题

当删除被参照关系中某个元组时，参照关系中外键与被删除元组主键相同的若干元组可以有下述几种处理方法。

- 级联删除：将参照关系中所有外键与被参照关系中被删除元组主键相同的元组一起删除。例如删除系别关系中的某一个系的记录，则同时将其在学生关系中有关该系号的元组一起删除。
- 受限删除：仅当参照关系中没有任何元组的外键与被参照关系中要删除元组的主键相同时，系统才能执行删除操作，否则拒绝执行此操作。例如只能删除系别关系中没有学生的系号，即要删除系别关系中的某一系号的记录，除非该系号在学生关系中没有记录。
- 置空值删除：若要删除被参照关系的元组，并将参照关系中与被参照关系中被删除元组主键值相等的外键值置为空值。如把系别关系中的某个系号的记录删除，可将学生关系中相应的记录中的外键“系号”置为空值。

从上面的讨论看到，DBMS 在实现参照完整性时，除了要提供定义主键、外键的机制外，还需要提供不同的策略供用户选择。选择哪种策略，都要根据应用环境的要求确定。

【例 6.6】 写出带有主键约束和外键约束的创建表 ORDERS 的 create table 语句。

```
create table ORDERS ( ordno integer,[month] char(3),
  cid char(4) not null,
  aid char(3) not null,pid char(4) not null,
  qty integer not null CONSTRAINT qt_c
  check(qty >= 0),             /* CHECK 约束 */
  dollars float CONSTRAINT dd default 0.0 CONSTRAINT do_c check(dollars >=  0.0),   /* CHECK
约束 */
  CONSTRAINT PK_ord primary key (ordno),                          /* 主键约束 */
  CONSTRAINT FK_ord_cus foreign key (cid) references customers,   /* 外键约束 */
  CONSTRAINT FK_ord_age foreign key (aid) references agents,      /* 外键约束 */
  CONSTRAINT FK_ord_pro foreign key (pid) references products);   /* 外键约束 */
```

需要注意的是，外键也可以指向本关系。例如，学生关系（<u>学号</u>、姓名、性别、系号、班长）。这里，“学号”属性是主键，“班长”属性表示该学生所在班级的班长的学号，它引用了基本关系学生“学号”属性，即“班长”必须是真实存在的学生的学号。

3. 属性约束

属性约束体现用户定义的完整性。属性约束主要限制某一属性的取值范围，属性约束可以分为以下几类。

- 非空值(not null)约束：要求某一属性的值不允许为空值。例如，sname 要求非空。
- 唯一值(unique)约束：要求某一属性的值不允许重复。如果某一属性是主键，则该属性的值不能为空值，而且要唯一。例如，ordno 要求唯一。
- 基于属性的 CHECK 约束：在属性约束中的 CHECK 约束可以对一个属性的值加

以限制。限制就是给某一列设定的条件，只有满足条件的值才允许输入。例如，要求学生成绩要么是空，表示还没有成绩，要么在 0 到 100 之间。

【例 6.7】 定义一个教师表 teacher，要求不得出现重名现象。SQL 语句如下：

```
create table teacher(
    tno CHAR(9) NOT NULL PRIMARY KEY,          /*非空值主键约束*/
    tname CHAR(8) UNIQUE,                       /*唯一值约束*/
    tsex CHAR(2),
    tage INTEGER,
    tbirth DATE,
    twork DATE,
    tposition CHAR(6),
    tpolit CHAR(6),
    tedu CHAR(6));
```

在该定义语句中，给 tname 属性列增加了唯一值约束 UNIQUE，保证在插入和修改数据时，姓名是唯一的。

【例 6.8】 在 DDL 语句中定义完整性约束条件。SQL 代码如下：

```
create table jobs
( job_id smallint IDENTITY(1,1) primary key,
job_desc varchar(50) not null default 'New Position - title not formalized yet',
min_lvl tinyint not null check (min_lvl >= 10),
  max_lvl tinyint not null check(max_lvl <= 250) )
```

当建表时，系统自动为主键约束命名，并存入数据字典。

【例 6.9】 运用参照完整性定义一个枚举类型。SQL 代码如下：

```
create table cities(city varchar(20) not null,primary key (city) );
create table customers
    (cid char(4) not null,cname varchar(13),
  city varchar(20),
  discnt real check(discnt <= 15.0),
  primary key (cid),
  foreign key city references cities);
```

完整性约束的定义可以用 DDL 语言在建表时描述，也可以使用“alter table 表名 add constraint”命令添加新的约束。当表定义完成时，一条完整性约束被系统存放在数据字典中。当用户进行操作时，系统就开始检查，如果发现用户操作违反约束条件，系统自动处理违反情况，而不用用户处理。

4. 域约束

域是某一列可能取值的集合。SQL 支持域的概念，用户可以定义域，给定它的名字、数据类型、默认值和域约束条件。用户可以使用带有 check 子句的 create domain 语句定义带有域约束的域。定义域命令的语法格式如下：

```
create domain <域名> as <数据类型>
    [default <默认值>]
    [check(条件)];
```

在定义中，数据类型必须是一个 SQL 通用数据类型(char、number、decimal 等)。default 子句是可选的，并且允许当用户未给某属性赋值时，在该行的该属性处填写默认值。check 子句也是可选的，允许定义这一属性域取值需要满足的条件。

【例 6.10】 定义一个职称域，并声明只包含高级职称的域约束条件。

```
create domain dom_position as char(6)
check(value in('副教授','教授'));
```

使用域时可以在 check 子句中包含一个 select 语句，从其他表中引入域值。如下面的语句实现创建一个职称域：

```
create domain donyposition as char(6)
check(value in(select tposition from teacher));
```

【例 6.11】 用域约束保证小时工资域的值必须大于某一指定值(如最低工资)。

```
create domain hourly_wage numeric(5,2)
constraint value_test check(value > = 4.00)
```

删除一个域定义，使用 drop domain 语句，语法格式如下：

```
drop domain <域名>;
```

5. 断言约束

一个断言(ASSERTION)就是一个谓词，它表达了用户希望数据库总能满足的一个条件。域约束和参照完整性约束是断言的特殊形式。当约束涉及多个表时，前面介绍的约束(外键参照完整性约束)有时是很麻烦的，因为总要关联多个表。SQL 支持断言的创建，断言是不与任何一个表相联系的。

SQL 中创建断言的语法格式如下：

```
create assertion <断言的名称> check <谓词>;
```

【例 6.12】 在教务管理系统中，要求每学期上课教师的人数不低于教师总数的 60%。

```
create table course (
     cno char(6) NOT NULL,
     tno char(9) NOT NULL,
     cname char(10) NOT NULL,
     credit numeric(3,1) NOT NULL,
     primary key(cno,tno));
create table teach (
     tno char(9) NOT NULL primary key,
     tname char(10) NOT NULL,
     title char(6),
     dept char(10));
```

在教师表 teacher 和课程表 course 之间创建断言约束，解决该实例提出的问题：

```
create assertion asser_constraint
    check((select count(distinct Tno) from course)
        > = (select count( * ) from teacher) * 0.6);
```

在创建断言时，系统会检查其有效性。如果断言有效，则以后只有不破坏断言的数据库修改才被允许。如果断言较复杂，则检测会带来相当大的开销。因此使用断言应该特别小心。由于检查和维护断言的开销较高，一些系统开发人员省去了对一般性断言的支持，或只提供易于检测的特殊形式的断言。

6.2.3 触发器

前面提到的一些约束机制，属于被动的约束机制。在检查出对数据库的操作违反约束后，只能做些比较简单的动作，譬如拒绝操作，比较复杂的操作还需要由程序员去安排。如果我们希望在某个操作后，系统能自动根据条件转去执行某种操作，甚至执行与原操作无关的操作，则可以采用触发器机制实现。

1. 触发器的定义

定义 6.2 触发器(Trigger)是数据库服务器中发生事件时自动执行的特殊的存储过程，其特殊性在于它不需要由用户调用执行，而是当用户对表进行 update、insert、delete 操作时，会自动执行触发器所定义的 SQL 语句。触发器有时也称为主动规则(active rule)或“事件-条件-动作-规则”(Event -Condition-Action-Rule，ECA 规则)。

触发器由 DBMS 自动调用，对数据库的特定改变进行响应。一个触发器由以下三个部分组成：

- 事件。事件是指对数据库的插入、删除、修改等操作。触发器在这些事件发生时，将开始工作。
- 条件。触发器将测试条件是否成立。如果条件成立，就执行相应的动作，否则什么也不做。
- 动作。如果触发器满足预定的条件，那么就由 DBMS 执行这些动作。这些动作可以是一系列对数据库的操作，也可以是与触发事件本身无关的其他操作。

触发器的条件可以看成是一个监视数据库的“守护程序”，当对数据库的修改满足触发器的事件触发条件时，执行触发器。insert、delete 和 update 语句都能够触发一个触发器。触发器自动执行，无需用户的参与。

触发器的动作可以检查触发器中条件部分的查询结果，可以引用旧的或激活触发器的语句被修改后的新元组值，还可以执行新的查询以及修改数据库。事实上，“动作”甚至可以是执行一系列数据定义的命令(也就是创建新表、改变授权等)和面向事务的命令(例如提交、回滚等)，甚至是调用宿主语言的过程。

2. 触发器的优点

在 SQL 中使用触发器有以下优点：

- 触发器是自动的，在对表的数据作了修改之后立即被激活。
- 触发器可以实现数据库中的相关表的级联修改。
- 实现比 CHECK 约束定义的限制更为复杂的限制。与 CHECK 约束不同的是，触发器可以引用其他表中的列。
- 比较数据库修改前后数据的状态。大多数触发器都提供访问由 insert、update 或 delete 语句引起的数据变化的前后状态的能力。因此可以在触发器中引用由于修改所影响的记录行。

- 维护非规范化数据。可以使用触发器保证非规范数据库中的低级数据的完整性。非规范数据通常是指在表中派生的、冗余的数据值。例如，为提高数据的统计效率，在销售情况表中增加统计销售总值的列（使销售情况表成为非规范化表），以后，每当向此表中插入数据时，都使用触发器统计销售总值列的新数值，并将统计后的新值保存在此表中。每当有对销售总值的查询时，直接从表中读取数据即可，不需要使用查询语句再进行统计，从而提高数据的统计效率。

3. SQL 的触发器示例

【例 6.13】 作者表 author 和作品表 writing 定义如下：

```
作者表：author(bh(编号),xm(姓名),sr(生日))
作品表：writing(xh(序号),sm(书名),zzxm(作者姓名))
```

要求创建一个触发器，当对作者表中的姓名（xm）进行修改时，自动对作品表中的作者姓名（zzxm）实现同步更新。

这里以 Oracle 语法编写的定义触发器为例，用它说明触发器一些的基本概念。代码如下：

```
create trigger test
after update
on author
for each row
begin
        update writing
        set writing.zzxm = :new.xm
        where writing.zzxm = :old.xm;
end;
```

该实例中，当对作者表 author 有更新操作时，触发器执行触发动作语句如下：

```
update writing set writing.zzxm = :new.xm
where writing.zzxm = :old.xm;
```

其中，new.xm 中记录的是对作者表 author 修改后的姓名，old.xm 记录的是修改前的姓名，在触发器触发执行时，自动实现对作品表中的作者姓名（zzxm）的同步更新，从而达到两表之间数据完整性和一致性的约束。

创建触发器时，应注意下列问题：

- create trigger 语句必须是批处理的第一个语句，用于将该批处理中随后的其他语句解释为 create trigger 语句定义的一部分。
- 创建触发器的权限默认分配给表的所有者，且不能将该权限转给其他用户。
- 虽然触发器可以引用当前数据库以外的对象，但只能在当前数据库中创建触发器。
- 虽然不能在临时表或系统表中创建触发器，但是触发器可以引用临时表。

创建触发器时需要指定触发器的名称、在哪个表上定义触发器、触发器将何时激发及激活触发器的数据修改语句。

6.2.4　SQL Server 2008 的完整性控制

SQL Server 2008 的中的数据完整性可分为 4 种类型：实体完整性、域完整性、引用完整性、用户定义完整性。另外，触发器也能以一定方式控制数据完整性。

1. 实体完整性

实体完整性将行定义为特定表的唯一实体。实体完整性通过 UNIQUE 索引、UNIQUE 约束或 PRIMARY KEY 约束，强制表的标识符列或主键的完整性。

(1) PRIMARY KEY 约束

在一个表中不能有两行包含相同的主键值，不能在主键内的任何列中输入 NULL 值。

主键约束可以在数据库关系图中直接创建，也可以使用 alter table 语句在已有的表中修改主键约束。

如图 6.1 所示，Purchasing. ProductVendor 表中的 ProductID 和 VendorID 列构成了针对此表的复合 PRIMARY KEY 约束。这确保了 ProductID 和 VendorID 的组合是唯一的。

主键

ProductID	VendorID	AverageLeadTime	StandardPrice	LastReceiptCost
1	1	17	47.8700	50.2635
2	104	19	39.9200	41.9160
7	4	17	54.3100	57.0255
609	7	17	25.7700	27.0585
609	100	19	28.1700	29.5785

ProductVendor 表

图 6.1　主键约束

当进行多表之间的联接时，PRIMARY KEY 约束将一个表与另一个表关联。例如，若要确定哪些供应商供应哪些产品，可以在 Purchasing. Vendor 表、Production. Product 表和 Purchasing. ProductVendor 表之间使用一个三向连接。因为 ProductVendor 表包含 ProductID 和 VendorID 列，所以可通过与 ProductVendor 表的联系来访问 Product 表和 Vendor 表。

(2) UNIQUE 约束

UNIQUE 约束在列集内强制执行值的唯一性，对于 UNIQUE 约束中的列，表中不允许有两行包含相同的非空值。

(3) IDENTITY 属性

IDENTITY 属性能自动产生唯一标识值，指定 IDENTITY 的列一般为主键。

2. 域完整性

域完整性指特定列的项的有效性。SQL Server 2008 强制域完整性限制类型(通过使用数据类型)、限制格式(通过使用 CHECK 约束和规则)或限制可能值的范围(通过使用 FOREIGN KEY 约束、CHECK 约束、DEFAULT 定义、NOT NULL 定义和规则)。

3. 引用完整性

在 SQL Server 2008 中，引用完整性通过 FOREIGN KEY 和 CHECK 约束，以外键与主键之间或外键与唯一键之间的关系为基础。引用完整性确保键值在所有表中一致。这类一致性要求不引用不存在的值，如果一个键值发生更改，则整个数据库中对该键值的所有引用要进行一致的更改。

强制引用完整性时，SQL Server 禁止用户执行下列操作：

- 在主表中没有关联行的情况下在相关表中添加或更改行。
- 在主表中更改值（可导致相关表中出现孤立行）。
- 在有匹配的相关行的情况下删除主表中的行。

例如，对于 AdventureWorks 数据库中的 Sales.SalesOrderDetail 表和 Production. Product 表，引用完整性基于 Sales. SalesOrderDetail 表中的外键（ProductID）与 Production. Product 表中的主键（ProductID）之间的关系（见图 6.2）。此关系可以确保销售订单从不引用 Production. Product 表中不存在的产品。

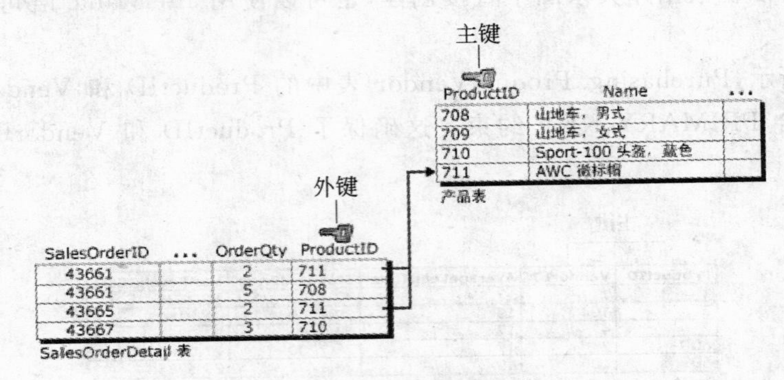

图 6.2 引用完整性示例

(1) FOREIGN KEY 约束

外键（Foreign Key，FK）是用于建立和加强两个表数据之间的链接的一列或多列。当创建或修改表时可通过定义 FOREIGN KEY 约束来创建外键。在外键引用中，当一个表的列被引用作为另一个表的主键值的列时，就在两表之间创建了连接。这个列就成为第二个表的外键。

如图 6.3 所示，因为销售订单和销售人员之间存在一种逻辑关系，所以 AdventureWorks 数据库中的 Sales. SalesOrderHeader 表含有一个指向 Sales. SalesPerson 表的连接。SalesOrderHeader 表中的 SalesPersonID 列与 SalesPerson 表中的主键列相对应。SalesOrderHeader 表中的 SalesPersonID 列是指向 SalesPerson 表的外键。

FOREIGN KEY 约束并不仅仅可以与另一表的 PRIMARY KEY 约束相连接，它还可以定义为引用另一表的 UNIQUE 约束。FOREIGN KEY 约束可以包含空值，但是，如果任何组合 FOREIGN KEY 约束的列包含空值，则将跳过组成 FOREIGN KEY 约束的所有值的验证。若要确保验证了组合 FOREIGN KEY 约束的所有值，可将所有参与列指定为 NOT NULL。

尽管 FOREIGN KEY 约束的主要目的是控制可以存储在外键表中的数据，但它还可以控制对主键表中数据的更改。例如，如果在 Sales. SalesPerson 表中删除一个销售人员行，而这个销售人员的 ID 由 Sales. SalesOrderHeader 表中的销售订单使用，则这两个表之间关联的完整性将被破坏；SalesOrderHeader 表中删除的销售人员的销售订单因为与 SalesPerson 表中的数据没有连接而变得孤立。

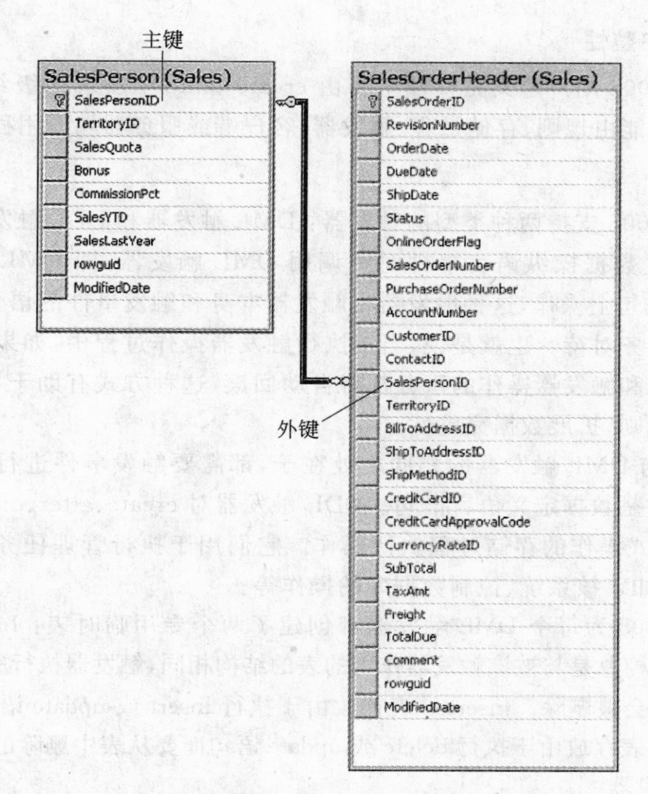

图 6.3　外键约束

FOREIGN KEY 约束可防止这种情况的发生。如果主键表中数据的更改使之与外键表中数据的连接失效，则 FOREIGN KEY 约束将使这种更改无法实现，从而确保了引用完整性。如果试图删除主键表中的行或更改主键值，而该主键值与另一个表的 FOREIGN KEY 约束中的值相对应，则该操作将失败。若要成功更改或删除 FOREIGN KEY 约束的行，必须先在外键表中删除或更改外键数据，这将把外键连接到不同的主键数据上去。

(2) CHECK 约束

CHECK 约束通过限制列可接受的值，可以强制域的完整性。此类约束类似于 FOREIGN KEY 约束，因为可以控制放入列中的值。但是，它们在确定有效值的方式上有所不同，FOREIGN KEY 约束从其他表获得有效值列表，而 CHECK 约束通过不基于其他列中的数据的逻辑表达式确定有效值。例如，可以通过创建 CHECK 约束将 salary 列中值的范围限制为从 ＄15 000 到 ＄100 000 之间的数据，这将防止输入的薪金值超出正常的薪金范围。

可以通过任何基于逻辑运算符返回 TRUE 或 FALSE 的逻辑（布尔）表达式创建 CHECK 约束。对于上面的示例，逻辑表达式为：salary＞＝15000 AND salary＜＝100000。

可以将多个 CHECK 约束应用于单个列。还可以通过在表级创建 CHECK 约束，将一个 CHECK 约束应用于多个列。例如，多列 CHECK 约束可用于确认 country/region 列值为 USA 的任意行是否在 state 列中还有一个两个字符的值，这使得在一个位置可以同时检查多个条件。

4. 用户定义完整性

SQL Server 2008 用户定义完整性主要由 create table 中所有列级约束和表级约束体现。用户完整性还能由规则、存储过程、触发器、客户端或服务器端应用程序灵活定义。

5. 触发器

SQL Server 2008 支持两种类型的触发器：DML 触发器和 DDL 触发器。

当数据库发生数据操纵语言事件时将调用 DML 触发器，即 DML 触发器在 insert、update 和 delete 语句上操作，这种触发器将触发器本身和触发事件的语句作为可以在触发器内回滚的单个事务对待。也就是说，当在执行触发器操作过程中，如果检测到错误发生，整个触发事件语句和触发器操作的事务都将自动回滚，这种方式有助于在表或视图中修改数据时强制业务规则，扩展数据完整性。

DDL 触发器与 DML 触发器的相同之处在于，都需要触发事件进行触发。但是，DDL 触发器的触发事件是数据定义语言语句。DDL 触发器对 create、alter、drop 和其他 DDL 语句以及执行 DDL 式操作的存储过程执行操作。它们用于执行管理任务，并强制影响数据库的业务规则，例如审核系统、控制数据库的操作等。

SQL Server 2008 为每个 DML 触发器都创建了两个专用临时表：Inserted 表和 Deleted 表。这两个表的结构总是与被该触发器作用的表的结构相同，触发器执行完成后，与该触发器相关的这两个表也会被删除。Inserted 表存放由于执行 insert 或 update 语句而要向表中插入的所有行。Deleted 表存放由于执行 delete 或 update 语句而要从表中删除的所有行。

(1) DML 触发器

按照触发器和触发事件的操作时间划分，可以把 DML 触发器分为 ALTER 触发器和 INSTEAD OF 触发器。当在 insert、update、delete 语句执行之后才执行 DML 触发器的操作时，这种触发器类型是 ALTER 触发器。ALTER 触发器只能在表上定义。如果希望使用触发器操作替代触发事件的操作，可以使用 INSTEAD OF 类型的触发器。也就是说，INSTEAD OF 触发器可以替代 insert、update 和 delete 触发事件的操作。INSTEAD OF 触发器既可以建在表上，也可以建在视图上。通过在视图上建立触发器，可以大大增强通过视图修改表中数据的功能。

① 创建 DML 触发器

DML 触发器是一种特殊类型的存储过程，所以 DML 触发器的创建和存储过程的创建方式有很多相似之处。创建 DML 触发器的语法格式为：

```
create trigger [ schema_name . ]trigger_name
on { table | view }
[ with encryption]
{for |after |instead of}
{ [insert] [ ,] [ update ] [ ,] [delete] }
[not for replication]
as { sql_statement [ ; ] }
```

其中各参数的含义如下：

- schema_name：DML 触发器所属架构的名称。
- trigger_name：触发器的名称。

- table|view：执行DML触发器时的目标表或视图，又称为触发器表或触发器视图。
- with encryption：对create trigger语句的文本进行加密。
- after：指定DML触发器仅在触发SQL语句中指定的所有操作都已成功执行时才被激发。
- instead of：指定DML触发器用于“替代”引起触发器执行的T-SQL语句，因此其优先级高于触发语句的操作。
- {[insert][,][update][,][delete]}：指定激活触发器的数据修改语句。必须至少指定一个选项。在触发器定义中允许使用上述选项的任意顺序组合。
- not for replication：指定当复制代理修改涉及触发器的表时，不应执行触发器。
- sql_statement：指定触发器所执行的T-SQL语句。

【例6.14】 建立一个触发器，当向orders表中插入一个新订单时该触发器被触发，自动更新products表的quantity列，即把在orders表中指定的qty从products表相应行的quantity中减去。

```
create trigger ortri on orders for insert
as
declare @new_qty float,@new_pid char(4)
select @new_qty = qty,@new_pid = pid from inserted
update products set quantity = quantity - @new_qty
where pid = @new_pid
```

【例6.15】 在jwgl数据库内的专业表中创建一个INSERT触发器insert_zhuanye，若插入的专业不是院系代码为“01”，则显示警告信息“插入的院系代码不为01”，数据不插入。

```
use jwgl
go
/*检查是否已存在同名的触发器，若存在则删除*/
if exists(select name from sysobjects
    where name = 'insert_zhuanye'and type = 'tr')
    drop trigger insert_zhuanye
go
--创建一个触发器
  create trigger insert_zhuanye on 专业
  for insert
  as
  if exists(select inserted.专业代码 from inserted
        where inserted.专业名称 not in(
        select 专业名称 from 专业
        where 院系代码 = '01'))
begin
print '插入的院系代码不为01'
rollback transaction
end
go
```

【例6.16】 创建一个DML触发器，当用户要在SalesPersonQuotaHistory表中添加或更改数据时，该触发器将把用户定义的消息打印到客户端。然后使用alter trigger对该触发器进行修改,以便只将其应用于 INSERT 活动。该触发器有助于提醒向表中插入行或更新行的用户及时通知 Compensation 部门。

```
use AdventureWorks2008R2;
go
if OBJECT_ID(N'Sales.bonus_reminder',N'TR') is not null
    drop triggep Sales.bonus_reminder;
go
create trigger Sales.bonus_reminder
on Sales.SalesPersonQuotaHistory
with encryption
after insert,update
as raiserror ('Notify Compensation',16,10);
go
-- 下面更改触发器
use AdventureWorks2008R2;
go
alter trigger Sales.bonus_reminder
on Sales.SalesPersonQuotaHistory
after insert
as raiserror ('Notify Compensation',16,10);
go
```

【例 6.17】 有两个表 staff(staff_id,name,department,sex,birthday)和 brief(staffe_id,content),分别为职工基本信息表和职工简历表,staff_id 为自动生成的唯一职工编码,类型为 int,content 为简历内容。在新增员工时,在 staff 中插入一条记录时,就自动在 brief 中创建一条记录,并自动写入 staff_id 的值。首先针对 staff 表建立一个 DML 触发器 myTrigger。

```
create trigger mytrigger on staff for insert as
  begin
    declare @max_staff_id int
    select @max_staff_id = staff_id from inserted                /*此为特殊表*/
  insert into brief values(@max_staff_id,'this is a test')
end
--建立一个存储过程 proc_add_a_staff
go
create procedure proc_add_a_staff as
begin
    declare @max_staff_id int
    select @max_staff_id = max(staff_id) from staff             /*找出最大的职工号*/
    select @max_staff_id = @max_staff_id +1
insert into staff values(@max_staff_id,'张三','销售部','男','1970-1-1') /*将激发触发器*/
end
go
exec proc_add_a_staff
go
```

② 使 DML 触发器无效

在有些情况下,用户希望暂停触发器的作用,但并不删除它,这时就可以通过 disable

trigger 语句使触发器无效，语法格式如下：

```
disable trigger { [ schema_name. ] trigger_name [ , …n ] | all }
on object_name
```

其中各参数的含义如下：

- schema_name ：触发器所属架构的名称。
- trigger_name：要禁用的触发器的名称。
- all：指示禁用在 ON 子句作用域中定义的所有触发器。
- object_name：在其上创建 DML 触发器的表或视图的名称。

【例 6.18】 DML 触发器的无效化。

```
use AdventureWorks2008R2;
go
disable trigger Person.uAddress on Person.Address;
go
```

③ 使 DML 触发器重新有效

要使 DML 触发器重新有效，可使用 enable trlgger 语句，语法格式如下：

```
enable trigger { [ schema_name . ] trigger_name [ , …n ] | all }
```

各参数含义与 disable trigger 语句中同名参数的含义相同。

【例 6.19】 以下示例禁用在表 Address 中创建的触发器 uAddress，然后再启用它。

```
use AdventureWorks2008R2;
go
disable trigger Person.uAddress on Person.Address;
go
enable Trigger Person.uAddress on Person.Address;
go
```

④ 修改和删除 DML 触发器

DML 触发器是可以修改的。如果必须改变某一个触发器的定义，可以修改它，而不必删除后重建。修改以后，使用触发器的新定义取代触发器的旧定义。修改 DML 触发器要用到 alter trigger 语句。

DML 触发器也可以被删除。当与触发器相关的表或视图被删除时，触发器被自动删除。删除了触发器后，它所依附的表和数据不会受到影响，但删除表将自动删除其上的所有触发器。

删除触发器的语法格式如下：

```
drop trigger{触发器名}
```

(2) DDL 触发器

DDL 触发器与 DML 触发器有许多类似的地方，例如可以自动触发完成相应的操作、都可以使用 create trigger 语句创建等。但是也有一些不同的地方，例如，DDL 触发器的触发事件主要是 create、alter、drop 以及 grant、deny、revoke 等语句，并且触发的时间条件只有 after，没有 instead of。

一般地，DDL 触发器主要是用于以下一些操作需求：

- 防止对数据库架构进行某些更改。
- 希望数据库中发生某些变化以利于相应数据库架构中的更改。
- 记录数据库架构中的更改或事件。

① 创建 DDL 触发器

创建 DDL 触发器的语法如下：

```
create trigger trigger_name
on {all server |database}
[with encryption]
for { event_type | event_group } [ ,…n ]
as { sql_statement [ ; ] }
```

其中各参数的含义如下：

- trigger_name：触发器的名称。
- database：将 DDL 触发器的作用域应用于当前数据库。
- all server：将 DDL 触发器的作用域应用于当前服务器。
- with encryption：对 create trigger 语句的文本进行加密。
- event_type：执行之后将导致激发 DDL 触发器的 Transact-SQL 语言事件的类别名称。
- event_group：预定义的 Transact-SQL 语言事件分组的名称。
- sql_statement：指定触发器所执行的 Transact-SQL 语句。

② 使 DDL 触发器无效

类似于使 DML 触发器无效，可以通过 disable trigger 语句使 DDL 触发器无效，语法格式如下：

```
disable trigger { trigger_name [ ,…n ] | all}
on { database |all server } [ ; ]
```

其中各参数的含义如下：

- trigger_name：要禁用的触发器的名称。
- all：指示禁用在 ON 子句作用域中定义的所有触发器。
- database：对于 DDL 触发器，指示所创建或修改的 trigger_name 将在数据库作用域内执行。
- all server：对于 DDL 触发器，指示所创建或修改的 trigger_name 将在服务器作用域内执行。

③ 使 DDL 触发器重新有效

要使 DDL 触发器重新有效，可使用 enable trigger 语句，语法格式如下：

```
enable trigger {trigger_name [ ,…n ] | all }
on {database |all server } [ ; ]
```

其参数含义与 disable trigger 语句中同名参数的含义相同。

④ 修改和删除 DDL 触发器

修改和删除 DDL 触发器的语法类似于 DML 触发器。修改 DML 触发器要用到 alter

trigger语句，当不再需要某个DDL触发器时，可将其禁用或删除。删除触发器同样使用drop trigger语句。

6.3 数据库的安全性

除了完整性约束可提供保护意外引入的不一致性之外，数据库中存储的数据还要防止未经授权的访问和恶意的破坏或修改。数据库的安全性是指数据库的任何部分都不允许受到恶意侵害或未经授权的存取和修改。数据库管理系统必须提供可靠的保护措施，确保数据库的安全性。本节讨论数据的安全性问题，并给出数据库安全性控制的机制。

6.3.1 安全性概述

1. 安全性问题

由于计算机软件故障、硬件故障、口令泄密、黑客攻击等因素，数据库系统不能正常运转，造成大量数据信息丢失，数据被恶意篡改，甚至使数据库系统崩溃。数据库安全性(database security)是指保护数据库，以防止非法使用所造成数据的泄露、更改或破坏。绝对杜绝对数据库的恶意滥用是不可能的，但可以使那些企图在没有授权情况下访问数据库的代价足够高，以阻止绝大多数的访问企图。

数据库安全性问题和计算机系统的安全性，包括操作系统、网络系统的安全性是紧密联系和相互支持的。因而为确保数据的安全性，需要在下面几个层次采取相应的安全性措施。

- 物理层(physical)：计算机系统所位于的结点(一个或多个)必须在物理上受到保护，以防止入侵者强行闯入或暗中潜入。
- 操作系统层(operating system)：数据库管理系统DBMS是运行在操作系统之上的，所以操作系统的安全是首要的。操作系统安全性方面的弱点总是可能成为对数据库进行未经授权访问的一种手段。
- 网络层(network)：由于几乎所有的数据库系统都允许通过终端或网络进行远程访问，网络软件的软件层安全性和物理安全性一样重要，不管在因特网上还是在私有的网络内。
- 人员层(human)：对用户的授权必须格外小心，以减少授权用户因接受贿赂或其他好处而给入侵者提供访问机会的可能性。
- 数据库系统层(database system)：数据库系统的某些用户获得的授权可能只允许他访问数据库中有限的部分，而另外一些用户获得的授权可能允许他提出查询，但不允许他修改数据。保证这样的授权限制不被违反是数据库系统的责任。

这里所讨论的安全性是数据库系统层的安全性问题，即考虑安全保护的策略，尤其是控制访问的策略。

2. 安全控制模型

在一般的计算机系统中，安全措施是一级一级层层设防，典型的安全控制模型如图6.4所示。

根据图6.4所示的安全控制模型，当用户进入计算机系统时，系统首先根据输入的用户标识进行身份的鉴定，只有合法的用户才允许进入系统。对已进入系统的用户，DBMS还

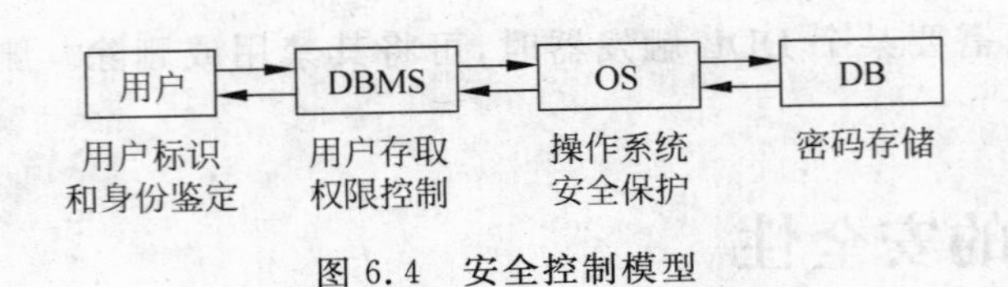

图 6.4　安全控制模型

要进行用户存取权限控制，只允许用户执行合法操作。如允许学生查看自己的成绩，但不能对成绩进行修改。

DBMS 是建立在操作系统之上的，安全的操作系统是数据库安全的前提。操作系统应能保证数据库的数据必须由 DBMS 访问，而不允许用户越过 DBMS，直接通过操作系统或其他方法访问。

数据最后还可以通过密码的形式存储到数据库中，非法者即使得到了加密数据，也无法进行识别。

这里只讨论与数据库安全有关的身份认证、存取控制、视图机制、数据加密和审计等几类安全技术。

6.3.2　身份认证

身份认证是系统提供的最外层安全保护措施，其方法是由系统提供一定的方式让用户标识自己的名字和身份。每次用户要求进入系统时，由系统进行核对，通过鉴定后才能获得机器的使用权。

目前常见的身份认证方式主要有三种方式：用户名加口令，生物特征识别技术，基于 USB Key 的身份认证方法。

第一种方式是使用用户名加口令的方式，这也是最常见、最原始的身份确认方式。当一个授权的用户要使用数据库系统时，必须提供用户标识符和口令，DBMS 验证该用户的用户标识符合法、口令正确后，才允许用户使用数据库系统。

DBMS 用用户标识来标明用户身份，系统记录着所有合法用户的标识，系统鉴别此用户是否是合法用户，若是，则可以进入下一步的口令核实；若不是，则不能使用系统。口令(Password)为了进一步核实用户，系统常常要求用户输入口令。为保密起见，用户在终端上输入的口令不显示在屏幕上。系统核对口令是为了鉴定用户身份。

通过用户标识和口令来鉴定用户的方法简单易行，但该方法非常容易通过口令猜测、线路窃听、重放攻击等手段导致伪造合法身份。

第二种是生物特征识别技术。该技术以人体唯一的生物特征为依据，通过可测量的身体或行为等生物特征进行身份认证。生物特征是指唯一的可以测量或可自动识别和验证的生理特征或行为方式。生物特征分为身体特征和行为特征两类。身体特征包括指纹、掌型、视网膜、虹膜、人体气味、脸型、手的血管和 DNA 等；行为特征包括签名、语音、行走步态等。目前部分学者将视网膜识别、虹膜识别和指纹识别等归为高级生物识别技术；将掌型识别、脸型识别、语音识别和签名识别等归为次级生物识别技术；将血管纹理识别、人体气味识别、DNA 识别等归为深奥的生物识别技术，指纹识别技术目前应用广泛的领域有门禁系统、微型支付等。

第三种是现在电子政务和电子商务领域最流行的身份认证方式——基于 USB Key 的

身份认证。USB Key结合了现代密码学技术、智能卡技术和USB技术，是新一代身份认证产品。

USB Key身份认证技术可以实现双因子认证：当需要在网络上验证用户身份时，先由客户端向服务器发出一个验证请求。服务器接到此请求后生成一个随机数并通过网络传输给客户端。客户端将收到的随机数与自己的密钥进行哈希运算并得到一个结果作为认证证据传给服务器。与此同时，服务器也使用该随机数与存储在服务器数据库中的该客户密钥进行哈希运算，如果服务器的运算结果与客户端传回的响应结果相同，则认为客户端是一个合法用户。

密钥运算分别在硬件和服务器中运行，不出现在客户端内存中，也不在网络上传输，由于哈希算法是一个不可逆的算法，也就是说知道密钥和运算用随机数就可以得到运算结果，而知道随机数和运算结果却无法计算出密钥，从而保护了密钥的安全，也就保护了用户身份的安全。

DBMS除了存储、管理和验证用户身份外，还需要存储每个用户在使用系统期间对数据库进行的所有操作。用户一旦进入系统，DBMS就把用户的用户标识与其登录的终端联系在一起。所有在该终端上提出数据库操作请求均属于此用户，直到用户退出系统。一旦数据库被损害，数据库管理员可以根据存储的信息找出哪一个用户对数据库进行了破坏活动。

6.3.3 存取控制

数据库安全最重要的一点就是确保只授权给有资格的用户访问数据库的权限，同时令所有未被授权的人员无法接近数据。数据库管理员必须能够为不同用户授予不同的数据库使用权。一个用户可能被授权仅使用数据库的某些文件甚至某些字段。不同用户可以被授权使用相同的数据库数据集合。这主要通过数据库系统的存取控制机制实现。

存取控制机制主要包括两个方面。

(1) 定义用户权限

在数据库系统中，为了保证用户只能访问他有权存取的数据，必须预先对每个用户定义用户权限。用户权限是指不同的用户对于不同的数据对象允许执行的操作权限。系统通过grant、revoke等命令来定义用户权限，这些定义经过编译后存放在数据字典中，被称做安全规则或授权规则。

(2) 检查存取权限

对于通过鉴定获得上机权的用户(即合法用户)，系统根据他的存取权限定义对他的各种操作请求进行控制，确保他只执行合法操作。当用户发出存取数据库的操作请求后(请求一般包括操作类型、操作对象和操作用户等信息)，DBMS查找数据字典，根据安全规则进行合法权限检查，若用户的操作请求超出定义的权限，系统将拒绝执行此操作。

用户权限定义和合法权限检查机制一起组成了DBMS的安全子系统。

DBMS主要提供两种方法来控制用户对数据的访问：自主存取控制和强制存取控制。

大型数据库系统几乎都支持自主存取控制(Discretionary Access Control, DAC)方法。自主存取控制是以存取权限为基础的，用户对于不同的对象有不同的存取权限，不同的用户对同一对象也有不同的权限，而且用户还可将其拥有的存取权限转授给其他用户。一旦用户创建了一个数据库对象，如一个表或一个视图，就自动获得了在这个表或视图的所有权限。接下去 DBMS 会跟踪这些特权是如何授给其他用户的，也可能是取消特权以确保任何时候只有具有权限的用户能够访问对象。

一般情况下，自主存取控制是很有效的，它能够通过授权机制有效地控制其他用户对敏感数据的存取。但是由于用户对数据的存取权限是“自主”的，用户可以自由地决定将其拥有的存取权限自由地转给其他用户，而系统对此无法控制，这样就会导致数据的“无意泄露”。例如，甲用户将自己所管理的一部分数据的查看权限授予合法的乙用户，其本意是只允许乙用户本人查看这些数据，但是乙一旦能查看这些数据，就可以对数据进行备份，获得自身权限内的副本，并在不征得甲同意的情况下传播数据副本。造成这一问题的根本原因在于，这种机制仅仅通过对数据的存取权限来进行安全控制，而数据本身并无安全性标记。要解决这一问题，就需要对系统控制下的所有主客体实施强制存取控制策略。

强制存取控制是基于系统策略的，它不能由单个用户改变。在这种方法中，每一个数据库对象都被赋予一个安全级别，对每个安全级别用户都被赋予一个许可证，并且一组规则会强加在用户要读写的数据库对象上。DBMS 基于某一规则可以决定是否允许用户对给定的对象进行读或写。这些规则设法保证绝不允许那些不具有必要许可证的用户访问敏感数据。强制存取控制因此相对比较严格。

6.3.4 自主存取控制

SQL 通过 grant 和 revoke 语句来支持自主存取控制。grant 命令是将基本表或视图的特权授予用户，这个命令的基本语法格式如下：

```
grant privileges ON object TO users [with grant option]
```

grant 语句是表（基本表或视图）所有者授予一个或一类用户访问表的各种权利的 SQL 命令。这里的 object 表示基本表或视图，privileges 有以下几种取值：

- select：允许读取数据，但不允许修改数据。
- delete：允许删除数据。
- insert：允许插入新数据，但不允许修改已经存在的数据。
- update：允许修改数据，但不允许删除数据。
- references(column-name)：允许用户在引用该表的列上建立外键约束，该外键引用 object 表中的特定列。没有指定列名的 references 表示这个特权与所有的列有关，包括以后增加的列。

可选的 with grant option 子句允许有这个权限的用户授予其他用户同样的权限。

创建一个表的用户自动拥有该表上的所有权限，连同将这些权限授予其他用户的权限一起拥有。要授予其他用户与访问视图相关的权限，授权者必须拥有该视图表（并且在生成视图的所有表上有必要的权限）或已经通过 with grant option 子句被授予了这些权限。若要在一个视图上授予插入、删除或更新权限，视图必须是可更新的。

【例 6.20】 授予用户 Tom 对表 orders 的选取、更新或插入权限，但不授予删除权限，然后给予 Joe 对表 products 上的所有权限。

```
grant select,update,insert ON orders TO Tom
```

```
grant all privleges ON products TO Joe
```

对于 grant 命令，还有一个对应的命令 revoke，它可以收回已授予的权限。revoke 命令的语法如下：

```
revoke [grant option for] privileges
ON object FROM users [restrict |cascade]
```

revoke 语句可以取消以前授予用户的一些权限。revoke 语句的最后关键字是 restrict 和 cascade。如果指定 restrict，那么如果这个权限已经传送给其他用户，也就是说如果有依赖权限，这个权限将不会被取消(这意味着 with grant option 已经用于 grant 语句，并且被授予权限的授权标识符又把这个权限授予给其他用户)。如果指定 cascade，那么这个权限将被取消，传送给其他用户的权限也将被取消。

【例 6.21】 Accounting 表示角色，Jill 是 Accounting 的成员，Jack 不是 Accounting 的成员，Jean 是表 Plan_Data 的创建者。执行以下操作：

```
grant select ON Plan_Data TO Accounting with grant option (由 Jean 执行)
grant select ON Plan_Data TO Jack AS Accounting(由 Jill 执行)
revoke select ON Plan_Data FROM Jill CASCADE(由 Jean 执行)
```

Jill 失去了 Plan_Data 上的 select 权限，而 Jack 是从 Jill 那里得到的权限，因此 Jack 也失去了这个 select 权限。当指定 cascade 关键词时，授予的权限被级联收回。

6.3.5 强制存取控制

自主存取控制是关系数据库的传统方法，可对数据库提供充分保护，但它不支持随数据库各部分的机密性而变化，技术高超的专业人员可能突破该保护机制获得未授权访问；另外，由于用户对数据的存取权限是“自主”的，用户可以自由地决定将数据的存取权限授予何人、是否也将“授权”的权限授予别人。

强制存取控制就是致力于解决自主存取控制机制中的这些漏洞。强制存取控制(Mandatory Access Control，MAC)方法是为保证更高程度的安全性所采取的强制检查手段，它不是用户能直接感知或进行控制的，适用于对数据有严格而固定层级分类的部门，如军事部门、政府部门等。

在 MAC 机制中，DBMS 所管理的全部实体被分为主体与客体。主体是系统中的活动实体，包括 DBMS 所管理的实际用户，也包括用户的各进程；客体是系统中的被动实体，是受主体操纵的，包括文件、基本表、索引、视图等。DBMS 为主体和客体的每个实例指派一个敏感度标记(label)。主体的敏感度标记被称为许可证级别(clearance level)，客体的敏感度标记被称为密级(classification level)，敏感度标记分为若干个级别，如绝密(top secret)、机密(secret)、可信(confidential)、公开(public)等。MAC 机制就是通过对比主体的 label 和客体的 label，最终确定主体是否能够存取客体。

MAC 机制的规则如下：当某一用户(或某一主体)以标记 label 登录数据库系统时，系统要求他对任何密体的存取必须遵循下面两条规则。

(1) 仅当主体的许可证级别大于或等于客体的密级时，该主体才能读取相应的客体。

(2) 仅当主体的许可证级别小于或等于客体的密级时，该主体才能写相应的客体。

这两条规则规定仅当主体的许可证级别小于或等于客体的密级时,该主体才能写相应的客体,即用户可以为写入的数据对象赋予高于自己的许可证级别的密级。这样一旦数据被写入,该用户自己也不能再读该数据对象了。这两种规则的共同点在于它们均禁止了拥有高许可证级别的主体更新低密级的数据对象,从而防止了敏感数据的泄露。

强制存取控制是对数据本身进行密级标记,无论数据如何复制,标记与数据是一个不可分的整体,只有符合密级标记要求的用户才可以操纵数据,从而提供了更高级别的安全性。前面已经提到,较高安全性级别提供的安全保护要包含较低级别的所有保护,因此在实现MAC时要首先实现DAC,即DAC与MAC共同构成DBMS的安全机制。系统首先进行DAC检查,对通过DAC检查的允许存取的数据对象再由系统自动进行MAC检查,只有通过MAC检查的数据对象方可存取。

基于角色的访问控制模型(Role-Based Access Model,RBAC Model)是一种新的访问策略,由美国Ravi Sandhu提出,它在用户和权限中间引入了角色这一概念,把拥有相同权限的用户归入同一类角色,管理员通过指定用户为特定的角色来为用户授权,可以简化具有大量用户的数据库的授权管理,具有可操作性和可管理性,角色可以根据组织中不同的工作创建,然后根据用户的责任和资格分配角色。用户可以进行角色转换,随着新的应用和系统的增加,角色可以随时增加或者撤销相应的权限。

6.3.6 建立视图

视图也是提供数据库安全性的一种措施。视图可以隐藏用户不需要看见的数据。视图隐藏数据的能力既可以用于简化系统的使用,又可以用于实现安全性。由于视图只允许用户关注那些感兴趣的数据,它简化了系统的使用。进行存取权限控制时可以为不同的用户定义不同的视图,用于限制用户只能访问所需数据。通过视图可以把保密的数据对无权存取的用户隐藏起来,从而自动地对数据提供一定程度的安全保护。

【例6.22】 允许用户eoneil访问表products的pid、pname、city和quantity列。

(1) 先创建一个视图proview。

```
create view proview as select pid,pname,city,quantity from products
```

(2) 定义存取权限,把对proview的访问权限授予eoneil。

```
grant select ON proview To eoneil
```

考虑到用户只能看到与产品相关的基本信息,但不允许看到产品价格方面的信息。因此,用户不能直接访问表products,建立视图proview可以屏蔽敏感字段price,从而限制用户只能访问所需数据,保证数据的安全性。

通过视图机制可以将访问限制在基本表中行的子集内、列的子集内,也可以将访问限制在符合多个基本表连接的行内,以及将访问限制在基本表中数据的统计汇总内。此外,视图机制还可以将访问限制在另一个视图的子集内或视图和基本表组合的子集内。视图隐藏数据的能力使得用户只关注那些需要的数据,从而也简化了系统的操作。

【例6.23】 允许用户Tom在表customers中插入或删除任意行,但只能更新cname和city列,可以选取除discnt外的所有列。因为没有与选取权限相关的字段说明,表所有者先创建一个视图custview:

```
create view custview
    as select cid,cname,city
from customer
```

现在所有者可以在 custview 视图上提供需要的授权：

```
grant select,insert,update(cname,city) ON custview TO Tom
```

因为在基本表 customes 中，Tom 没有被授予任何权限，所以他不能选取列 discnt 的值。用视图还可以对从表中被选取出来的行的子集进行授权。

【例 6.24】 允许用户 Tom 对表 agents 中所有 percent 大于 5 的行进行所有访问。

```
create view agentview
    as select * from agents where percent > 5
grant all privileges ON agentview to Tom
```

6.3.7 数据加密

对高度敏感的数据，例如财务数据、军事数据、国家机密等，还可以采用数据加密技术。这是防止数据库中数据在存储和传输中失密的有效手段。

数据加密的基本思想是根据一定的算法将原始数据变换为不可识别的格式，从而使得不知道解密算法的人无法获知数据的内容。算法输出的是加密后的数据。用解密密钥对加密后的数据实施解密算法就可以得到原始的数据。根据加密密钥的使用和部署，可将加密技术分为两种类型，一种是对称加密方法，另一种是公共密钥加密方法。

在对称加密方法中，加密密钥同时也是解密密钥。从 1977 年开始使用的 ANSI 的数据加密标准(DES)是一种著名的对称加密方法。DES 加密方法在密钥的基础上既进行字符替换，又对字符顺序进行重新排列。要使这一模式发挥作用，就必须把密钥通过某种安全机制提供给授权用户，这样增大了密钥被窃取的概率。DES 标准在 1983 年、1987 年和 1993 年再次被肯定。然而，DES 的弱点在 1993 年被确认，并达成共识，需要选择一个新的标准，该标准称为扩展加密标准(AES)。在 2000 年，Rijndael 算法(由发明家 V. rijmen 和 J. Daemen 命名)被选为 AES。Rijndael 算法的当选是由于它引人注目的更强大的安全级别，以及在目前计算机系统或像智能卡这样的设备上能简易实现。和 DES 标准一样，Rijndael 算法是一个共享密钥(或对称密钥)的算法，其中授权的用户共享一个密钥。

公共密钥加密方法在近年来使用得越来越多。由 Rivest、Shamir 和 Adleman 提出的 RSA 算法是一种著名的公共密钥加密方法，它克服了 DES 所面临的问题。每个合法用户有一个公共密钥和一个私有密钥，所有人都知道公共密钥，但私有密钥只有用户自己知道。

RSA 算法中因为用来加密的密钥对所有用户公开，所以我们有可能利用这一模式安全地交换信息。如果用户 U_1 希望与 U_2 共享数据，那么 U_1 就用 U_2 的公钥 E_2 来加密数据，由于只有用户 U_2 知道如何对数据解密，大大减少了密钥被窃取的概率，克服了 DES 的弱点，所以信息的传输是安全的。

尽管公钥加密很安全，但是它的计算代价很高。安全通信通常所采用的是一种混合模式：DES 密钥通过公钥加密模式交换，而其后传输的数据用 DES 加密。

目前很多数据库产品都提供了数据加密的例行程序，DBMS 可根据用户的要求自动对存储和传输的数据进行加密处理。例如,入侵者可能窃取包含数据的磁带或窃听通信线路。当这种情况发生时,以加密的形式存储和传输数据可以保证入侵者不能获取数据中的信息。

由于数据加密和解密也是比较费时的操作,而且数据加密与解密程序会占用大量系统资源,因此数据加密功能通常也作为可选特征,允许用户自由选择,只对高度机密的数据加密。

6.3.8 审计跟踪

用户标识与鉴别、存取控制等安全措施,将用户操作限制在规定的安全范围内,但任何系统的安全保护措施都不是完美无缺的,窃密者总有办法突破这些控制。对于某些高度敏感的保密数据,必须以审计作为预防手段。审计功能是一种监视措施,跟踪记录有关数据的访问活动。

通过审计功能,凡是与数据库安全性相关的操作均可被记录在审计日志(Audit Log,AL)中。日志记录的内容一般包括:操作类型,如修改、查询等;操作终端标识与操作者标识;操作日期和时间;操作所涉及的相关数据,如基本表、视图、记录、属性等;数据的前项和后项。DBA可以利用审计跟踪的信息,重现导致数据库现有状况的一系列事件,找出非法存取数据的人、时间或内容等。例如,检查数据库中实体的存取模式,监测指定用户的行为。审计系统可以跟踪用户的全部操作,这也使审计系统具有一种威慑力,提醒用户安全使用数据库。

审计加强了数据的安全性。例如,如果发现一个账户的余额不正确,银行也许会希望跟踪所有在这个账户上的更新来找到错误(或欺骗性)的更新,同时也会找到执行这个更新的人。然后银行就可以利用审计来跟踪这些人所做的更新来找到其他错误或欺骗性的更新。

使用审计功能会大大增加系统的开销,所以DBMS通常将其作为可选特征,提供相应的操作语句可灵活地打开或关闭审计功能。

例如,可使用如下SQL语句打开对表S的审计功能,对表S的每次成功的插入、删除、更新都进行审计追踪:

```
audit insert,delete,update ON S wherever successful
```

要关闭对表S的审计功能,可以使用如下语句:

```
no audit all ON S
```

6.3.9 SQL Server 2008的安全机制

SQL Server 2008具有一套完整机制来保障数据的安全性,它为身份验证、授权机制、数据加密和访问审核提供了复杂的安全机制和策略。

1. SQL Server的安全体系

SQL Server安全体系结构建立在认证和访问许可两者机制上,只有通过认证的用户才能登录到数据库,并在获取相关权限许可后才能访问相关数据,主要由4层体系结构组成其安全体系结构,如图6.5所示。

用户首先具有使用SQL Server客户机的权限,才能访问SQL Server 2008服务器数据库中的各类对象。SQL Server 2008服务器级的安全性建立在控制服务器登录账号和身份

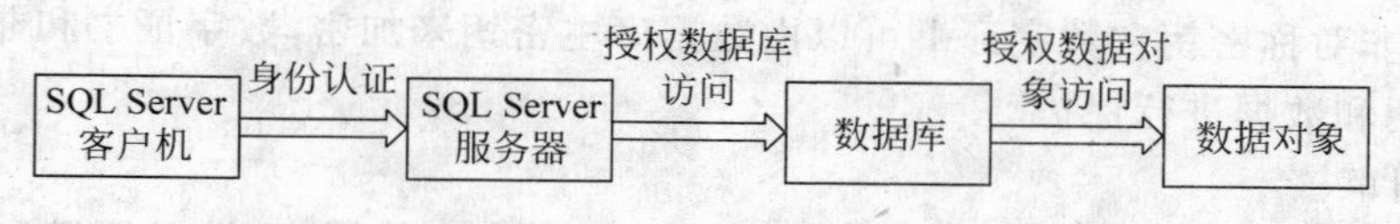

图 6.5 SQL Server 2008 安全体系结构图

验证的基础上。当用户登录 SQL Server 2008 服务器后，只有经过授权才能访问相应的数据库。数据库对象刚刚建立后，只有该对象的所有者才能访问，其他用户若想访问该对象，需要获得数据库对象所有者赋予的权限。

2. SQL Server 的安全机制

(1) 身份验证

SQL Server 2008 提供了两种身份验证方式，一种是基于 Windows 身份验证方式，另一种是 SQL Server 标准的身份验证。SQL Server 2008 支持强制密码策略（Windows 2003 Server 操作系统），强制登录密码符合本地的密码安全策略，在验证过程中可以设置和重设口令，默认对所有登录进行策略检查，可以对每个登录独立设置密码策略检查。

通过认证阶段并不代表能够访问 SQL Server 中的数据，用户只有在获取访问数据库的权限之后，才能够对服务器上的数据库进行权限许可下的各种操作。

(2) 权限管理

SQL Server 2008 具有层次化的权限模型。SQL Server 2008 授权机制具有 4 级：服务器级别、数据库级别、架构级别、对象级别（如图 6.6 所示），下层的权限级别对上层的权限级别具有继承性。另外，在架构级别，SQL Server 2008 用户与架构分离更增强了架构的安全性和灵活性。

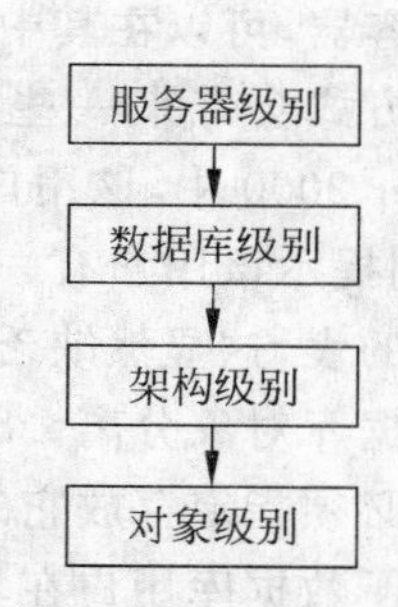

图 6.6 SQL Server 2008 的层次化权限

在 SQL Server 2008 中，权限管理分为对象权限、语句权限和暗示权限。权限管理有两个方面：一是权限的拥有者，有登录账户、角色中的成员和数据库用户；二是权限涉及的资源。对象权限是基于数据库层次上的访问和操作权限。语句权限表示用户能否对数据库及其对象执行特定语句。例如，创建类的语句包括 create database、create table、create procedure 等；备份类语句包括 backup database 和 backup log 语句。语句权限仅限于语句本身，而不是数据库对象。暗示权限是指固定服务器角色、固定数据库角色和数据库对象所有者具有的默认权限。固定服务器角色和固定数据库角色的成员自动继承角色的默认权限，而数据库对象的所有者在其创建的数据对象上拥有全部权限，这就是数据库对象所有者的默认权限。

(3) 数据加密

SQL Server 2008 内置对加密解密的支持，不需要自己创建函数和存储过程等，具有完整的密钥体制，可以使用 DDL 创建密钥和证书，包含很多加密、解密函数，支持多种加密算法。对数据的保护方法有很多种，可以使用对称密钥、非对称密钥、数字证书加密数据，可以使用证书对数据库中的模块进行数字签名，同时称密钥和私钥都在 SQL 中加密存储。与授权机制相似，SQL Server 2008 具有层次化的加密体系，即服务主密钥、数据库主密钥、非对称密钥、数字证书和对称密钥。服务主密钥由 Windows DPAPI 加密，数据库主密钥由服务主密钥加密，非对称密钥和数字证书可以由数据库主密钥来加密，数字证书和非对称密钥可以对对称密钥和数据进行保护。

(4) 访问审核

访问审核是指审核 SQL Server 的实例或 SQL Server 数据库，涉及跟踪和记录系统中发生的事件，可以使用 Windows 事件查看器和 SQL Server 日志文件查看器来查看系统中发生的事件，主要包括以下几种审核：数据库引擎默认记录，失败的登录尝试，支持对分析服务的审核，Profiler 工具支持更多的审核事件，用 DDL 和 DML 触发器定制数据库变更的审核等。

(5) 安全对象和架构

安全对象是 SQL Server 数据库引擎授权系统控制对其进行访问的资源。通过创建安全对象可以为自己设置安全性的名为“范围”的嵌套层次结构，可以将某些安全对象包含在其他安全对象中。安全对象范围有服务器、数据库和架构。引入架构可以提高权限的设置力度。访问安全对象的格式为：

服务器名；数据库名；架构名；对象名

架构是形成单个命名空间的数据库实体的集合。命名空间是一个集合，其中每个元素的名称都是唯一的。可以把架构理解为文件夹，且这种文件夹不允许嵌套，也就是说架构是一种容器，可以在其中放入数据库对象，但不允许再放入容器。数据库用户与所有者隐式绑定的方式会带来一些问题，例如，一个用户创建了某个数据库对象（如表对象），在 SQL Server 2000 中，该用户自动绑定到该数据库对象（如表）的所有者（DBO），如果要删除该用户，则提示该用户有一个数据库对象（如表对象），也就是说要删除用户，就必须先删除它所拥有的表，这显然缺乏灵活性。因此在 SQL Server 2005/2008 中采用架构的概念，使用户和数据库对象分离。SQL Server 中的所有安全对象都必须指定存放的具体架构。任何用户都必须指定存放它的拥有对象的架构，如果不指定，默认存放的架构是 DBO。但是并没有授予数据库用户在 DBO 架构创建对象的权限，即用户只能使用默认的 DBO 架构，因为用户并不是 DBO 架构的所有者。默认架构是服务器解析 DML 或 DDL 语句中指定的未限定的对象名称时搜索的架构。因此，当引用的对象包含在默认架构中时，不需要指定架构名。例如，如果 table_ name 包含在默认架构中，则语句“select * from table_name”可以成功执行。但当具有创建表的权限、默认架构是 DBO 但没有拥有架构且不属于任何数据库角色的用户试图创建一个安全对象时，则不能创建成功，原因是 DBO 架构是公有的，具体的某用户并不是这个架构的所有者。也就是说，架构不隐式等效于数据库用户，而是将用户与数据库的分离。同时，架构本身也是安全对象，可以针对架构进行授权。

6.4 事务

6.4.1 事务的基本概念

从数据库用户的观点看，数据库中一些操作的集合通常被认为是一个独立单元。比如，从顾客的角度看，从支票账户到储蓄账户的资金转账是一次单独操作；而在数据库系统中这是由几个操作组成的。例如，从支票账户 A 中取出 100 元，存入储蓄账户 B 的例子就包括两个操作，首先从账户 A 减去 100 元；然后给账户 B 加上 100 元。显然，这些操作要么全都发生，要么由于出错而全不发生，这一点是最基本的。我们无法接受资金从支票账户支出而未转入储蓄账户的情况。

事务(Transaction)是用户定义的一个数据库操作序列，这些操作要么全做，要么全不做，是一个不可分割的工作单位。不论有无故障，数据库系统必须保证事务的正确执行，即执行整个事务或者属于该事务的操作一个也不执行。此外，数据库系统必须以一种能避免引入不一致性的方式来管理事务的并发执行。在资金转账的例子中，如果计算顾客总金额的事务在资金转账事务从支票账户支出金额之前查看支票账户余额，而在资金存入储蓄账户之后查看储蓄账户余额，结果，它就会得到不正确的结果。

6.4.2　事务的特性

事务具有 4 个特性：原子性(Atomicity)、一致性(Consistency)、隔离性(Isolation)和持续性(Durability)。这 4 个特性也简称 ACID 特性，这一缩写来自 4 条性质的第一个英文字母。为了保证数据完整性，要求数据库系统维护以下事务性质。

- 原子性：事务是数据库的逻辑工作单位，事务的所有操作在数据库中要么都做，要么都不做。
- 一致性：事务单独执行时，即在没有和其他事务并发执行的情况下，保持数据库的一致性。事务执行的结果必须是使数据库从一个一致性的状态变成另一个一致性的状态。
- 隔离性：一个事务的执行不能被其他事务干扰，即一个事务内部的操作及使用的数据对其他并发事务是隔离的，并发执行的事务之间不能互相干扰。尽管多个事务可以并发执行，但系统保证，对于任何一对事务 T_i 和 T_j，在 T_i 看来，T_j 或者在 T_i 开始之前已经停止执行，或者在 T_i 完成之后才开始执行。这样，每个事务都感觉不到系统中有其他事务在并发地执行。
- 持久性：一个事务一旦提交成功后，它对数据库中的数据的改变应该是永久的，即使是系统出现故障时也是如此。

保证事务 ACID 特性是事务处理的重要任务。事务的 ACID 特性可能遭到破坏的因素主要有两个：一是事务在运行过程中被强行停止；二是多个事务并发运行时，不同事务的操作交叉执行。

在第一种情况下，DBMS 必须保证被强行终止的事务对数据库和其他事务没有任何影响。在第二种情况下，DBMS 必须保证多个事务的交叉运行不影响事务的原子性。这些就是 DBMS 恢复机制和并发机制的责任。为了更深刻理解事务的特性，下面详细分析一下 DBMS 是如何来确保事务 ACID 特性的。

(1) 一致性

数据库的一致性是指每个事务看到都是一致的数据库实例。如果没有一致性要求，数据库就会处于一种不正确的状态。容易验证，如果数据库在事务执行前是一致的，那么事务执行后仍将保持一致性。

假设事务执行前，账户 A 和账户 B 分别有 1000 美元和 2000 美元。现在假设执行从账户 A 转账 100 美元到账户 B 的事务。在事务 T_i，该事务包含两个操作：第 1 个操作从账户

A 中减去 100 美元，第 2 个操作是向账户 B 中加入 100 美元。如果在事务执行过程时，系统出现故障，导致 T_i 的执行没有成功完成。这种故障可能是电源故障、硬件故障或软件错误等。假定故障发生在第 1 个操作完成之后、第 2 个操作还未执行之时，这种情况下，数据库中账户 A 有 900 美元，而账户 B 有 2000 美元。这次故障的结果是系统销毁了 100 美元，这时数据库处于不一致状态。

(2) 原子性

如果一个事务要么不开始，要么保证完成，那么不一致状态除了在事务执行当中以外，在其他时刻是不可见的。这就是需要事务体现原子性的原因。如果具有原子性，某个事务的所有活动要么在数据库中全部反映出来，要么全部不反映。

(3) 隔离性

即使每个事务都能确保一致性和原子性，但如果几个事务并发执行，它们的操作会以某种人们所不希望的方式交叉执行，这也会导致不一致的状态。

例如，前面的例子中，在 A 至 B 转账事务执行过程中，当 A 账户中总金额已被减去转账额并已写回账户 A，而账户 B 中总金额被加上转账额后还未被写回时，数据库暂时是不一致的。如果另一个并发运行的事务在这个中间时刻读取账户 A 和账户 B 的值并计算 A+B，它将会得到不一致的值。此外，如果第二个事务基于它读取的不一致值对 A 和 B 进行更新，即使两个事务都完成后，数据库仍可能处于不一致状态。

一种避免事务并发执行产生问题的途径是串行地执行事务，也就是说，一个接一个地执行，因而事务的隔离性可以得到保证。例如，事务 T_1 和 T_2 并发执行，实际执行的结果可能和先执行 T_1 后执行 T_2 或者先执行 T_2 后执行 T_1 相同。如果每个事务将数据库从一个一致状态映射到另一个一致状态，那么若干个事务的连续执行仍将使数据库（初始处于一致状态）最终处于一致状态。

(4) 持久性

一旦事务成功执行，并且发起事务的用户已经被告知资金转账已经发生，系统就必须保证任何系统故障都不会引起与这次转账相关的数据的丢失。

持久性保证一旦事务成功完成，该事务对数据库施加的所有更新都是永久的，即使事务执行完成后出现系统故障。现在假设计算机系统的故障将会导致内存数据丢失，但已写入磁盘的数据却不会丢失。可以通过确保以下两条中任何一条来达到持久性：

- 事务做的更新在事务结束前已经写入磁盘。
- 有关事务已执行的更新和已写到磁盘上的更新信息必须足以让数据库在系统出现故障后，重新启动时能重新构造更新。

事务的以上 4 个特性是密切相关的，原子性是保证数据库一致性的前提，隔离性与原子性相互依存，持续性则是保证事务正确执行的必然要求。

6.4.3 SQL 事务处理模型

在 SQL 语言中，基本的 SQL 事务定义语句如图 6.7 所示。

事务通常是以 begin transaction 开始，以 commit 或 rollback 结束。

- begin transaction 语句：表示开始事务。
- commit 语句：事务正常结束，提交事务的所有操作（读+更新），事务中所有对数据

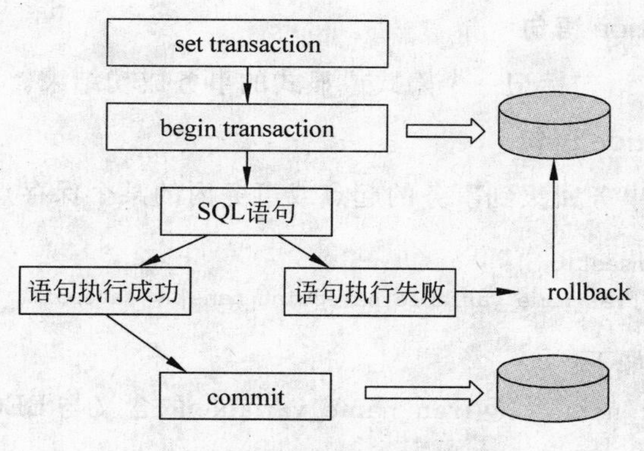

图 6.7 基本的 SQL 事务

库的更新永久生效。事务正常结束。

- rollback 语句：事务异常终止，事务运行的过程中发生了故障，事务不能继续执行，回滚事务的所有更新操作，使事务恢复到事务开始时的状态。

6.4.4 SQL Server 2008 的事务处理

SQL Server 2008 的事务类型包括下面几类：

- 自动提交事务——每条单独的语句都是一个事务。
- 显式事务——每个事务均以 begin transaction 语句显式开始，以 commit 或 rollback 语句显式结束。
- 隐式事务——在前一个事务完成时新事务隐式启动，但每个事务仍以 commit 或 rollback 语句显式完成。
- 批处理级事务——只能应用于多个活动结果集（Multiple Active Result Sets，MARS），在 MARS 会话中启动的 T-SQL 显式或隐式事务变为批处理级事务。

所有的 T-SQL 语句都是内在的事务。SQL Server 2008 还提供事务控制语句，用于将 SQL Server 语句集合分组后形成单个的逻辑工作单元。

1. begin transaction 语句

begin transaction 语句标记一个显式本地事务的起始点，即事务的开始。其语法格式为：

```
begin { tran | transaction }
[ { transaction_name | @tran_name_variable }[ with mark [ 'description' ] ] ]
```

其中各参数的含义如下：

- transaction_name 是事务名。
- @tran_name_variable 是用户定义的、含有有效事务名称的变量，该变量必须是字符数据类型。
- with mark 指定在日志中标记事务。
- description 是描述该事务标记的字符串。

2. commit transaction 语句

commit transaction 语句标记一个隐式或显式的事务成功结束。

3. rollback transaction 语句

将显式事务或隐式事务回滚到事务的起点或事务内的某个保存点。其语法格式为：

```
rollback { tran | transaction }
[transaction_name|@tran_name_variable|savepoint_name| @savepoint_variable]
```

其中各参数的含义如下：

- 参数 transaction_name 和@tran_name_variable 的含义与 BEGIN TRANSACTION 语句中同名参数一样。
- savepoint_name 是 save transaction 语句中设置的保存点，当条件回滚只影响事务的一部分时，可使用 savepoint_name。
- @savepoint_variable 是用户定义的、包含有效保存点名称的变量名。

4. save transaction 语句

save transaction 语句在事务内设置保存点。其语法格式为：

```
save { tran | transaction } { savepoint_name | @savepoint_variable }
```

参数 savepoint_name 和@savepoint_variable 的含义与 rollback transaction 语句中的同名参数一样。

【例 6.25】 下面是一个综合的事务例程。

```
--事务开始
begin transaction
--声明变量用于累计错误号以及转账金额
declare @errorSum int,@money money
--错误累计变量,初始为 0,表示无错误
set @errorSum = 0
--转账金额为 1000 元
set @money = 1000
--将张三交易信息存到交易信息表中并更新余额
--将张三支取 1000 元信息保存到交易信息表中
insert into bankJY(cardID,type,jiaoyimoney)
values('10010001','支取',@money)
set @errorSum = @errorSum + @@error          --检查是否有误
update bankYH set moneyYE = moneyYE - @money
where cardID = '10010001' --更新账户余额(张三账户减去 1000 元)
set @errorSum = @errorSum + @@error          --检查是否有误
--将李四交易信息存到交易信息表中并更新余额
--将李四存入 1000 元信息保存到交易信息表中
insert into bankJY(cardID,type,jiaoyimoney)
values('10010002','存入',@money)
set @errorSum = @errorSum + @@error          --检查是否有误
update bankYH set moneyYE = moneyYE + @money
where cardID = '10010002'                    --更新账户余额(李四账户增加 1000 元)
set @errorSum = @errorSum + @@error          --检查是否有误
```

```
print '转账事务过程中的余额和交易信息'
select * from bankYH
select * from bankJY
--判断此次交易是否成功
if @errorSum <> 0
--如果@errorSum 变量的值不等于 0,说明交易没有成功
begin
  print '交易失败,回滚事务'
  rollback transaction                          --回滚到事务以前的数据库状态
end
else                                            --否则交易成功
  begin
    print '交易成功,提交事务,写入硬盘永久保存'
commit transaction                              --事务成功,提交事务
end
```

6.5 并发控制

数据库是一个共享资源,可以为多个用户使用。通常为了充分利用数据库资源,允许多个用户并行地存取数据库。例如银行数据库系统、飞机火车订票系统、股票证券数据库系统等都是多用户数据库系统。在这样的系统中,在同一时刻并发运行的事务数可达数百个。

多个用户并行地存取数据库系统,就会发生多个用户并发地存取同一数据的情况。如果对这些并发操作不加控制,数据库就可能存取和存储不正确的数据,破坏数据库的一致性。所以数据库管理系统必须对并发执行的事务之间的相互作用加以控制。并发控制就是在多个事务对数据库并发操作的情况下,对数据库实行的管理和控制。并发控制机制也是衡量数据库管理系统性能的一个重要指标。

6.5.1 事务的并发执行

事务可以一个一个地串行执行,即每个时刻执行一个事务,其他事务仅在当前事务执行完后才开始。事务在执行过程中需要不同的资源,如果事务串行执行,则很多资源将处于空闲状态。为了充分利用系统资源,发挥数据库共享资源的特点,事务处理系统应该允许多个事务并发执行。事务并发执行的好处主要有以下两个方面。

(1) 提高吞吐量和资源利用率。

一个事务由多个步骤组成,一些步骤涉及 I/O 活动,而另一些涉及 CPU 活动。计算机系统中 CPU 与磁盘可以并行运行。因此,I/O 活动可以与 CPU 处理并行进行。利用 CPU 与 I/O 系统的并行性,多个事务可并行执行。当一个事务在一个磁盘上进行读写时,另一个事务可在 CPU 运行,同时第三个事务又可在另一磁盘上进行读写。从而系统的吞吐量增加,即给定时间内执行的事务数增加。相应地,处理器与磁盘利用率提高,即处理器与磁盘空闲时间较少。

(2) 减少等待时间。

系统中可能运行着各种各样的事务,一些较短,一些较长。如果事务串行执行,短事务可能得等待它前面的长事务完成,导致难以预测的延迟。如果各个事务是针对数据库的不

同部分进行操作，事务并发执行会更好，各个事务可以共享 CPU 周期与磁盘存取。并发执行可以减少不可预测的事务执行延迟。此外，并发执行也可减少平均响应时间，即一个事务从开始到完成所需的平均时间。

事务的并发执行提高了对系统资源的利用效率，但多个事务并发执行会引起破坏数据一致性的问题。当多个事务并发执行时，即使每个事务都正确执行，数据库的一致性也可能被破坏。为了保证数据库的一致性，DBMS 需要对并发操作进行正确调度。系统通过并发控制机制的一系列措施来保证这一点。

为了更好地理解并发控制机制，首先讨论并发操作所带来的数据不一致性问题。

6.5.2 并发操作与数据的不一致性

下面先看一个实例，说明并发操作带来的数据不一致问题。

例如，考虑飞机订票系统中的一个活动序列如下。

① 售票点(甲事务)读出某航班的机票余额 A，设 $A=50$。

② 乙售票点(乙事务)读出某航班的机票余额 A，也为 50。

③ 甲售票点卖出 10 张机票，修改余额 $A=A-10$，所以 A 为 40，把 A 写回数据库。

④ 乙售票点也卖出 10 张机票，修改余额 $A=A-10$，所以 A 为 40，把 A 写回数据库。

结果明明卖了 20 张机票，但数据库中机票余额只减少 10。

这种情况称为数据库的不一致性，这种不一致性是由并发操作引起的。在并发操作的情况下，对甲、乙两个事务操作序列的调度是随机的。如果按上述调度序列执行，甲事务的修改被丢失。

仔细分析并发操作带来的数据不一致性，可将其分为三类：丢失更新问题、不可重复读问题和读"脏"数据问题。

1. 丢失更新

丢失更新是指当两个事务 T_1 和 T_2 读入同一数据并修改，并发执行时，T_2 提交的结果破坏了 T_1 提交的结果，导致 T_1 的修改被丢失了，如图 6.8 所示。

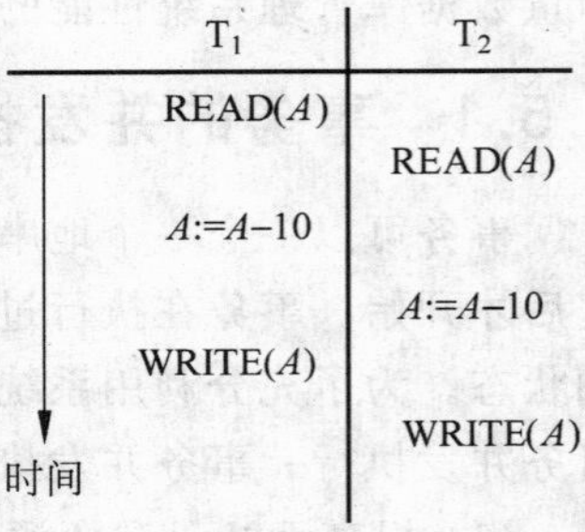

图 6.8 显示了飞机售票系统的数据丢失更新问题。事务 T_1(对应甲事务)和事务 T_2(对应乙事务)同时对 A(机票数)的值更新。A 的初值是 50，事务 T_1 卖出 10 张票，对 A 的值减 10。事务 T_2 也卖出 10 张票，对 A 的值也减 10。按图 6.8 的并发调度，结果 A 的值是 40，而不是 30，这是错误的。原因在于事务 T_1 和 T_2 并发执行，读入同一数据并修改，T_2 将事务 T_1 的修改覆盖了。

T_1	T_2
READ(A)	
	READ(A)
A:=A−10	
	A:=A−10
WRITE(A)	
	WRITE(A)

时间

图 6.8 丢失更新

2. 不可重复读

不可重复读是指事务 T_1 读取数据后，事务 T_2 执行更新操作，使 T_1 无法再重复前一次的结果。

具体来讲，不可重复读包含以下三种情况。

① 事务 T_1 读数据对象 A，并仍在运行时，事务 T_2 修改了 A 的值，如果 T_1 再次读 A 的值，得到与前一次不同的结果。如图 6.9 所示，A 的初始值为 50。事务 T_1 和 T_2 读取 A 的

值为50后，事务 T_1 修改了 A 的值，并写回到数据库中。此时数据库中 A 的值为40。事务 T_2 又重复读取 A 的值，这与第一次读取的值不一致。

② 事务 T_1 按一定条件从数据库中读取了某些记录后，事务 T_2 删除了其中部分记录，当 T_1 再次按相同条件读取数据时，发现某些记录不见了。

③ 事务 T_1 按一定条件从数据库中读取某些数据记录后，事务 T_1 插入了一些记录，当 T_1 再次按相同条件读取数据时，发现多了一些记录。

后两种不可重复读现象有时也称为幻影(phantom row)现象。

3. 读"脏"数据

读"脏"数据是指事务 T_1 修改了某一数据，并将其写回磁盘，事务 T_2 读取同一数据后，T_1 由于某种原因被撤销，这时 T_1 将已修改过的数据恢复原值，T_2 读到的数据就与数据库中的数据不一致，这种读也称为脏读。

如图6.10所示，A 的初始值仍为50。事务 T_1 把 A 的值修改为40，但未做提交(COMMIT)操作，事务 T_2 读取了未提交的 A 的值40。紧接着，事务 T_1 做了回滚(ROLLBACK)操作，把 A 的值恢复为50。而事务 T_2 仍在使用被撤销前的 A 的值40，则 T_2 读到的 A 值就为"脏"数据，即不正确数据。

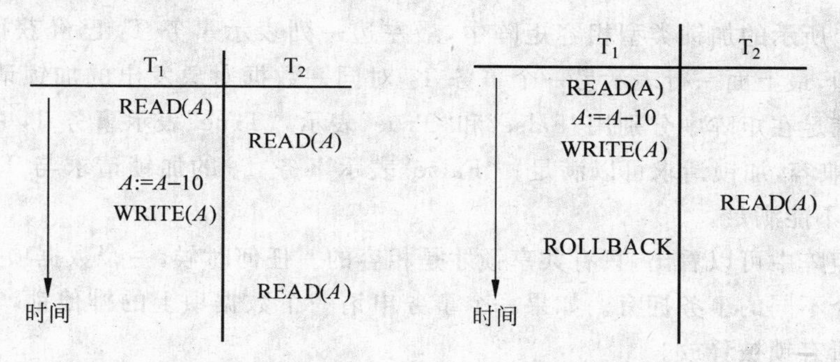

图6.9 不可重复读　　图6.10 读"脏"数据

从上面的分析可知，产生上述三类数据不一致性的原因主要是事务在执行时受到其他事务的干扰，破坏了事务的隔离性。并发控制就是要用正确的方式调度并发操作，从而避免造成数据的不一致性。实现并发控制的主要技术是封锁(Locking)。例如，事务 T_1 要修改 A，若在读出 A 之前先锁住 A，其他事务就不能再读取和修改 A 了，直到 T_1 修改并写回 A 后解除了对 A 的封锁为止，这样，就不会丢失 T_1 的修改。

6.5.3 封锁

实现并发控制的方法主要有两种：封锁技术和时标技术。这里只介绍封锁技术。

1. 封锁类型

所谓封锁，就是指当一个事务在对某个数据对象(可以是数据项、记录、数据集以至整个数据库)进行操作之前，先请求系统对其加锁，成功加锁之后该事务就对该数据对象有了控制权，只有该事务对其进行解锁之后，其他的事务才能更新它。

封锁是目前 DBMS 普遍采用的并发控制方法，基本的封锁类型有两种：排他锁(Exclusive Locks，简称 X 锁)和共享锁(Share Locks，简称 S 锁)。

- 排他锁：如果事务 T 获得了数据项 Q 上的排他锁，则 T 既可读 Q 也可写 Q，其他事务都不能再对 Q 加任何类型的锁，直到 T 释放 Q 上的锁。这就保证了其他事务在 T 释放 Q 上的锁之前不能再读取和修改 A。排他锁又称独占锁或写锁。
- 共享锁：如果事务 T 获得数据项 Q 的共享锁，则 T 可读但不能修改 Q，其他事务只能再对 Q 加 S 锁，不能加 X 锁。直到 T 释放 Q 上的 S 锁。这就保证了其他事务可以读 Q，但在 T 释放 Q 上的 S 锁之前不能对 Q 做任何修改。共享锁通常也称读锁。

排他锁和共享锁的控制方式可以用表 6.4 所示的相容矩阵来表示。

表 6.4　排他锁和共享锁的相容关系

T_1 \ T_2	X 锁	S 锁	无锁
X 锁	False	False	True
S 锁	False	True	True
无锁	True	True	True

在表 6.4 所示的加锁类型相容矩阵中，最左边一列表示事务 T_1 已经获得的数据对象上的锁的类型，最上面一行表示另一个事务 T_2 对同一数据对象发出的加锁请求。T_2 的加锁请求能否满足在矩阵中分别用“False”和“True”表示，“True”表示事务 T_2 的加锁请求与 T_1 已有的锁兼容，加锁请求可以满足；“False”表示事务 T_2 的加锁请求与 T_1 已有的锁冲突，加锁请求不能满足。

从相容矩阵中可以看出，只有共享锁才是相容的。任何时候，一个数据项上的共享锁可以同时被多个不同的事务拥有。如果一个事务申请一个数据项上的排他锁，它必须等待该数据项上的所有锁被释放。

事务可以通过执行 LOCK S(Q)命令来申请数据项 Q 上的共享锁。类似地，通过执行 LOCK X(Q)命令来申请排他锁，事务能够通过 UNLOCKED(Q)命令来释放数据项 Q 上的锁。

2. 封锁协议

封锁可以有效地控制并发事务之间的相互作用，保证数据的一致性。实际上，锁是一个控制块，其中包括被加锁记录的标识符及持有锁的事务的标识符等。在封锁时，要遵从一定的封锁规则，这些规则规定事务对数据项何时加锁、持锁时间、何时解锁等，称这些为封锁协议(locking porotocol)。对封锁方式规定不同的规则，就形成了各种不同的封锁协议。

封锁协议在不同程度上对正确控制并发操作提供了一定的保证。并发操作所带来的脏读、不可重读和丢失更新等数据不一致性问题，可以通过三级封锁协议在不同程度上给予解决，下面介绍三级封锁协议。

(1) 一级封锁协议

事务 T 在修改数据 *A* 之前必须先对其加 X 锁，直到事务结束才释放。事务结束包括正常结束(Commit)和非正常结束(Rollback)。

一级封锁协议可防止丢失修改，并保证事务 T 是可恢复的。图 6.11 为使用一级封锁协议解决丢失更新问题的过程，A 的初始值为 50。

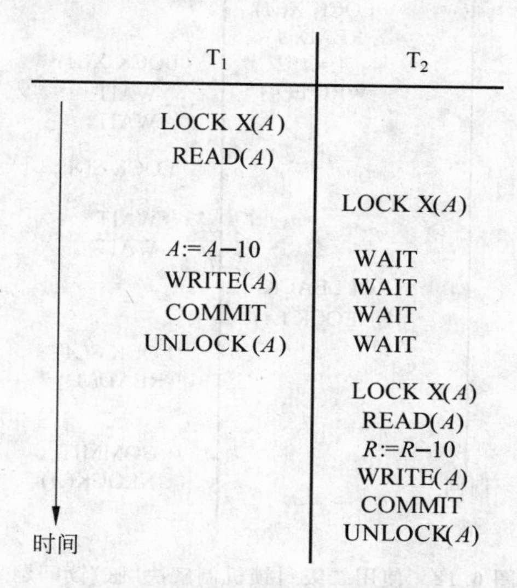

图 6.11　使用一级封锁机制解决丢失更新问题

图 6.11 中，事务 T_1 进行修改之前先在对 A 加 X 锁，当事务 T_2 请求对 A 加 X 锁被拒绝，T_2 只能等待 T_1 释放 A 上的锁后才能获得对 A 的 X 锁。事务 T_1 提交对 A 的修改，并释放锁，此时数据库中 A 的值为修改后的值 40。这时事务 T_2 获得对 A 的 X 锁，读取的数据 A 为 T_1 更新后的值 40，再对新值 40 进行运算，并将结果 30 写入磁盘。这样避免事务 T_1 的更新被丢失问题。

一级封锁协议规定：更新操作之前必须先获得 X 锁，但读数据是不需要加锁的，所以使用一级封锁协议可以解决丢失更新问题，但不能解决不可重复读、读“脏”数据等问题。

(2) 二级封锁协议

在一级封锁协议的基础上，再加上事务 T 在对数据 A 进行读操作之前必须先对 A 加 S 锁，读完后立即释放 S 锁。

二级封锁协议除了解决丢失更新问题，还可进一步防止读“脏”数据和幻影读。图 6.12 为使用二级封锁协议解决读“脏”数据问题的过程。

如图 6.12 所示，A 的初始值为 50。事务 T_1 在对 A 修改之前，先对 A 加 X 锁，修改 A 的值之后写回磁盘。这时事务 T_2 请求在 A 上加 S 锁，因为 T_1 已在 A 上加了 X 锁，根据表 5.5 所示的控制方式，T_2 不能加 S 锁，所以 T_2 只能等待。T_1 撤销了刚才的修改操作，此时 A 的值恢复为 50，T_1 释放 A 上的 X 锁。这时 T_2 获得 A 上的 S 锁，读取 A 值为 50。这就避免 T_2 读“脏”数据。

由于二级封锁协议中读完数据后即释放 S 锁，所以不能解决“不可重复读”问题。

(3) 三级封锁协议

在一级封锁协议基础上，再加上事务 T 在对数据 A 进行读操作之前必须先对 A 加 S 锁，直到事务结束才能释放加在 A 上的 S 锁。

T_1	T_2
LOCK X(*A*)	
READ(*A*)	
A:=*A**2	LOCK X(*A*)
WRITE(*A*)	WAIT
	WAIT
	LOCK S(*A*)
	WAIT
	WAIT
ROLLBACK	
UNLOCK (*A*)	
	LOCK S(*A*)
	READ(*A*)
	⋮
	COMMIT
	UNLOCK(*A*)

时间

图 6.12　使用二级封锁机制解决“脏”读问题

三级封锁协议除了解决丢失更新、不读“脏”数据和幻影读等问题，还可以防止不可重复读。图 6.13 表示为使用三级封锁协议解决不可重复读问题的过程。

T_1	T_2
LOCK S(*A*)	
LOCK S(*B*)	
READ(*A*)	
READ(*B*)	LOCK X(*A*)
READ(*A*)	WAIT
C:=*A*+*B*	WAIT
COMMIT	WAIT
UNLOCK (*A*)	WAIT
	LOCK X(*A*)
	READ(*A*)
	A:=*A*−10
	WRITE(*A*)
	COMMIT
	UNLOCK(*A*)

时间

图 6.13　使用三级封锁机制解决不可重复读问题

如图 6.13 所示，事务 T_1 对 *A* 和 *B* 加 S 锁，假设 *A* 和 *B* 的值分别是 50 和 80。事务 T_2 申请对 *A* 加 X 锁，因为 T_1 已对 *A* 加了 S 锁，根据表 6.4 可知，T_2 不能对 *A* 加 X 锁，T_2 处于等待状态，等待 T_1 释放对 *A* 的锁。然后事务 T_1 又读取 *A* 的数据，进行求和运算后提交结果并释放锁。于是，T_2 获得对 *A* 的 X 锁，然后读取数据进行运算。T_1 两次读取数据 *A*，得到相同的结果，这就解决了不可重复读的问题。

3. 封锁粒度

封锁对象的大小称为封锁粒度。根据对数据的不同处理，封锁的对象可以是这样一些逻辑单元：属性值、属性值的集合、元组、关系、索引项、整个索引值直至整个数据库等。封锁粒度与系统的并发度和并发控制的开销密切相关。封锁粒度越小，系统中能够被封锁的对象就越多，并发度越高，但封锁机构复杂，系统开销也就越大。相反，封锁粒度越大，系统中能够被封锁的对象就越少；并发度越小，封锁机构越简单，相应系统开销也就越小。因此，在实际应用中，选择封锁粒度时应同时考虑封锁机构和并发度两个因素，对系统开销与并发度进行权衡，以求得最优的效果。

4. 死锁和活锁

利用封锁的方法可有效解决并行操作的一致性问题，但也会引发新的问题，即活锁和死锁问题。

(1) 活锁

系统可能使某个事务永远处于等待状态，得不到封锁的机会，这种现象称为活锁(live lock)。

例如，事务 T_1 在对数据 R 封锁，事务 T_2 又请求封锁 R，于是 T_2 等待。T_3 也请求封锁 R。当 T_1 释放了 R 上的封锁后首先批准了 T_3 的请求，T_2 继续等待。然后又有 T_4 请求封锁 R，T_3 释放 R 上的封锁后又批准了 T_4 的请求，……，T_2 可能永远处于等待状态，从而发生了活锁，如图 6.14 所示。

时间	T_1	T_2	T_3	T_4
↓	LOCK R			
		LOCK R		
		WAIT		
		WAIT		
		WAIT	LOCK R	
		WAIT		
	UNLOCK (R)	WAIT	WAIT	LOCK R
		WAIT	LOCK R	WAIT
		WAIT		WAIT
		WAIT		WAIT
		WAIT	UNLOCK R	WAIT
		WAIT		LOCK R
		WAIT		

图 6.14　活锁

解决活锁问题的一种简单的方法是采用“先来先服务”的策略，也就是简单的排队方式。

如果运行时，事务有优先级，那么很可能优先级低的事务，即使排队也很难轮上封锁的机会。此时可采用“升级”方法来解决，也就是当一个事务等待若干时间(如五分钟)还轮不上封锁时，可以提高其优先级别，这样总能轮上封锁。

(2) 死锁

系统中有两个或两个以上的事务都处于等待状态，并且每个事务都在等待其中另一个事务解除封锁，它才能继续执行下去，结果造成任何一个事务都无法继续执行，这种现象称系统进入了死锁(dead lock)状态。

例如，如果事务 T_1 封锁了数据 R_1，T_2 封锁了数据 R_2，然后 T_1 又请求 R_2，因 T_2 已封锁了 R_2，于是 T_1 等待 T_2 释放 R_2 上的锁；接着 T_2 又申请封锁 R_1，因 T_1 已封锁了 R_1，T_2 也只能等待 T_1 释放 R_1 上的锁。这样就出现了 T_1 在等待 T_2、T_2 又在等待 T_1 的局面，T_1 和 T_2 两个事务永远不能结束，形成死锁，如图 6.15 所示。

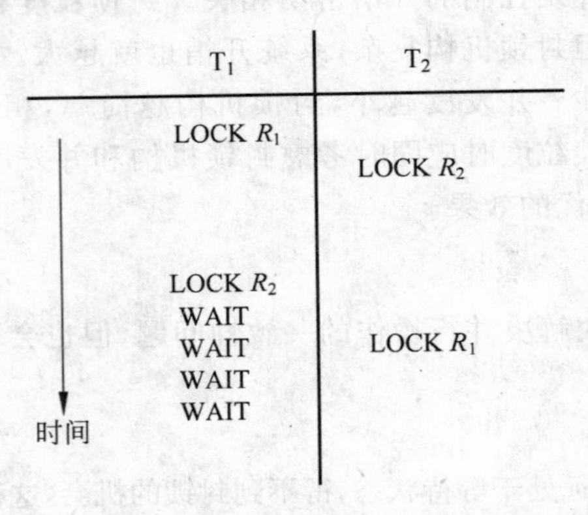

图 6.15　死锁

在数据库中产生死锁的原因是两个或多个事务都已封锁了一些数据对象，然后又都请求对已被其他事务封锁的数据对象加锁，从而出现死等待。

目前数据库中解决死锁问题主要有两类方法：一类方法是采取一定的措施来预防死锁的发生；另一类方法是允许死锁，采用一定的手段定期诊断有无死锁，若有就解除死锁。

5. 死锁预防

预防死锁的方法通常有两种方法：一次加锁法和顺序加锁法。

(1) 一次加锁法

一次加锁法是每个事务必须将所有要使用的数据对象全部依次加锁，并要求加锁成功，只要一个加锁不成功，表示本次加锁失败，则应该立即释放所有加锁成功的数据对象，然后重新开始加锁。

如图 6.15 发生死锁的例子，可以通过一次加锁法加以预防。事务 T_1 启动后，立即对数据 R_1 和 R_2 依次加锁，加锁成功后，执行 T_1，而事务 T_2 等待。直到 T_1 执行完后释放 R_1 和 R_2 上的锁，T_2 继续执行。这样就不会发生死锁。

一次加锁法虽然可以有效地预防死锁的发生，但也存在问题。首先，对某一事务所要使用的全部数据一次性加锁，扩大了封锁的范围，从而降低了系统的并发度。其次，数据库中的数据是不断变化的，原来不要求封锁的数据，在执行过程中可能会变成封锁对象，所以很难事先精确地确定每个事务所要封锁的数据对象，这样只能在一开始扩大封锁范围，将可能要封锁的数据全部加锁，这就进一步降低了并发度。

(2) 顺序加锁法

顺序加锁法是预先对所有可加锁的数据对象规定一个加锁顺序，每个事务都需要按此顺序加锁，在释放时，按逆序进行。例如，对于图 6.15 发生的死锁，可以规定封锁顺序为 R_1、R_2，事务 T_1 和 T_2 都需要按此顺序加锁。T_1 先封锁 R_1，再封锁 R_2。当 T_2 再请求封锁 R_1 时，因为 T_1 已经对 R_1 加锁。T_2 只能等待。待 T_1 释放 R_1 后，T_2 再封锁 R_1，则不会发生死锁。

顺序加锁法可以有效地防止死锁，但也同样存在问题。因为事务的封锁请求可以随着事务的执行而动态地决定，所以很难事先确定封锁对象，从而更难确定封锁顺序。即使确定了封锁顺序，随着数据插入、删除等操作的不断变化，维护这些数据的封锁顺序需要很大的系统开销。

在数据库系统中，由于可加锁的目标集合不但很大，而且是动态变化的；可加锁的目标常常不是按名寻址，而是按内容寻址，预防死锁常要付出很高的代价，因而上述两种在操作系统中广泛使用的预防死锁的方法并不太适合数据库的特点。一般情况下，在数据库系统中，可以允许发生死锁，在死锁发生后可以自动诊断并解除死锁。

6. 死锁的诊断与解除

数据库系统中诊断死锁的方法与操作系统类似。可以利用事务依赖图的形式来测试系统是否存在死锁。例如在图 6.16 中，事务 T_1 需要数据 B，但数据 B 已经被事务 T_2 封锁，那么从 T_1 到 T_2 画一个箭头；事务 T_2 需要数据 A，但数据 A 已经被事务 T_1 封锁，那么从 T_2 到 T_1 也画一个箭头。如果在事务依赖图中沿着箭头方向存在一个循环，那么死锁的条件就形成了，系统就会出现死锁。

图 6.17 为无环依赖图，表示系统未进入死锁状态。图 6.18 为有环依赖图，则表示系统进入死锁状态。

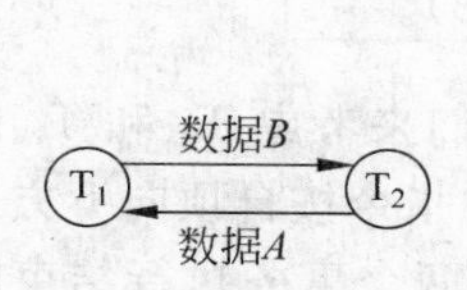

图 6.16 事务依赖图

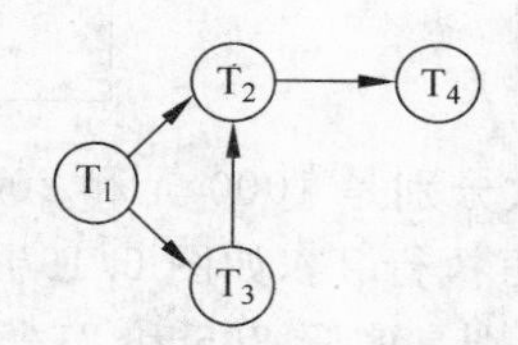

图 6.17 事务的无环依赖图

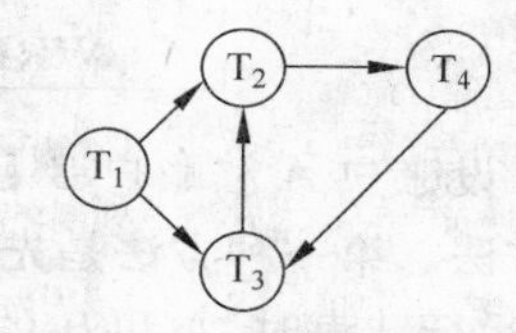

图 6.18 事务的有环依赖图

DBMS 中有一个死锁测试程序，每隔一段时间检查并发的事务之间是否发生死锁。如果发生死锁，那么只能选取某个事务作为牺牲品，把它撤销，做回退操作解除它的所有封锁，恢复到该事务的初始状态。释放出来的资源就可以分配给其他事务，使其他事务可能继续运行下去，从而消除死锁现象。在解除死锁的过程中，选取牺牲事务的标准是根据系统状态及其应用的实际情况来确定的，通常采用的方法之一是选择一个处理死锁代价最小的事务，将其撤销。不重要的用户，取消其操作，释放封锁的数据，恢复对数据库所作的改变。

6.5.4 事务调度与可串行化

1. 事务的调度

事务的执行次序称为“调度”。如果多个事务依次执行，则称为事务的串行调度（serial schedule）。如果利用分时的方法同时处理多个事务，则称为事务的并发调度（concurrent schedule），又称并行调度。

对于 n 个事务来说，有 $n!$ 个串行调度。如果 n 个事务并发调度，可能的并发调度个数远大于 $n!$。并发调度有的是正确的，有的是不正确的。如何产生正确的并发调度，是由 DBMS 的并发控制子系统实现的。如何判断一个并发调度是正确的，这个问题可以用下面的“并发调度的可串行化”概念解决。

2. 可串行化调度

由于事务的并发执行可能导致不正确的事务运行结果。假定单个事务的执行是正确的，即每个事务独立运行时不会引起任何问题，所以多个事务的串行调度一定产生正确的运行结果。虽然以不同顺序串行执行事务可能产生不同的结果，但不会将数据库置于不一致的状态。但串行调度限制了系统并行性的发挥。我们希望并发调度能够和串行调度具有相同的效果。

每个事务中，语句的先后顺序在各种调度中始终保持一致。在这种前提下，如果一个并发调度的执行结果与某一串行调度的执行结果等价，那么这个并发调度称为"可串行化的调度"，否则是不可串行化的调度。我们将可串行化的并发事务调度当做唯一能够保证并发操作正确性的调度策略。也就是说，假如并发操作调度的结果与按照某种顺序串行执行这些操作的结果相同，就认为并发操作是正确的。

【例 6.26】 考虑一个简单银行的数据库系统。设有两个事务 T_1 和 T_2，事务 T_1 从账户 A 转一笔款（100 元）到账户 B，事务 T_2 从账户 A 转 10% 的款到账户 B，T_1 和 T_2 定义如下：

```
T1: READ(A);
    A:=A-100;
    WRITE(A);
    READ(B);
    B:=B+100;
    WRITE(B)。
```

```
T2: READ(A);
    temp:=A*0.1;
    A:=A-temp;
    WRITE(A);
    B:=B+temp;
    WRITE(B)。
```

设账户 A 和账户 B 目前的存款分别是 1000 元和 2000 元。我们来考虑 T_1 和 T_2 的调度方法。第一种方法是先执行 T_1 再执行 T_2，如图 6.19 所示。图中指令按自顶向下方式运行，运行结束时，A 和 B 的最终值分别是实际 855 和 2145，$A+B$ 在两个事务执行结束时应该仍然是 1000＋2000。

第二种调度方法是先运行 T_2 后运行 T_1，如图 6.20 所示。A 和 B 的最终值分别是 850 和 2150，$A+B$ 在两个事务执行结束时应该仍然是 1000＋2000。

T_1	T_2
READ(A)	
A:=A-100	
WRITE(A)	
READ(B)	
B:=B+100	
WRITE(B)	
	READ(A)
	temp:=A*0.1
	A:=A-temp
	WRITE(A)
	READ(B)
	B:=B+temp
	WRITE(B)

时间 ↓

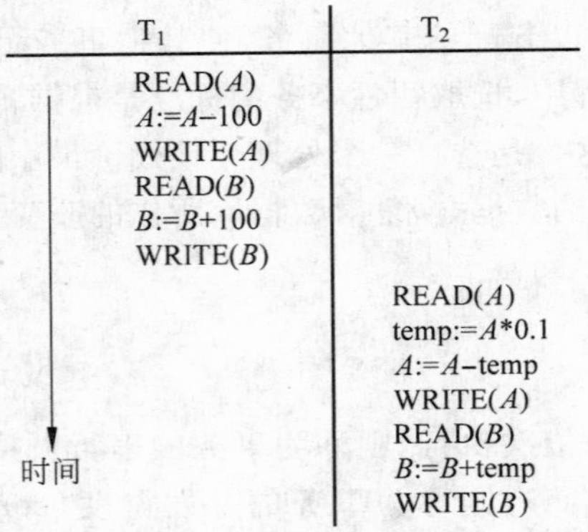

图 6.19 调度 1——串行调度（先 T_1 后 T_2）

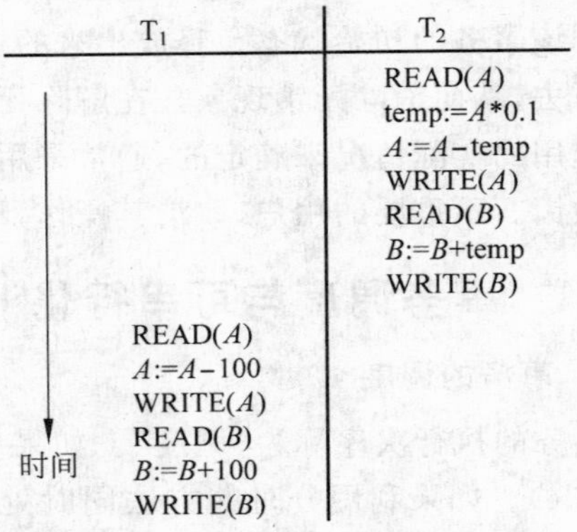

T_1	T_2
	READ(A)
	temp:=A*0.1
	A:=A-temp
	WRITE(A)
	READ(B)
	B:=B+temp
	WRITE(B)
READ(A)	
A:=A-100	
WRITE(A)	
READ(B)	
B:=B+100	
WRITE(B)	

时间 ↓

图 6.20 调度 2——串行调度（先 T_2 后 T_1）

现在假设事务 T_1 和事务 T_2 并发执行，图 6.21 给出一种 T_1 和 T_2 的并发调度。T_1 和 T_2 按这种调度的执行结果与按图 6.19 串行调度执行的结果相同。因此交换这两个操作得到可串行化调度，并不影响操作序列的整体效果。

但并不是所有的并发调度都具有与串行调度相同的效果。图 6.22 给出了 T_1 和 T_2 的另一个并发调度。T_1 和 T_2 按这个调度执行结束后，A 和 B 的值分别为 900 和 2200，这个结果是不正确的。因为我们在并行执行过程中获得了不该得到的 100 元，所以是错误的调度。

为了保证并发操作的正确性，DBMS 的并发控制机制必须提供一定的手段来保证调度的可串行化。确保可串行化的方法之一是要求对数据项的访问以互斥的方式进行，也就是说，当一个事务访问某个数据项时，其他任何事务都不能修改该数据项。目前 DBMS 普遍采用封锁方法实现并发操作的可串行性，从而保证调度的正确性。

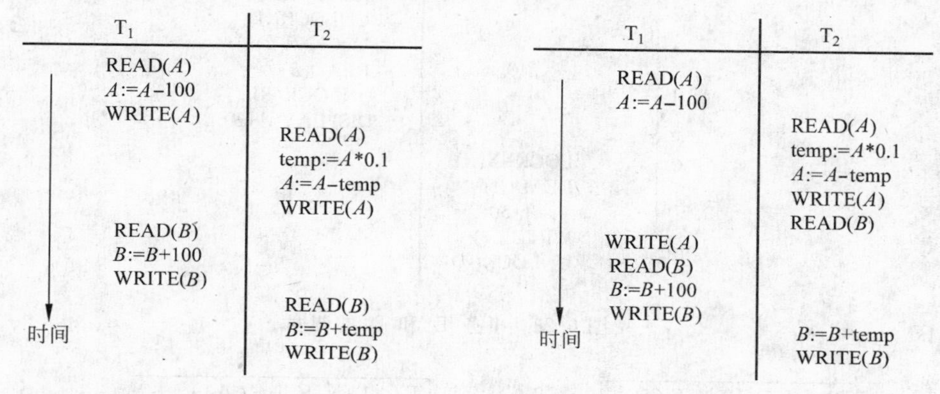

图 6.21 可串行化的调度 图 6.22 不可串行化的调度

两段锁（Two-Phase Locking，2PL）协议就是保证并发调度可串行性的封锁协议。除此之外，还有其他一些方法，如时标方法、乐观方法等，用来保证调度的正确性。

【例 6.27】 这里仍然以例 6.26 中介绍的银行数据库系统为例。设 A 与 B 是事务 T_3 与 T_4 访问的两个账户，事务 T_3 从账户 B 转 50 元到账户 A 上，事务 T_4 显示账户 A 与 B 上的总金额，即 $A+B$。T_3 和 T_4 定义如下：

```
T3: LOCK-X(B);
    READ(B);
    B:=B-50;
    WRITE(B);
    UNLOCK(B);
    LOCK-X(A);
    READ(A);
    A:=A+50;
    WRITE(A);
    UNLOCK(A).
```

```
T4: LOCK-S(A);
    READ(A);
    UNLOCK(A);
    LOCK-S(B);
    READ(B);
    UNLOCK(B);
    DISPLAY(A+B).
```

设 A 和 B 的值分别为 100 元和 200 元。如果这两个事务串行执行，即按照 T_3、T_4 的顺序或 T_4、T_3 的顺序执行，则事务 T_4 的显示值 300 元。然而，如果两个事务并发执行，则有可能出现如图 6.23 所示的调度。这种调度下，事务 T_4 错误地显示 250 元，出现这种错误的原因是由于事务 T_3 过早释放数据项 B 上的锁，从而导致事务 T_4 看到不一致的状态。

现在修改事务 T_3 和 T_4，把所有的释放锁操作放到最后。记修改后的 T_3 为 T_5，T_4 为 T_6。其定义如下：

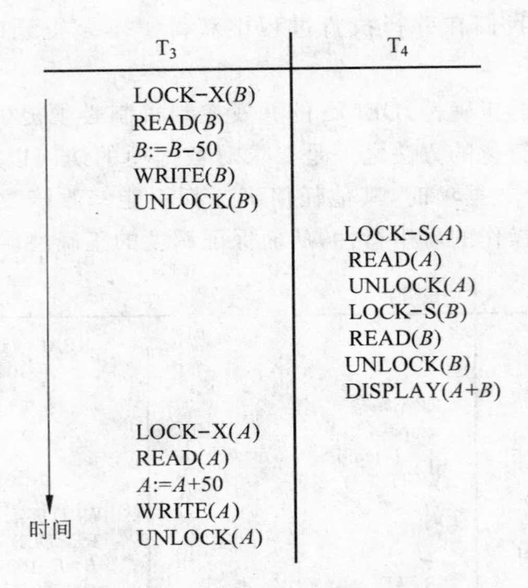

图 6.23　事务 T_3 和 T_4 的调度

```
T5: LOCK-X(B);
    READ(B);
    B:=B-50;
    WRITE(B);
    LOCK-X(A);
    READ(A);
    A:=A+50;
    WRITE(A);
    UNLOCK(B);
    UNLOCK(A)。
```

```
T6: LOCK-S(A);
    READ(A);
    LOCK-S(B);
    READ(B);
    DISPLAY(A+B);
    UNLOCK(A);
    UNLOCK(B);
```

T_5 和 T_6 解决了 T_3 和 T_4 存在的问题。但是，T_5 和 T_6 存在死锁问题。图 6.24 给出了 T_5 和 T_6 的一个调度的一部分。因为 T_5 持有一个 B 上的互斥锁，T_6 为了申请 B 上的共享锁，需等待 T_5 释放 B。类似地，T_6 持有 A 上一个共享锁，T_5 为了申请 A 上的互斥锁，需

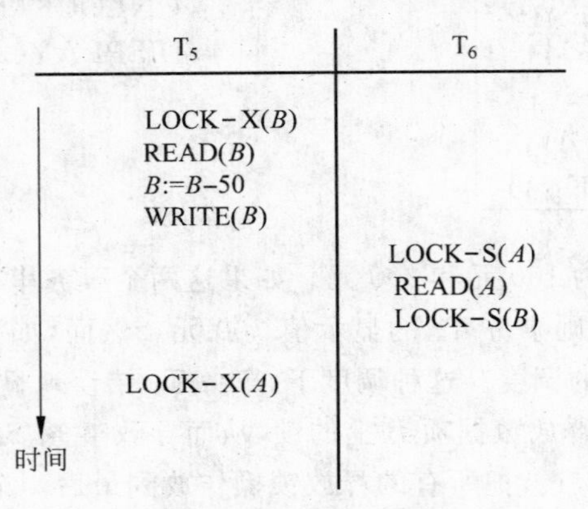

图 6.24　一个处于死锁状态的调度

等待 T_6 释放 A。于是，我们进入了一个特殊状态，T_5 和 T_6 这两个事务都不能正常运行下去了。这种状态称为死锁。当死锁发生时，系统必须放弃至少一个处于死锁状态的事务，释放这个事务所加锁的数据项，使其他事务可以继续运行。

从这个例子可以看出，应该谨慎的使用锁。如果为了获得最大的并行性而过早地释放数据项的锁，就有可能进入不一致的数据库状态。如果我们在申请其他锁之前不尽量地释放已拥有的锁，则可能导致死锁。我们要求系统中的每个事务在加锁或释放锁时，都必须遵循封锁协议。

6.5.5 两段锁协议

所谓两段锁协议，是指所有事务必须分为两个阶段对数据项加锁和解锁。

- 加锁阶段。事务 T 在对任何数据读写操作之前，首先要申请并获得对该对象的封锁。
- 解锁阶段。在释放一个封锁之后，事务不再申请和获得任何其他封锁。事务结束时，其拥有的所有锁都将释放。

每个事务开始运行后即进入加锁阶段，申请获得所需要的所有锁。当一个事务第一次释放锁时，该事务进入解锁阶段。进入解锁阶段的事务不能再申请任何锁。

例 6.27 中讨论的事务 T_5 和 T_6 满足两段锁协议，而事务 T_3 和 T_4 不满足两段锁协议。注意，解锁指令不必非得出现在事务末尾。例如，就事务 T_5 而言，我们可以把 UNLOCK(B)指令放在紧跟指令 LOCK－X(A)之后，仍然保持两阶段封锁特性。

如果所有的事务都遵守“两段封锁协议”，则所有可能的并发调度都是可串行化的。两段锁协议是可串行化的充分条件，但不是必要条件。也就是说，有些可串行化的并发调度可能并不遵守两段封锁协议。

注意到两段锁协议和防止死锁的一次封锁法有异同之处。一次封锁法要求每个事务必须一次将所有要使用的数据全部加锁，否则就不能继续执行，因此一次封锁法遵守两段锁协议；但是两段锁协议并不要求事务必须一次将所有要使用的数据全部加锁，因此两段锁协议仍有可能导致死锁的发生，而且可能会增多。这是因为每个事务都不能及时解除被它封锁的数据。

6.5.6 SQL Server 2008 的并发控制机制

1. SQL Server 2008 锁模式

SQL Server 2008 可以以不同的加锁模式进行加锁，提供了如下 7 种锁类型。

(1) 共享锁

共享(S)锁允许并发事务读取(select)一个资源。资源上存在共享锁时，任何其他事务都不能修改数据，所以读取数据后，应立即释放资源上的共享锁，除非将事务隔离级别设置为可重复读或更高级别，或者在事务生存周期内用锁定提示保留共享锁。共享锁锁定的资源可以被其他用户读取，但其他用户无法修改它，在执行 select 操作时，SQL Server 会对对象加共享锁。

(2) 更新锁

更新(U)锁可以防止通常形式的死锁。一般更新模式由一个事务组成，此事务读取记录，获取资源（页或行）的共享锁，然后修改行，此操作要求锁转换为排他（X）锁。如果两个事务获得了资源上的共享锁，然后试图同时更新数据，则一个事务尝试将锁转换为排他锁。共享锁到排他锁的转换必须等待一段时间，因为一个事务的排他锁与其他事务的共享锁不兼容；发生锁等待。第二个事务试图获取排他锁以进行更新。由于两个事务都要转换为排他锁，并且每个事务都等待另一个事务释放共享锁，因此发生死锁。若要避免这种潜在的死锁问题，就要使用更新锁。一次只有一个事务可以获得资源的更新锁。如果事务修改资源，则更新锁转换为排他锁。否则，更新锁转换为共享锁。当 SQL Server 准备更新数据时，它首先对数据对象作更新锁锁定，这样数据将不能被修改，但可以读取。等到 SQL Server 确定要进行更新数据操作时，它会自动将更新锁换为排他锁，当对象上有其他锁存在时，无法对其加更新锁。

（3）排他锁

排他锁可以防止并发事务对资源进行访问。其他事务不能读取或修改排他锁锁定的数据，只允许进行锁定操作的程序使用，其他任何操作均不会被接受。执行数据更新命令时，SQL Server 会自动使用排他锁。当对象上有其他锁存在时，无法对其加排他锁。

（4）意向锁

意向锁表示 SQL Server 需要在层次结构中的某些底层资源上获取共享锁或排他锁。例如，放置在表级的共享锁表示事务打算在表中的页或行上放置共享锁。在表级设置意向锁可防止上一个事务随后在包含那一页的表上获取排他锁。意向锁可以提高性能，因为 SQL Server 仅在表级检查意向锁来确定事务是否可以安全地获取该表上的锁，而无须检查表中的每行或每页上的锁以确定事务是否可以锁定整个表。意向锁包含三种类型：意向共享锁（IS）、意向排他锁（IX）和意向排他共享锁（SIX）。

（5）架构锁

架构锁在执行依赖于表架构的操作时使用。架构锁包含两种类型：架构修改锁（Sch-M）和架构稳定性锁（Sch-S）。

数据库引擎在表数据定义语言（DDL）操作（例如添加列或删除表）的过程中使用架构修改锁。保持该锁期间，架构修改锁将阻止对表进行并发访问。这意味着架构修改锁在释放前将阻止所有外围操作。

某些数据操纵语言（DML）操作（例如表截断）使用 Sch-M 锁阻止并发操作访问受影响的表。

数据库引擎在编译和执行查询时使用架构稳定性锁。架构稳定性锁不会阻止某些事务锁，其中包括排他锁。因此，在编译查询的过程中，其他事务（包括那些针对表使用 X 锁的事务）将继续运行。但是，无法针对表执行获取架构稳定性锁的并发 DDL 操作和并发 DML 操作。

（6）大容量更新锁

将数据大容量复制到表中时使用了大容量更新锁，大容量更新锁（BU 锁）允许多个线程将数据并发地大容量加载到同一表，同时防止其他不进行大容量加载数据的进程访问该表。

（7）键范围锁

在使用可序列化事务隔离级别时，对于 T-SQL 语句读取的记录集，键范围锁可以隐式保护该记录集中包含的行范围。键范围锁可防止幻影读。通过保护行之间键的范围，它还防止对事务访问的记录集进行幻影插入或删除。

2. SQL Server 2008 中锁的粒度

SQL Server 的加锁对象可以是行、页、键、索引、表或数据库。SQL Server 动态确定每个 T-SQL 语句的锁的适当级别。获取锁的级别可能因同一查询所引用的不同对象而异。例如一个表可能很小，因此应用表锁，而另一个大表则可以应用行锁。应用表锁的级别不必由用户指定，而且不需要管理员配置。SQL Server 实例确保在一个粒度级上授予的锁不妨碍在另一个级别上授予的锁。例如如果用户 A 试图在行上获取共享锁，SQL Server 实例也会试图在页和表上获取意向共享锁。如果用户 B 在页或表级上有一个排他锁，用户 A 将被阻塞，直到用户 B 控制的锁被释放才能获取锁。

SQL Server 可以动态升级或降级锁粒度或锁类型。例如，如果更新获取大量行锁而阻塞了表的大部分，将把行锁升级到表锁。

6.6 数据库的恢复

计算机系统中硬件的故障、软件的错误、操作员的失误、计算机病毒以及其他恶意破坏是不可避免的。这些故障轻则造成运行事务非正常中断，影响数据库的数据正确性；重则破坏数据库，使数据库的数据全部或部分丢失。因此，数据库管理系统不仅要能检测和控制故障的发生，而且还要能在不可避免的故障发生后，把数据库从被破坏、不正确的状态恢复到某一已知的正确状态(也称为一致状态或完整状态)，这就是数据库恢复。

数据库的恢复是数据库管理系统的重要组成部分。数据库系统所采用的恢复技术的有效性，不仅对系统的可靠程度起着决定性作用，而且对系统的运行效率也有很大影响，是衡量系统性能的重要指标。

6.6.1 故障的种类

数据库可能发生的故障有很多种，如磁盘损失、电源故障、软件错误、计算机病毒、火灾或有人恶意破坏等。每种故障需要相应的方法来处理。最容易处理的故障类型是不会导致系统中信息丢失的故障，较难处理的故障是导致信息丢失的故障。数据库系统中的故障主要分为 4 类：事务故障，系统故障，介质故障，计算机病毒。

1. 事务故障

有两种错误可能造成事务执行失败：

- 逻辑错误。事务由于某些内部条件而无法继续正常执行，这样的内部条件包括非法输入、找不到数据、运算溢出或超出资源限制等。
- 系统错误。系统进入一种不良状态(如死锁)，结果事务无法继续正常执行，但该事务可以在以后的某个时间重新执行。

2. 系统故障

引起系统停止运转随之要求重新启动的事件称为系统故障，包括硬件故障、数据库软件故障或操作系统的漏洞等。它导致易失性存储器内容的丢失，并使得事务处理停止，而非易失性存储器仍完好无损。

硬件错误和软件漏洞致使系统停止，而不破坏非易失性存储器内容的假设被称为故障停止假设(fail-stop assumption)，设计良好的系统在硬件或软件一级有大量的内部检查，一旦有错误发生就会将系统停止。现在的系统都能满足这个假设。

3. 介质故障

前面介绍的故障为软故障(soft crash)，介质故障又称为硬故障(hard crash)。介质故障指外存故障，系统在运行过程中，由于某种硬件故障，如磁盘损坏、磁头碰撞或由于操作系统的某种潜在的错误、瞬时磁场干扰，使存储在外存储器上的数据部分损失或全部损失，称为介质故障。

这类故障会破坏数据库或部分数据，并影响正在存取这部分数据的所有事务。介质故障虽然发生的可能性较小，但是它的破坏性却是最大的，有时会造成数据的无法恢复。

4. 计算机病毒

计算机病毒是一种人力破坏计算机正常工作的特殊程序。通过读写染有病毒的计算机系统的程序与数据，这些病毒可以迅速繁殖和传播，危害计算机系统和数据库。计算机病毒已成为对计算机系统安全性的重要威胁，为此已研制了不少检查、诊断、消灭计算机病毒的软件，但新的病毒软件仍在不断出现，对数据库的威胁仍然存在，因此一旦数据库被破坏，就要用恢复技术把数据库恢复到一致的状态。

总结各类故障可以发现，故障对数据库的影响有两种可能性：一是数据库本身被破坏，如发生介质故障，或被计算机病毒所破坏；二是数据库本身并没有被破坏，但数据可能不正确。

现代的数据库管理系统都设置有数据库恢复机制，它包括一个数据库恢复子系统和一套特定的数据结构。

一个 DBMS 从被破坏的非一致状态恢复到故障发生前的正确的一致状态的能力称为可恢复性。实现可恢复性的基本原理就是重复存储，即“冗余”(redundancy)。数据库中任何一部分被破坏的或不正确的数据可以根据存储在系统其他地方的冗余数据来重建数据库。数据库恢复的原理虽然比较简单，但做起来相当复杂。例如，System R 中用于恢复的程序占系统的百分之十，但这段程序编写的难度相当大。

6.6.2 故障恢复技术

数据库恢复最常用的技术是数据转储和建立日志文件。通常在一个数据库系统中。这两种方法是一起使用的。

1. 数据转储

数据转储也叫数据备份，是指 DBA 定期将整个数据库复制到磁带或另一个磁盘上保存起来的过程。这些备份数据文本称为后备副本或后援副本。当数据库遭到破坏时，就可以利用后备副本来恢复数据库，但数据库只能恢复到转储时的状态，转储以后的所有更新事务必须重新运行才能恢复到故障时的状态。

图 6.25 所示为转储与恢复的过程。系统在 t_1 时刻停止运行事务进行数据转储，在 t_2 时刻转储完毕，得到 t_2 时刻的数据库一致性的副本，系统运行到 t_3 时刻发生故障。为恢复

数据库，首先重装后备副本，将数据库恢复到 t_2 时刻的状态，然后重新运行自 t_2 到 t_3 的所有更新事务，从而将数据库恢复到故障发生前的一致状态。

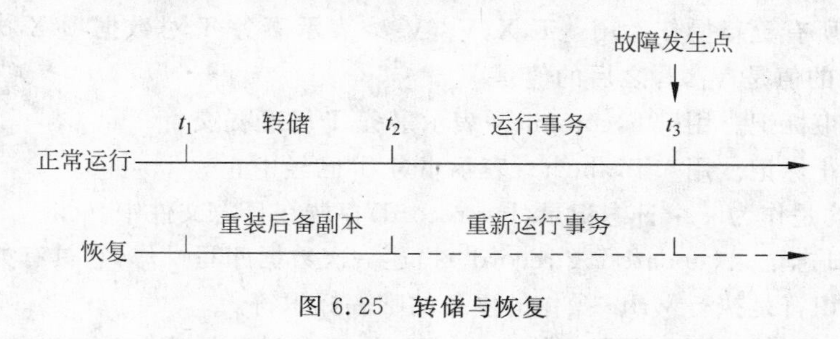

图 6.25　转储与恢复

转储十分耗费时间和资源，不能频繁进行，一般利用周末、夜间等数据库比较空闲的时间进行。

转储从转储状态上可分为静态转储和动态转储两种。

静态转储是转储期间不允许(或不存在)对数据库的任何存取和修改活动。静态转储前数据库处于一致性状态。静态转储后得到的是一个数据一致性的数据库副本。静态转储简单，但这种方法将自上次备份以来改变与未改变的数据都复制了一遍，花费了一些不必要的系统时间和空间，且转储时，数据库的状态必须要冻结，从而降低了系统效率和可用性。

动态转储是指转储期间允许对数据库进行存取或修改，即转储和事务可以并发执行，动态转储可以克服静态转储的缺点，它不用等待正在运行的事务结束，新事务运行也不必等待转储结束。但转储产生的后备副本上的数据并不能保证与当前状态一致。解决的办法是把转储期间各事务对数据库的修改活动登记下来，建立日志文件。利用备用副本和日志文件就能把数据库恢复到某一时刻的正确状态。

例如，在转储期间某个时刻 t_1，系统把数据 $A=100$ 转储到磁带上，而在下一时刻 t_2，某一个事务又将 A 改为 200，转储结束后，后备副本上的 A 已是过时数据。为此必须把转储期间各事务对数据库的修改活动登记下来，建立日志文件。数据库恢复时，可以用日志文件修改后备副本使数据库恢复到某一时刻的正确状态。

按照转储方式，数据转储可分为海量转储与增量转储两种。海量转储是指每次转储全部数据库；增量转储则指每次只转储上次转储后更新过的数据。

数据库的数据量一般比较大，海量转储很费时间。数据库的数据一般只部分更新，很少全部更新，增量转储只转储其修改过的物理块，则转储的数据量显著减少，转储不必费时过多，转储的频率可以增加，从而可以减少发生故障时的数据更新丢失。

2. 日志文件

系统运行时，数据库与事务状态都在不断变化，为了在故障发生后能恢复系统的正常状态，必须在系统正常运行时随时记录下它们的变化情况，这种记录数据库的更新操作的文件称为日志文件。

日志文件(log)记录了数据库中所有的更新活动。对数据库的每次修改，都将把修改项目的旧值和新值写在日志文件中，目的是为数据库的恢复保留详细的数据。日志文件一般由 DBMS 自动产生，并根据数据库中的操作自动写日志记录。

事务在运行过程中，数据库管理系统将事务中每个更新操作登记在日志文件中。对每个事务，日志文件需要登记的内容包括以下几项：

- 事务开始标记。用＜T，start＞表示事务 T 已经开始。
- 事务的所有更新操作。用＜T，X，V_1，V_2＞表示事务 T 对数据项 X 执行写操作，写之前 X 的值是 V_1，写之后的值是 V_2。
- 事务结束标记。用＜T，commit＞表示事务 T 已经提交。
- 事务中止标记。用＜T，abort＞表示事务 T 已经中止。

这些信息均是作为一个日志记录(log record)存放在日志文件中。

一个更新日志记录(update log record)描述一次数据库写操作，它具有如下几个字段：

- 事务标识符是执行 write 操作的事务的唯一标识符。
- 数据项标识符是所写数据项的唯一标识符，通常是数据项在磁盘上的位置。
- 旧值是写之前数据项的值。
- 新值是写之后数据项的值。

DBMS 可以根据日志文件进行事务故障恢复和系统故障恢复，并结合备份副本进行介质故障恢复。

利用日志，系统可以解决任何不造成非易失性存储器上的信息丢失的故障。故障发生时对已经提交的事务进行重做(redo)处理，故障发生时对未完成的事务进行撤销(undo)处理。恢复机制使用两个恢复过程。

(1) UNDO(T)将事务 T 所更新的所有数据项的值恢复成旧值。

(2) REDO(T)将事务 T 所更新的所有数据项的值置为新值。

事务 T 所更新过的数据项集合及其旧值和新值均能在日志中找到。

6.6.3 检查点

当系统故障发生时，我们必须检查日志，决定哪些事务需要重做(redo)，哪些需要撤销(undo)。原则上，我们需要搜索整个日志来决定这一信息。但这样做有两个问题：一是搜索过程太耗时，二是很多需要 redo 处理的事务实际上已经将其更新写入了数据库中。然而恢复子系统又重新执行了这些操作，浪费了大量的时间。

为降低这种开销，引入了检查点方法。这种方法使系统在执行期间动态地维护系统日志，并且在日志中增加一类新的记录——检查点(checkpoint)记录。数据库恢复机构系统周期性地执行检查点，保存数据库状态，建立检查点。它需要执行以下动作序列。

① 将当前位于主存的所有日志记录输出到稳定存储器上。

② 将所有缓冲区中被修改的数据库的数据块写入磁盘上。

③ 将一个日志记录＜checkpoint＞写入稳定存储器。

检查点执行过程中不允许事务执行任何更新动作，如写缓冲块或写日志记录。

日志中加入记录＜checkpoint＞，提高了系统恢复过程的效率。当故障发生后，恢复机制检查日志来确定最近的检查点发生前开始执行的最近的一个事务 T_i，要找到这个事务只需搜索日志，找到＜checkpoint＞记录，然后继续向前搜索直至发现下一个＜T_i，start＞记录。该记录指明了事务 T_i。

一旦系统确定事务 T_i，则只需对事务 T_i 和所有事务 T_i 后开始执行的事务 T 执行 redo 和 undo 操作。假设事务 T_i 在检查点之前提交。那么在日志中，记录＜T_i，commit＞出现在记录<checkpoint>之前。事务 T_i 所做的任何数据库修改一定都写入数据库，写入时间是在检查点之前或在这个检查点建立之时。因此，在恢复时就不必再对 T_i 执行 redo 操作了。

系统出现故障时恢复子系统将根据事务的不同状态采取不同的恢复策略。一般 DBMS 产品自动实行检查点操作，无需人工干预。这个方法如图 6.26 所示。

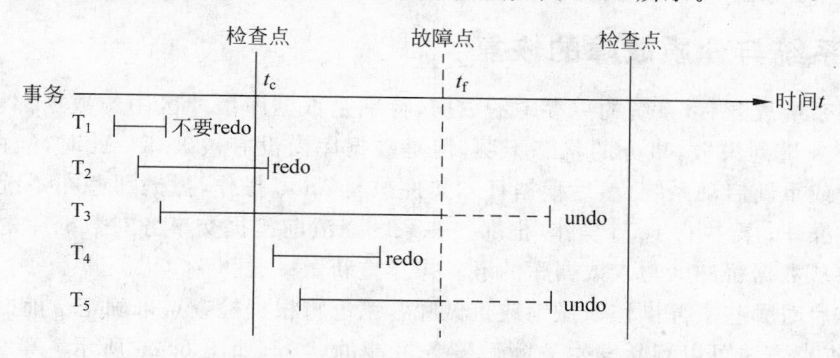

图 6.26 与检查点和系统故障有关的事务的可能状态

① 事务 T_1 不必恢复。因为它们的更新已在检查点 t_c 时写到数据库中去了。

② 事务 T_2 和事务 T_4 必须 redo。因为它们结束在下一个检查点之前，它们对 DB 的修改仍在内存缓冲区，还未写到磁盘。

③ 事务 T_3 和事务 T_5 必须 undo。因为它们还未做完，必须撤销事务已对 DB 做的修改。

6.6.4 事务故障恢复

事务故障是指事务在运行至正常终止点前被终止。当发生事务故障时，发生故障的那个事务失败，与之有关的某些数据可能不可靠，但整个数据库和数据库系统仍是完好的，并未遭到破坏。此时不必大动干戈重装数据库，可以通过日志文件查找有关信息，执行 undo 操作。消除失败的事务操作的影响，将事务的执行点返回到该次操作之前；再 redo 失败的事务的操作，即可实现恢复，其具体步骤如下：

① 反向扫描日志文件(即从日志文件的最后向前扫描)，查找该事务的更新操作。

② 对该事务的更新操作执行逆操作。即如果是插入操作则做删除操作，如果是删除操作则做插入操作，如果是修改操作则用修改前的值代替修改后的值。

③ 继续反向扫描日志文件，查找该事务的其他更新操作，并做同样的处理。

④ 如此处理下去，直至读到该事务的开始标记。

如果在该事务执行期间还有其他事务读了它的“脏”数据，则对其他事务也要做以上的处理，这可能会进一步引起其他事务的重新处理。

事务故障的恢复常由 DBMS 自动启动恢复子系统完成，对用户是透明的。

如果在数据库服务器已经完成了这个事务(这些事务的操作信息已经写入事务日志中)，但还没有将缓冲区中的数据写入物理硬盘的情况下(检查点进程尚未触发)失效，或者在服务器恰好处理了部分事务的情况下数据库服务器失效了，这时，数据库并不会被破坏。当服务器恢复正常后，DBMS 会开始一个恢复过程。它会检查数据库和事务日志，查找还没有作用于数据库的事务，以及部分地作用于数据库，但是还没有完成的事务。如果事务日志中的事务还没有在数据库中生效，那么它们会在此时作用于数据库(ROLLFORWARD，前滚)；如果发现部分事务还没有完成，就会将这个事务的影响从这个数据库中去除(ROLLBACK，回滚)；这个恢复的过程是自动进行的，所有用于数据库完整性的信息都由事务日志来维护，这种能力从实质上增强了 DBMS 的容错性。

6.6.5 系统与介质故障的恢复

当发生系统故障后，系统的主存中的数据，特别是数据库缓冲区中的数据都被丢失，正在运行的事务遭到失败，事务的状态不明，但是数据库尚没有被破坏。此时，须由 DBA 重新安装系统或重新启动系统，然后根据日志文件执行 undo 操作，撤销那些在系统崩溃前未完成的事务操作；再执行 redo 操作，把那些在系统崩溃前已提交事务对数据库的更新但未将更新结果从数据缓冲区写入数据库的事务操作重新做一遍。

系统重启时哪些事务操作该撤销或重做呢？系统将根据检查点来确定。前面已经介绍过，通过检查点方法可以判断发生故障后事务可能的状态，如图 6.26 所示。事务 T_1 在检查点 t_c 之前已完成，它的一切更新结果均已写入数据库，无需重启。事务 T_2、T_4 在故障发生之前已完成，但其更新结果是否已写入数据库尚难断定，因此须对它们重做(redo)。重做只限于 t_c 到 t_f 之间部分。事务 T_3、T_5 在故障发生时刻尚未完成，故应予撤销(undo)。

发生系统故障后，具体恢复的步骤如下。

① 正向扫描日志文件，找出故障发生前已经提交的事务(这些事务以 begin transaction 开始，以 commit 结束)，将其记入重做(redo)队列，并找出故障发生时尚未完成的事务(这些事务以 begin transaction 开始，而没有以 commit 结束)，将其事务标识记入撤销(undo)队列。

② 对重做队列中的各个事务进行重做(redo)处理。进行 redo 处理的方法是：正向扫描日志文件，对每个 redo 事务重新执行日志文件登记的操作，将日志中的“更新后的值”写入数据库。

③ 对撤销队列中的各个事务进行撤销(undo)处理。进行 undo 的方法是：反向扫描日志文件，对每个 undo 事务的更新操作执行逆操作，即将日志中的“更新前的值”写入数据库。

在发生介质故障和遭受病毒破坏时，磁盘上的物理数据库遭到毁灭性破坏。磁盘上的物理数据和日志文件都被破坏，因此介质故障的恢复需要由 DBA 利用后备副本重装数据库，然后利用日志文件，重做(redo)自从后备副本建立以来所完成的全部事务。这里不必做 undo 操作，撤销当故障发生时刻尚在进行的那些事务。因为这些事务产生的对数据库的修改，已因故障而破坏了，即已自动地被“撤销”了。

具体实现的步骤如下。

① 装入最新的数据库副本，使数据恢复到最近一次转储时的一致性状态。对于动态转储的数据库副本，还要同时装入转储开始时刻的日志文件副本，利用系统故障恢复方法(即 redo+undo)将数据库恢复到一致性状态。

② 装入相应的日志文件副本，重做已完成的事务。首先扫描故障发生时已提交的事务标识，将其记入重做队列，然后正向扫描日志文件，对重做队列中的所有事务进行重做处理，

即将日志中的“更新后的值”写入数据库。

介质故障的恢复需要DBA介入，但是DBA只需要重装最近转储的数据库副本和有关的各日志文件副本，然后执行系统提供的恢复命令即可，具体的恢复操作仍由DBMS完成。

6.6.6 SQL Server 2008的备份和恢复

为了防止误操作或设备物理损坏引起的数据丢失，SQL Server数据库提供了备份与恢复机制。数据库的恢复是指把发生数据错误的数据库恢复到正常状态的过程。数据库备份是数据库恢复的手段，数据库恢复是数据库备份的目的。

1. 备份

备份就是指对SQL Server数据库或事务日志进行复制，数据库备份记录了在进行备份操作时数据库中所有数据的状态，以便在数据库遭到破坏时能够及时恢复。执行备份操作必须拥有对数据库备份的权限许可，SQL Server只允许系统管理员、数据库所有者和数据库备份执行者备份数据库。

SQL Server支持单独使用一种备份方式或组合使用多种备份方式。在执行备份之前选择数据库的恢复模型，决定备份策略，而且要依据使用的设备类型来创建备份设备。

数据库的备份应定期进行，并执行有效的数据管理。SQL Server支持完整备份和差异备份，备份的范围可以是完整的数据库、部分数据库或者一组文件或文件组。

(1) 完整数据库备份

完整数据库备份对整个数据库进行备份，包括对部分事务日志进行备份，以便能够恢复完整数据库。当用户执行完整数据库备份时，SQL Server将备份数据库的所有数据文件和在备份过程中发生的任何活动(SQL Server捕获备份过程中的数据活动，把它们保存在事务日志并一起写入备份设备)。系统出现故障时，完整数据库备份是恢复数据库的基线，恢复日志备份和差异备份时都依赖完整数据库备份。

(2) 差异数据库备份

差异数据库备份只记录自上次完整数据库备份后更改的数据。差异数据库备份比完整数据库备份更小、更快，因此能缩短备份时间，但将增加复杂程度。对于大型数据库，完整数据库备份需要大量磁盘空间。为了节省时间和磁盘空间，可以在一次完整数据库备份后安排多次差异备份。

(3) 事务日志备份

事务日志备份是备份自上次完整数据库备份后到当前事务日志末尾的部分。一般情况下，事务日志备份比数据库备份使用的资源少，因此可以经常地进行事务日志备份，减少丢失数据的危险。可以使用事务日志备份将数据库恢复到特定的即时点(如误操作数据前的那一点)或恢复到故障点。

事务日志备份仅用于使用完整恢复模式或大容量日志恢复模式的数据库。与完整恢复模式(完全记录所有事务)相比，大容量日志恢复模式只对大容量操作进行最小记录(尽管会完全记录其他事务)。大容量日志恢复模式保护大容量操作不受媒体故障的危害，提供最佳性能并占用最小日志空间。

在创建第一个日志备份之前，必须先创建一个完整备份(如数据库备份)。定期备份事务日志十分必要，这不仅可以使工作丢失的可能性降到最低，而且还能截断事务日志。

2. 恢复

在系统出现故障或者被关闭后重新启动时，SQL Server 将自动启动还原进程，保证数据的一致性。SQL Server 2008 提供 3 种恢复模式：简单恢复模式、完整恢复模式和大容量日志恢复模式。

(1) 简单恢复模式

简单恢复模式可最大程度地减少事务日志的管理开销，因为不备份事务日志。如果数据库损坏，则简单恢复模式将面临极大的工作丢失风险。数据只能恢复到已丢失数据的最新备份。因此，在简单恢复模式下，备份间隔应尽可能短，以防止大量丢失数据。但是，间隔的长度应该足以避免备份开销影响生产工作。在备份策略中加入差异备份可有助于减少开销。

通常，对于用户数据库，简单恢复模式用于测试和开发数据库，或用于主要包含只读数据的数据库(如数据仓库)。简单恢复模式并不适合生产系统，因为对生产系统而言，丢失最新的更改是无法接受的。在这种情况下，建议使用完整恢复模式。

(2) 完整恢复模式

完整恢复模式是使用日志备份在最大范围内防止出现故障时丢失数据。这种模式需要备份和还原事务日志(“日志备份”)。此模式完整记录所有事务，并将事务日志记录保留到对其备份完毕为止。如果能够在出现故障后备份日志尾部，则可以使用完整恢复模式将数据库恢复到故障点。完整恢复模式也支持还原单个数据页。

(3) 大容量日志恢复模式

大容量日志恢复模式采用大容量日志记录大多数操作，它只用作完整恢复模式的附加模式。对于某些大规模大容量操作(如大容量导入或索引创建)，暂时切换到大容量日志恢复模式可提高性能并减少日志空间使用量。在大容量日志恢复模式下，仍需要日志备份，如果日志备份覆盖了任何大容量操作，则日志备份包含由大容量操作所更改的日志记录和数据页。这对于捕获大容量日志操作的结果至关重要。合并的数据区可使日志备份变得非常庞大。此外，备份日志需要访问包含大容量日志事务的数据文件。如果无法访问任何受影响的数据库文件，则事务日志将无法备份，并且在此日志中提交的所有操作都会丢失。

为跟踪数据页，日志备份操作依赖于位图页的大容量更改，位图页针对每个区包含一位。对于自上次日志备份后由大容量日志操作所更新的每个区，在位图中将每个位都设置为 1。数据区将复制到日志中，后跟日志数据。图 6.27 显示了日志备份的构造方式。

在大容量日志恢复模式下，存在下列备份限制。执行日志备份之前，如果将包含大容量日志更改的文件组设置为只读，则只要文件组保持只读，所有后续的日志备份将包含由大容量日志操作所更改的区数。这样的日志备份将更大，而且比在完整恢复模式下需要花费更长的时间来完成。

若要避免此类情况，应在将文件组设置为只读之前，将数据库切换到完整恢复模式并备份日志，然后再将文件组设置为只读。

如果在上次日志备份之后执行了大容量操作，则数据库中将存在大容量更改。在此情况下，执行日志备份时，所有文件必须处于联机状态或不起作用。这是因为对包含大容量日志操作的日志进行备份要求能访问包含大容量日志事务的数据文件。

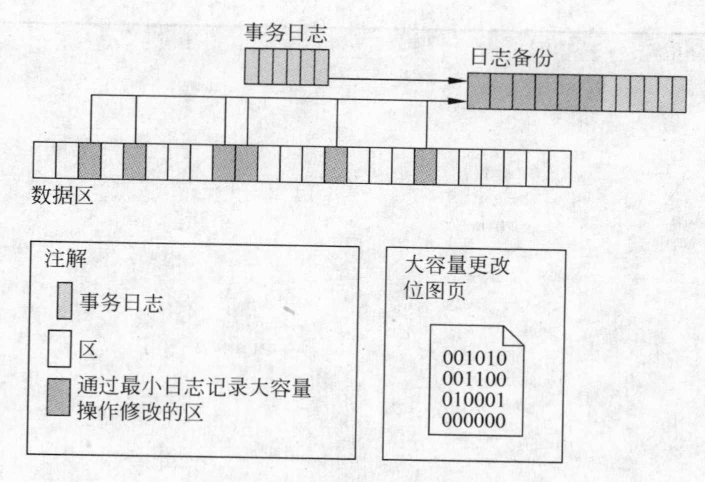

图 6.27 日志备份的构造方式

3. 备份数据库

(1) 使用 Microsoft SQL Server Management Studio 备份数据库。

利用 Microsoft SQL Server Management Studio 工具,可以方便地完成数据库的备份工作。步骤如下。

① 启动 Microsoft SQL Server Management Studio 工具,在"对象资源管理器"中展开对象实例。

② 在需要进行备份操作的数据库名上右击,选择快捷菜单中的"任务"→"备份"。

③ 在"备份数据库"对话框中,"数据库"下拉列表框用来选择要备份的数据库;"恢复模式"下拉列表框查看为所选数据库显示的恢复模式(完整、简单或 BULK_LOGGED);"备份类型"下拉列表框显示要对指定数据库执行的备份的类型。"备份组件"用于选择要备份的数据库组件。在"备份集"中,"名称"指定备份集名称,系统将根据数据库名称和备份类型自动建议一个默认名称。"说明"文本框中,可以输入备份集的说明。"备份集过期时间"用来指定备份集过期时间。"目标"用于选择备份媒体之一,作为要备份到的目标。其中,"磁盘"表示备份到磁盘;"磁带"表示备份到磁带,如果服务器没有相连的磁带设备,此选项将不可用。

"备份数据库"窗口如图 6.28 所示,单击"确定"按钮,将完成数据库的备份操作。

(2) 使用 T-SQL 语句备份数据库。

备份命令用来对指定数据库进行完整备份、完整差异备份、文件和文件组备份、事务日志备份等。

① 完整备份和完整差异备份

其语法格式如下:

```
backup database database_name
to < backup_device > [ ,…n ]
[< mirror to clause >][next - mirror - to]
[ with{ differential |< general with options >[ ,…n ]}]
[;]
```

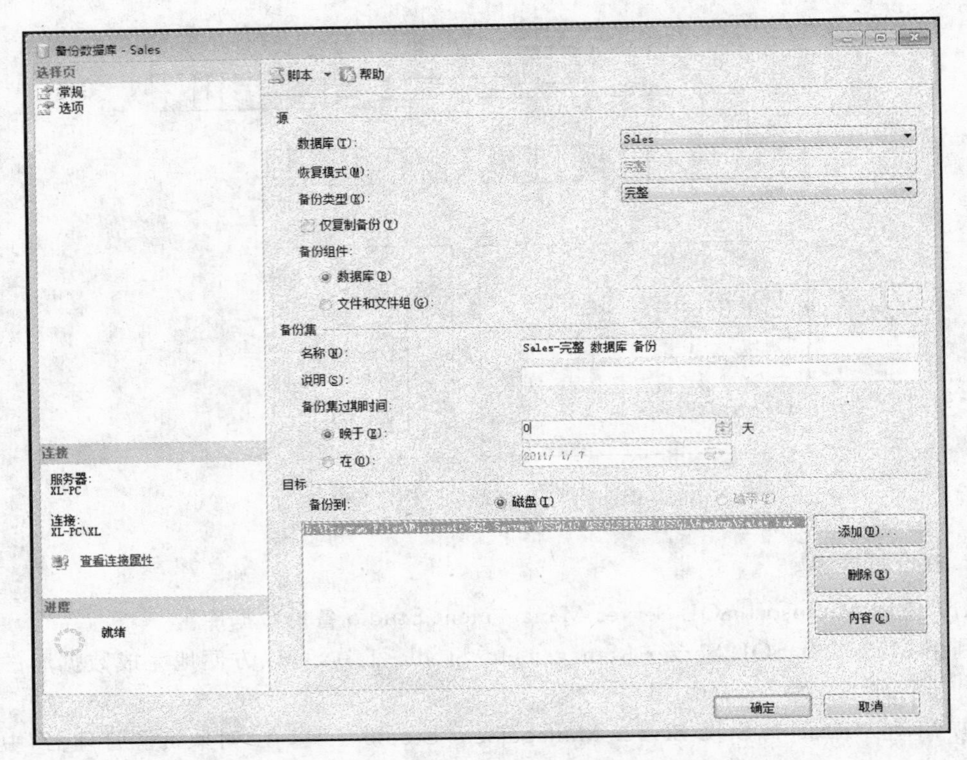

图 6.28　Microsoft SQL Server Management Studio 的操作配置窗口

② 文件和文件组备份

其语法格式如下：

```
backup database database_name
<file_or_filegroup>[ ,…n ]
to <backup_device> [ ,…n ]
[<mirror to clause>][next - mirror - to]
[with{differential|<general with options>[,…n]}]
[;]
```

③ 事务日志备份

其语法格式如下：

```
backup log { database_name | @ database_name_var }
to <backup_device> [ ,…n ]
[ <mirror to clause>][ next - mirror - to ]
[ with { <general_with_options> | <log - specific_optionspec> } [ ,…n ]]
[;]
```

其中：

```
<backup_device>::=
{
  { logical_device_name | @logical_device_name_var }
  |{ disk | tape } =
```

```
  { 'physical_device_name' | @physical_device_name_var }
}
<file_or_filegroup>::=
{
  file = { logical_file_name | @logical_file_name_var }
  |filegroup = { logical_filegroup_name | @logical_filegroup_name_var }
}
<mirror to clause>::= mirror to <backup_device> [ ,…n ]
<general_with_options> [ ,…n ]::=
-- backup set options
copy_only
|{ compression | no_compression }
|description = { 'text' | @text_variable }
|name = { backup_set_name | @backup_set_name_var }
|password = { password | @password_variable }
|{ expiredate = { 'date' | @date_var }
| retaindays = { days | @days_var } }
log - specific options
{ norecovery | standby = undo_file_name }
|no_truncate
```

参数说明：

- database：表示要进行数据库备份。
- database_name | @database_name_var：表示要进行备份的数据库名称或变量。
- file_or_filegroup：表示用来定义进行备份时的文件或文件组。
- backup_device：表示执行备份操作时使用的设备参数。
- { logical_device_name|@logical_device_name_var}：表示要将数据库备份到的备份设备的逻辑名称。
- { disk|tape}＝ { 'physical_device_name'|@physical_device_name_var}：指定磁盘文件或磁带设备。
- mirror to ＜backup_device＞［ ,…n］：指定一组辅助备份设备(最多三个)，其中每个设备都将镜像 to 子句中指定的备份设备。
- next-mirror-to：是占位符，表示 1 个 backup 语句除了包含 1 个 to 子句外，最多还可包含 3 个 mirror to 子句。
- differential：表示仅备份自上次进行完整数据库备份以来数据库所发生的变化，即进行差异备份。
- compression：表示显式启用备份压缩。
- no_compression：表示显式禁用备份压缩。
- description ＝ { 'text' | @text_variable }：指定说明备份集的自由格式文本，该字符串最长可以有 255 个字符。
- name ＝ { backup_set_name | @backup_set_var }：指定备份集的名称。名称最长可达 128 个字符。如果未指定 name，备份集的名称将为空。
- password ＝ { password | @password_variable}：表示为备份集设置密码。
- { expiredate ＝'date' |retaindays ＝days}：指定允许覆盖该备份的备份集的日期。

- norecovery：表示备份日志的尾部并使数据库处于 restoring 状态。
- no_truncate：表示备份事务日志而不清除它。使用该选项是为了恢复被破坏的数据库。当执行带有该选项的 backup log 命令时，事务日志记录从最近一次事务日志备份到数据库失败点的所有事务。

4. 恢复数据库

(1) 使用 Microsoft SQL Server Management Studio 恢复数据库。

利用 Microsoft SQL Server Management Studio 工具，可以方便地完成恢复数据库的操作，如图 6.29 所示。

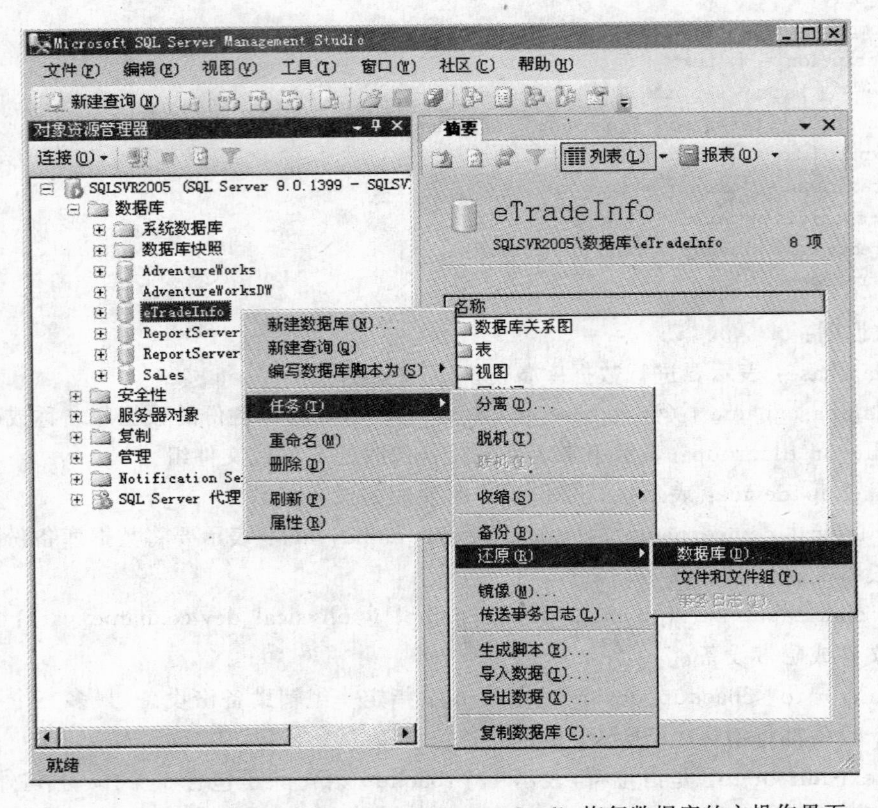

图 6.29 Microsoft SQL Server Management Studio 恢复数据库的主操作界面

① 启动 Microsoft SQL Server Management Studio 工具，在“对象资源管理器”中展开对象实例。

② 在数据库名上右击，选择快捷菜单中的“任务”→“还原”→“数据库”。

③ 弹出“恢复数据库”对话框。其中，“还原的目标”用于指定还原的目标，在“目标数据库”下拉列表框中，为还原操作选择现有数据库的名称或键入新数据库名称。“指定还原的源”下拉列表框中，选择用于还原的备份集。

④ 单击对话框中的“选项”按钮，可以查看和修改还原选项。

(2) 使用 T-SQL 语句恢复数据库。

【例 6.28】 从备份设备 PubsDevice 还原完整数据库备份。使用命令：

```
restore database pubs from pubsdevice
```

【例 6.29】 从备份设备 xDB_device 上还原完整数据库 xDatabase 和事务日志。

```
restore database xdatabase
    from xdb_device
    with norecovery
    restore log xdatabase
    from xdb_log_device
        with recovery
```

其中，参数 norecovery 指示还原操作不回滚任何未提交的事务；recovery 指示还原操作回滚任何未提交的事务。

习题 6

1. 什么是数据库的完整性？数据库管理系统(DBMS)的完整性子系统的功能是什么？

2. 完整性规则由哪几个部分组成？关系数据库的完整性规则有哪几类？

3. 试详述 SQL 中的完整性约束机制。

4. 什么是数据库的安全性？有哪些安全措施？

5. 数据库的安全性保护和完整性保护有何主要区别？

6. 什么是“权限”？用户访问数据库可以有哪些权限？对数据库模式有哪些修改权限？

7. 试解释权限的转授与回收。

8. SQL 语言中的视图机制有哪些优点？

9. SQL 中用户权限有哪几类？并做必要的解释。

10. 什么是事务？简述事务 ACID 特性，理解事务的提交和回滚。

11. 说明原子事务的含义，并且说明“原子性”的重要性。

12. 试回答下列有关数据库系统并发的问题：什么叫并发？为什么要并发？并发会引起什么问题？什么样的并发执行才是正确的？如何避免并发所引起的问题？

13. 什么是封锁？封锁的类型有哪几种？含义是什么？

14. 什么是两段封锁协议？怎样实现两段封锁协议？分别讨论写锁和读锁在事务结束前释放可能引起的问题。

15. 简述共享锁和排他锁的基本使用方法。

16. 什么是活锁？如何处理？

17. 什么是死锁？消除死锁的常用方法有哪些？请简述之。

18. 简述常见的死锁检测方法。

19. 设 T_1、T_2 是如下的两个事务：

T_1：读 A；$B=A+3$；写回 B

T_2：读 B；$A=B=2$；写回 A

设 A、B 的初值均 1。

(1) 若允许这两个事务并发执行，有多少可能的正确结果？列举并给出一个可串行化调度，同时给出执行结果。

(2) 若这两个事务遵守两段锁协议，给出一个产生死锁的调度。

20. 数据库运行过程中可能产生的故障有哪几类？各类故障如何恢复？

21. 什么是数据恢复？为什么要进行数据恢复？数据库恢复的基本技术有哪些？

22. 什么是日志文件？为什么要在系统中建立日志文件？

23. 基于数据库 Sales 进行下面的设计并执行事务：将顾客"Basics"的全部订单转让给代理商"Brown"。

24. 基于数据库 Sales 进行下面的设计并执行事务：将顾客"Tip Top"订购的产品"razor"换成代理商"Otasi"。

CHAPTER 7

关系数据库理论 第7章

本章学习目标：

- 了解关系模式设计时的数据异常问题。
- 掌握函数依赖的含义、推理规则及逻辑蕴涵。
- 了解函数依赖集的最小依赖集。
- 掌握计算属性集闭包的基本方法。
- 掌握关系模式分解的规则。
- 掌握各种范式设计的基本技术和原则。

关系数据库的规范化理论是E. F. Codd在1971年提出的，几十年来，许多专家学者对关系数据库理论作了深入的研究和发展，形成了一整套有关关系数据库设计的理论。该理论巧妙地把抽象的数学理论和具体的实际问题结合起来，有效地解决了如何设计一个好的关系数据库模式的问题。

规范化设计理论对关系数据库结构的设计起着重要的作用，规范化设计是关系数据库逻辑设计的另一种方法，它和E-R模型不太相似，但是，一个基于规范化的关系设计和一个由E-R设计转换成的关系设计几乎得到相同的结果。两种方法具有互补性。在规范化方法中，设计者从建模的现实世界的情形出发，列出将成为关系表中列名的候选数据项，以及这些数据项之间关系的规则列表，从而将所有这些数据项表示成为符合限制条件的表的属性，避免各种异常行为。

规范化设计理论主要包括三方面内容：数据依赖、范式和模式设计方法，其中数据依赖起着核心作用。数据依赖研究数据之间的联系，范式是关系模式的标准，而模式设计方法是自动化设计的基础。本章主要介绍函数依赖、关系模式的分解特性、范式和模式分解方法。

7.1 关系模式规范化的必要性

在数据管理中，数据冗余一直是影响系统性能的大问题。数据冗余是指同一个数据在系统中多次重复出现。如果一个关系模式设计得不好，就会出现数据冗余、异常、不一致等问题，具体表现在以下几个方面。

- 冗余存储：信息被重复存储。
- 更新异常：当重复信息的一个副本被修改，所有的副本都必须进行同样的修改，否则就会造成不一致。
- 插入异常：只有当一些信息事先已经存储在数据库中时，另外一些信息才能存入到数据库中。
- 删除异常：在删除某些信息时可能丢失其他的信息。

【例 7.1】 设有一个大公司人事部门雇员信息的关系模式 emp_info，如图 7.1 所示。首先，以 emp_开头的数据项表示实体 Employees 的属性，数据项 emp_id 用来唯一标识雇员，每个雇员有姓名和电话号码，这里假定每个雇员只有一个电话号码。其次，以 dept_开头的数据项表示雇员在公司中所属的不同部门的信息，dept_name 为部门名称，dept_phone 为部门电话，其中数据项 dept_name 唯一标识部门。每一个部门通常有唯一的一个经理（也是一个雇员），它的名字在 dept_mgrname 中给出。最后，假设每一个雇员各自拥有一些技能，例如打字或者文件编排，以 skill_开头的数据项表示各种雇员工作所需具备的技能。公司根据这些技能来考核雇员、分配工作和划定薪水。其中，数据项 skill_id 唯一标识了一种技能，skill_name 表示技能的名称。对于一个拥有特定技能的雇员，skill_date 描述了这个技能最后一次被考核的日期。skill_lvl 描述了雇员在考核中获得的技能等级。

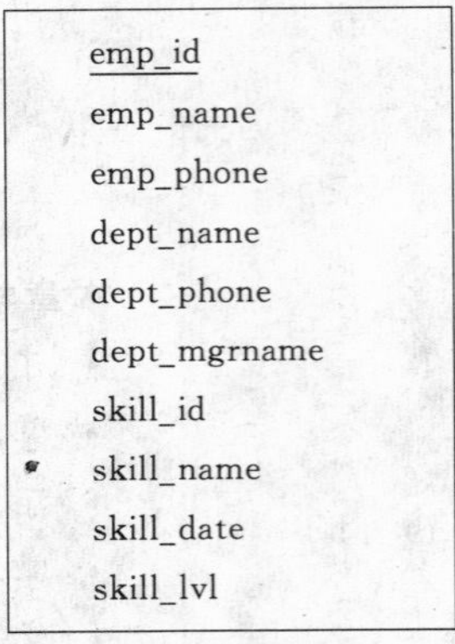

图 7.1 没有规范化的雇员信息数据项

表 7.1 表示该雇员信息的具体实例，表中的行由 emp_id 唯一决定，由于一个雇员可能存在多个技能，这样造成雇员数据在不同的行中重复，存在大量信息冗余。

表 7.1 emp_info 关系的实例

emp_id	emp_name	…	skill_id	skill_name	skill_date	skill_lvl
09112	Jones	…	44	librarian	03-15-99	12
09112	Jones	…	26	Pc-admin	06-30-98	10
09112	Jones	…	89	Word-proc	04-15-99	5
12231	Smith	…	26	Pc-admin	04-15-99	5
12231	Smith	…	39	bookkeeping	07-30-97	7
13597	Brown	…	27	statistics	09-15-99	6
14131	Blake	…	26	PC-admin	05-30-99	9
14131	Blake	…	89	Word-proc	09-30-99	10
…	…	…	…	…	…	…

该数据库模式在使用过程中会出现以下几个问题。

- 冗余存储：emp_id，emp_name，skill_id，skill_name 等数据项信息存在大量冗余。
- 更新异常：改变一个雇员的电话号码等信息要更新多行，有可能只修改了某几个元组的电话号码，而不修改所有的元组的对应值，从而导致不一致。

- 插入异常：如果新雇员还没有获得某种技能，就无法插入该雇员的记录，因此雇佣一个实习生是不可能的。
- 删除异常：如果某个雇员的技能数目减少为零，即删除这个雇员的技能信息，则相应地这个雇员的所有信息都被删除，包括雇员的电话号码和所在部门。

因此，关系模式 emp_info 的设计不是一个好的数据库设计。

在例 7.1 中，关系模式 emp_info 存在数据冗余和操作异常现象。如果用下面两个关系 emps 和 skills 代替 emp_info，其关系实例如表 7.2 所示。

emps(emp_id,emp_name,emp_phone,dept_name,dept_phone,dept_mgrname)
skills(emp_id,skill_id,skill_name,skill_data,skill_lvl)

表 7.2 关系模式分解的实例

emp_id	emp_name	…
09112	Jones	…
12231	Smith	…
13597	Brown	…
14131	Blake	…
…	…	…

(a) 关系模式 emps 的实例

emp_id	skill_id	skill_name	skill_date	skill_lvl
09112	44	librarian	03-15-99	12
09112	26	Pc-admin	06-30-98	10
09112	89	Word-proc	04-15-99	5
12231	26	Pc-admin	04-15-99	5
12231	39	bookkeeping	07-30-97	7
13597	27	statistics	09-15-99	6
14131	26	PC-admin	05-30-99	9
14131	89	Word-proc	09-30-99	10
…	…	…	…	…

(b) 关系模式 skills 的实例

可以通过将 emp_info 分解成两个较小的关系来解决上述异常问题。

这样分解后，就可消除例 7.1 中提到的冗余和异常现象。如果删除与任何一个雇员的技能相关的所有行，仅仅会删除表 skills 中的行；表 emps 中仍然包含我们想保留的该雇员的信息，例如 emp_phone、dept_name 等。当雇员没有技能信息时，也能在 emps 表中插入雇员的姓名、电话号码等其他记录。当更新员工的姓名时，只需更新 emps 中一个元组。这种方式比更新多个元组有效得多，同时也消除了不一致性。

“分解”是解决冗余的主要方法，也是规范化的一条原则：“关系模式有冗余问题，就分解它。”

在后面的各节中，我们将学习怎样进行规范化来分解表以克服所有的异常。表 7.2 中的表还没有达到这一要求，稍后将看到在其中还有很多异常存在。在我们能够适当处理基本规范化概念之前，需要对规范化方法的细节仔细研究。下面给出关于数据库规范化的一些必要的基本数学概念。

7.2 函数依赖

关系模式中的各属性之间相互依赖、相互制约的联系称为数据依赖。数据依赖一般分为函数依赖(Function Dependeny,FD)、多值依赖和连接依赖。其中函数依赖是最重要的数据依赖。本节先介绍其定义，再研究其推理规则。

7.2.1 函数依赖的定义

定义 7.1 设 $R(U)$ 是属性集 U 上的关系模式。X,Y 是 U 的子集。若对于 $R(U)$ 的任意一个可能的关系 r，r 中不可能存在两个元组在 X 上的属性值相等，而在 Y 上的属性值不等，则称 X 函数确定 Y 或 Y 函数依赖于 X，记作 $X \to Y$。

【例 7.2】 设有关系模式 $R(A,B,C,D)$，如表 7.3 所示。R 的实例满足函数依赖 $A \to C$。有两个元组在 A 上的值为 a_1，它们在 C 上的值相等，均为 c_1。类似地，在 A 上值为 a_2 的两个元组在 C 上有相同值 c_2。此外没有其他不同元组在 A 中相同。但是，函数依赖 $C \to A$ 是不满足的。为了说明这一点，考虑元组 $t_1=(a_2,b_2,c_2,d_3)$ 和元组 $t_2=(a_3,b_3,c_2,d_4)$。这两个元组在 C 上具有相同的值(c_2)，但在 A 上的值不同，分别为 a_2 和 a_3。于是，我们找到两个元组 t_2 和 t_3，使得 $t_1[C]=t_2[C]$，但 $t_1[A]\neq t_2[A]$ 。

r 上还满足很多其他的函数依赖，例如其中包括函数依赖 $AB \to D$。注意到没有两个不同的元组 t_1 和 t_2 能满足 $t_1[AB]=t_2[AB]$，因此，若 $t_1[AB]=t_2[AB]$，必有 $t_1=t_2$，也就有 $t_1[D]=t_2[D]$。所以，r 满足 $AB \to D$。

表 7.3 示例关系 R

A	B	C	D
a_1	b_1	c_1	d_1
a_1	b_2	c_1	d_2
a_2	b_3	c_2	d_2
a_2	b_2	c_2	d_3
a_3	b_3	c_2	d_4

【例 7.3】 列出表 7.1 中表 emp_info 定义的所有函数依赖(FD)。

(1) emp_id→(emp_name, emp_phone, dept_name)

(2) skill_id → skill_name

(3) dept_name →(dept_phone, dept_mgrname)

(4) (emp_id,skill_id) → (skill_date, skill_lvl)

因为 emp_id 是实体 Employee 的一个标识符，其他数据项简单地表示了实体的其他属性。一旦一个实体被确定，它的所有其他属性也就确定了，因此 emp_id→(emp_name, emp_phone, dept_name)。其他函数依赖以此类推。

【例 7.4】 有一个关于学生选课、教师任课的关系模式：

```
R(S#, SNAME, C#, GRADE, CNAME, TNAME, TAGE)
```

各属性分别表示学生学号、姓名、选修课程的课程号、成绩、课程名、任课教师姓名和年龄。如果规定，每个学号只能有一个学生姓名，每个课程号只能决定一门课程，那么可写成下列 FD 形式：

```
S#→SNAME
C#→CNAME
```

每个学生每学一门课程，有一个成绩，那么可写出下列FD形式：

(S#,C#)→GRADE

如果一门课只有一个任课老师，还可以写出其他一些FD形式：

C#→(CNAME,TNAME,TAGE)
TNAME→TAGE

7.2.2 函数依赖的分类

如果 $X \to Y$，但 Y 是 X 的子集，则 $X \to Y$ 称为平凡的函数依赖，否则称为非平凡的函数依赖。按照函数依赖的定义，当 Y 是 X 的子集时，Y 自然是函数依赖于 X 的，若不特别声明，我们总是讨论非平凡函数依赖。如果 $X \to Y$，我们称 X 为这个函数依赖的决定属性集。

一般情况下，依据依赖的程度，把函数依赖分为以下几类。

1. 完全函数依赖

定义 7.2 在关系模式 $R(U)$ 中，X,Y 是 U 的子集。如果 $X \to Y$，并且对于 X 的任何一个真子集 Z，都有 $Z \nrightarrow Y$，则称 Y 完全函数依赖于 X，记作 $X \xrightarrow{F} Y$。

2. 部分函数依赖

定义 7.3 在关系模式 $R(U)$ 中，X,Y 是 U 的子集。如果 $X \to Y$，并且对于 X 的任何一个真子集 Z，都有 $Z \to Y$，则称 Y 部分函数依赖于 X，记作 $X \xrightarrow{P} Y$。

3. 传递函数依赖

定义 7.4 在关系模式 $R(U)$ 中，X,Y,Z 是 U 的子集。如果 $X \to Y$，$(Y \not\subseteq X)$，$Y \nrightarrow X$，$Y \to Z$，则有 $X \to Z$，称 Z 对 X 传递函数依赖，记作 $X \xrightarrow{T} Z$。

加上条件 $Y \nrightarrow X$，是因为如果 $Y \to X$，则 $X \leftrightarrow Y$，实际上是 $X \xrightarrow{直接} Z$，是直接函数依赖而不是传递函数依赖。

【例 7.5】 在学生选课关系 SC(Sno, Sname, Cno, Grade)中，属性分别表示学生学号、姓名、选修课程的课程号、成绩。

由于：Sno $\nrightarrow$ Grade，Cno $\nrightarrow$ Grade，

因此：(Sno,Cno) $\xrightarrow{F}$ Grade，(Sno,Sname,Cno) $\xrightarrow{P}$ Grade

【例 7.6】 在关系 STD(Sno, Sdept, Mname)中，属性分别表示学号、系、系负责人，在该模式中显然存在下列函数依赖：

Sno → Sdept，Sdept → Mname，则 Sno $\xrightarrow{T}$ Mname

(Sno,Sdept)→Sdept，Sdept→Mname，则(Sno,Sdept) $\xrightarrow{P}$ Mname

7.2.3 函数依赖和键的联系

在第2章中给出了键的定义，键是可以唯一地标识一个实体的属性(组)；有了函数依赖的概念后，可以把键和函数依赖联系起来。实际上，函数依赖是键概念的推广。

定义 7.5 设关系模式 R 的属性集是 U，K 为 U 的一个子集。如果 $K \to U$ 在 R 上成立，则称 K 为 R 的一个超键。如果 $K \to U$ 在 R 上成立，但对于 K 的任一真子集 K' 都有 $K' \to U$ 不成立，那么称 K 是 R 上的一个候选键(candidate key)。

候选键可以唯一地识别关系的元组。一个关系模式中可能具有多个候选键。可以指定一个候选键作为识别关系元组的主键。包含在任何一个候选键中的属性称为主属性(prime attribute)。不包含在任何候选键中的属性称为非主属性(nonprime attribute)。在最简单的情况下，候选键只包含一个属性，在最复杂的情况下，候选键包含关系模式的所有属性，称为全键(all-key)。

例如，在学生关系模式 *S*(Sno,Dept,Age)中 Sno 是候选键，则 Sno 为主属性，Dept、Age 是非主属性；而在关系模式 *SC*(Sno,Cno,Score)中属性组合(Sno,Cno)是候选键，则 Sno、Cno 是主属性，Score 是非主属性。

【例 7.7】 在关系模式 *STJ*(S,T,J)中，S 表示学生，T 表示教师，J 表示课程。每一教师可以讲授多门课程，每门课可有若干教师讲授，一个学生可以选多门课。

根据这些规则可以知道，教师 T、学生 S 和课程 J 之间是多对多关系，单个属性 T、C、S 或两个属性组合(T,C)、(T,S)、(C,S)等均不能完全决定整个属性组，只有(S,T,J)→U，所以这个关系模式的键(S,T,J)，即全键。

定义 7.6 关系模式 R 中属性或属性组 X 并非 R 的主键，但 X 是另外一个关系模式 S 的主键，则称 X 是 R 的外部键或外键(foreign key)，简称外键。

例如，在 *SC*(Sno,Cno,Score)中，单 Sno 不是主键，但 Sno 是关系模式 S(Sno,Sn,Sex,Age,Dept)的主键，则 Sno 是 *SC* 的外键。

主键与外键提供了一个表示关系间联系的手段。如关系模式 *S* 与 *SC* 就是通过 Sno 联系在一起。

7.2.4 函数依赖的逻辑蕴涵

仅仅考虑给定函数依赖集是不够的，除此以外，需要考虑模式上成立的所有函数依赖。对于给定函数依赖集 F，可以推导出其他一些未知的函数依赖，称这些函数依赖被 F“逻辑蕴涵”(logically implied)。例如 $A \to B$ 和 $B \to C$ 在关系模式 R 中成立，那么 $A \to C$ 在 R 中是否成立？这个问题就是函数依赖之间的逻辑蕴涵问题。

定义 7.7 设 F 是在关系模式 R 上成立的函数依赖的集合，$X \to Y$ 是一个函数依赖。如果对于 R 的每个满足 F 的关系 r 也满足 $X \to Y$(即 r 中任意两个元组 t、s，若 $t[X]=s[X]$，则 $t[Y]=s[Y]$)，则称 F 逻辑蕴涵 $X \to Y$。

【例 7.8】 给定关系模式 $R=(A,B,C,G,H,I)$及函数依赖集：$A \to B$，$A \to C$，$CG \to H$，$CG \to I$，$B \to H$。证明函数依赖 $A \to H$ 被逻辑蕴涵。

即证明如果给定的函数依赖集在关系 R 上成立，那么 $A \to H$ 一定也成立。

假设有元组 t_1 及 t_2，满足：

$$t_1[A] = t_2[A]$$

由 $A \to B$，根据函数依赖的定义可以推出：

$$t_1[B] = t_2[B]$$

又由 $B \to H$，根据函数依赖的定义可以推出：

$$t_1[H] = t_2[H]$$

因此，已证明，对任意两个元组 t_1 和 t_2，只要 $t_1[A]=t_2[A]$，均有 $t_1[H]=t_2[H]$，而这正是 $A \rightarrow H$ 的定义。

7.2.5　函数依赖的推理规则

如何来计算一个给定函数依赖集的闭包，就需要一套推理规则，这组规则是 1974 年 W. W. Armstrong 提出的。它给出了一套形式推理规则，利用这些推理规则可以从关系模式的一组已知函数依赖出发，通过形式推理求出它所蕴涵的所有函数依赖。下面的推理规则是其他人于 1977 年改进的形式。

1. Armstrong 公理系统

Armstrong 公理系统　设 U 为关系模式 R 的属性全集，F 是 U 上的一组函数依赖，于是对 $R(U,F)$ 来说有以下的推理规则。

A1：自反律(reflexivity)：如果 $Y \subseteq X \subseteq U$，那么 $X \rightarrow Y$。

A2：增广律(augmentation)：如果 $X \rightarrow Y$，且 $Z \subseteq U$，则 $XZ \rightarrow YZ$。

A3：传递律(transitivity)：如果 $X \rightarrow Y$ 且 $Y \rightarrow Z$，那么 $X \rightarrow Z$。

注意：由自反律所得到的函数依赖均是平凡的函数依赖。自反律的使用并不依赖于 F。

定理 7.1　Armstrong 公理是正确的，即由 F 出发根据 Armstrong 公理推导出来的每一个函数依赖必定为 F 所蕴涵。

证明：

(1) 设 r 为关系模式 R 的任一个关系，t、s 为 r 的任意两个元组，因为 $Y \subseteq X$，若 $t[X]=s[X]$，则必有 $t[Y]=s[Y]$，根据定义 7.7，$X \rightarrow Y$ 成立，自反律得证。

(2) 设 $X \rightarrow Y$ 为 F 所蕴涵，且 $Z \subseteq U$。

(3) 设 $R(U,F)$ 的任一关系 r 的任意两个元组 t、s：若 $t[XZ]=s[XZ]$，则有 $t[X]=s[X]$ 和 $t[Z]=s[Z]$。由于 $X \rightarrow Y$，于是有 $t[Y]=s[Y]$，所以 $t[YZ]=s[YZ]$，所以 $XZ \rightarrow YZ$ 为 F 所蕴涵，增广律得证。

(4) 设 $X \rightarrow Y$ 且 $Y \rightarrow Z$ 为 F 所蕴涵。

(5) 设 $R(U,F)$ 的任一关系 r 的任意两个元组 t、s。

(6) 若 $t[X]=s[X]$，由于 $X \rightarrow Y$，有 $t[Y]=s[Y]$；

(7) 再由 $Y \rightarrow Z$，有 $t[Z]=s[Z]$，所以 $X \rightarrow Z$ 为 F 所蕴涵，传递律得证。

2. Armstrong 公理的推理

除了上述 A_1、A_2、A_3 三条规则外，函数依赖还有几条实用的推理规则，这些规则可从上面三条规则导出。这些规则可用下面的定理表示。

- 合并规则(union rule)：如果 $X \rightarrow Y$ 且 $X \rightarrow Z$，那么 $X \rightarrow YZ$。
- 分解规则(decomposition rule)：如果 $X \rightarrow YZ$，那么 $X \rightarrow Y$ 且 $X \rightarrow Z$。
- 伪传递规则(pseudotransitivity rule)：如果 $X \rightarrow Y$ 且 $WY \rightarrow Z$，那么 $XW \rightarrow Z$。
- 集合累积规则(set accumulation rule)：如果 $X \rightarrow YZ$ 且 $Z \rightarrow W$，那么 $X \rightarrow YZW$。

这里只证明分解规则和规则集合累积规则，其他留作练习。

对于分解规则，注意到 $YZ=Y\cup Z$，那么根据 Armstrong 公理的自反律有 $YZ\rightarrow Y$。根据传递律，由 $X\rightarrow YZ$ 和 $YZ\rightarrow Y$ 以推出 $X\rightarrow Y$。同样，我们可以证明 $X\rightarrow Z$，至此分解规则得到证明。

对于集合累积规则，给定 $X\rightarrow YZ$，利用增广律，用 YZ 增广 $Z\rightarrow W$，得到 $YZZ\rightarrow YZW$。因为 $ZZ=Z$，即 $YZ\rightarrow YZW$。最后，由传递律得到 $X\rightarrow YZW$，集合累积规则得到证明。

3. Armstrong 公理是有效和完备的

Armstrong 公理的有效性指的是，在 F 中根据 Armstrong 公理推导出来的每一个函数依赖一定为 F 所逻辑蕴涵。Armstrong 公理的完备性指的是，F 所逻辑蕴涵的每一个函数依赖，必定可以由 F 出发根据 Armstrong 公理推导出来。

建立公理系统的目的在于有效而准确地计算函数依赖的逻辑蕴涵，即由已知的函数依赖推出未知的函数依赖。公理的有效性保证按公理推出的所有函数依赖都为真，公理的完备性保证了可以推出所有的函数依赖，这样就保证了计算和推导的可靠性和有效性。

7.2.6 函数依赖集的闭包和属性集的闭包

定义 7.8 令 F 是一个函数依赖集，函数依赖集 F 的闭包(closure)是指被 F 逻辑蕴涵的所有函数依赖的集合，记做 F^+。

【例 7.9】 给定一个函数依赖集 F：

$$F=\{A\rightarrow B,B\rightarrow C,C\rightarrow D,D\rightarrow E,E\rightarrow F,F\rightarrow G,G\rightarrow H\}，求 F^+。$$

F^+ 包含很多平凡依赖：$A\rightarrow A$，$B\rightarrow B$，$CD\rightarrow C$ 等；

由传递规则，由 $A\rightarrow B$ 和 $B\rightarrow C$ 可以推导出 $A\rightarrow C$，它一定包含在 F^+ 中。同样，由 $B\rightarrow C$ 和 $C\rightarrow D$，推导出 $B\rightarrow D$。

使用合并规则得到 $A\rightarrow AB, A\rightarrow ABC, \cdots, A\rightarrow ABCDEFGH$ 等。事实上，通过在不同的组合中使用分解规则，我们可以得到 $A\rightarrow$（任何 $ABCDEFGH$ 的非空子集）。有 $2^8-1=255$ 个这样的非空子集。上面推导出的所有函数依赖都包含在 F^+ 中。

在实际使用中，经常要判断能否从已知的函数依赖集 F 求出 F 的闭包 F^+，这是一个复杂并且困难的问题(NP 完全问题，指数级问题)。计算 F^+ 的目的往往是为了判断函数依赖 $X\rightarrow Y$ 是否为 F 所蕴涵，而根据定义 7.7，只要知道 $Y\subseteq X^+$，就可以断定 $X\rightarrow Y$ 为 F 所蕴涵。因此，可以用计算 X^+ 代替计算 F^+，通过判断是否满足 $Y\subseteq X^+$ 来判定 $X\rightarrow Y$ 是否为 F 所蕴涵。

定义 7.9 设 F 为属性集 U 上的一组函数依赖，X 是 U 的子集，那么属性集 X 的闭包用 X^+ 表示，它是一个从函数依赖集使用 FD 推理规则推出的所有满足 $X\rightarrow A$ 的属性 A 的集合：

$$X^+=\{A \mid X\rightarrow A 在 F^+ 中\}$$

从属性集闭包的定义，立即可得出下面的定理。

定理 7.2 $X\rightarrow Y$ 用函数依赖推理规则推出的充分必要条件是 $Y\subseteq X^+$。

如果想要判断一个给定的函数依赖，比如 $X\rightarrow Y$，是否在一个函数依赖集 F 的闭包中，不要计算闭包 F^+ 就可以判断出来。首先利用 F 计算属性集闭包 X^+，这个闭包是 X 属性的集合，$X\rightarrow Y$ 可以通过 Armstrong 公理推导出来。

从属性集 X 求 X^+ 并不太难，花费的时间与 F 中全部依赖的数目成正比，是个多项式级的时间问题。

下面介绍一个求任意属性集 X 的闭包的算法。

算法 7.1 求出在给定的函数依赖集 F 下，一个给定属性集 X 的闭包 X^+。

```
I = 0; X[0] = X;                  /* integer I, attr. set X[0]      */
REPEAT                            /* loop to find larger X[I]       */
  I = I + 1;                      /* new I                          */
  X[I] = X[I-1];                  /* initialize new X[I]            */
  FOR ALL Z→W in F                /* loop on all FDs Z→W in F       */
    IF Z⊆X[I]                     /* if Z contained in X[I]         */
    THEN X[I] = X[I]∪W;           /* add attributes in W to X[I]    */
  END FOR                         /* end loop on FDs                */
UNTIL X[I] = X[I-1];              /* loop till no new attributes    */
RETURN X+ = X[I];                 /* return closure of X            */
```

注意：算法 7.1 中，将属性加入到 $X[I]$ 中的那一步是基于集合累积规则的，如果 $X\rightarrow YZ$ 且 $Z\rightarrow W$，那么 $X\rightarrow YZW$。

【例 7.10】 已知关系模式 $R(U,F)$，其中 $U=\{A,B,C,D,E\}$；

$F=\{AB\rightarrow C, B\rightarrow D, C\rightarrow E, EC\rightarrow B, AC\rightarrow B\}$。求 $(AB)^+$。

根据算法 7.1，设 $X[0]=AB$：逐一扫描 F 集合中的各个函数依赖，得到 $AB\rightarrow C$，$B\rightarrow D$，于是 $X[1]=ABCD$。

因为 $X[0]=X[1]$，所以再找出左部为 $ABCD$ 子集的那些函数依赖，又得到 $C\rightarrow E$，$AC\rightarrow B$，于是 $X[2]=ABCDE$。

因为 $X[2]$ 已经等于全部属性的集合，所以 $(AB)^+=ABCDE$。

7.2.7 函数依赖集的最小依赖集

定义 7.10 如果 $G^+=F^+$，就说函数依赖集 F 覆盖 G（F 是 G 的覆盖，或 G 是 F 的覆盖），或 F 与 G 等价。

【例 7.11】 考虑属性 $ABCDE$ 组成的集合上的两个函数依赖集：

$F=\{B\rightarrow CD, AD\rightarrow E, B\rightarrow A\}$ 和 $G=\{B\rightarrow CDE, B\rightarrow ABC, AD\rightarrow E\}$

证明：由 $B\rightarrow CD$ 和 $B\rightarrow A$，由合并规则 $B\rightarrow ACD$，平凡依赖 $B\rightarrow B$ 显然成立，则 $B\rightarrow ABCD$。

由分解规则，$B\rightarrow ABCD$ 推导出 $B\rightarrow AD$，同时因为 $AD\rightarrow E$ 在 F 中，由传递规则我们得到 $B\rightarrow E$，它与 $B\rightarrow ABCD$ 合并，得到 $B\rightarrow ABCDE$。根据分解规则我们可以推导出 G 的前两个函数依赖，而第三个已经存在于 F 中。由此证明 F 覆盖 G。

定义 7.11 如果函数依赖集 F 满足下列条件，则称 F 为最小依赖集或最小覆盖。

(1) F 中任一函数依赖的右部仅含一个属性。

(2) F 中不存在这样的函数依赖 $X\rightarrow A$，使得 $F-\{X\rightarrow A\}$ 等价。

(3) F 中不存在这样的函数依赖 $X\rightarrow A$，X 有真子集 Z 使得 $F-\{X\rightarrow A\}\cup\{Z\rightarrow A\}$ 与 F 等价。

直观上，函数依赖集 F 的最小覆盖就是它的一个等价依赖集合。最小主要体现在两个方面上：①每个依赖都尽可能的小，左边的属性没有多余的，右边为单属性。②其中的每个依赖都是必要的。

由于一个函数依赖集中可能存在许多冗余，它们将给关系模式的分解带来一些不必要的工作，而最小函数依赖集显然已消除了冗余。可以证明每一个函数依赖集 F 均等价于一个最小函数依赖集。由此可知，任何一个函数依赖集的最小函数依赖集都是存在的，但并不唯一。

【例 7.12】 关系模式 $S(U,F)$，其中：

U={SNO,SDEPT,MN,CNAME,G}

F={SNO－>SDEPT,SDEPT－>MN,(SNO,CNAME)－>G}

设 F' ={SNO－>SDEPT,SNO－>MN,SDEPT－>MN,(SNO,CNAME)－>G,
(SNO, SDEPT)－>SDEPT}

根据定义 7.11 可以验证 F 是最小依赖集，F'不是，因为 F'－{SNO－>MN}与 F'等价，F'－{(SNO,SDEPT)－>SDEPT}与 F'等价。

定理 7.3 每一个函数依赖集 F 均等价于一个极小的函数依赖集 F_m，此 F_m 称为 F 的最小依赖集。

算法 7.2 这个算法构造最小函数依赖集 F_{min}，它覆盖一个给定的函数依赖集 F。F_{min} 就是 F 的最小覆盖，或称为 F 的规范覆盖(canonical cover)。下面是求最小函数依赖集的具体步骤。

① 从函数依赖集 F，创建函数依赖一个等价集 H，它的函数依赖的右边只有单个属性。

② 从函数依赖集 H，顺次去掉在 H 中非关键的单个函数依赖。一个函数依赖 $X\rightarrow Y$ 在一个函数依赖集 H 中是非关键的，是指如果 $X\rightarrow Y$ 从 H 中去掉，得到结果 J，仍然有 $H^+ = J^+$，或者 $H\equiv J$。也就是说，从 H 中去除这个函数依赖对于 H^+ 没有任何影响。

③ 从函数依赖集 H，顺次用左边具有更少属性的函数依赖替换原来的函数依赖，只要不会导致 H^+ 改变。

④ 从剩下的函数依赖集中收集所有左边相同的函数依赖，使用联合规则创建一个等价函数依赖集 F_{min}，它的所有函数依赖的左边是唯一的。

【例 7.13】 构造函数依赖集 F 的最小覆盖 F_{min}，$F=\{A\rightarrow B, C\rightarrow B, D\rightarrow ABC, AC\rightarrow D\}$，试求 F_{min}。

根据算法 7.2，分 4 个步骤求解。

步骤 1：对函数依赖集 F 运用分解规则，创建一个等价集合 H，该等价集合的所有函数依赖的右边只有单个属性，则：

H：(1) $A\rightarrow B$，(2) $C\rightarrow B$，(3) $D\rightarrow A$，(4) $D\rightarrow B$，(5) $D\rightarrow C$，(6) $AC\rightarrow D$

步骤 2：最小化每个函数依赖的左边，顺次去掉 H 中非关键的单个函数依赖。

① 首先移去(1)$A\rightarrow B$，保留(2)$C\rightarrow B$，(3)$D\rightarrow A$，(4)$D\rightarrow B$，(5)$D\rightarrow C$，(6)$AC\rightarrow D$。假定 $X=A$，求出 $X^+=A$，因此 $A\rightarrow B$ 是关键性的，不能被除去。

② 移去(2)$C\rightarrow B$，保留(1)$A\rightarrow B$，(3)$D\rightarrow A$，(4)$D\rightarrow B$，(5)$D\rightarrow C$，(6)$AC\rightarrow D$。假定 $X=C$，$X^+=C$，因此 $C\rightarrow B$ 是关键性的，不能被除去。

③ 移去(3)$D\rightarrow A$，保留(1)$A\rightarrow B$，(2)$C\rightarrow B$，(4)$D\rightarrow B$，(5)$D\rightarrow C$，(6)$AC\rightarrow D$。假定 $X=D$，$X^+= BCD$，因此 $D\rightarrow A$ 是关键性的，不能被除去。

④ 移去(4)$D \to B$，保留(1)$A \to B$，(2)$C \to B$，(3)$D \to A$，(5)$D \to C$，(6)$AC \to D$。假定 $X = D$，$X^+ = ABCD$，因此 $D \to A$ 是非关键性的，可以移去。

⑤ 移去(5)$D \to C$，保留(1)$A \to B$，(2)$C \to B$，(3)$D \to A$，(4)$D \to B$，(6)$AC \to D$。假定 $X = D$，$X^+ = ABD$，因此 $D \to C$ 是关键性的，不能被除去。

⑥ 移去(6)$AC \to D$，保留(1)$A \to B$，(2)$C \to B$，(3)$D \to A$，(4)$D \to B$，(5)$D \to C$。假定 $X = AC$，$X^+ = ABC$，因此 $AC \to D$ 是关键性的，不能被除去。

步骤 3：最小化每个函数依赖的左边：对于 H 的每个依赖，检查它左边的每一属性，看是否可以删除它，同时保持与 F^+ 的等价。

去掉 C？如果去掉属性 C，得到新的集合 J：(1)$A \to B$，(2)$C \to B$，(3)$D \to A$，(4)$D \to C$，(5)$A \to D$。在函数依赖集 H 下，$A^+ = AB$，而在新集合 J 中，$A^+ = ABCD$，由于它们不相同，所以不能从函数依赖 H 中去除 C。

去掉 A？如果去掉属性 A，同样得到新的集合 J：(1)$A \to B$，(2)$C \to B$，(3)$D \to A$，(4)$D \to C$，(5)$C \to D$。在函数依赖集 H 下，$C^+ = BC$，而在新集合 J 中，$C^+ = CBDA$，由于它们不相同，所以不能从函数依赖 H 中去除 A。

步骤 4：对左边相同的函数依赖，使用联合规则创建一个等价函数依赖集 F_{min}。

由步骤 3 得到的 H 为：(1)$A \to B$，(2)$C \to B$，(3)$D \to A$，(4)$D \to C$，(5)$AC \to D$。通过合并规则合并 $D \to A$ 和 $D \to C$，得到 $D \to AC$。

这样得到最终的最小函数依赖集 $F_{min} = \{A \to B, C \to B, D \to AC, AC \to D\}$。

7.3　关系模式的分解

通过前面章节对关系模式中存在的数据冗余和操作异常现象的分析，我们知道在数据库逻辑设计中如果关系模式设计得不好，往往会导致数据冗余和操作异常。为了避免这些问题，有时就需要把一个关系模式分解为若干个关系模式，这就是所谓的模式分解。但如果分解不当会导致另一种不好的设计，那么什么样的分解模式更可取，是本节要讨论的问题。

7.3.1　模式分解的规则

定义 7.12　设有关系模式 $R(U)$，R_1、…、R_k 都是 R 的子集(这里把关系模式看成是属性的集合)，$R = R_1 \cup R_2 \cup \cdots \cup R_k$，关系模式 $R_1, R_2, \cdots, R_k$ 的集合用 ρ 表示，$\rho = \{R_1, R_2, \cdots, R_k\}$。用 ρ 代替 R 的过程称为关系模式的分解。这里称为 R 的一个分解(decomposition)，也称为数据库模式。

从定义看似乎模式分解没有很多限制，但实际上由于数据之间存在各种依赖关系，关系模式的分解不是随心所欲的，往往要受到各种各样的约束。概括地说，对关系模式的分解必须确保不会引入新的问题，分解后产生的关系模式必须和原来的模式等价。等价涉及两个问题，首先是分解后的关系能否恢复原来的关系而不丢失信息，这就是所谓分解的无损连接性(lossless join)。其次，要求分解不破坏属性之间存在的依赖关系，这就是所谓分解的函数依赖保持性(preserve dependency)。无损连接性和函数依赖保持性是模式分解的两个基本原则。

7.3.2 无损连接分解

定义 7.13 设 R 是一个关系模式，F 是 R 上的一个函数依赖集合。R 的一个分解是一个关系的集合 $\rho=\{R_1,R_2,\cdots,R_k\}$，如果对 R 中满足 F 的每一个关系 r，有：

$$r=\pi_{R_1}(r)\bowtie\pi_{R_2}(r)\bowtie\cdots\bowtie\pi_{R_k}(r)$$

那么称分解 ρ 相当于 F 是"无损连接分解"(lossless join decomposition)；否则，称为"有损分解"(lossy decomposition)。

其中符号 $\pi_{R_i}(r)$ 表示关系 r 在模式 R_i 属性上的投影。r 的投影连接表达式 $\pi_{R_1}(r)\bowtie\pi_{R_2}(r)\bowtie\cdots\bowtie\pi_{R_k}(r)$ 用符号 $m_\rho(r)$ 表示，即 $m_\rho(r)=\mathop{\bowtie}\limits_{i=1}^{k}\pi_{R_i}(r)$。

定理 7.4 设 $\rho=\{R_1,R_2,\cdots,R_k\}$ 为关系模式 R 的一个分解，r 为 R 的任一关系，$r_i=\pi_{R_i}(r)$，则：

(1) $r\subseteq m_\rho(r)$。

(2) 如果 $s=m_\rho(r)$，则 $\pi_{R_i}(s)=r_i$。

(3) $m_\rho(m_\rho(r))=m_\rho(r)$。

证明：

(1) 设 $t\in r$，则 $t_i=t[R_i]\in\pi_{R_i}(r)(i=1,2,\cdots,k)$，根据自然连接的定义，$t_1t_2\cdots t_k\in\mathop{\bowtie}\limits_{i=1}^{k}\pi_{R_i}(r)$，即 $t\in m_\rho(r)$，所以 $r\in m_\rho(r)$。

(2) 由 $r\in m_\rho(r)$，可得 $\pi_{R_i}(r)\subseteq\pi_{R_i}(m_\rho(r))$，因为 $s=m_\rho(r)$，所以 $r_i\subseteq\pi_{R_i}(s)$。为了证明 $\pi_{R_i}(s)\subseteq r_i$，设 t_i 为 $\pi_{R_i}(s)$ 的任一元组，则 s 中必有某个元组满足 $t[R_i]=t_i$。由于 $t\in s$，在 r_j 中必存在某个元组 u_j，使得 $t[R_j]=u_j(j=1,2,\cdots,k)$。但 $t[R_i]\in t_i$，而且 $t[R_i]=t_i$，所以 $t_i\in r_i$。从而证明 $\pi_{R_i}(s)\subseteq r_i$。由 $r_i\subseteq\pi_{R_i}(s)$ 和 $\pi_{R_i}(s)\subseteq r_i$，可推出 $\pi_{R_i}(s)=r_i$。

(3) 由(2)知道 $s=m_\rho(r)$，$\pi_{R_i}(s)=r_i$，所以

$$m_\rho(m_\rho(r))=m_\rho(s)=\mathop{\bowtie}\limits_{i=1}^{k}\pi_{R_i}(s)=\mathop{\bowtie}\limits_{i=1}^{k}r_i=m_\rho(r)$$

定理 7.4 中(1)的结论说明：把分解后的关系做自然连接必包含分解前的关系。换言之，分解是不会丢失信息的，但是分解有可能会增加信息。例 7.14 描述了这种情况。

【例 7.14】 设有关系模式 $R(ABC)$，把 R 分解为 $\rho=\{R_1,R_2\}$，其中 $R_1=AB$，$R_2=BC$，r、r_1、r_2 分别为它们的关系，如表 7.4 所示。其中 $r_1=\pi_{R_1}(r)$，$r_1=\pi_{R_2}(r)$。

表 7.4 有损分解

A	B	C
a_1	100	c_1
a_2	200	c_2
a_3	300	c_3
a_4	200	c_4

(a) r

A	B
a_1	100
a_2	200
a_3	300
a_4	200

(b) r_1

B	C
100	c_1
200	c_2
300	c_3
200	c_4

(b) r_2

把分解后的关系 r_1 与 r_2 做连接操作，得到的结果如表 7.5 所示，虽然增加了两个元组：$(a_2,200,c_4)$ 和 $(a_4,200,c_2)$，但把原来的信息丢失了，这不是关系 r 的原始内容。

表 7.5　$r_1 \infty r_2$

A	B	C
a_1	100	c_1
a_2	200	c_2
a_2	200	c_4
a_3	300	c_3
a_4	200	c_2
a_4	200	c_4

这种关系模式被分解后就不能确定开始时的表内容到底是什么，即信息在分解以及其后的连接操作中被丢失了，被称为有损分解，或者有时候称为有损连接分解。

例 7.14 的关系分解中，关系 R 分解为 $\rho=\{R_1,R_2\}$，分解结果是一个有损分解。因为无损分解的定义要求分解出的表通过自然连接能得到原始表的信息，而这应当对原始表将来任何可能的内容成立。我们丢失信息的原因是，属性 B 在被分解的表的不同行中具有重复值(200)在关系 r_1 中行 a_2 和 a_4，在 r_2 中的行 c_2 和 c_4。当这些分解出的表连接时，我们得到交叉结果行在原始表中不存在(或可能不存在)。

根据定义 7.13，只有当 $r=m_\rho(r)$，即通过自然连接可以恢复分解前的关系时，分解才具有无损连接性。但是，遗憾的是直接根据定义通过对具体关系的连接来判断一个分解的无损连接性，实际上是不可能的。人们不能一一验证可能的关系。那么，对于任意一个分解，是否存在一个简便的检验它的无损连接性的方法呢？回答是肯定的。下面给出无损连接性判定的一般方法。

定理 7.5　如果 R 为一个关系模式，F 是 R 上的函数依赖集。令 R_1 和 R_2 为 R 的分解。该分解为 R 的无损连接分解的条件是：F^+ 中至少存在如下函数依赖中的一个：

(1) $R_1 \cap R_2 \rightarrow R_1$

(2) $R_1 \cap R_2 \rightarrow R_2$

换句话说，如果 $R_1 \cap R_2$ 是 R_1 或 R_2 的超键，R 上的分解就是无损分解。我们可以用属性闭包的方法来有效地检验超键。

【例 7.15】　例 7.14 中关系 R 是有损分解，那么现在重新修改第 4 行数据，以维持函数依赖 $B \rightarrow C$ 成立。如表 7.6 所示。重新判断该分解是否为无损连接分解？

表 7.6　无损连接分解

A	B	C
a_1	100	c_1
a_2	200	c_2
a_3	300	c_3
a_4	200	c_2

(a) r

A	B
a_1	100
a_2	200
a_3	300
a_4	200

(b) r_1

B	C
100	c_1
200	c_2
300	c_3

(b) r_2

根据定理 7.5 判断，关系 r_1 和表 r_2 的公共属性为 B，即 $AB \cap BC=B \rightarrow BC$，从表 7.6 可以看出，满足 $B \rightarrow C$。因为该分解是无损连接分解。

【例 7.16】　设关系模式 $R(ABCDEF)$，R 分解为 $\rho=\{R_1,R_2,R_3,R_4\}$，其中 $R_1=ABC$，$R_2=AD$，$R_3=BE$，$R_4=ABF$，如果 R 上成立的函数依赖集 $F=\{AB \rightarrow C, A \rightarrow D, B \rightarrow E\}$，判

断该分解是否为无损连接分解？

当一个关系被分解为多个关系模式时，检验是否为无损连接分解，同样可以采用定理7.5的方法进行判断。

由于 $R_1 \cap R_2 = A$，根据 $A \to D$，得到 $A \to AD = R_2$，即 $R_1 \cap R_2 \to R_2$。

$$R_1 \bowtie R_2 = ABCD$$

$(R_1 \bowtie R_2) \cap R_3 = B$，根据 $B \to E$，得到 $B \to BE = R_3$，即 $(R_1 \bowtie R_2) \cap R_3 \to R_3$。

$$(R_1 \bowtie R_2) \bowtie R_3 = ABCDE$$

$((R_1 \bowtie R_2) \bowtie R_3) \cap R_4 = AB$，根据函数依赖：$AB \to C, A \to D, B \to E$，得到 $AB \to ABCDE$，即 $((R_1 \bowtie R_2) \bowtie R_3) \cap R_4 \to ((R_1 \bowtie R_2) \bowtie R_3)$。

根据定理7.5判断方法，所以 R 分解 ρ 是无损连接分解。

7.3.3 保持函数依赖的分解

分解的另一个特性是在分解的过程中能否保持函数依赖集，如果不能保持函数依赖。那么数据的语义就会出现混乱。

定义 7.14 设 R 是具有属性集合 U 和函数依赖集合 F 的关系模式，$\rho = \{R_1, R_2, \cdots, R_k\}$ 为 R 的一个分解，如果 $\pi_{R_i}(F)(i=1,2,\cdots,k)$ 的并集逻辑蕴涵 F 中的全部函数依赖，则称分解 ρ 具有函数依赖保持性。

【例 7.17】 将 $R(ABCD)$，函数依赖集 $F = \{A \to B, B \to C, B \to D, C \to A\}$，分解为 $\rho = \{R_1(AB), R_2(ACD)\}$，检验分解的无损连接性和分解的函数依赖保持性。

由于 $R_1 \cap R_2 = AB \cap ACD = A$，根据 $A \to B$，得到 $A \to AB$，即 $R_1 \cap R_2 \to R_1$。所以分解 ρ 是无损分解。

$$F_1 = \pi_{R_1}(F) = \{A \to B, B \to A\}$$

$$F_2 = \pi_{R_2}(F) = \{A \to C, C \to A, A \to D\}$$

$F_1 \cup F_2 = \{A \to B, B \to A, A \to C, C \to A, A \to D\} \equiv \{A \to B, B \to C, B \to D, C \to A\} = F$ 所以 ρ 是保持函数依赖的分解。

【例 7.18】 关系模式 $R(A,B,C,D)$，函数依赖集 $F = \{A \to B, C \to D\}$，$\rho = \{R_1(AB), R_2(CD)\}$，检验分解的无损连接性和分解的函数依赖保持性。

由于 $R_1 \cap R_2 = AB \cap CD = \varnothing$，不满足 $R_1 \cap R_2 \to R_1$ 或 $R_1 \cap R_2 \to R_2$，所以分解 ρ 不是无损分解。

$$F_1 = \pi_{R_1}(F) = \{A \to B\},$$

$$F_2 = \pi_{R_2}(F) = \{C \to D\},$$

$$F_1 \cup F_2 = \{A \to B, C \to D\}$$

所以分解 ρ 是保持函数依赖。

从上例可以看出，模式分解的无损分解与保持函数依赖的分解两个特性之间没有必然的联系。

7.4 关系模式的范式

数据库设计的一个最基本的问题是如何建立一个好的关系模式，也就是如何把现实世界的实体表达成一个给定的关系模型，即应该构造几个关系模式，每个关系模式由哪些属性组成，又如何将这些关联的关系模式组建一个合适的关系模型。要做出这些决定，可以通过一些范式理论来指导。如果一个关系满足某一范式，那么就可以肯定不会发生某些特定的问题。

这些范式以函数依赖为基础，有第一范式(1NF)、第二范式(2NF)、第三范式(3NF)和Boyce-Codd范式(BCNF)。其他类型的范式：4NF和5NF，没有在本书详述。这些范式的要求一个比一个严格。各范式之间存在下面的关系：

$$1NF \supset 2NF \supset 3NF \supset BCNF \supset 4NF \supset 5NF$$

其中，第一范式是关系模式的基础，第三范式和BCNF范式是进行规范化的主要目标。一般来说，数据库中的关系模式达到第三范式就行了。由于第五范式并不常见，并且在大部分的情况下都是不必要的，所以本节主要介绍其他几种形式的范式。

一个低一级范式的关系模式，通过模式分解可以转换为若干个高一级范式的关系模式的集合，这种过程就叫关系模式规范化。

7.4.1 第一范式(1NF)

定义 7.15 设R是一个关系模式，如果R的每个属性的值域是不可分的简单数据项的集合，则称这个关系模式R为第一范式(first normal form，1NF)，简称为1NF，记作$R \in 1NF$。

第一范式是关系模式的最低要求，它规定了一个关系中的属性值必须是“原子”的，排斥了属性值为元组、数组或某种复合数据的可能性，使得关系数据库中所有关系的属性值都是“最简形式”。1NF是对关系模式的起码要求。

多值属性是一个非原子的一个例子，比如一个employee关系的模式包含一个属性hobbies，由于每个员工的爱好有多个，那么该模式就不属于第一范式。

复合属性也具有非原子的域，例如一个包含lname、midinitial和fname三个子属性的ename属性。

在关系数据库系统中只讨论规范化的关系，凡是非规范化的关系模式必须转化成规范化的关系。在非规范化的关系中，去掉组合项就能转化成规范化的关系。每个规范化的关系都属于1NF。下面是关系模式规范化为1NF的一个例子。

【例 7.19】 表7.7是关系EMPLOYEES，它包含对应公司雇员的行。表中含有唯一的雇员标识列eid、雇员的名字ename、雇员在公司的职位position以及一个多值属性列——该雇员的家属。例如，ID为e001的雇员Jone Smith有两个家属Michael J.和Susan R.，被分别放在不同的行上。显然该关系模式不满足第一范式，下面将其规范成第一范式。

第一范式要求关系中的属性值是“原子”的，表7.7中的多值属性dependents不符合第一范式的要求，需要给建立一定数目的家属列，这个数目要达到某一雇员可能有的最多家属列，比如dependent1，dependent2，…，dependent20(如表7.8所示)。

但是这是不切实际的，因为它浪费空间并使得查询变得非常困难，所以一个有效的方法是将EMPLOYEES分解成两部分，建立单独的DEPENDENTS，该表包含两列，eid和dependent列，如表7.9所示。

表 7.7　具有多值属性列 dependents 的关系 EMPLOYEES

eid	ename	position	dependents
e001	Smith	Agent	Michael J.
			Susan R.
e002	Andrew	Superintendent	David M. Jr.
			Andrew K.
e003	Jones	Agent	Mark W.
			Louisa M.

表 7.8　每个雇员行中具有多列家属名的 EMPLOYEES

eid	ename	position	dependent1	dependent2	dependent3	…
e001	Smith	Agent	Michael J.	Susan R.	…	…
e002	Andrew	Superintendent	David M. Jr.	…	…	…
e003	Jones	Agent	Andrew K.	Mark W.	Louisa M.	…

表 7.9　表 EPLOYEES 和相应的表 DEPENDENTS

eid	ename	position
e001	Smith	Agent
e002	Andrew	Superintendent
e003	Jones	Agent

(a) EMPLOYEES 表

eid	dependents
e001	Michael J.
e001	Susan R.
e002	David M. Jr.
e003	Andrew K.
e003	Mark W.
e003	Louisa M.

(b) DEPENDENTS 表

7.4.2　第二范式(2NF)

即使关系模式是 1NF，但很可能出现数据冗余和异常操作，因此需要把关系模式作进一步的规范化。

如果关系模式中存在局部依赖，就不是一个好的模式，需要把关系模式分解，以排除局部依赖，使模式达到 2NF 的标准，相关定义如下。

定义 7.16　若关系模式 $R\in 1NF$，而且每一个非主属性完全函数依赖于键，则 $R\in 2NF$。

这里仍然以 7.1 节不良数据库设计为例说明。在 7.1 节中分析了关系 emp_info，该关系中包含了所有这些数据项(参见图 7.1)，并且有许多设计问题，也就是异常。我们在前面章节已经分析关系模式 emp_info 的设计存在冗余存储，导致了插入、更新和删除异常。为了消除异常，我们把关系 emp_info 分解为两个较小的关系 emps 和 skills，如图 7.2 所示。分解后的关系模式符合第一范式。

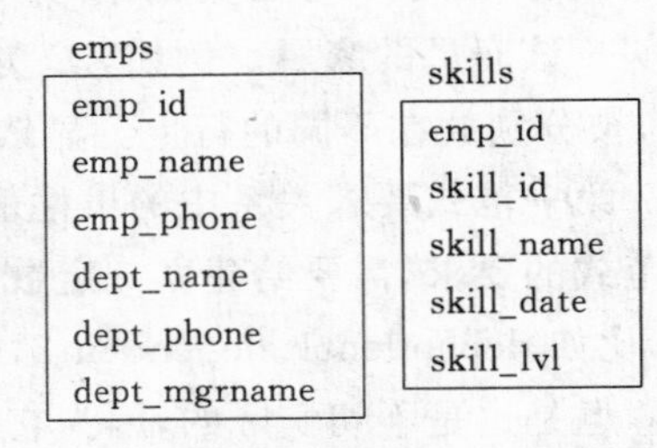

图 7.2　符合 1NF 的雇员信息模式

图7.2是关系emps和skills的属性集合，其中表emps的主键为emp_id，表skills的主键为(emp_id,skill_id)。分解后的数据库模式还存在异常吗？回答是肯定的。如果假设某种技能很少见且不易掌握，同时我们突然失去了最后一个掌握这种技能的雇员，删除雇员的信息，那么相关这种技能的信息也全部删除，我们将根本不再有这种技能的任何信息了，既没有skill_id，也没有skill_name。为什么存在这个异常？下面我们从规范化理论来分析。

首先，图7.2这两个关系模式中存在的函数依赖包括：

(1) emp_id →(emp_name,emp_phone, dept_name)

(2) dept_name →(dept_phone,dept_mgrname)

(3) skill_id → skill_name

(4) (emp_id,skill_id) →(skill_date, skill_lvl)

从上述函数依赖关系可以发现，由于skill_id→skill_name，非主属性skill_name并不完全依赖于键(emp_id,skill_id)，因此关系模式skills不符合2NF的定义，即skills∉2NF。

正因为skills不属于2NF，就会产生下面几个问题。

(1) 插入异常。假如要插入一项技能，而且目前还没有雇员取得这种技能，这样的元组就插不进skills表中，因为插入元组时必须给定键值，而这时emp_id为空，因而这些技能信息无法插入。

(2) 删除异常。正如前面提到的，如果删除skills表中某个雇员的技能信息，那么有关这种技能的相关信息也被全部删除，假如这种技能很少见，有可能就再也找不到这种技能的任何信息了，因为连技能的skill_id和skill_name也丢失了。

(3) 修改复杂。如果需要修改某种技能的名称，而这种技能非常普遍，被很多员工获得，假如技能的名称被重复存储了k次，修改一个技能名称，就必须无遗漏地修改k个元组，这种表设计存储冗余度大，造成修改复杂化。

分析上面的例子，可以发现问题在于skill_name对键(emp_id,skill_id)不是完全函数依赖。解决的办法把skills分解了两个关系模式：

```
emp_skills(emp_id,skill_id,skill_date,skill_lvl )
skills(skill_id,skill_name)
```

现在整个数据库分解为三个表，如图7.3所示，分解后的关系模式符合第二范式。

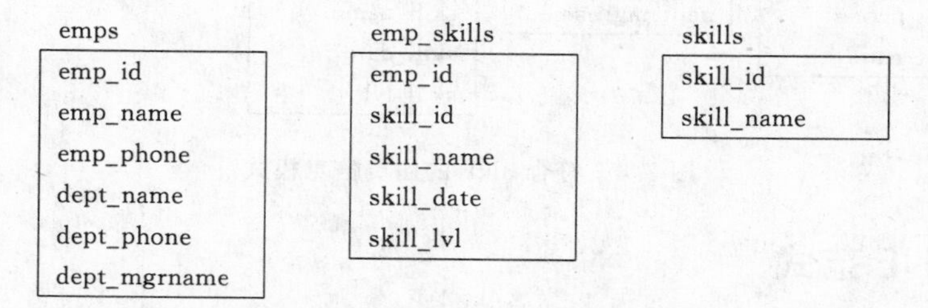

图7.3 符合2NF的雇员信息模式

7.4.3 第三范式(3NF)

定义7.17 关系模式$R\in$2NF，且它的任何一个非主属性(组)都不传递依赖于任何候选键，则称$R\in$3NF。

由定义7.17可以证明，若$R\in 3NF$，则每一个非主属性既不部分依赖于键，也不传递依赖于键。

现在考虑图7.3中的三个表。表emps的主键为emp_id；表skills的主键是skill_id；表emp_skills的主键为(emp_id,skill_id)，表emp_skills不存在非主属性部分依赖于键，符合2NF。那么在这些表中是否还存在进一步的异常？

考虑如果公司中进行一次大的改编将发生什么事情：在一个部门中的每一个雇员将调动到其他部门中(甚至经理也将被调动，假设以后在这个刚被誊空的部门中将会有其他雇员来代替他们的职位)。现在注意到当最后一个雇员被删除时，在表emps中将不再有任何行包含关于这个部门的信息：我们甚至已经失去了这个部门的电话号码和它的名字！为什么会存在这种异常？下面仍然从规范化理论来分析。

如图7.3所示，分解后的三个关系模式中存在的函数依赖仍然为：

(1) emp_id →(emp_name ,emp_phone, dept_name)

(2) dept_name →(dept_phone,dept_mgrname)

(3) skill_id → skill_name

(4) (emp_id,skill_id) →(skill_date, skill_lvl)

从上述函数依赖关系可以发现，dept_name→(dept_phone, dept_mgrname)；而利用分解原则得到emp_id → dept_name，(dept_name ↛emp_id)，可得emp_id $\xrightarrow{T}$(dept_phone，dept_mgrname)，存在非主属性dept_name对键emp_id的传递依赖。因此关系模式emps不符合3NF的定义，即emps$\notin$3NF。

解决的办法同样是将emps分解成两个表：

```
emps(emp_id,emp_name,emp_phone,dept_name )
 depts(dept_name,dept_phone,dept_mgrname)
```

现在数据库分解为4张表，如图7.4所示，可以分析当表depts被分解后，部门信息存放在单独的表中，与部门信息相关联的更新异常不再出现。

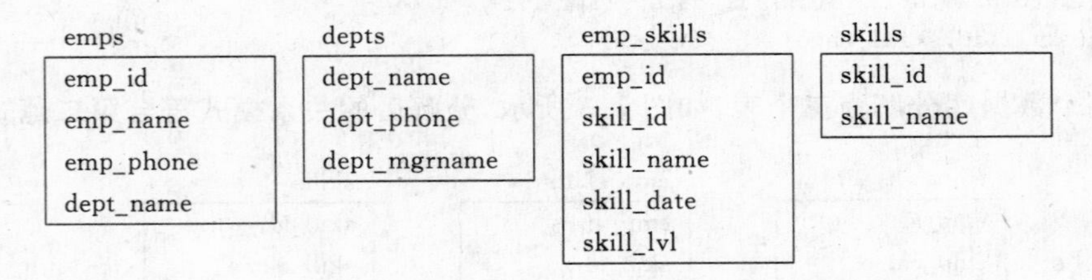

图7.4　符合3NF的雇员信息模式

7.4.4 BCNF范式

BCNF(Boyce Codd Normal Form)是由Boyce和Codd提出来的，比3NF更进了一步。通常认为BCNF是增强的第三范式。

定义7.18　设关系模式$R(U,F)\in 1NF$，如果对于R的每个函数依赖$X\rightarrow Y$ ($Y\not\subseteq X$)，X必包含键，则$R\in BCNF$，又称修正(或扩充)的第三范式。

由BCNF的定义可以看到，每个BCNF关系模式都具有如下三个性质：

(1) 所有非主属性都完全函数依赖于每个候选键。

(2) 所有主属性都完全函数依赖于每个不包含它的候选键。

(3) 没有任何属性完全函数依赖于非键的任何一组属性。

定理 7.6 一个 BCNF 的关系模式必是 3NF 的。

证明：用反证法。设 $R \in$ BCNF，但不属于 3NF，则 R 上必存在传递依赖 $X \to Y, Y \to A$，这里 X 是 R 的键，A、Y 是非主属性(组)，$A \notin Y, Y \nrightarrow X$。显然 Y 不包含 R 的键；否则，$Y \to X$ 也成立。因此 $Y \to A$ 违反了 BCNF 的定义，与假设 R 是 BCNF 矛盾，定理得证。

【例 7.20】 图 7.4 分解产生的 4 个关系模式 emps、depts、emp_skills 和 skills 不仅是 3NF 的，也是 BCNF 的。因为分解后的函数依赖包括：

emp_id →(emp_name,emp_phone, dept_name)

dept_name →(dept_phone,dept_mgrname)

skill_id → skill_name

(emp_id,skill_id) →(skill_date, skill_lvl)

从上面 4 个函数依赖可以看出，每一个函数依赖的决定因素都含有键，因此该关系模式属于 BCNF。

【例 7.21】 关系模式 C(Cno, Cname, Credit)，课程允许重名。该关系的键是 Cno，函数依赖 FD：Cno→Cname，Cno→Credit。

在关系模式 C 中，Cno 是主属性，Cname 和 Credit 是非主属性。从函数依赖可以判断出以下几点：

- 不存在非主属性对键的部分依赖 $C \in$ 2NF。
- 不存在非主属性对键的传递依赖 $C \in$ 3NF。
- 每一个函数依赖的决定因素都包含键 $C \in$ BCNF。

如果 R 是 BCNF，由定义可知，R 中不存在任何属性传递地依赖或部分地依赖于任何候选键，所以 R 必为 3NF。但是，反过来如果 R 是 3NF，R 未必是 BCNF。下面讨论两个 3NF 关系模式实例。一个是 BCNF，一个不是 BCNF。

【例 7.22】 在关系模式 STJ(S,T,J)中，S 表示学生，T 表示教师，J 表示课程。每一教师只教一门课。每门课由若干教师教，某一学生选定某门课，就确定了一个固定的教师。于是，根据语义得到如下的函数依赖：

(S,J)→T,(S,T)→J,T→J。

图 7.5 为 STJ 的函数依赖图。显然，(S,J)和(S,T)都是候选键。所以在 STJ 中没有非主属性，当然不存在非主属性对键的部分或传递函数依赖，所以 STJ 是 3NF 。但由于存在 T→J，而决定因素 T 不是候选键。

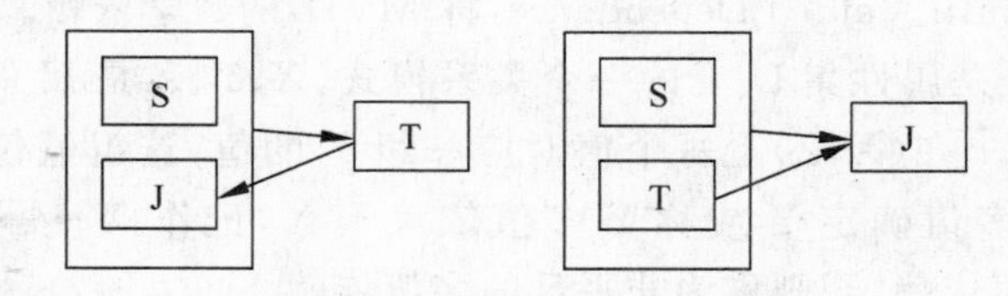

图 7.5 STJ 的函数依赖图

从图 7.5 也可以直观地看出存在主属性 J 对键(S,T)的部分函数依赖,所以 STJ 不是 BCNF 的。

非 BCNF 关系模式可以被分解成为 BCNF 关系模式。例如,STJ 可分解为 BCNF 关系模式 ST(S,T)和 TJ(T,J)。

3NF 和 BCNF 是以函数依赖为基础的关系模式规范化程度的度量标准。如果一个关系数据库的所有关系模式都属于 BCNF,那么在函数依赖范畴内,它已达到了最高的规范化程度,已消除了插入和删除的异常。

7.4.5 多值依赖与第四范式(4NF)

1. 多值依赖

有些关系模式虽然属于 BCNF,但从某种意义上说仍存在信息重复的问题,所以看起来没有被充分规范化。

如表 7.10 所示,假设有一个关系,其属性为课程 C、教师 T 和参考书 B,简称 CTB。一个元组表示教师 T 能够讲授课程 C,B 是这门课的参考书。

表 7.10 冗余的 BCNF 关系实例

课 程 C	教 师 T	参考书 B
数据库原理与设计	张山	数据库系统概论
数据库原理与设计	张山	数据库系统概念
数据库原理与设计	张山	数据库习题集
数据库原理与设计	杨阳	数据库系统概论
数据库原理与设计	杨阳	数据库系统概念
数据库原理与设计	杨阳	数据库习题集
操作系统	赵晓宇	操作系统概念
操作系统	赵晓宇	操作系统导论
操作系统	周珊	操作系统概念
操作系统	周珊	操作系统导论
…	…	…

关系模型 TEACHING(C,T,B)的键是 CTB,即 All-Key。因而 TEACHING 是 BCNF 的。虽然属于 BCNF,但仍然存在大量信息的冗余。从表 7.10 可以看到杨阳教师教"数据库原理与设计"这门课,对应每个参考书都存储了一次。类似地,操作系统对应的上课教师的参考书也都重复存储一次。

这个冗余是由于参考书独立于教师这个约束引起的,该约束不能用函数依赖来表达。这是一个多值依赖(Multi Valued Dependence,称 MVD)的数学依赖。

定义 7.19 设 R 是属性集 U 上的一个关系模式,X、Y、Z 是 U 的子集,并且 $Z=U-X-Y$。R 任一实例 r,r 在(X,Z)上每个值对应一组 Y 的值,这组值仅仅决定于 X 的值而与 Z 值无关,则称 X 多值确定 Y 或称 Y 多值依赖于 X,记作 $X\rightarrow\rightarrow Y$。若 Z 为空集,称 $X\rightarrow\rightarrow Y$ 为平凡的多值依赖,否则称为非平凡的多值依赖。

例如,在关系模式 TEACHING 中,对于一个(数据库原理与设计,数据库习题集)有一组 T 值{张山,杨阳},这组值仅仅决定于课程 C 上的值(数据库原理与设计)。也就是说对于另一个(数据库原理与设计,数据库系统概论),它对应的一组 T 值仍是{张山,杨阳},尽管这时参考书 B 的值已经改变了。因而 T 多值依赖于 C,即 C→→T。

与函数依赖类似,我们也可以定义多值依赖集合 D 的闭包 D^+。我们也有一组完备有效的多值依赖推理规则,可以用来推导出 D^+ 中的所有多值依赖。设 U 是一个关系模式的属性集合,X、Y、Z、V、W 都是 U 的子集合,下边是多值依赖的公理,其中前三条是有关函数依赖的。

- 自反律:如果 $Y \subseteq X$, 那么 $X \to Y$。
- 增广律:如果 $X \to Y$,且 $Z \subseteq U$,那么 $XZ \to YZ$。
- 传递律:如果 $X \to Y$ 且 $Y \to Z$,那么 $X \to Z$。
- MVD 对称律:如果 $X \to\to Y$,那么 $X \to\to U-X-Y$。
- MVD 增广律:如果 $X \to\to Y$ 且 $V \subseteq W$,那么 $WX \to\to YZ$。
- MVD 传递律:如果 $X \to\to Y$ 且 $Y \to\to Z$,那么 $X \to\to (Z-Y)$。

现在看一下应用 MVD 这三个规则来分析一下关系模式 TEACHING。如果 CT 在 CTB 上成立,那么有 MVD 对称律可以推出 C→→CTB→→CT 也成立,即 C→→B。

- 替代律:如果 $X \to Y$,那么 $X \to\to Y$。
- 聚集律:如果 $X \to\to Y$ 且存在 W 使得 $W \cap Y$ 为空,$W \to Z$,$Z \subseteq Y$,那么 $X \to Z$。

替代率说明了每个函数依赖都是多值依赖的。

2. 第四范式(4NF)

第四范式是对 BCNF 的直接推广。这里将利用多值依赖定义关系模式的范式,这一范式称为第四范式(4NF),它比 BCNF 的约束更严格。我们将看到每个 4NF 模式都是 BCNF,但 BCNF 模式不一定是 4NF。

定义 7.20　若关系模式 R 每个非平凡多值依赖 $X \to\to Y (Y \not\subseteq X)$,$X$ 都含有候选键,则称 $R \in$ 4NF。

从定义 7.20 可以看出,第四范式就是限制关系模式的属性之间不允许有非平凡且非函数依赖的多值依赖。根据定义,对于每一个非平凡的多值依赖 $X \to\to Y$,X 都含有候选键,于是就有 $X \to Y$,所以第四范式所允许的非平凡的多值依赖实际上是函数依赖。

定理 7.7　是 4NF 的模式肯定是 BCNF 模式。

4NF 定义与 BCNF 定义的唯一不同是用多值依赖替代了函数依赖。4NF 模式一定属于 BCNF,这是因为如果模式 R 不属于 BCNF,则 R 上存在非平凡的函数依赖 $X \to Y$ 且 X 不是超键。由于 $X \to Y$ 蕴涵 $X \to\to Y$,故 R 不属于 4NF。

反之,一个关系模式如果已达到 BCNF,但不是 4NF,这样的关系模式仍然具有不好的性质。例如表 7.10 的关系模式 TEACHING 就是这种情况,数据冗余太大,解决的办法同其他范式规范化的步骤类似,即用投影分解的方法消除非平凡函数依赖的多值依赖,以实现第四范式的规范化。

【例 7.23】　在关系模式 TEACHING(课程 C,教师 T,参考书 B)关系模式中,存在两个非平凡多值依赖 C→→T,C→→B,C 不是候选键,所以该关系模式不属于 4NF。

将该关系模式规范成 4NF,消除非平凡且非函数依赖的多值依赖,就可以解决该模式所存在的问题。采用投影分解的方法将其分为下面的两个关系模式:

CT(课程 C,教师 T)
CB(课程 C,参考书 B)

关系模式的实例如表 7.11 所示。

表 7.11　规范为第四范式的关系 TEACHING

课程 C	参考书 B
数据库原理与设计	数据库系统概论
数据库原理与设计	数据库系统概念
数据库原理与设计	数据库习题集
操作系统	操作系统概念
操作系统	操作系统导论
…	…

(a) CB 的关系实例

课程 C	教师 T
数据库原理与设计	张山
数据库原理与设计	杨阳
操作系统	赵晓宇
操作系统	周珊
…	…

(b) CT 的关系实例

在关系模式 CT 中,有 C→T,不存在非平凡函数依赖的多值依赖,所有 CT 属于 4NF,同理,CB 也属于 4NF。

函数依赖和多值依赖是两种重要的数据依赖。如果只考虑函数依赖,则属于 BCNF 的关系模式规范化程度已经是最高的了。如果考虑多值依赖,则属于 4NF 的关系模式规范化程度是最高的。

7.4.6　规范化小结

关系模式的规范化实际上是要求关系模式满足一定的条件,从而防止数据存储中出现数据冗余,在数据操作时出现操作异常。

关系模式在分解时应保持"等价",有数据等价和语义等价两种,分别用无损分解和保持依赖两个特征来衡量。前者能保持关系经过自然连接以后仍能恢复回来,而后者能保证数据在投影或连接中其语义不会发生变化,也就是不会违反函数依赖的语义。但无损分解与保持依赖两者之间没有必然的联系。

范式是衡量模式优劣的标准,范式表达了模式中数据依赖之间应满足的联系。如果关系模式 R 是 3NF,那么 R 上成立的非平凡函数依赖都应该左边是超键或右边是非主属性。如果关系模式级是 BCNF,那么 R 上成立的非平凡的函数依赖都应该左边是超键。范式的级别越高,其数据冗余和操作异常现象就越少。

关系模式规范化各范式的基本步骤如图 7.6 所示。

1NF
↓ 消除非主属性对键的部分函数依赖
2NF
↓ 消除非主属性对键的传递函数依赖
3NF
↓ 消除主属性对键的部分和传递函数依赖
BCNF
↓ 消除非平凡且非函数依赖的多值依赖
4NF

图 7.6　各范式之间的关系

关系模式的规范化过程实际上是一个“分解”过程；把逻辑上独立的信息放在独立的关系模式中。分解是解决数据冗余的主要方法，也是规范化的一条原则。数据规范化减少了数据冗余，节约了存储空间，相应逻辑和物理的 I/O 次数减少，同时加快了增、删、改的速度。对完全规范的数据库，规范化数据将导致数据库中产生更多的表，这些表的结构优化了数据变更性能，但是在有些情况下却大大降低了数据查询效率。因为“分离”越深，产生的关系越多，在数据查询过程中连接操作则越频繁，而连接操作是最费时间的，特别对以查询为主的数据库应用来说，频繁的连接会影响查询速度。在这种情况下，通过引进额外的列或额外的表将有助于提高数据查询能力。在表中有意识地引入一定的数据冗余破坏规范化以改进性能被称为反规范化。

习题 7

1. 解释下列术语的含义：函数依赖，平凡函数依赖，非平凡函数依赖，部分函数依赖，完全函数依赖，传递函数依赖，范式，无损连接性，依赖保持性。

2. 多值依赖与函数依赖有哪些主要区别？

3. 已知函数依赖集 $F=\{AB\rightarrow C, BC\rightarrow D, BE\rightarrow C, C\rightarrow A, D\rightarrow EG, CG\rightarrow BD, CE\rightarrow AG, ACD\rightarrow B\}$，求 F 的最小函数依赖集 $F_{\min}$。

4. 设有关系模式 $R(A,B,C,D,E,F)$，函数依赖集 $F=\{(A,B)\rightarrow E(A,C)\rightarrow F(A,D)\rightarrow B, B\rightarrow C, C\rightarrow D\}$，求出 R 所有候选关键字。

5. 设有关系模式 $R(X,Y,Z)$，函数依赖集为 $F=\{(X,Y)\rightarrow Z\}$。请确定 R 的范式等级，并证明。

6. 设有关系模式 $R(A,B,C,D,E,F)$，函数依赖集为 $F=\{A\rightarrow(B,C),(B,C)\rightarrow A,(B,C,D)\rightarrow(E,F),E\rightarrow C\}$。请问关系模式 R 是不是 BCNF 范式，并证明结论。

7. 设有关系模式 $R(E,F,G,H)$，函数依赖：$F=\{E\rightarrow G, G\rightarrow E, F\rightarrow(E,G), H\rightarrow(E,G),(F,H)\rightarrow E\}$

(1) 求出 R 的所有候选关键字。

(2) 根据函数依赖关系，确定关系模式 R 属于第几范式。

(3) 将 R 分解为 3NF，并保持无损连接性和函数依赖保持性。

(4) 求出 F 的最小依赖集。

8. 给出 2NF、3NF、BCNF 的形式化定义，并说明它们之间的区别和联系。

9. 设一关系为：订单(订单号，顾客姓名，商品货号，订购数量，交货日期)，判断此关系属于哪一范式，为什么？

10. 说明下列关系模式最高属于第几范式，并解释其原因。

(1) $R(A,B,C,D)$，$F=\{B\rightarrow D, AB\rightarrow C\}$。

(2) $R(A,B,C,D,E)$，$F=\{AB\rightarrow CE, E\rightarrow AB, C\rightarrow D\}$。

(3) $R(A,B,C,D)$，$F=\{B\rightarrow D, D\rightarrow B, AB\rightarrow C\}$。

(4) $R(A,B,C)$，$F=\{A \to B, B \to A, A \to C\}$。

(5) $R(A,B,C)$，$F=\{A \to B, B \to A, C \to A\}$。

(6) $R(A,B,C,D)$，$F=\{A \to C, D \to B\}$。

(7) $R(A,B,C,D)$，$F=\{A \to C, CD \to B\}$。

11. 什么叫关系模式分解？为什么要做关系模式分解？模式分解要遵循什么准则？

CHAPTER 8

第8章 数据库系统的设计

本章学习要点：

- 了解数据库系统的设计流程。
- 掌握系统需求分析建立的方法，即收集用户需求的方法。
- 了解概念结构设计的特点与设计方法，掌握自底向上的概念模型设计方法和局部模型设计方法。
- 了解逻辑设计的定义与设计过程，掌握概念模型向关系模型转换的方法，掌握运用规范化理论优化逻辑模型的方法和设计用户子模式的方法。
- 了解数据库物理结构设计的定义和包含的主要内容以及影响物理结构设计的因素和关系模式的存取方法。
- 掌握数据库实施、运行和维护的基本方法。

8.1 数据库系统设计概述

数据库系统设计是指对于一个给定的应用环境，构造最优的数据库模式，建立数据库及其应用系统，使之能够有效地存储数据，满足各种用户的应用需求(信息要求和处理要求)。现代数据库系统设计强调数据库的结构设计与行为设计的统一，因而数据库系统设计是一项系统工程。数据库系统设计一般遵循软件的生命周期理论，分为6个阶段进行，如图8.1所示。

(1) 需求分析阶段。需求分析是整个数据库系统设计的基础，是最困难、最耗时的一步。需求分析是否进行得充分和准确决定了构建数据库应用系统的工期和质量以及开发费用。

(2) 概念设计阶段。通过对用户的需求进行综合、归纳和抽象，形成独立于具体DBMS的概念模型。

(3) 逻辑设计阶段。将概念设计的模型转换成某个DBMS所支持的数据模型，并对其进行优化。

(4) 物理设计阶段。进行数据存储结构和存取方法的设计。

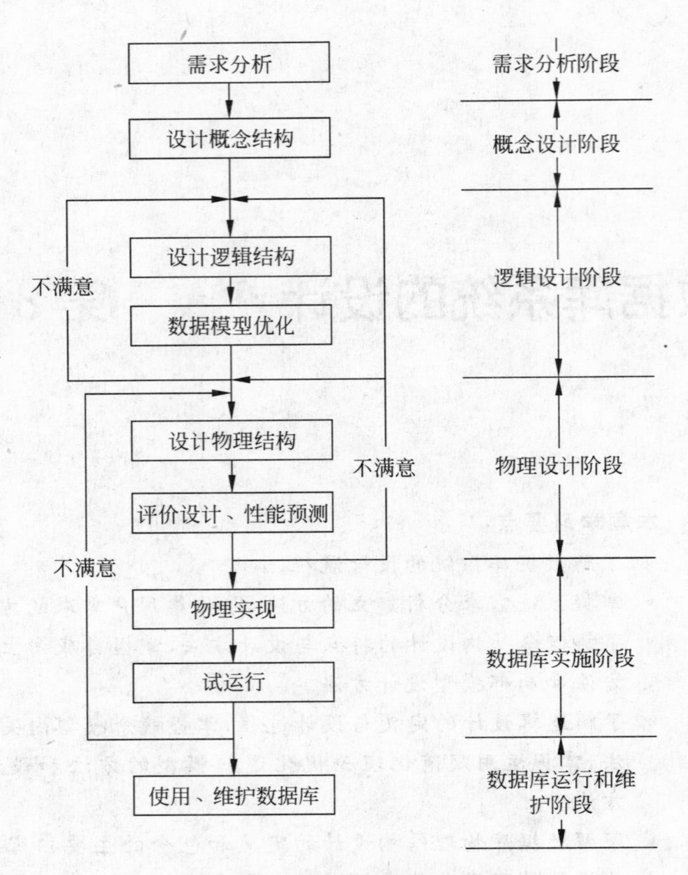

图 8.1　数据库系统设计流程

(5) 数据库实施阶段。运用 DBMS 提供的数据语言和宿主语言，建立数据库、编制和调试程序，进行数据库数据初始化，并进行试运行。

(6) 数据库运行和维护阶段。数据库应用系统投入运行后，需要进行备份和维护，对于出现的问题需要不断调整和修改，直到满足用户需求。

8.2 系统需求分析

需求分析其实质是数据库设计者对各类数据管理活动进行调查研究的过程。数据库设计人员与数据管理人员通过相互交流，逐步取得对系统功能的一致的认识。

8.2.1 需求分析的必要性

通过详细调查软件需求方（组织、部门、企业），充分了解已有系统的工作情况，明确用户的各种需求，考虑系统的可扩展性和可维护性，在此基础上确定新系统的功能。

需求分析的重点是调查、收集和分析用户在数据管理中的信息要求、处理要求、安全性要求和完整性要求，即存储哪些数据、处理哪些数据、数据存储规模如何、对数据处理的响应时间如何、是本地处理还是远程处理。

确定用户需求是一件非常困难的事情，往往用户对业务熟悉，但无法一下子准确表达自己的需求，所提需求可能不断变化；另一方面，设计人员可能对业务缺乏足够了解，不易理解用户实际需求，甚至误解用户需求。另外，新的硬件技术和软件技术的出现也会使用户需求发生变化。因此设计人员需要不断和用户进行交流和沟通才能确定用户的实际需求。

8.2.2 需求分析的方法

需求分析可按以下步骤进行。

(1) 调查组织机构情况，了解该组织的部门组成情况、各部门的职责等，为分析信息流做准备。

(2) 调查各部门的业务活动情况，包括了解各部门输入和使用什么数据、如何加工和处理这些数据、输出什么信息、输出到什么部门、输出格式如何等。

(3) 在上述工作基础上，协助用户明确对新系统的各种要求，包括信息存储要求、信息处理要求、安全性和完整性要求等。

(4) 确定系统的边界，哪些由计算机完成、哪些由人工完成等。

进行需求分析时，可以采用跟班作业、开调查会或座谈会、发放问题表、专人介绍、专人询问、查阅已有数据记录(账本、档案或文献)、使用旧系统等方式联合进行。另外，还可采用软件工程思想中的原型法来设计开发一些原型，让用户在使用原型基础上提出自己的需求和对原型的改进要求。

分析和表达用户需求的方法大都采用自顶向下的 SA (Structured Analysis)结构化分析。SA 方法采用逐层分解的方式分析系统，用数据流图(Data Flow Diagram，DFD)、数据字典(Data Dictionary，DD)描述系统，本书下节将详细介绍。

需求分析的最终结果是分析人员撰写的需求说明书。需求说明书是在需求分析活动结束后建立的文档资料，它是对开发项目需求分析的全面描述。需求说明书的内容一般包括需求分析的目标和任务、具体需求说明、系统功能和性能、系统运行环境等。需求说明书还应包括在分析过程中得到的数据流图、数据字典、功能结构图和系统配置图等必要的图表说明。需求说明书需提交用户确认后方可进入数据库的概念设计阶段。

8.2.3 数据流图和数据字典

1. 数据流图

数据流图是软件工程中专门描绘信息在系统中流动和处理过程的图形化工具，是逻辑系统的图形化表示，主要表示符号如图 8.2 所示。

数据流图是有层次的，层次越高其表现的业务逻辑越抽象，层次越低则表现的业务逻辑越具体。下面以一个实例来说明数据流图的绘制。

【例 8.1】 银行计算机储蓄系统的工作过程大致如下：储户填写的存款单或取款单由业务员键入系统，如果是存款则系统记录存款人姓名、住址、身份证号码、存款类型、存款日期、到期日期、利率以及密码(可选)等信息，并打印出存单给储户；如果是取款而且存款时留有密码，则系统首先核对储户密码，若密码正确或存款时未留有密码，则系统计算利息并打印出利息清单给储户，对应的数据流图如图 8.3 所示。

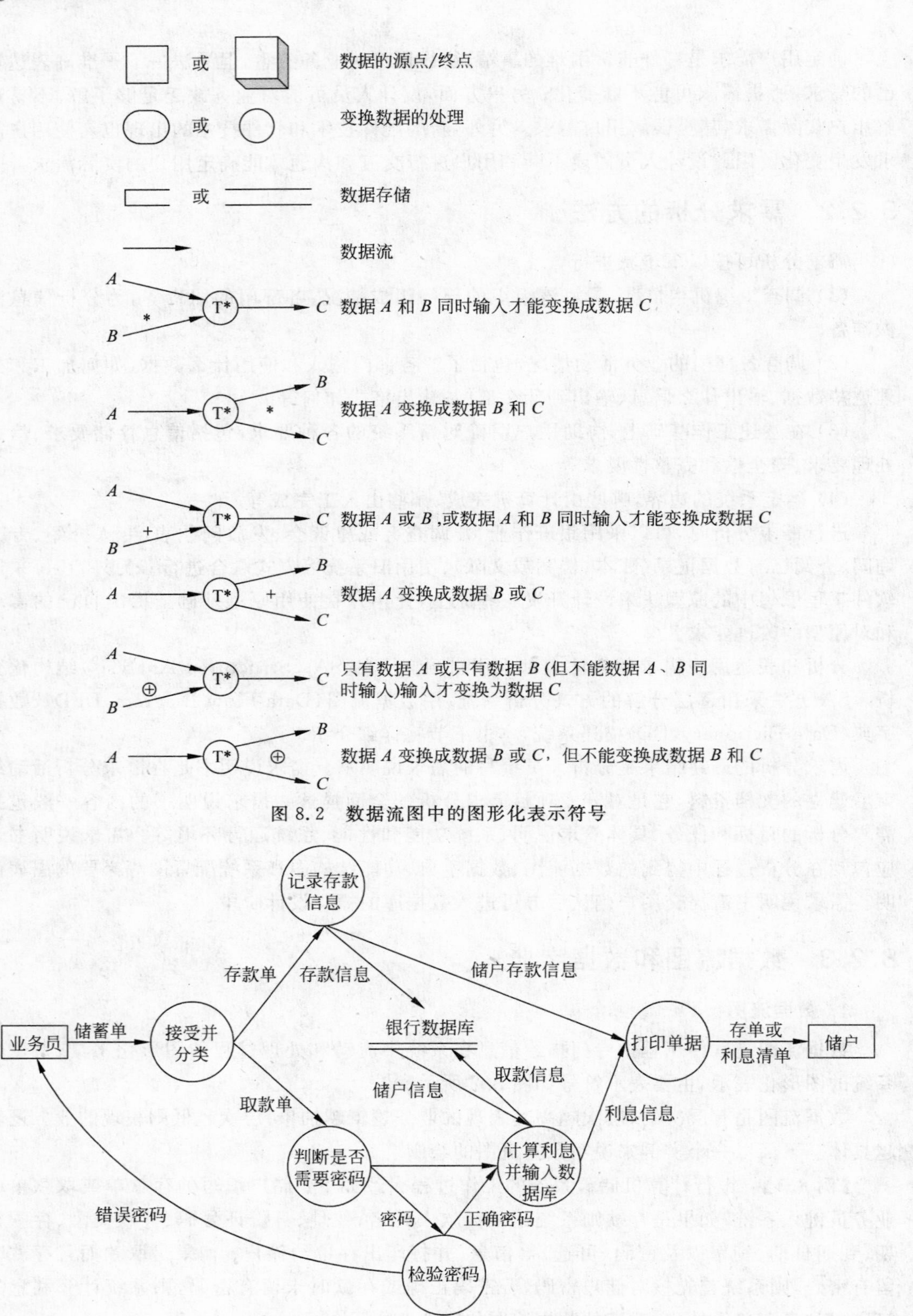

图 8.2　数据流图中的图形化表示符号

图 8.3　银行计算机储蓄数据流图

2. 数据字典

数据字典是结构化设计方法的另一个工具，它用于对系统中的各类数据进行详尽的描述，是对各类数据描述的集合，它通常包括数据项、数据结构、数据流、数据存储和处理过程5个部分。

(1) 数据项

数据项是数据最小的组成单位，数据项＝{数据项名，数据项含义说明，别名，数据类型，数据长度，取值范围，与其他数据项的逻辑关系}，其中“取值范围”和“与其他数据项的逻辑关系”定义了数据的完整性约束条件，是设计数据完整性检验功能的依据。

【例 8.2】 学生信息记录中，对“学号”记录项的描述如图 8.4 所示。

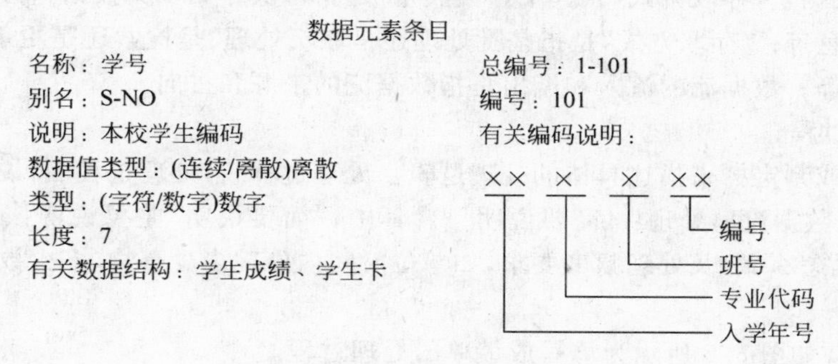
数据元素条目

名称：学号　　　　　　　　总编号：1-101
别名：S-NO　　　　　　　　编号：101
说明：本校学生编码　　　　有关编码说明：
数据值类型：(连续/离散)离散
类型：(字符/数字)数字
长度：7
有关数据结构：学生成绩、学生卡

图 8.4 “学号”记录项

(2) 数据结构

若干数据项有意义的集合，反映了数据之间的组合关系。一个数据结构可由若干个数据项组成，也可由若干个数据结构组成，或由若干个数据项和数据结构混合组成。数据结构＝{数据结构名，含义说明，组成，{数据项或数据结构}}

【例 8.3】 学生登记卡中，由多个数据项构成一则能较完整地表示学生信息的数据结构，如图 8.5 所示。

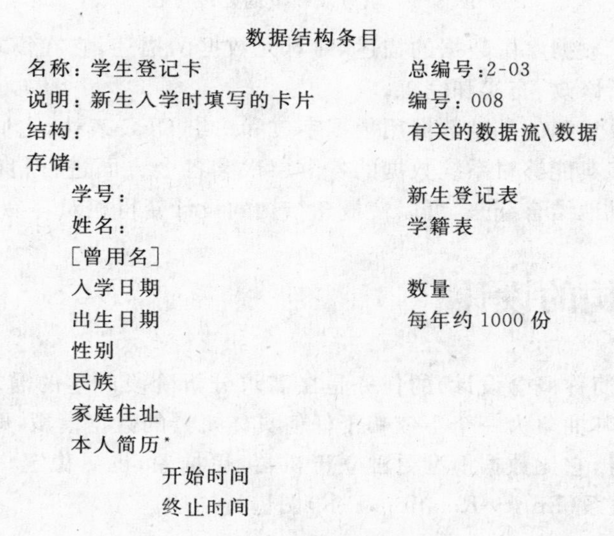
数据结构条目

名称：学生登记卡　　　　　　总编号：2-03
说明：新生入学时填写的卡片　编号：008
结构：　　　　　　　　　　　有关的数据流\数据
存储：
　学号：　　　　　　　　　　新生登记表
　姓名：　　　　　　　　　　学籍表
　[曾用名]
　入学日期　　　　　　　　　数量
　出生日期　　　　　　　　　每年约 1000 份
　性别
　民族
　家庭住址
　本人简历
　　开始时间
　　终止时间

图 8.5 学生登记卡

(3) 数据流

数据结构在系统内传输的路径即为数据流。数据流={数据流名,说明,数据流去向,数据流来源,数据流组成:{数据结构},数据量,流通量}。其中,"说明"即简要介绍作用,即它产生的原因和结果;"数据流来源"即该数据流来自何方;"数据流去向"即数据流去向何处;"数据流组成"为所包括的数据项或数据结构;"数据量"为高峰时期的数据流量;"流通量"为单位时间内的传输次数。

(4) 数据存储

数据结构停留或保存的地方,特指处理过程中存储的数据,常常是手工凭证、手工文档或计算机文件。数据存储={数据存储名,说明,编号,流入的数据流,流出的数据流,组成:{数据结构},数据量,存取方式}。其中,"数据量"是指每次存储多少数据,每天或每小时、每周存取几次信息等;"存取方式"是指是批处理还是联机处理、是检索还是更新、是顺序检索还是随机检索等。数据流的流入和流出是指数据流的来源和去向。

(5) 处理过程

用判定表或判定树来描述具体的处理逻辑。处理过程={处理过程名,说明,输入:{数据流},输出:{数据流},处理:{简要说明}}。其中,"简要说明"主要说明该处理过程用来做什么(而不是怎么做)及处理频度要求,如单位时间内处理多少事物、多少数据量和响应时间等。

【例 8.4】 如图 8.6 所示为填写成绩单的处理过程。

处理过程条目名称

名称:填写成绩单　　　　总编号:5-007

填写成绩单说明:通知学生成绩,有补考科目的说明补考日期。　　编号:P2.1.4

输入:D2 ⟶P2.1.4

输出:P2.1.4 ⟶学生(成绩通知单)

处理:查 D2(成绩一览表),打印每个学生的成绩通知单,若有不及格科目,不够直接留级,则在"成绩通知"中填写补考科目、时间,若直接留级则表明留级。

图 8.6　填写成绩单的处理过程

数据字典是关于数据库中数据的描述,即对元数据的描述,它在需求分析阶段建立,在数据设计过程中不断修改、充实和完善。

需求分析阶段收集到的基础数据用数据字典和一组 DFD 表达,它们是下一步进行概念设计的基础。数据字典能够对系统数据的各个层次和各个方面进行精确和详尽的描述,并且把数据和处理有机地结合起来,可以使概念结构的设计变得相对容易。

8.3 概念结构的设计

概念结构设计(简称概念设计)的任务是在需求分析阶段产生的需求说明书的基础上,按照特定的方法,将其抽象为一个不依赖于任何具体机器的数据模型,即概念模型。概念模型是数据模型的前身,它比数据模型更独立于机器,更抽象,也更稳定。概念模型又称概念结构,它可用实体-联系(Entity-Relation,E-R)图进行描述。

8.3.1　概念模型的特点、设计方法和步骤

概念模型的特点为：概念模型应能真实和充分反映现实世界，能满足用户对数据处理的需求；概念模型应易于被用户理解，用户才可参与到数据库设计中；概念模型应易于更改，以满足用户需求的修改和扩充；概念模型应易于向数据模型转换。

概念模型的设计方法大致有 4 种。

(1) 自顶向下的方法。首先定义全局概念模型的框架，然后逐步细化，形成最终概念模型。

(2) 自底向上的方法。首先定义各局部应用的概念模型，然后将它们集成，形成全局概念模型。

(3) 逐步扩张的方法。首先定义最重要的核心概念模型，然后向外扩充，生成其他概念模型，直至完成总体概念模型。

(4) 混合策略方法。自顶向下设计一个全局概念模型的框架，以此为骨架，集成自底向上设计的各局部概念模型。

最常采用的方法是自底向上的方法，即自顶向下进行需求分析，然后自底向上设计概念模型，其方法如图 8.7 所示。

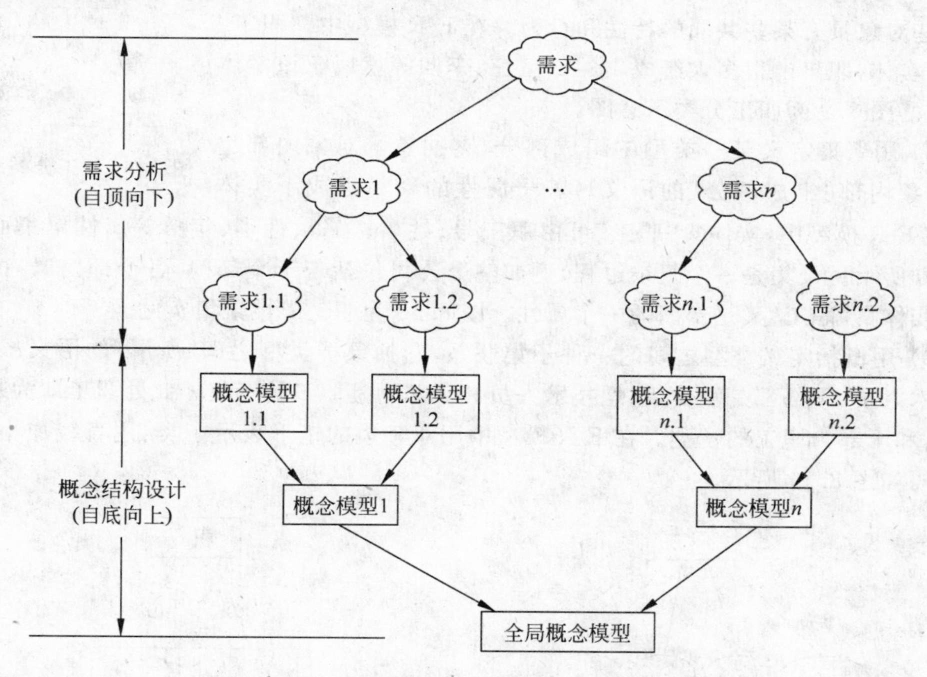

图 8.7　自底向上的概念模型设计方法

概念模型设计的步骤可以分成两步，首先抽象数据并设计局部视图，然后集成局部视图，得到全局概念模型，其设计步骤如图 8.8 所示。

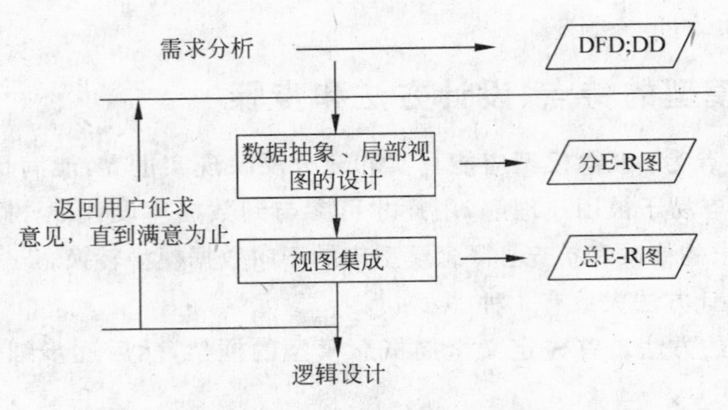

图 8.8 概念模型设计的步骤

8.3.2 数据抽象与局部视图设计

1. 数据抽象

概念模型是对现实世界的抽象，即抽取现实世界的共同特性而忽略非本质的细节，并把这些共同特性用各种概念精确地加以描述，形成某种模型。可采用分类(classification)、聚集(aggregation)、概括(generalization)方法来进行数据抽象，得到概念模型的实体集及属性。

(1) 用分类定义某一类概念作为现实世界中一组对象的类型，这些对象具有某些共同的特性和行为。在E-R模型中，“职工”就属于实体，职工由很多人组成，张二、王三、李四等就属于该实体的成员。图 8.9 为职工分类示意图。

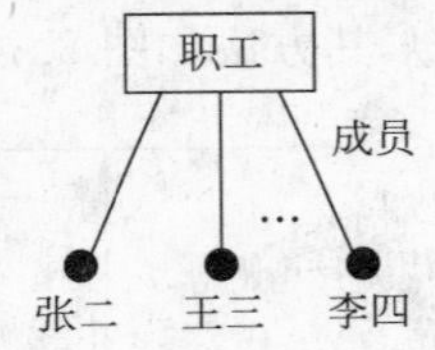

图 8.9 职工分类示意图

(2) 用聚集定义某一类型的组成部分，它抽象了对象内部类型和对象内部“组成部分”的语义。若干属性的聚集组成了实体型。在E-R模型中，实体集“职工”可由职工号、姓名、工资、性别、年龄等属性聚集而成，如图 8.10 所示。聚集是一个复杂过程，例如整个公司包括若干个部门，各个部门又有各自的职工，实体集“职工”又是部门的一个属性。图 8.10 为职工属性聚集实例。

(3) 用概括定义类型之间的一种子集联系，它抽象了类型之间“所属”的语义。例如职工、技术人员、干部都是实体集，但技术人员和干部均是职工的子集。此处职工即为超类，技术人员和干部为职工的子类。在E-R模型中用双竖边的矩形表示子类，用直线加小圆圈表示超类，如图 8.11 所示。

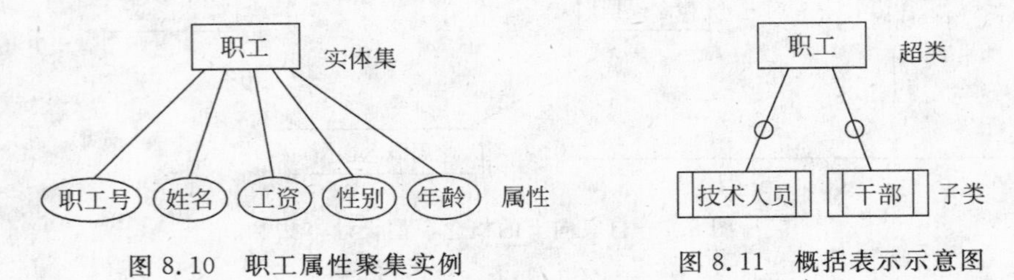

图 8.10 职工属性聚集实例　　图 8.11 概括表示示意图

2. 局部视图的设计

概念模型设计是利用抽象机制对需求分析阶段收集到的数据进行分类、组织(聚集)，形成实体集、属性和码，确定实体集之间的联系类型(一对一、一对多、多对多)，进而进行局部视图的设计，即分 E-R 图的设计。

局部概念模型的设计一般分为 3 步进行。

(1) 明确局部应用的范围。根据系统的具体情况，在多层 DFD 中选择一个适当层次的 DFD 作为设计分 E-R 图的出发点，并让 DFD 中的每一部分都对应一个局部应用。

(2) 设计分 E-R 图。选择实体，确定实体的属性及标识实体的关键字。根据局部应用的 DFD 中标定的实体集、属性和码，结合数据字典中的相关描述内容，确定 E-R 图中的实体、实体之间的联系。由于实体和属性之间并不存在截然划分的界限，例如职称是职工的一个属性，但有时职称也可为一个实体。划分实体和实体的属性时，一般遵循以下的经验性原则：

- 属性是不可再分的数据项，不能再有附加说明；否则，该属性应定义为实体。
- 属性不能与其他实体发生联系，联系只能发生在实体之间。
- 现实世界中的对象，凡能够作为属性的尽量作为属性处理。

(3) 确定实体之间的联系，产生局部模型。

8.3.3 视图的集成

视图的集成就是将设计好的各子系统的分 E-R 图(或称局部 E-R 图)综合成一个系统的总 E-R 图(全局概念模型)。

如图 8.12 所示为视图集成的两种方式：(a)多个分 E-R 图一次性集成；(b)逐步集成，每次只集成两个局部 E-R 图，直至所有的分 E-R 图集成完毕。

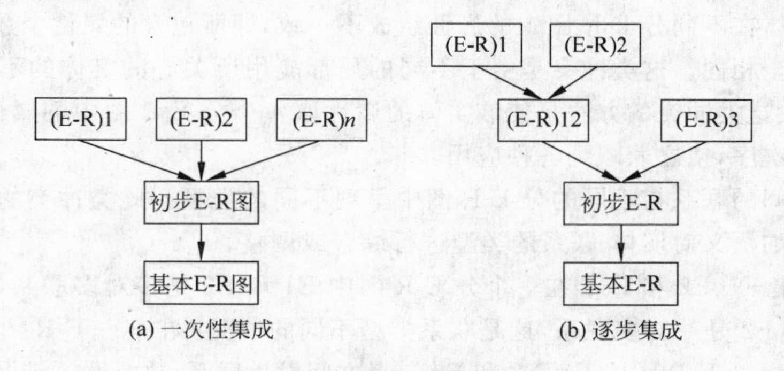

图 8.12 视图集成的两种方法

多个分 E-R 图一次集成的方法比较复杂，做起来难度较大；逐步集成方法由于每次只集成两个分 E-R 图，因而可以有效地降低复杂度。无论采用哪种方法，在每次集成分 E-R 图时，都要分两步进行。

(1) 合并 E-R 图。进行 E-R 图合并时，要解决各个分 E-R 图之间的冲突问题，并将各分 E-R 图合并起来生成初步 E-R 图。

(2) 修改和重构初步 E-R 图。修改和重构初步 E-R 图的目的是要消除不必要的实体集冗余和联系冗余，生成基本 E-R 图。

1. 合并分 E-R 图，生成初步 E-R 图

由于各个局部应用所面向的问题是不同的，而且通常是由不同的设计人员进行不同的

局部视图设计，这样就会导致各个分 E-R 图之间必定会存在许多不一致的地方，即产生冲突问题。在把各个分 E-R 图画在一起的时候，必须先消除各个分 E-R 图之间的不一致，形成一个能被所有用户共同理解和接受的统一的概念模型，再进行合并。合理消除各个分 E-R 图的冲突是进行合并的主要工作，也是工作的关键所在。分 E-R 图间的冲突主要有 3 类：属性冲突、命名冲突和结构冲突。

(1) 属性冲突

属性冲突主要有 2 种情况：

- 属性域冲突，即属性值的类型、取值范围或取值集合不同。例如对于零件号属性，不同的部门可能会采用不同的编码形式，而且定义的类型各不相同，有的定义为整型，有的定义为字符型，需要各部门间协商解决。
- 属性取值单位冲突。例如零件的重量，不同的部门可能分别用公斤、斤或千克来表示，结果会导致数据统计错误。

(2) 命名冲突

命名冲突主要表现在以下 2 个方面：

- 同名异义冲突，即不同意义的对象在不同的局部应用中有相同的名字。
- 异名同义冲突，即意义相同的对象在不同的局部应用中有不同的名字。

(3) 结构冲突

结构冲突主要有 3 种情况：

- 同一对象在不同的应用中具有不同的抽象。例如，职工在某一局部应用中被当做实体对待，而在另一局部应用中被当做属性对待，这就会产生抽象冲突问题。
- 同一实体在不同分 E-R 图中的属性组成不一致，即所包含的属性个数和属性排列次序不完全相同。这类冲突是由于不同的局部应用所关心的实体的不同侧面而造成的，解决这类冲突的方法是使该实体的属性取各个分 E-R 图中的属性，再适当调整属性的次序，使之兼顾到各种应用。
- 实体之间的联系在不同的分 E-R 图中呈现不同的类型。此类冲突的解决方法是根据应用的语义对实体-联系的类型进行综合或调整。

设有实体集 E1、E2 和 E3：在一个分 E-R 图中 E1 和 E2 是多对多联系，而在另一个分 E-R 图中 E1 和 E2 是一对多联系，这是联系类型不同的情况；在某一 E-R 图中 E1 和 E2 发生联系，而在另一个 E-R 图中 E1、E2 和 E3 三者之间发生联系，这是联系涉及的对象不同的情况。

图 8.13 所示的是一个综合 E-R 图的实例。图 8.13(a)表示，在一个分 E-R 图中零件与产品之间的联系是多对多联系；而在图 8.13(b)表示的分 E-R 图中，产品、零件与供应商三者之间存在着多对多的联系“供应”；图 8.13(c)在综合 E-R 图中把它们综合起来表示。

2. 消除不必要的冗余，设计基本 E-R 图

在初步 E-R 图中可能存在冗余的数据和实体间冗余的联系。冗余数据是指可由基本数据导出的数据。冗余的联系是可由其他联系导出的联系。冗余的存在容易破坏数据库的完整性，给数据库维护增加困难，应当加以消除。消除了冗余的初步 E-R 图就成为基本 E-R 图。消除冗余的方法有以下 2 种。

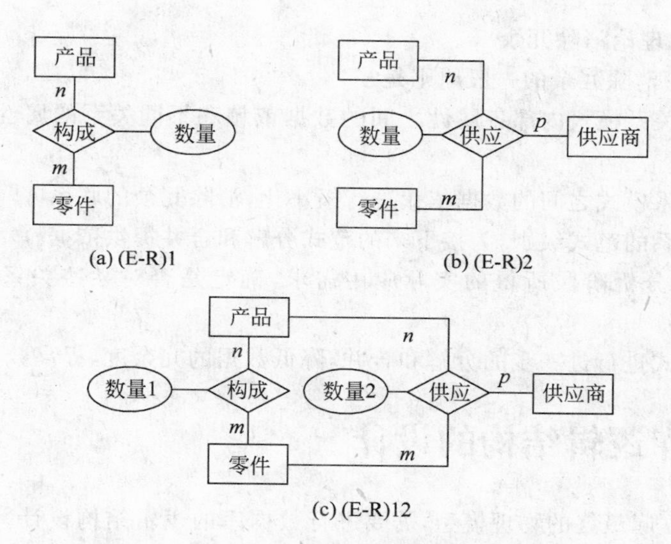

图 8.13　合并两个分 E-R 图后的综合 E-R 图

（1）用分析方法消除冗余

分析方法是消除冗余的主要方法，它以数据字典和数据流图为依据，根据数据字典中关于数据项之间逻辑关系的说明来消除冗余。

在实际应用中，并不是要将所有的冗余数据与冗余联系都消除。有时为了提高数据查询效率、减少数据存取次数，在数据库中就设计了一些数据冗余或联系冗余。因而在设计数据库结构时，冗余数据的消除或存在要根据用户的整体需要来确定。如果希望存在某些冗余，则应在数据字典的数据关联中进行说明，并把保持冗余数据的一致作为完整性约束条件。

例如，在图 8.14 中，如果 $Q_3 = Q_1 \times Q_2$ 并且 $Q_4 = \sum Q_5$，则 Q_3 和 Q_4 是冗余数据，Q_3 和 Q_4 就可以被消去。而消去了 Q_3，产品与材料间 $m:n$ 的冗余联系也应当被消去。但若物资部门经常要查询各种材料的库存总量，就应保留 Q_4，并把“$Q_4 = \sum Q_5$”定义为 Q_4 的完整性约束条件，每当 Q_5 被更新，就会触发完整性检查的例程，以便对 Q_4 做相应的修改。

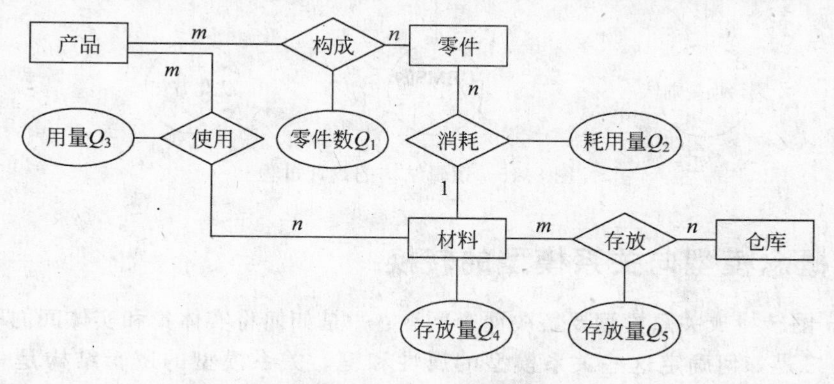

图 8.14　消除冗余的实例

(2) 用规范化理论消除冗余

用规范化理论消除冗余的一般原则是：

- 定出每个关系模式内部各属性之间的数据依赖和不同关系的属性相互之间的数据依赖。
- 对各个关系模式之间的数据依赖进行极小化，消除冗余的联系。
- 确定各关系的范式级别，为接下来的范式分解和合并提供依据。
- 根据需求分析阶段所得的实际应用需求，确定是否对某些关系模式进行分解或合并。
- 对关系模式进行进一步的分解和合并，降低数据的冗余度，提高数据操作的效率。

8.4 数据库逻辑结构的设计

为了能够建立起最终的物理模型，需要进行数据库的逻辑结构设计。数据库逻辑结构设计所要完成的任务是将概念模型进一步转化为某一 DBMS 所支持的数据模型，再根据逻辑设计的准则、数据的语义约束、规范化理论等对数据模型进行适当的调整和优化，形成合理的全局逻辑结构，并设计出用户子模式。数据库逻辑结构的设计分为两个步骤：概念模型转换为关系模型；对关系模型进行优化。

8.4.1 逻辑结构设计的过程

逻辑结构设计的过程如图 8.15 所示，共分为 3 步：①选择最适合的数据模型，并按转换规则将概念模型转换为选定的数据模型。②从支持这种数据模型的各个 DBMS 中选出最佳的 DBMS，根据选定的 DBMS 的特点和限制对数据模型做适当修正。一般情况下 DBMS 会事先确定下来，设计人员并无选择 DBMS 的余地。DBMS 一般都支持关系、网状、层次模型中的一种，把一般的数据模型转换成特定的 DBMS 所支持的数据模型。③通过优化方法将其转化为优化的数据模型。

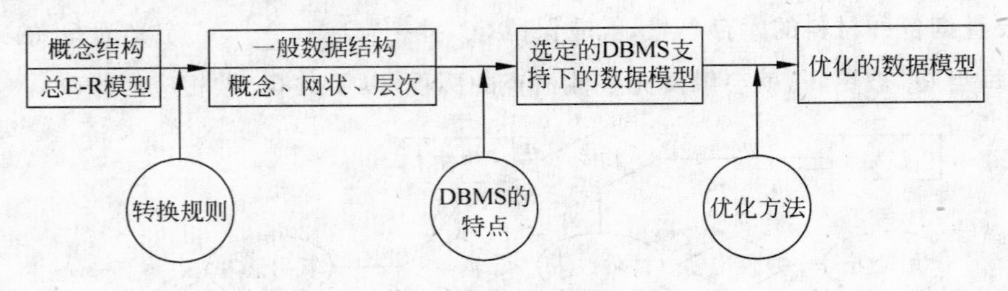

图 8.15 逻辑结构的设计过程

8.4.2 概念模型向关系模型的转换

将 E-R 图转换成关系模型要解决两个问题：一是如何将实体集和实体间的联系转换为关系模型；二是如何确定这些关系模型的属性和键。关系模型的逻辑结构是一组关系模式，而 E-R 图是由实体集、属性及联系三个要素组成，将 E-R 图转换为关系模型实际上就是要将实体集、属性以及联系转换为相应的关系模式。概念模型转换为关系模型的基本方法如下。

1. 实体集的转换规则

概念模型中的一个实体集转换为关系模型中的一个关系，实体的属性就是关系的属性，实体的标识符就是关系的键，关系的结构就是关系模式。

2. 实体集间联系的转换规则

在向关系模型转换时，实体集间的联系可按 1∶1(一对一)、1∶n(一对多)、m∶n(多对多)来转换。

(1) 1∶1 联系的转换方法

一个 1∶1 联系可转换为一个独立的关系，也可与任意一端实体集所对应的关系合并。前者中，与该联系相连的各实体的键及联系本身的属性均转换为关系的属性，且每个实体的键均是该关系的候选键；后者则需要在被合并关系中增加属性，新增的属性为联系本身的属性和联系相关的另一个实体集的键。

【例 8.5】 将图 8.16 中含有 1∶1 联系的 E-R 图转换为关系模型。

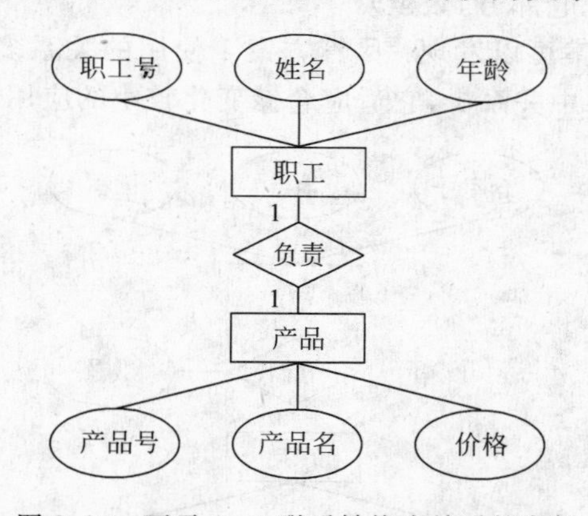

图 8.16　两元 1∶1 联系转换为关系的实例

该例有 3 种方案可供选择(注：关系中标有下划线的属性为键)。

方案 1：联系形成的关系独立存在，转换后的关系模型为：

职工(职工号、姓名、年龄)

产品(产品号、产品名、价格)

负责(职工号、产品号)

方案 2："负责"与"职工"两关系合并，转换后的关系模型为：

职工(职工号、姓名、年龄、产品号)

产品(产品号、产品名、价格)

方案 3："负责"与"产品"两关系合并，转换后的关系模型为：

职工(职工号、姓名、年龄)

产品(产品号、产品名、价格、职工号)

将上面 3 种方案进行比较，不难发现：方案 1 中，由于关系多，增加了系统的复杂性；方案 2 中，由于并不是每个职工都负责产品，就会造成产品号属性的 NULL 值过多；相比较起来，方案 3 比较合理。

(2) 1∶n 联系的转换方法

在向关系模型转换时，实体间的 1∶n 联系可以有两种转换方法：一种方法是将联系转换为一个独立的关系，其关系的属性由与该联系相连的各实体集的键以及联系本身的属性组成，而该关系的键为 n 端实体集的键；另一种方法是在 n 端实体集中增加新属性，新属性由联系对应的 1 端实体集的键和联系自身的属性构成，新增属性后原关系的键不变。

【例 8.6】 将图 8.17 中含有 1∶n 联系的 E-R 图转换为关系模型。该转换有 2 种转换方案供选择。注意，关系中标有下划线的属性为键。

方案 1：1∶n 联系形成的关系独立存在。

仓库(<u>仓库号</u>、地点、面积)

产品(<u>产品号</u>、产品名、价格)

仓储(<u>仓库号、产品号</u>、数量)

方案 2：联系形成的关系与 n 端对象合并。

仓库(<u>仓库号</u>、地点、面积)

产品(<u>产品号</u>、产品名、仓库号、数量)

比较以上两个转换方案可以发现：尽管方案 1 使用的关系多，但是对仓储变化大的场合比较适用；相反，方案 2 中关系少，它适应仓储变化较小的应用场合。

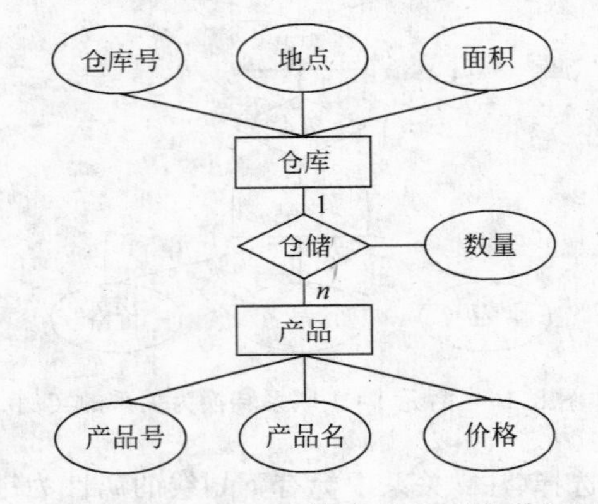

图 8.17 两元 1∶n 联系转换为关系模型的实例

【例 8.7】 图 8.18 中含有同实体集的 1∶n 联系，将它转换为关系模型。

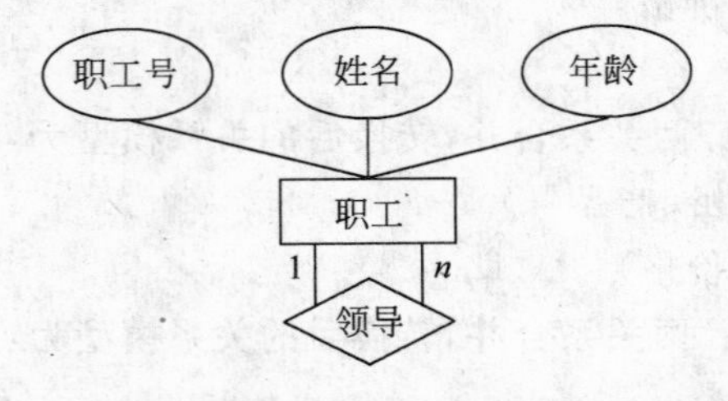

图 8.18 实体集内部 1∶n 联系转换为关系模型的实例

该例题转换的方案如下(注：关系中标有下划线的属性为键)：

方案 1：转换为两个关系模式。

职工(<u>职工号</u>、姓名、年龄)；

领导(领导工号、职工号)

方案 2：转换为一个关系模式。

职工(职工号、姓名、年龄、领导工号)

其中，由于同一关系中不能有相同的属性名，故将领导的职工号改为领导工号，以上两种方案相比较，第 2 种方案的关系少，且能充分表达原有的数据联系，所以采用第 2 种方案会更好些。

(3) $m:n$ 联系的转换方法

在向关系模型转换时，一个 $m:n$ 联系转换为 1 个关系。转换方法为：与该联系相连的各实体集的键以及联系本身的属性均转换为关系的属性，新关系的键为两个相连实体键的组合(该键为多属性构成的组合键)。

【例 8.8】 将图 8.19 中含有 $m:n$ 二元联系的 E-R 图转换为关系模型。

该题转换的关系模型为(注：关系中标有下划线的属性为键)：

学生(学号、姓名、年龄、性别)

课程(课程号、课程名、学时数)

选修(学号、课程号、成绩)

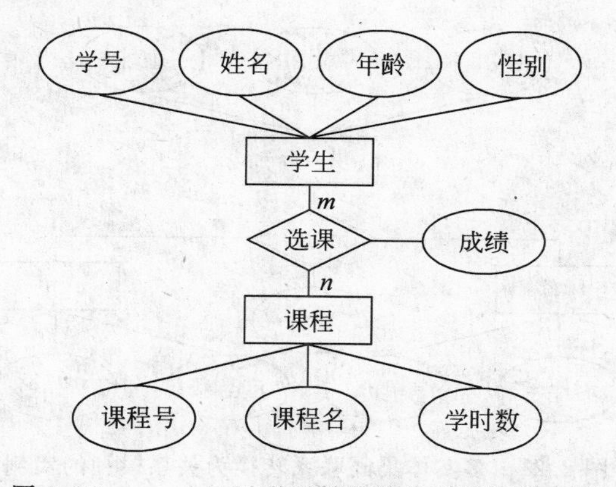

图 8.19　$m:n$ 二元联系转换为关系模型的实例

【例 8.9】 将图 8.20 中含有同实体集间 m：n 联系的 E-R 图转换为关系模式。

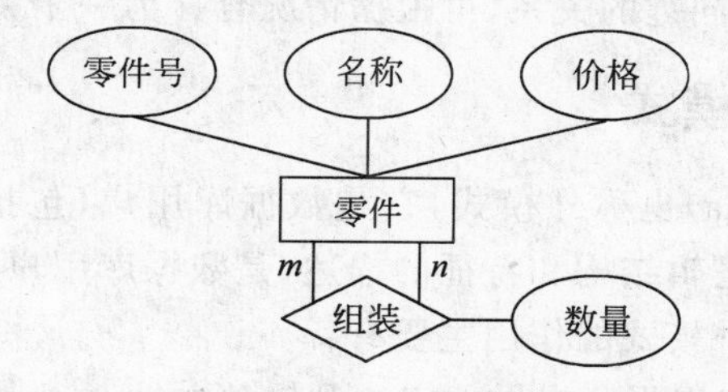

图 8.20　同一实体集内 $m:n$ 联系转换为关系模型的实例

转换的关系模型为(注：关系中标有下划线的属性为键)：

零件(零件号、名称、价格)

组装(组装件号、零件号、数量)

其中，组装件号为组装后的复杂零件号。由于同一关系中不允许存在同名属性，因而改为组装件号。

(4) 3个或3个以上实体集间的多元联系的转换方法

要将3个或3个以上实体集间的多元联系转换为关系模式，可根据以下2种情况采用不同的方法处理：

- 对于一对多的多元联系，转换为关系模型的方法是修改1端实体集对应的关系，即将与联系相关的其他实体集的键和联系自身的属性作为新属性加入到1端实体集中。
- 对于多对多的多元联系，转换为关系模型的方法是新建一个独立的关系，该关系的属性为多元联系相连的各实体的键以及联系本身的属性，键为各实体键的组合。

【例8.10】 将图8.21中含有多实体集间的多对多联系的E-R图转换为关系模型。

供应商(<u>供应商号</u>、供应商名、地址)

零件(<u>零件号</u>、零件名、单价)

产品(<u>产品号</u>、产品名、型号)

供应(<u>供应商号</u>、<u>零件号</u>、<u>产品号</u>、数量)

其中，关系中标有下划线的属性为键。

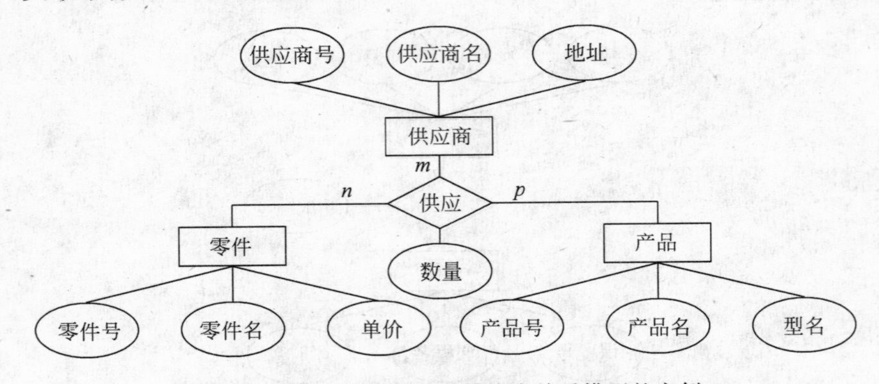

图8.21 多实体集间联系转换为关系模型的实例

3. 关系合并规则

在关系模型中，具有相同键的关系，可根据情况合并为一个关系。

8.4.3 设计用户子模式

用户子模式(subschema)也称外模式，它是数据库用户(包括程序员和最终用户)能够看见和使用的局部数据的逻辑结构和特征的描述，是数据库用户的数据视图，是与某一应用有关的数据的逻辑表示。外模式的作用主要有：

- 屏蔽逻辑模式，为应用程序提供一定的逻辑独立性。
- 更好地适应不同用户对数据的需求。
- 为用户划定了访问数据的范围，有利于数据库的管理。

设计用户子模式时只考虑对数据的使用要求、习惯及安全性要求，而不用考虑系统的时间效率、空间效率和易维护性等问题。用户子模式设计时应注意以下问题。

1. 使用更符合用户习惯的别名

前面提到，在合并多个分 E-R 图时应消除命名的冲突，这在设计数据库整体结构时是非常必要的，但命名统一后会使某些用户感到别扭，用定义用户子模式的方法可以有效地解决该问题。必要时，可以对子模式中的关系和属性名重新命名，使其与用户习惯一致，以方便用户的使用。

2. 对不同级别的用户可以定义不同的子模式

由于视图能够对表中的行和列进行限制，所以它还具有保证系统安全性的作用。对不同级别的用户定义不同的子模式，可以保证系统的安全性。

例如，假设有关系模式：产品(产品号、产品名、规格、单价、生产车间、生产负责人、生产成本、产品合格率、质量等级)。现需要在产品关系上为一般顾客和产品销售人员各建立 1 个视图。

为一般顾客建立视图：

产品 1(产品号、产品名、规格、单价)

为产品销售部门建立视图：

产品 2(产品号、产品名、规格、单价、生产车间、生产负责人)

在建立视图后，产品 1 视图中包含了允许一般顾客查询的产品属性；产品 2 视图中包含允许销售部门查询的产品属性；生产领导部门则可以利用产品关系查询产品的全部属性数据。这样，既方便了使用，又可以防止用户非法访问本来不允许他们查询的数据，保证了系统的安全性。

3. 简化用户对系统的使用

利用子模式可以简化使用，方便查询。实际工作中经常要使用某些很复杂的查询，这些查询包括多表连接、限制、分组和统计等。为了方便用户，可以将这些复杂查询定义为视图，用户每次只对定义好的视图进行查询，避免了每次查询都要对其进行重复描述，大大简化了用户的使用。

【例 8.11】 要为某基层单位建立一个“基层单位”数据库。通过调查得出，用户要求数据库中存储下列基本信息：

部门(部门号、名称、领导人编号)

职工(职工号、姓名、性别、工资、职称、照片、简历)

工程(工程号、工程名、参加人数、预算、负责人号)

办公室(地点、编号、电话)。

这些信息的关联的语义为：

- 每个部门有多个职工，每个职工只能在一个部门中工作。
- 每个部门只有一个领导人，领导人不能兼职。
- 每个部门可以同时承担若干工程项目，数据库中应记录每个职工参加项目的日期。
- 一个部门可以有多个办公室。
- 每个办公室只有一部电话。
- 数据库中还应存放每个职工在所参加的工程项目中承担的具体任务。

(1) 概念模型的设计

调查得到数据库的信息要求和语义后，还要进行数据抽象，才能得到数据库的概念模型。设基层单位数据库的概念模型如图 8.22 所示。为了清晰，图中将实体的属性略去，该 E-R 图表示的“基层单位”数据库系统中应该包括“部门”、“办公室”、“职工”和“工程”4 个实体集，其中，部门和办公室间存在 1∶n 的“办公”联系；部门和职工间存在着 1∶1 的“领导”联系和 1∶n 的“工作”联系；职工和工程之间存在 1∶n 的“负责”联系和 m∶n 的“参加”联系；部门和工程之间存在着 1∶n 的“承担”联系。

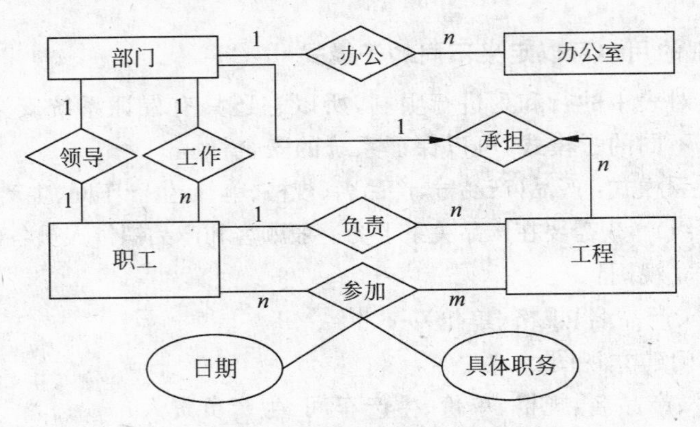

图 8.22　基层单位数据库的概念模型

(2) 关系模型的设计

图 8.22 的 E-R 图可按规则转换成一组关系模式，表 8.1 中列出了这组关系模式及相关信息，表中的一行为一个关系模式，关系的属性根据数据字典得出。

表 8.1　基层单位数据库的关系模型信息

数据性质	关系名	属　性	说　明
实体	职工	职工号、姓名、性别、工资、职称、照片、简历、部门号	部门号为合并后关系新增属性
实体	部门	部门号、名称、领导人编号、职工号	职工号与领导人编号重复，故去掉
实体	工程	工程号、工程名、参加人数、预算、负责人号、部门号	负责人号和部门号为合并关系新增属性
实体	办公室	编号、地点、电话、部门号	部门号为合并关系新增属性
m∶n 联系	参加	职工号、工程号、日期、具体职务	
1∶n 联系	办公	编号、部门号	与办公室关系合并
1∶n 联系	工作	部门号、职工号	与职工关系合并
1∶n 联系	承担	部门号、工程号	与工程关系合并
1∶n 联系	负责	职工号、工程号	与工程关系合并，并将职工号改为负责人号
1∶n 联系	领导	部门号、职工号	与部门合并

注：表中带下划线的属性为关系的键；带有删除线的内容是开始设计有，但后来优化时应该去掉的内容，具体情况在说明列中叙述。

该关系模型开始设计为 10 个关系，将 1∶n 和 1∶1 联系的关系模式与相应的实体形成的关系模式合并后，结果为 5 个关系模式。这样，该“基本单位”数据库中应该有 5 个基本关系。

8.5 数据库物理结构的设计

数据库物理结构设计阶段的任务是根据具体计算机系统(DBMS和硬件等)的特点,为给定的数据库模型确定合理的存储结构和存取方法,并对物理结构进行评价。

不同的数据库产品所提供的物理环境、存取方法和存储结构各不相同,供设计人员使用的设计变量、参数范围也各不相同,因此数据库的物理设计无通用设计方法可循,仅有一般的设计原则。

设计人员希望所设计的物理数据库结构能满足事务在数据库上运行响应时间少、存储空间利用率高、事务吞吐量大的要求。为此,在确定数据库的存储结构和存取方法之前,对数据库系统所支持的事务要进行仔细的分析,获得优化数据库物理设计的参数,并且应当全面了解给定DBMS的功能、物理环境和工具,尤其是存储结构和存取方法,包括确定关系、索引、聚簇、日志、备份等的存储安排和存储结构,确定系统配置等。

8.5.1 确定关系模式的存取方法

确定数据库的存取方法,就是确定建立哪些存储路径以实现快速存取数据库中的数据。现行的DBMS一般都提供了多种存取方法,如索引法、聚簇法、散列法等。

1. 索引法

索引法是最常用的存取方法。在创建索引的时候,一般遵循以下的一些经验性原则。

(1) 在经常需要搜索的列上建立索引。

(2) 在主键上建立索引。

(3) 在经常用于连接的列上建立索引,即在外键上建立索引。

(4) 在经常需要根据范围进行搜索的列上创建索引,因为索引已经排序,其指定的范围是连续的。

(5) 在经常需要排序的列上建立索引,因为索引已经排序,这样查询可以利用索引的排序,加快排序查询的速度。

(6) 在经常成为查询条件的列上建立索引。也就是说,在经常使用在where子句中的列上面建立索引。如果一组列经常在查询条件中出现,则考虑建立组合索引。

(7) 若一个列经常作为最大值和最小值等聚集函数的参数,则考虑针对该列建立索引。

(8) 关系上要定义的索引数要适当,并不是越多越好,因为系统维护索引需要付出代价,查找索引也要付出代价。例如更新频率很高的关系上定义的索引,数量就不能太多,因为更新一个关系时,必须对这个关系上有关的索引作相应的修改。

下例将说明究竟哪些情况下需要建立索引以提高效率。

【例8.12】 某大学需要建立一个学生成绩的数据库系统,整个系统包括三个数据表:课程信息表、学生信息表和学生成绩表。数据库的结构如下:

学生信息表(学号、姓名、出生日期、性别、系名、班号)

课程信息表(课程号、课程名、教师、学分)

学生成绩表(学号、课程号、成绩)

整个系统需要统计学生的平均分、某课程的平均分等，所以学生信息表中的属性“学号”，课程信息表中的属性“课程号”，学生成绩表中的属性“学号”、“课程号”将经常出现在查询条件中，可以考虑在上面建立索引以提高效率。

2. 聚簇法

为了提高某个属性或属性组的查询速度，把这个属性或属性组上具有相同值的元组集中存放在连续的物理块上的处理方法称为聚簇，这个属性或属性组成为聚簇键。

(1) 为什么要建立聚簇

聚簇功能可大大提高按聚簇键进行查询的效率。例如，要查询软件学院所有800个学生名单，在极端情况下，这800名学生所对应的数据元组分布在800个不同的物理块上。尽管对学生关系已按所在学院建有索引，由索引会很快找到软件学院学生的元组标识，避免了全表扫描，但再由元组标识去访问数据块时就要存取800个物理块，执行800次I/O操作。如果将同学院的学生元组集中存放，则每读一个物理块就可得到多个满足查询条件的元组，从而显著减少访问磁盘的次数。聚簇功能不但适用于单个系统，还适用于经常进行连接操作的多个关系，即将多个连接关系的元组按连接属性值聚簇存放，聚簇中的连接属性称为聚簇键，这就相当于把多个关系按预连接形式存放，大大提高连接操作的效率。

(2) 建立聚簇的基本原则

一个数据库可以建立多个聚簇，但一个关系只能加入一个聚簇。选择聚簇存取方法就是确定需要建立多少个聚簇，确定每个聚簇中包括哪些关系。聚簇设计时可分两步进行：先根据规则确定好候选聚簇，再从候选聚簇中去除不必要的关系。

设计候选聚簇的原则是：

- 对经常在一起进行连接操作的关系可以建立聚簇。
- 若一个关系的一组属性经常出现在相等、比较条件中，则该单个关系可建立聚簇。
- 若一个关系的一个或一组属性上的值重复率很高，则此单个关系可建立聚簇。也即对应每个聚簇键值的平均元组不能太少，否则聚簇效果不明显。
- 若关系的主要应用是通过聚簇键进行访问或连接，而其他属性访问关系的操作很少，则可以使用聚簇。尤其当SQL语句中包含有与聚簇有关的order by、group by、union、distinct等子句或短语时，使用聚簇特别有利，可省去对结果的排序操作；反之当关系较少利用聚簇键操作时，尽量不用聚簇。

检查候选聚簇，取消其中不必要关系的方法是：

- 从聚簇中删除经常进行全表扫描的关系。
- 从聚簇中删除更新操作远多于连接操作的关系。
- 不同的聚簇中可能包含相同的关系，一个关系可在某一个聚簇中，但不能同时加入多个聚簇。

要从这多个聚簇方案中选择一个较优的，使在这个聚簇上运行各种事务的总代价最小。

(3) 建立聚簇应注意的问题

建立聚簇时，应注意以下3个问题。

- 聚簇虽然提高了某些应用的性能，但建立与维护聚簇的开销是很大的。
- 对已有的关系建立聚簇，将导致关系中的元组移动其物理存储位置，这样会使关系上原有的索引无效，要想使用原索引就必须重建原有索引。

- 当一个元组的聚簇键值改变时,该元组的存储位置也要做相应移动,所以聚簇键值应当相对稳定,以减少修改聚簇键值所引起的维护开销。

8.5.2 确定数据库的存储结构

确定数据库的存储结构主要指确定数据的存放位置和结构。包括确定关系、索引、日志、备份等的存储安排及存储结构;以及确定系统存储参数的配置。确定数据存放的位置主要是从提高系统性能的角度考虑。由于不同的系统和不同应用环境有不同的应用需求,所以在此只列出一些启发性的规则。

(1) 在大型系统中,数据库的数据备份、日志文件备份等数据只在故障恢复时才使用,而且数据量很大,可以考虑放在单独的磁盘上。

(2) 对于拥有多个磁盘驱动器或磁盘阵列的系统,可以考虑将表和索引分别存放在不同的磁盘上,在查询时,由于两个磁盘驱动器分别工作,因而可以保证物理读写速度比较快。

(3) 将比较大的表分别存放在不同的磁盘上,可以加快存取的速度,特别是在多用户的环境下。

(4) 将日志文件和数据库对象(表、索引等)分别放在不同的磁盘上可以改进系统的性能。

DBMS 产品提供了很多系统配置变量和存储分配参数供用户进行数据库的物理优化。在数据库物理设计时,可以修改 DBMS 中这些变量和参数的初始默认值,以改善系统的性能。系统配置变量包括使用数据库的用户数、同时打开数据库对象数、内存分配参数、缓冲区长度和个数、存储分配参数、物理块的大小、物理块装填因子、时间片大小、数据库的大小和锁的数目等。这些参数将影响存取时间和存储空间的分配。

物理设计时对系统配置变量的调整只是初步的,在系统运行时还要根据实际运行情况做进一步的参数调整,以改进系统性能。

8.5.3 评价物理结构

物理设计过程中需要对时间效率、空间效率、维护代价和各种用户要求进行权衡,其结果可能会产生多种设计方案。数据库设计人员必须对这些方案进行详细的评价,从中选择一个较优的方案作为数据库的物理结构。评价数据库物理结构的方法完全依赖于所用的 DBMS,主要是从定量估算各种方案的存储空间、存取时间和维护代价入手,对估算结果进行权衡和比较,选择出一个较优的、合理的物理结构。如果该结构不符合用户需求,则需要修改设计。

8.6 数据库的实施和维护

对数据库的物理设计进行初步评价后,就可以开始数据库的实施了。数据库实施阶段的工作是:设计人员用 DBMS 提供的数据定义语言和其他实用程序将数据库逻辑设计和物理设计结果严格描述出来,使数据模型成为 DBMS 可以接受的源代码;再经过调试产生目标模式,完成建立定义数据库结构的工作;最后要组织数据入库,并运行应用程序进行调试。它相当于软件工程中的代码编写和程序调试的阶段。

8.6.1 数据的载入和应用程序的调试

组织数据入库是数据库实施阶段最主要的工作。由于数据库数据量一般都很大，而且数据来源于部门中的各个不同单位，分散在各种数据文件、原始凭证或单据中，有大量的纸质文件需要处理，数据的组织方式、结构和格式都与新设计的数据库系统有相当的距离。组织数据录入时需要将各类源数据从各个局部应用中抽取出来，并输入到计算机后再进行分类转换，综合成符合新设计的数据库结构的形式，最后输入数据库。因此，数据转换和组织数据库入库工作是一件耗费大量人力物力的工作。

目前的DBMS产品没有提供通用的数据转换工具，其主要原因在于应用环境千差万别，源数据也各不相同，因而不存在通用的转换规则。人工转换方法效率低、质量差，特别是在数据量大时，其问题表现得尤为突出。为提高数据输入工作的效率和质量，应针对具体的应用环境设计一个数据录入子系统，由计算机完成数据入库的任务。

为了防止不正确的数据输入到数据库内，应采用多种方法多次地对数据校验。由于要入库的数据格式或结构与系统的要求不完全一样，有的差别可能还比较大，在向计算机内输入数据时会发生错误，数据转换过程中也有可能出错，所以，要充分重视数据输入子系统这部分工作。

设计数据输入子系统时还要注意原有系统的特点，充分考虑老用户的习惯，这样可提高输入的质量。如果原有系统是人工数据处理系统，新系统的数据结构就很可能与原系统有很大差别，在设计数据输入子系统时，应尽量让输入格式与原有系统结构相似，既方便用户输入，又大大减少用户输入出错可能性，保证数据输入的质量。现有的DBMS都提供了不同DBMS之间的数据转换工具，若原有系统是数据库系统，就可利用新系统的数据转换工具，先将原系统中的表转换成新系统中相同结构的临时表，再将这些表中的数据分类、转换，综合成符合新系统的数据模式，插入相应的表中。

8.6.2 数据库的试运行

当有部分数据装入数据库以后，就进入数据库的试运行阶段，数据库的试运行也称为联合调试。数据库试运行的主要工作如下。

(1) 实际运行数据库应用程序，执行对数据库的各项操作，测试应用程序的功能是否满足设计要求。如果应用程序的功能不能满足设计要求，则需要对应用程序部分进行修改、调整，直到达到设计要求为止。

(2) 测试系统的性能指标，分析是否符合设计目标。由于对数据库进行物理设计时考虑的性能只是近似的估计，和实际系统运行总有一定的差距，因此必须在试运行阶段实际测量和评价系统性能指标。

有些参数的最佳值是经过运行调试后才可找到。若测试的结果与设计目标不符，则要返回物理设计阶段，重新调整物理结构，修改系统参数，某些情况甚至要返回逻辑设计阶段，修改逻辑结构。

数据库试运行要注意以下两点。

(1) 数据库的试运行操作应分步进行。组织数据入库费时费力，若试运行后还需修改数据库设计，可能会导致重新组织数据入库，因此应分批组织数据入库，先输入小批量数据做调试用，待试运行结束基本合格后，再大批量输入数据，逐步增加数据量，逐步完成运行评价。

(2) 数据库的实施和调试不可能一次完成。在数据库试运行阶段，由于系统还不稳定，硬、软件故障随时可能发生，系统操作人员对新系统还不熟悉，误操作在所难免，因此在数据库试运行时，应首先调试运行 DBMS 的恢复功能，做好数据库的转储和恢复工作，一旦故障发生，能使数据库尽快恢复，加快试运行过程。

8.6.3 数据库的运行和维护

数据库系统投入正式运行，意味着数据库的设计与开发阶段的工作基本结束，运行与维护阶段的开始。数据库的运行和维护是个长期的工作，是数据库设计工作的延续和提高。在数据库运行阶段，对数据库经常性的维护工作是由数据库管理员(DBA)完成的。数据库维护工作包括以下几方面。

(1) 数据库的转储和恢复。它是系统正式运行后最重要的维护工作之一。DBA 要针对不同的应用要求制定不同的转储计划，以保证一旦发生故障尽快将数据库恢复到某种一致的状态，以保证数据库系统的可用性。

(2) 对数据库的安全性和完整性进行控制。在数据库运行中，由于应用环境的变化，对安全性的要求也会发生变化。例如原来数据是机密的，现在变成可公开查询了，而新加入的数据又可能是机密的了。系统中的用户密级也会变化。这些都需要 DBA 根据实际情况修改原有的安全性控制。另外，数据库的完整性约束条件也会变化，也需要 DBA 不断修正，以满足用户要求。

(3) 对数据库的性能进行监督、分析和改造。在数据库运行过程中，监督系统运行、对监测数据进行分析，并找出改进系统性能的方法是 DBA 的重要任务。DBMS 大都提供了系统性能监测工具，DBA 可借助这些工具方便地得到运行过程中一系列的参数值，对这些数据进行分析，判断当前系统的运行状态是否最佳，提出改进的措施并实施。

(4) 对数据库进行重组织和重构造。数据库运行一段时间后，由于记录不断增、删、改，会使数据库的物理存储情况变坏，降低了数据的存取效率，数据库的性能下降，此时需要 DBA 对数据库进行重组织或部分重组织(只对频繁增、删的表进行重组织)。DBMS 大都提供数据重组织用的实用工具。在重组织过程中，按原设计要求重新安排存储位置、回收垃圾、减少指针链等，以提高性能。数据库的重组织不修改原设计的逻辑和物理结构，而数据库的重构造则部分修改数据库的模式和内模式。由于数据库应用环境发生变化，例如增加了新的应用或新的实体，取消了某些应用，有的实体和实体间的联系发生了变化等，使原有的数据库设计不能满足新的要求，需要调整数据库的模式和内模式。例如在表中增加某些数据项、改变数据项的类型、增加或删除某个表、改变数据库的容量、增加或删除某些索引等。数据库的重构是有限的，只能是部分修改，若应用变化太大，重构无济于事，则说明数据库应用系统生命周期结束，应考虑设计新的数据库应用系统。

8.7 综合实例

前面已介绍了数据库设计的基本方法和基本理论，下面通过一个实例来进一步熟练掌握数据库设计的过程。这个实例是为某自行车厂开发的管理信息系统所采用的数据库。由于篇幅所限，这里只介绍其中的库存管理部分，对于与其他模块的关系不做赘述。

8.7.1 库存管理的需求分析和相关文档

1. 某自行车厂库存业务分析

某自行车厂的库存管理主要分为“物料库”管理和“成品库”管理。成品库主要用来存放加工完成的自行车产品，由于企业主要是根据订单加工，所以成品库的管理比较简单。在此主要介绍“物料库”的设计。根据该自行车厂的生产特点，物料库存储的主要有制造自行车所需的“管料”、“外购件”(例如轴承、车胎等)和生产自行车所需的“工具”。“物料库”管理完成的业务内容是：根据采购计划完成物料的入库、出库、退货和盘点，并提供库存管理所需要的物料台账和月报表。经过与用户的交流完成了资料的收集工作，再经过加工、提炼、整理完成了物料库存管理的数据抽象，绘出了业务流程图，如图 8.23 所示。

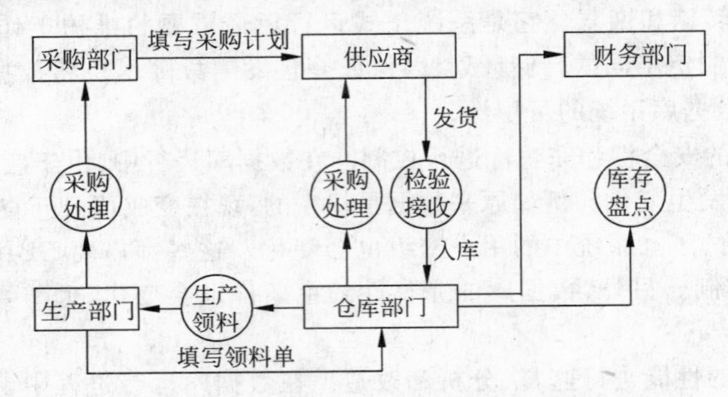

图 8.23 某自行车厂物料库存作业的业务流程图

2. 某自行车厂库存管理的 DFD

数据流图表达了数据和处理过程的关系。根据物料库存作业的业务流程图，可以描述出物料库存作业的数据流图，如图 8.24～图 8.26 所示。

3. 某自行车厂库存管理的数据字典

某自行车厂物料库管理的数据字典表述如下。

(1) 核心数据结构

核心数据结构的描述如表 8.2 所示。

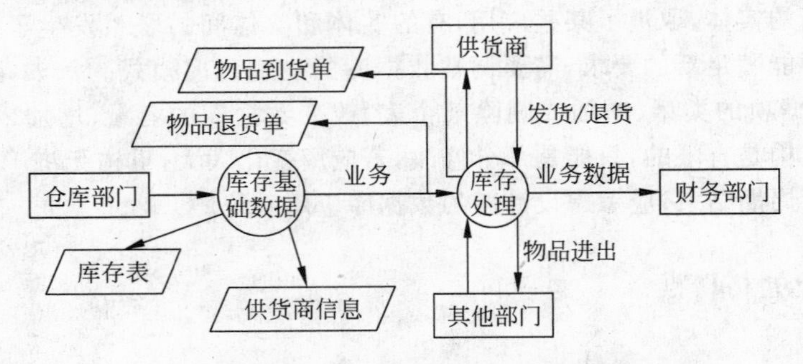

图 8.24 库存处理数据流图(第一层数据流)

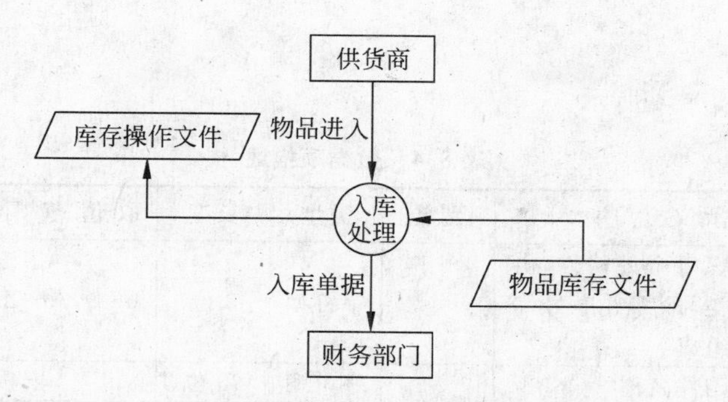

图 8.25　入库处理展开数据流图(第二层数据流)

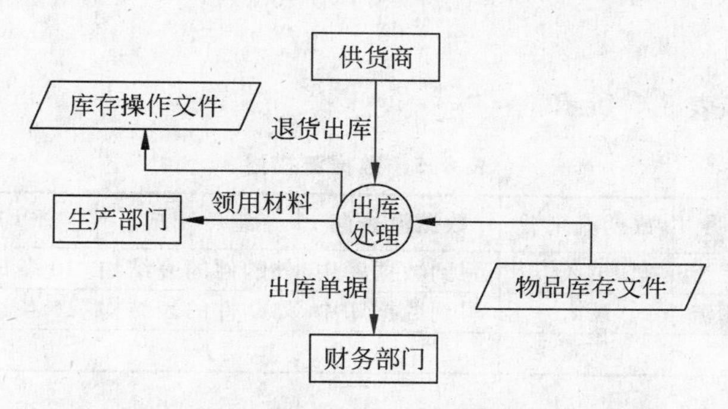

图 8.26　出库处理展开数据流图(第二层数据流)

表 8.2　核心数据结构描述

数据结构	组　成	含义说明
外购件	外购件编号,名称,规格,价格,说明,图纸文件名,最低库存,现有库存,备注	物料库管理的主体数据结构,定义了一个外购件的有关信息
管料	料型号,长度,规格,价格,单位重量,库存量	物料库管理的主体数据结构,定义了一个管料的有关信息
工具	编号,名称,型号,价格,单价,库存	物料库管理的主体数据结构,定义了一个工具的有关信息

(2) 数据存储

数据存储的描述如表 8.3 所示。

表 8.3　数据存储描述

数据存储	说　明	流入数据流	流出数据流	组　成	数　据　量	存储方式
外购件表	记录外购件的信息	录入		同外购件的组成	根据生产量来定	随机存储
外购件到货单	记录外购件的到货信息	录入	输出到财务	外购件编号,供应商编号,到货数量、单价等	根据生产量来定	随机存储
外购件退货记录	记录外购件的退货信息	录入	输出到财务	外购件编号,供应商编号,退货数量		随机存储
…	…	…	…	…	…	…

（3）数据项

数据项描述如表 8.4 所示。

表 8.4 数据项描述

数据项	含义说明	别名	类型	长度	取值范围	取值含义
外购件编号	唯一标识每个外购件，由零件分类号、零件序号和部件号组成		字符型	3 位	0～9，A～Z	D1：零件分类号；D2：零件序号 D3：部件号；
外购件名称	标识外购件名称		字符型	20 位		
…	…	…	…	…	…	…

（4）数据流

数据流的描述如表 8.5 所示。

表 8.5 数据流描述

数据流名	说明	数据流来源	数据流去向	组成	平均流量	高峰期流量
外购件入库	物料入库流	录入	写到数据库中	外购件的表结构	10 条记录/天	20 条记录/天
外购件出库	物料出库流	录入	写到数据库中	外购件的表结构	10 条记录/天	20 条记录/天
…	…	…	…	…	…	…

8.7.2 设计 E-R 图

1. 设计局部 E-R 图

根据外购件的数据流图和数据字典的描述，可绘出外购件处理的局部 E-R 图，如图 8.27 所示。实体包括外购件表、采购计划、外购件到货单、盘点表；实体属性可参照数据字典。可参照外购件的局部 E-R 图自己绘出工具和管料的局部 E-R 图。

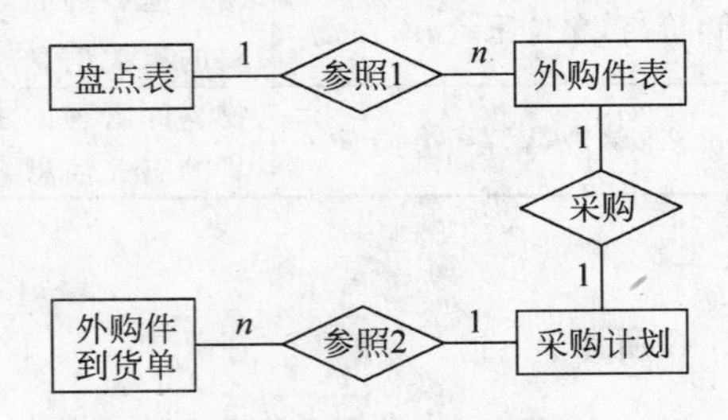

图 8.27 外购件的局部 E-R 图

2. 综合为初步 E-R 图

将各局部 E-R 图综合为物料库综合 E-R 图，如图 8.28 所示。

8.7.3 将 E-R 图转换为关系模式

可将物料库综合 E-R 图转换为如下关系模式：

- 外购件采购计划表（采购计划单号，外购件编号，供应商编号，外购件名称，订货数量，订货日期，送货日期）

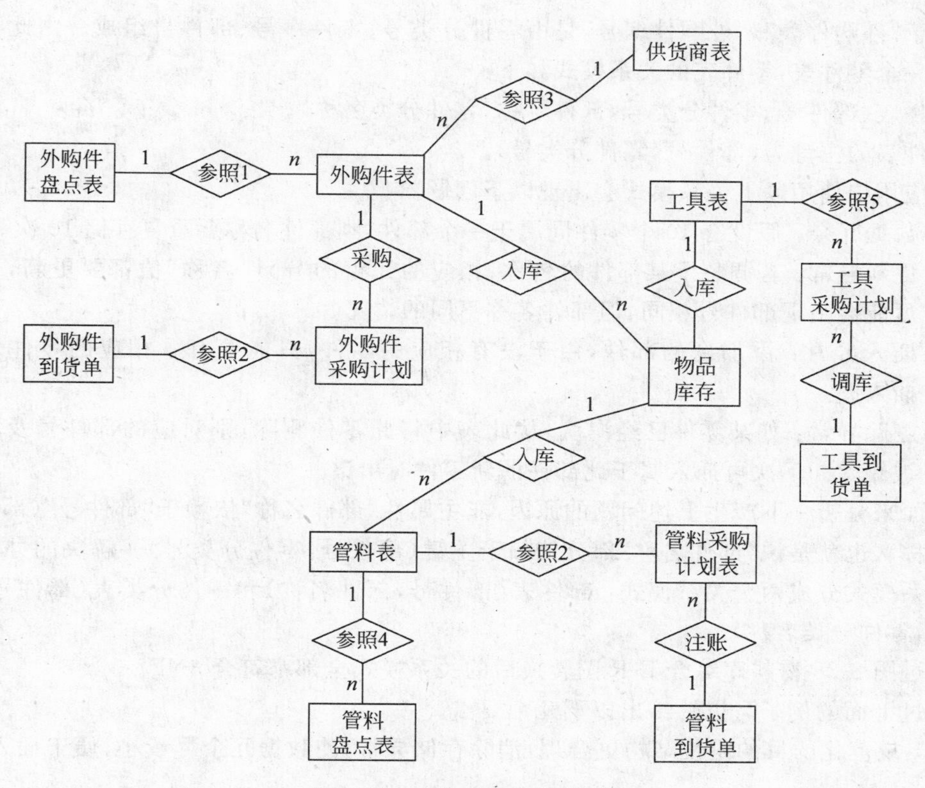

图 8.28　物料库综合 E-R 图

- 外购件表(外购件编号,外购件名称,规格,价格,说明,图纸文件名,最低库存量,现有库存)
- 外购件到货单(流水号,采购计划单号,外购件编号,供应商编号,到货日期,到货数量)
- 零件库月结表(年,月,外购件编号,本月结存金额,本月结存数量)
- 供应商表(供应商编号,供应商名称,提供的商品,地址,负责人,电话号码,账号)

对于其他实体的转换,可参照上面的内容自行完成。

8.7.4　规范化处理

对于供应商表(供应商编号,供应商名称,提供的商品,地址,负责人,电话号码,账号),这里供应商的电话号码可能分为电话号码和传真号码。将此供应商表规范化为 1NF 的方法。

(1) 重复存储供应商信息。这样,关键字只能是电话号码。

(2) 供应商编号为关键字,电话号码分为电话和传真两个属性。

(3) 供应商编号为关键字,但强制每条记录只能有一个电话号码。

以上三种方法中第(1)种方法最不可取,可按实际情况选取后两种情况。这里选择第(2)种方法,将电话分为电话和传真两个属性,规范后的供应商表关系模式如下:

供应商表(供应商编号,供应商名称,提供的商品,地址,负责人,电话号码,传真,账号)

对于“外购件表”,“外购件编号”是由零件分类号、零件序号、部件号组成。由此可单独划分出一个零件表,零件表的关系模式如下:

零件表(部件号,零件分类号,部件名称,零件分类名称)。

零件表的主键为(部件号,零件分类号)。

在应用中使用以上关系模式会出现以下问题。

- 数据冗余:假设有 10 个零件同属于一个部件,则部件名称要重复存储 10 次。
- 更新异常:若调整了某部件的名称,相应的元组的“部件名称”值都要更新,否则有可能会出现部件号相同,但部件名称不同的情况。
- 插入异常:添加新的部件,由于没有相应的零件,只能等有了相应的零件后才能插入。
- 删除异常:如某零件已经淘汰,从此表中将此零件删除,则对应的部件号及名称也被删除。下次再插入属于此部件的新零件时出错。

下面来分析一下产生上述问题的原因,非主属性“部件名称”依赖于“部件号”(部件号→部件名称),也就是说“部件名称”部分依赖于主键(部件号,零件分类号)。解决的办法是将上述关系模式分成两个关系模式:部件表(部件号,部件名称)和零件分类表(部件号,零件分类号,零件分类名称)。

通过图 8-28 物料库综合 E-R 图转换后的关系模式全部都符合 3NF。

通过上面的例子可以总结出以下几个要点。

(1) 规范化的目的是使结构更合理,消除存储异常,使数据冗余尽量小,便于插入、删除和更新。

(2) 规范化的原则是遵从概念单一化“一事一地”原则,即一个关系模式描述一个实体或实体间的一种联系。规范的实质就是概念的单一化。

(3) 规范化的方法是将关系模式投影分解成两个或两个以上的关系模式,并要求分解后的关系模式集合与原关系模式“等价”,即经过自然连接可以恢复原关系而不丢失信息,并保持属性间合理的联系。

(4) 一个关系模式可以为多个不同关系模式的集合,也就是说分解方法不是唯一的。最小冗余的要求必须以分解后的数据库能够表达原来数据库所有信息为前提来实现。其根本目标是节省存储空间,避免数据不一致性,提高对关系的操作效率,同时满足应用需求。实际上,有时故意保留部分冗余可能更方便数据查询。对于那些更新频度不高、查询频度极高的数据库系统更是如此。

8.7.5 数据库实施

数据库实施是指根据逻辑设计和物理设计的结果,在计算机上建立起实际数据库结构、加载数据、进行测试和试运行的过程。

1. 数据库加载

数据库的加载包括两步:建立数据库结构和加载数据。

(1) 建立数据库结构

建立数据库结构的过程就是将物理数据库设计的结果用 SQL 语句在 DBMS 上建立起数据库结构的过程。

数据库设计工具 PowerDesigner 可以根据物理模型自动产生创建数据库结构的 SQL 语句。例如,下面的 SQL 语句是系统创建数据库结构的部分代码。

```
alter table 外购件表
    add constratnt xpk 外购件表 primary key nonclustered(零件分类号,零件序号,部件号)
go
exec sp_bindefault zero,'外购件表.价格'
exec sp_ bindefault zero,'外购件表.最低库存量'
go
create table 外购件采购计划(
     外购件采购计划单号  char(6) not null,
     部件号 char(1) not null,
     零件分类号 char(1) not null,
     零件序号 char(1) not null,
     供应商编号 char(6) not null,
     零件名称 varchar(20) not null,
     生产计划单号 char(8) not null,
     订货数量 int not null,
     订货日期 datetime not null,
     送货日期 datetime not null,
     )
     go
     alter table 外购件采购计划
          add constratnt xpk 外购件采购计划 primary key nonclustered(
                    外购件采购计划单号,部件号,零件分类号,零件序号,
                    供应商编号)
     go
     create table 外购件到货单(
            外购件采购计划单号 char(6) not null,
            流水号 bigint not null,
            部件号 char(1) not null,
            零件分类号 char(1) not null,
            零件序号 char(1) not null,
            供应商编号 char(6) not null,
            到货日期 datetime not null,
            到货数量 int not null,
            到货单价 money not null,
            合格 bit not null,
            质检员 char(4) not null,
     )
     go
     alter table 外购件到货单
          add constratnt xpk 外购件到货单 primary key nonclustered(流水号)
     go
     create table 外购件退货记录(
            供应商编号 char(6) not null,
            日期 datetime not null,
            部件号 char(1) not null,
            零件分类号 char(1) not null,
            零件序号 char(1) not null,
```

```
        退货数量 int not null,
        赔偿金额 money not null,
    )
    go
```

(2) 加载数据

由于数据库的数据量都很大,加载一般是通过系统提供的实用程序或自编的专门录入程序进行的。在真正加载数据之前,有大量的数据整理工作要做,因此应当建立严格的数据录入和检验规范,设计完善的数据检验与校正程序,才能确保数据的质量。

2. 数据库的运行和维护

数据库投入运行标志着数据库设计与应用开发工作基本结束,运行和维护阶段开始。数据库运行与维护阶段的主要任务包括如下几方面:①维护数据库的安全性和完整性;②监测并改善数据库性能;③必要时对数据库进行重新组织。

习题8

1. 选择题

(1) E-R 图是数据库设计的工具之一,它适用于建立数据库的(　　)。

A. 概念模型　　B. 逻辑模型　　C. 结构模型　　D. 物理模型

(2) 在关系数据库设计中,设计关系模式是(　　)的任务。

A. 需求分析阶段　B. 概念设计阶段　C. 逻辑设计阶段　D. 物理设计阶段

(3) 数据库物理设计完成后,进入数据库实施阶段,下列各项中不属于实施阶段工作的是(　　)。

A. 建立库结构　　B. 扩充功能　　C. 加载数据　　D. 系统调试

(4) 数据库概念设计的 E-R 方法中,用属性描述实体的特征,属性在 E-R 图中用(　　)表示。

A. 矩形　　B. 四边形　　C. 菱形　　D. 椭圆形

(5) 数据流图(DFD)是用于描述结构化方法中(　　)阶段的工具。

A. 可行性分析　　B. 详细设计　　C. 需求分析　　D. 程序编码

(6) 在关系数据库设计中,对关系进行规范化处理,使关系达到一定的范式,例如达到3NF,这是(　　)阶段的任务。

A. 需求分析　　B. 概念设计　　C. 物理设计　　D. 逻辑设计

(7) 概念模型是现实世界的第一层抽象,这一类最著名的模型是(　　)。

A. 层次模型　　B. 关系模型　　C. 网状模型　　D. 实体-联系模型

(8) 对实体和实体之间的联系采用同样的数据结构表达的数据模型为(　　)。

A. 网状模型　　B. 关系模型　　C. 层次模型　　D. 非关系模型

(9) 区分不同实体的依据是(　　)。

A. 名称　　B. 属性　　C. 对象　　D. 概念

(10) 公司有多个部门和多名职员,每个职员只能属于一个部门,一个部门可以有多名职员,从职员到部门的联系类型是(　　)。

A. 多对多　　B. 一对一　　C. 一对多　　D. 多对一

(11) 关系数据库中，实现实体之间的联系是通过关系与关系之间的(　　)。

A. 公共索引　　B. 公共存储　　C. 公共元组　　D. 公共属性

(12) 在数据库设计中，将 E-R 图转换成关系数据模型的过程属于(　　)。

A. 需求分析阶段　B. 逻辑设计阶段　C. 概念设计阶段　D. 物理设计阶段

(13) 子模式 DDL 是用来描述(　　)。

A. 数据库的总体逻辑结构　　B. 数据库的局部逻辑结构
C. 数据库的物理存储结构　　D. 数据库的概念结构

(14) 数据库设计的概念设计阶段，表示概念结构的常用方法和描述工具是(　　)。

A. 层次分析法和层次结构图　　B. 数据流程分析法和数据流程图
C. 实体-联系方法　　D. 结构分析法和模块结构图

(15) 关系数据库的规范化理论主要解决的问题是(　　)。

A. 如何构造合适的数据逻辑结构　　B. 如何构造合适的数据物理结构
C. 如何构造合适的应用程序界面　　D. 如何控制不同用户的数据操作权限

(16) 数据库设计可划分为 6 个阶段，每个阶段都有自己的设计内容，"为哪些关系在哪些属性上建什么样的索引"这一设计内容应该属于(　　)设计阶段。

A. 概念设计　　B. 逻辑设计　　C. 物理设计　　D. 全局设计

(17) 数据库物理设计完成后，进入数据库实施阶段，下述工作中，(　　)一般不属于实施阶段的工作。

A. 建立库结构　　B. 系统调试　　C. 加载数据　　D. 扩充功能

(18) 从 E-R 图导出关系模型时，如果实体间的联系是 $M:N$ 的，下列说法中正确的是(　　)。

A. 将 N 方码和联系的属性纳入 M 方的属性中
B. 将 M 方码和联系的属性纳入 N 方的属性中
C. 增加一个关系表示联系，其中纳入 M 方和 N 方的键
D. 在 M 方属性和 N 方属性中均增加一个表示级别的属性

(19) 在 E-R 模型中，如果有 3 个不同的实体型，3 个 $M:N$ 联系，根据 E-R 模型转换为关系模型的规则，转换为关系的数目是(　　)。

A. 4　　B. 5　　C. 6　　D. 7

2. 问答题

(1) 试简述数据库设计的基本步骤。
(2) 需求分析阶段的设计目标是什么？调查内容是什么？
(3) 数据字典的内容和作用是什么？
(4) 什么是数据库的概念结构？试述其特点和设计策略。
(5) 什么是数据抽象？试举例说明。
(6) 试述数据库概念结构设计的重要性和设计步骤。
(7) 什么是 E-R 图？构成 E-R 图的基本要素是什么？
(8) 为什么要视图集成？视图集成的方法是什么？
(9) 什么是数据库的逻辑结构设计？试述其设计步骤。

(10) 试述E-R图转换为网状模型和关系模型的换规则。

(11) 试述数据库物理设计的内容和步骤。

(12) 什么是数据库的再组织和重构造？为什么要进行数据库的再组织和重构造？

(13) 某大学实行学分制，一个学生属于一个系，一个系有多个学生，学生可根据自己的学习情况选修课程。每名学生可选修多门课程，每门课程可有多位教师讲授，每位教师可讲授多门课程。请画出E-R图，并转换成关系模式。

(14) 通过对某大学图书馆的借阅管理做需求分析，了解到一个借阅管理需提供的服务有以下几方面。

① 可随时查询书库中现有书籍的品种、数量与存放位置。所有各类书籍均可有书号唯一标识。

② 可随时查询书籍借还情况。包括借书人单位、姓名、借书证号、借书日期和还书日期(规定：任何人可借多种书，任何一种书可为多个人所借，借书证号具有唯一性)。

③ 当需要时，可通过数据库中的出版社的电话、E-mail地址、邮编和地址等信息向有关出版社增购有关书籍。我们约定，一个出版社可出版多种书籍，同一本书仅为一个出版社出版，出版社名具有唯一性。

根据上述调研的结果，构造满足需求的E-R图并转换成关系模式。

CHAPTER 9

数据库高级应用技术 第9章

本章学习要点：

- 掌握运用 PowerDesigner 建立 E-R 模型的方法。
- 掌握数据库应用系统中采用存储过程的基本策略和应用。
- 掌握函数的适用场合和应用。
- 掌握数据库应用编程接口。
- 掌握运用 ADO. NET 连接 SQL Server 2008。
- 掌握运用 JDBC 连接 SQL Server 2008。
- 掌握数据库性能优化技术。

9.1 数据库建模工具的应用

提高软件质量，缩短开发周期，并且使软件更能适应业务需求的变化，以提高投资回报率，是每个企业所面临的、需要解决的关键问题。软件建模一直被认为是提高和有效控制软件质量的解决之道。以前，项目开发人员根据数据库理论与业务需求手工绘制数据流程图、概念数据模型、物理数据模型，在这一复杂的设计过程中，经验丰富的设计人员也会犯这样那样的错误，不但建模工作十分艰难，模型的质量也受到很大的影响。为了解决这一问题，世界各大数据库厂商和第三方合作开发了智能化的数据库建模工具，如 Sybase 公司的 PowerDesigner、Rational 公司的 Rational Rose、PLATIUM 公司的 Erwin/ERX、Asymetrix 公司的 InfoModeler、Popkin Software&Systems 公司的 System Architect、Chen&Associates 公司的 ER-Modeler、Microsoft 公司的 Visio 等，它们是同一类型的计算机辅助软件工程(Computer Aided Software Engineering，CASE)工具。采用 CASE 建模工具，能规范软件开发过程，提高软件质量，降低维护难度，提高模型重复使用率，让开发人员、分析人员、测试人员、数据库管理员、项目管理人员以及用户能相互有效沟通，大大地提高了数据库应用系统的开发质量和效率。

目前，各主要的建模工具厂商都在加强各自建模工具的融合与集成。根据 Gartner 的分析，PowerDesigner 是世界排名第一的数据建模工具，经过近 20 年的发展，已经在原有的数据建模的基础上形成一套完整的集成化企业级建模解决方案。本节以 PowerDesigner 为例，介绍数据库建模工具的主要原理和应用。

9.1.1 PowerDesigner 概述

PowerDesigner 是 Sybase 公司的 CASE 工具集，几乎涉及了数据库模型设计的全过程，使用它可以方便地对管理信息系统进行分析设计。利用 PowerDesigner 可以制作数据流程图、概念数据模型、物理数据模型，可以生成多种客户端开发工具的应用程序，还可为数据仓库制作结构模型，也能对团队设计模型进行控制。它可以与许多流行的数据库设计软件(如 PowerBuilder、Delphi、VB 等)相配合使用来缩短开发时间和使系统设计更优化。

PowerDesigner 的第一个版本是巴黎的 SDP 软件公司在 1989 年开发的，叫作 AMC * Designor，在法国最先销售使用，反响热烈。后来 SDP 软件公司继续开发和完善这个产品，并把市场拓展到了美国，1991 年开始在美国销售，产品名字叫作 S-Designor。1995 年 Powersoft 收购了 SDP 公司，同年，Sybase 又收购了 Powersoft，S-Designor 和 AMC * Designor 的名字改为 PowerDesigner 和 PowerAMC。Sybase 于 2008 年 11 月宣布，业界领先的 Sybase PowerDesigner 15 正式上市。Sybase PowerDesigner 15 是一款企业级一体化的建模和设计解决方案，可快速、稳定地构建和简化业务流程。

9.1.2 PowerDesigner 15 的组成

PowerDesigner 是一个功能强大、使用简单的工具集，提供了一个复杂的交互环境，支持开发生命周期的所有阶段，从处理流程建模到对象和组件的生成。PowerDesigner 产生的模型和应用可以不断地增长，适应并随着组织的变化而变化。

PowerDesigner15 包含 9 个模型，分别是企业架构模型(Enterprise Architecture Model，EAM)、需求模型(Requirements Model，RQM)、信息流模型(Information Liquidity Model，ILM)、业务处理模型(Business Process Model，BPM)、概念数据模型(Conceptual Data Model，CDM)、逻辑数据模型(Logical Data Model，LDM)、物理数据模型(Physical Data Model，PDM)、面向对象模型(Object-Oriented Model，OOM)、XML 模型(XML Model，XSM)。这些模型覆盖了软件开发生命周期的各个阶段。

在软件开发周期中，首先要进行需求分析，完成系统的概要设计，系统分析员可以利用需求模型描述并管理需求，利用企业架构模型描述企业架构，利用业务处理模型绘制业务流程图，利用面向对象模型和概念数据模型设计系统的逻辑模型，然后进行系统的详细设计，利用面向对象模型完成程序框图的设计，利用物理数据模型完成数据库的详细设计，包括存储过程、触发器、视图和索引等内容的设计。最后根据面向对象模型生成的源代码框架进入编码阶段。PowerDesigner 15 还提供一个模型文档编辑器，为各个模块建立的模型生成详细文档，使系统开发的相关 人员对整个系统有一个清晰、直观的认识。

下面分别简要介绍这些模型的主要功能。

(1) 企业架构模型

企业架构模型与企业的业务紧密联系在一起，能够帮助企业的规划者更好地了解复杂系统的 IT 资源以及其对业务的辅助作用。企业构架模型中一共有 7 种视图，其中城市规划图(city planning diagram)、流程图(process map)、组织结构图(organization chart)、业务交流图(business communication diagram)4种视图侧重业务层面的建模,例如对业务流程、组织结构、人员、数据流、服务的设计,通过该层面的建模,可以标识出相关的业务流程以及其归属和使用关系;应用程序架构图(application architecture diagram)、服务导向图(service oriented diagram)侧重企业应用层面的建模,例如对企业中应用程序架构、组件结构、服务调用关系以及具体类、接口、实例关系建模;技术框架图(technology infrastructure diagram)侧重企业技术层面的建模,用来标志应用程序、数据、服务和网络的拓扑结构等。

(2) 需求模型

建立需求模型的目的是定义系统边界,使系统开发人员能够更清楚地了解系统需求,同时为计划迭代的技术内容提供基础,为估算开发系统所需成本和时间提供基础。RQM是一种文档式模型,它通过准确恰当地列出需求,解释开发过程中需要实现的功能行为来描述待开发项目。PowerDesigner提供了有效的需求建模,保证更准确的项目结果,并通过建立设计和需求的关联保证更好的可追踪性。PowerDesigner通过层次结构显示系统的主要功能,用户可以通过属性对话框进行详细的需求描述。

(3) 信息流模型

在企业应用的分析与开发整个过程中会有大量的模型产生,这些模型之间都存在相应的关系。信息流模型能通过非常直观的映射编辑器来表达模型之间的信息流动关系,大大方便了企业级建模的管理能力。

(4) 业务处理模型

BPM描述业务的各种不同的内在任务和内在流程,以及客户如何以这些任务和流程互相影响。BPM是从业务合伙人的观点来看业务逻辑和规则的概念模型,使用一个图表描述程序、流程、信息和合作协议之间的交互作用。需求分析师使用该功能,分析业务本身的流程、业务架构等,以便于理清系统的功能,分析哪些功能需要系统来实现。

(5) 概念数据模型

CDM表现数据库的全部逻辑的结构,反映了业务领域中信息之间的关系,与任何软件或数据存储结构无关,不依赖于物理实现。CDM以实体-联系图(E-R图)理论为基础,并对这一理论进行了扩充。它从用户的观点出发对信息进行建模,主要用于数据库的概念设计。

(6) 逻辑数据模型

逻辑模型是概念模型的延伸,表示概念之间的逻辑次序,是一个属于方法层次的模型。具体来说,逻辑模型一方面显示了实体、实体的属性和实体之间的关系,另一方面又将继承、实体关系中的引用等在实体的属性中进行展示。逻辑模型介于概念模型和物理模型之间,具有物理模型方面的特性,逻辑模型使得整个概念模型更易于理解,同时又不依赖于具体的数据库实现,使用逻辑模型可以生成针对具体数据库管理系统的物理模型。

(7) 物理数据模型

物理数据建模把CDM与特定DBMS的特性结合在一起,产生PDM。同一个CDM结合不同的DBMS产生不同的PDM。PDM中包含了DBMS的特征,反映了主键(primary key)、外键(foreign key)、候选键(alternative)、视图(view)、索引(index)、触发器(trigger)、存储过程(stored procedure)等特征。

(8) 面向对象模型

一个 OOM 包含一系列包,类,接口和相互关系。这些对象一起形成一个软件系统的逻辑设计视图的类结构。一个 OOM 本质上是软件系统的一个静态的概念模型。类图可以转换为概念数据模型或物理数据模型,为信息的存储建立数据结构,同时,类图还可以转换为 C#、C++、IDL-CORBA、Java、PB 和 VB 代码框架,为应用程序的编制奠定了良好的基础。

(9) XML 模型

XML 模型帮助分析 XML 模式定义(XML schema definition)、文档类型定义(document type definition)或 XML 数据简化文件(XML-data reduced file)。用户能建立模型,生成或逆向工程生成这些格式的文件。

9.1.3 基于 PowerDesigner 的数据库建模

由于篇幅限制,我们主要介绍利用 PowerDesigner 辅助数据库设计,其他模型建立方式不做介绍。下面以 Sales 数据库为例,详细讲解 PowerDesigner 建模的过程。

1. 建立概念数据模型

PowerDesigner 的概念数据模型(CDM)以实体-关系图理论为基础,并对此进行了扩充。建立的 CDM 与具体的数据库管理系统无关,其建立是一个比较复杂的过程,需要考虑众多因素,使用 CDM,可以把主要精力集中在数据的分析设计上,先不考虑物理实现的细节,只考虑实体和实体之间的联系。

创建 CDM 首先应该明确模型所描述的业务问题。例如,需要存储哪些信息,与业务有关的实体有哪些,业务流程如何,了解这些问题后,才可以开始建立 CDM。建立 CDM 的步骤如下。

(1) 创建新的 CDM。

(2) 定义 CDM 中的域。

(3) 定义数据项。

(4) 定义业务规则。

(5) 定义模型选项。

(6) 定义实体。

(7) 定义联系。

(8) 定义继承。

(9) 检查 CDM 中的对象。

下面分别详细介绍这些步骤。

(1) 创建新的 CDM

在 PowerDesigner 界面的下拉菜单中,选择 File→New Model,弹出 New Model 对话框,如图 9.1 所示。在左边的 Category 框中选择 Information,右边的 Category items 框中选择 Conceptual Data,对话框下方的 Model name 处输入 sales,单击 OK 按钮。

(2) 定义 CDM 中的域

域定义了一个标准的数据结构,可以应用到多个数据项或属性中。CDM 中可在域上定义三类信息,第一类是数据类型、长度及小数点精度,第二类是检查参数,第三类是业务规则。修改域时,将修改所有使用该域的数据项。使用域修改模型时,将使数据特征标准化和

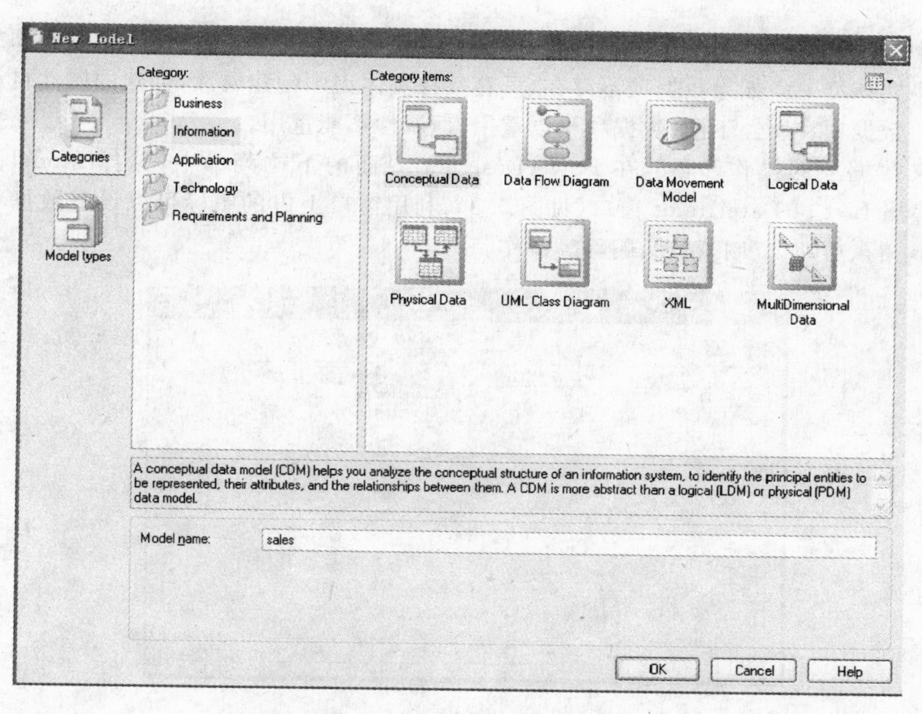

图 9.1　New Model 对话框

模型一致化。例如，可以定义一个 Name 域，设置其数据类型为 char(8)。在模型设计中，"姓名"属性可能包含在多个实体中，其使用 Name 域，一旦修改 Name 域的定义，则使用该域的所有"姓名"的定义也会随之改变。定义域的操作步骤为：在 PowerDesigner 界面的下拉菜单中，选择 Model→Domains，弹出 List of Domains 窗口（见图 9.2），利用对话框上方的图标可以设置域的特性、增加一行、剪切、复制、粘贴、删除等操作。

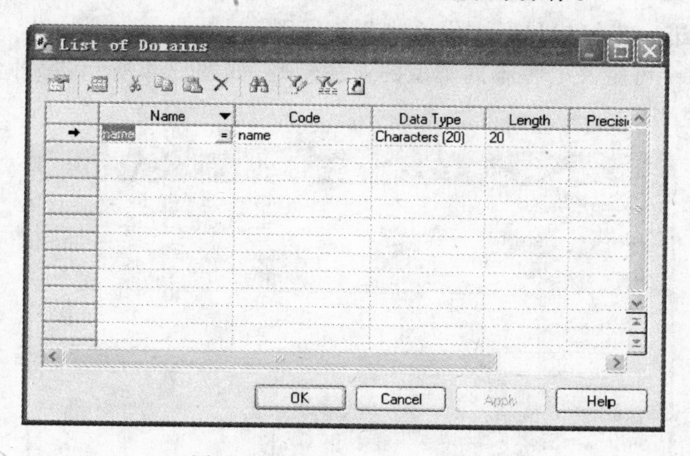

图 9.2　List of Domains 窗口

(3) 定义数据项

在 PowerDesigner 中，信息的最小单位称为数据项(data item)。例如，姓名、性别、规格等都可以定义为数据项，如创建一个实体"职工"时，可把姓名、性别等数据项添加到"职工"

实体型中，使它们变为"职工"实体型的属性。数据项保留在模型中，可在任何时候添加到一个或多个实体型上。如果数据项不存在，可直接在实体型中创建属性，创建的属性自动成为数据项。数据项和属性不同，数据项可以重用，但属性不能重用。

定义数据项的操作步骤：在 PowerDesigner 界面的下拉菜单中，选择 Model→Data Items，弹出 List of Data Items 窗口（见图 9.3），利用窗口上方的图标可以设置数据项的特性、增加一行、剪切、复制、粘贴、删除等操作。

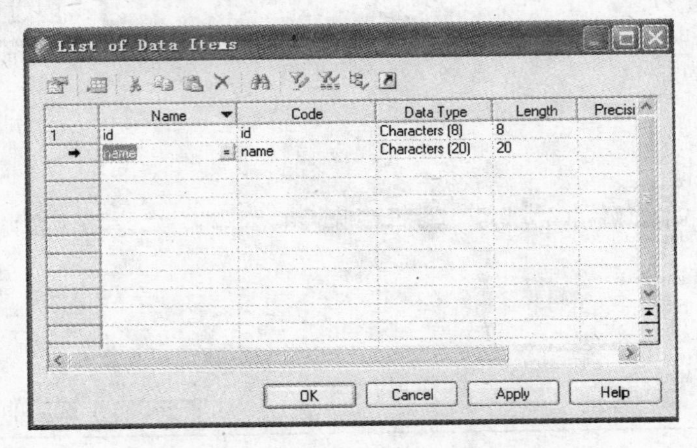

图 9.3　List of Data Items 窗口

(4) 定义业务规则

业务规则是业务活动中必须遵守的规则，是业务信息之间约束的表达式。它反映了业务信息数据之间的一组完整性约束，每当信息实体中包含的信息发生变化时，系统都会检查这些信息是否违反了特定的业务规则。在 CDM 生成 PDM 或 OOM 的过程中，业务规则被直接传递到 PDM 或 OOM 中，这些业务规则不会自动转换为可执行的业务规则代码，生成新的模型后，需要进一步细化和形式化这些业务规则。

PowerDesigner 可定义七种不同类型的业务规则，如图 9.4 所示，每种业务规则类型的特性说明和举例见表 9.1。

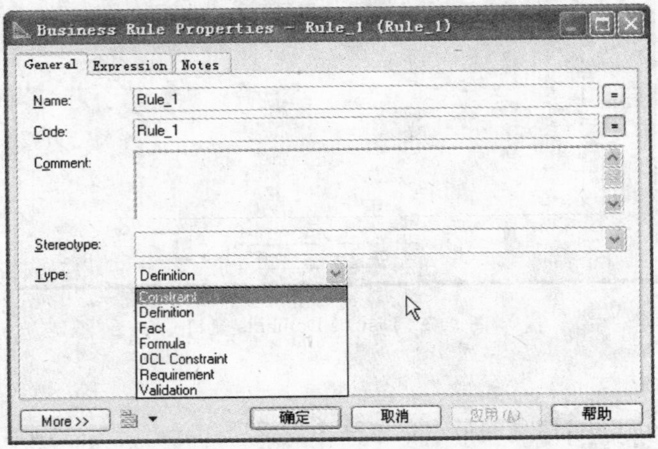

图 9.4　Business Rule Properties 窗口

表 9.1　PowerDesigner 中的业务规则

业务规则类型	业务规则类型的特性说明	业务规则举例
Constraint	Check 约束	项目的起始日期应该早于结束日期
Definition	系统中元素的特性	客户能被姓名和住址所标识
Fact	系统中确定的事实	客户可以进行1次或多次订购
Formula	系统中的计算公式	订单总金额等于所有订单
OCL constraint	一种对象约束语言表示	仅在 OOM 中使用
Requirement	系统中功能的详细说明	所有的损失不超过总销售收入的10%
Validation	系统中数据之间的约束	一个客户的订单总额不能超过对这个客户的允许值

定义业务规则的操作步骤：在 PowerDesigner 界面的下拉菜单中，选择 Model→Business Rules，弹出 List of Business Rules 窗口，利用对话框上方的图标可以设置业务规则的特性、增加一行、剪切、复制、粘贴、删除等操作。

(5) 定义模型选项

PowerDesigner15 中的 E-R 模型有五种表示法（见图 9.5），即 Entity/Relationships、Merise、E/R+ Merise、IDEF1X 和 Barker。一般选择 E/R+ Merise，实体用长方形表示，长方形分上、中、下三个区域，每个区域代表实体的不同特征：上面区域书写实体型的名称，中间区域书写实体型的属性，下面区域显示标识符。中间区域属性名的后面显示属性的标识符和数据类型等特征，pi 表示主标识符，ai 表示次标识符，M 表示强制（Mandatory），含义是该属性不能为空值（not null），如图 9.6 所示。

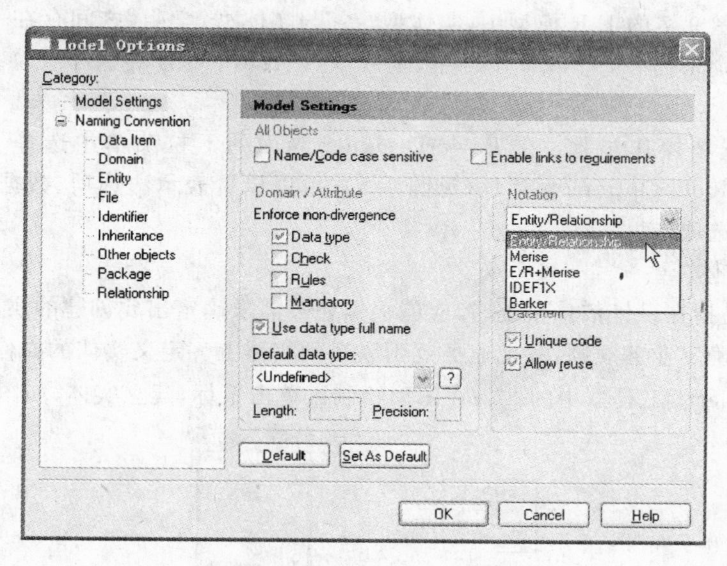

图 9.5　Model Options 对话框

联系用实体间的一条连线表示，在靠近实体的两端标明联系的基数（cardinality），A 实体型中的一个实体通过“联系”与 B 实体型中相联系的实体最小和最大数，称为 A 实体型到 B 实体型的基数，这个基数标注在 A 实体型的旁边。同样，B 实体型到 A 实体型连线的基数标注在 B 实体型旁，如图 9.7 所示。

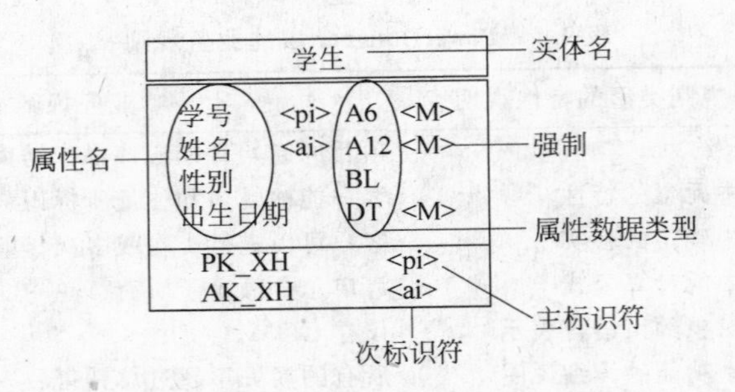

图 9.6 PowerDesigner 中的实体

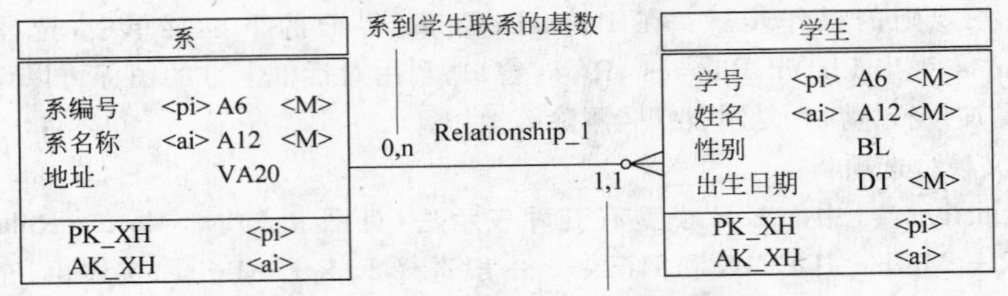

图 9.7 PowerDesigner 中联系的基数

在联系线上，用"乌鸦脚"表示"多"；用小圆圈表示"可选"；用与联系线交叉的短竖线表示"强制"，在图 9.7 的 E-R 模型中，实体型"系"与实体型"学生"之间存在一对多联系，基数"0,n"表示一个系拥有 0 个或 n 个学生，基数"1,1"表示一个学生属于一个系，并且只能属于一个系。

定义模型选项操作步骤：在 PowerDesigner 界面的下拉菜单中选择 Tools→Model Options，弹出 Model Options 对话框(见图 9.5)，可以设置表示法选项、数据项选项和联系选项、域和属性选项。

(6) 定义实体

定义实体是指在设计信息系统时，应能根据业务需求确定出要创建的实体，确定实体属性及实体标识，确定业务规则，并把业务规则联系到实体上。定义实体的操作步骤为：

① 选择 Palette 工具框中的 ，在图形绘制区单击鼠标，建立实体，如图 9.8 所示。

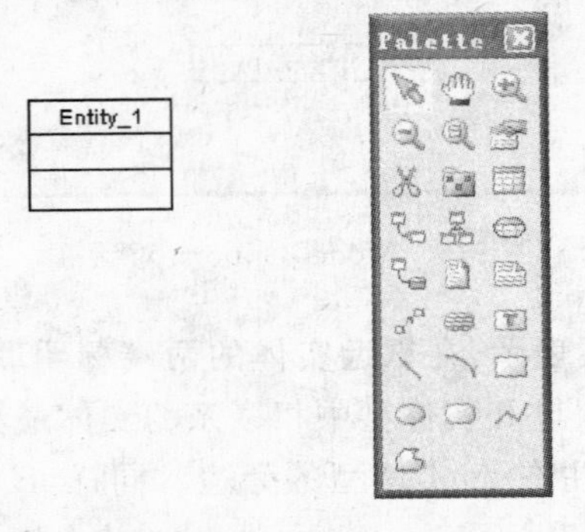

图 9.8 实体 Entity_1

② 双击 Entity_1，弹出 Entity Properties 窗口，输入实体 AGENTS 的相关数据，在 General 选项卡的 Name 框中输入实体名，Code 指定对象的技术名称，用于代码或脚本生成。默认与 Name 相同，如图 9.9 所示。

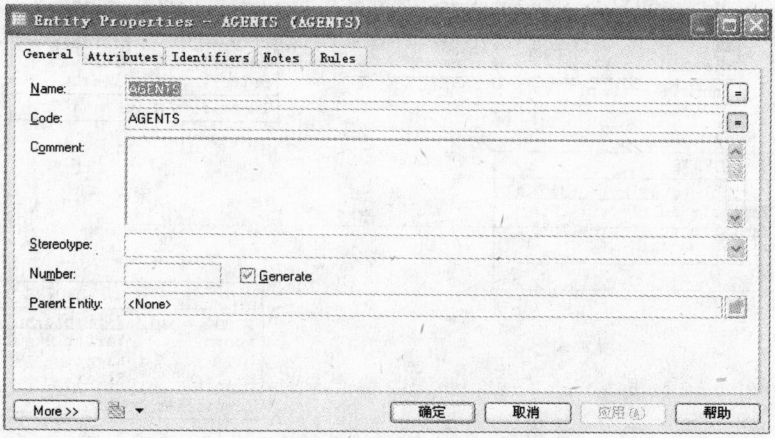

图 9.9　Entity Properties 窗口

③ 在 Attributes 选项卡中分别输入实体的属性名，数据类型，长度，设置相关属性，如图 9.10 所示。M(mandatory)表示强制的，指该属性值不能为空值；P(primary identifier)表示主标识符，指该属性能唯一地标识实体，属性值是唯一的且不能为空值；D(displayed)表示该属性是否在图形中显示。

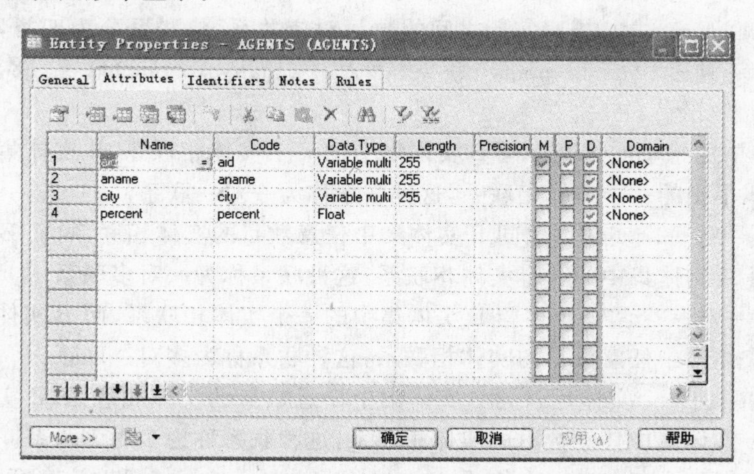

图 9.10　Entity Properties 窗口的 Attributes 选项卡

④ 单击"确定"按钮，得到实体 AGENTS，如图 9.11 所示。

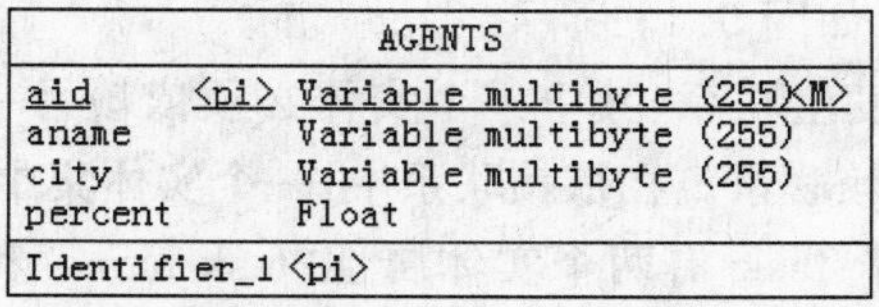

```
AGENTS
aid      <pi> Variable multibyte (255) <M>
aname         Variable multibyte (255)
city          Variable multibyte (255)
percent       Float
Identifier_1 <pi>
```

图 9.11　实体 AGENTS 及其相关数据

⑤ 重复步骤③到步骤⑤，得到实体 CUSTOMERS、PRODUCTS、ORDERS，如图 9.12 所示。

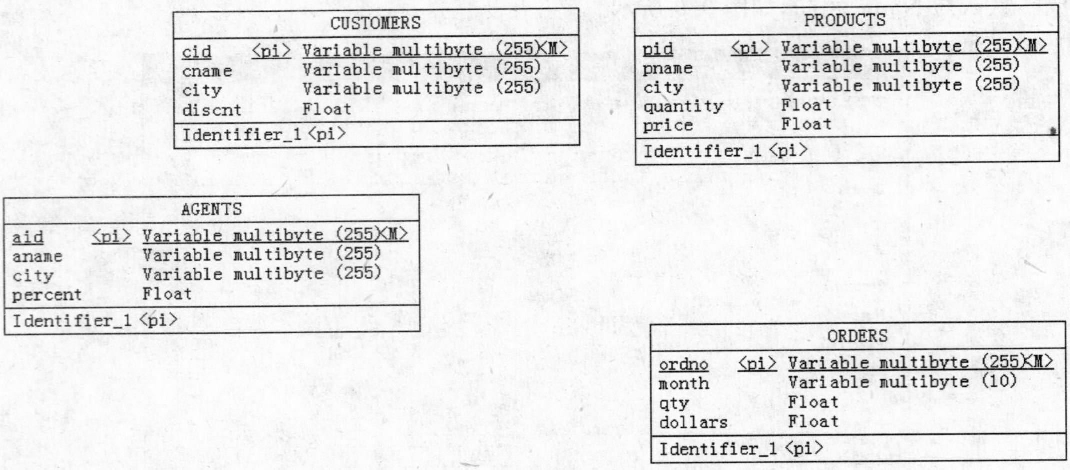

```
CUSTOMERS
cid      <pi> Variable multibyte (255)<M>
cname         Variable multibyte (255)
city          Variable multibyte (255)
discnt        Float
Identifier_1 <pi>
```

```
PRODUCTS
pid      <pi> Variable multibyte (255)<M>
pname         Variable multibyte (255)
city          Variable multibyte (255)
quantity      Float
price         Float
Identifier_1 <pi>
```

```
AGENTS
aid      <pi> Variable multibyte (255)<M>
aname         Variable multibyte (255)
city          Variable multibyte (255)
percent       Float
Identifier_1 <pi>
```

```
ORDERS
ordno    <pi> Variable multibyte (255)<M>
month         Variable multibyte (10)
qty           Float
dollars       Float
Identifier_1 <pi>
```

图 9.12　四个实体及其相关数据

(7) 定义联系

实体可以通过联系(relationship)相互关联，与实体和实体集对应一样，把联系区分为联系和联系集，联系集是实体集之间的联系，联系是实体之间的联系，联系具有方向性。联系和联系集在含义明确的情况下都称为联系。

在 PowerDesigner 中，按照实例之间的数量对应关系，将联系分为四类，即一对一(one to one)联系、一对多(one to many)联系、多对一(many to one)联系、多对多(many to many)联系。

A 实体集中的一个实体至多同 B 实体集中的一个实体相联系，B 实体集中的一个实体至多同 A 实体集中的一个实体相联系，这种联系称为一对一联系。

A 实体集中的一个实体可以同 B 实体集中任意数目的实体相联系，而 B 实体集中的一个实体至多同 A 实体集中的一个实体相联系，这种联系称为一对多联系。

A 实体集中的一个实体至多同 B 实体集中的一个实体相联系，而 B 实体集中的一个实体可以同 A 实体集中任意数目的实体相联系，这种联系称为多对一联系。

A 实体集中的一个实体可以同 B 实体集中任意数目的实体相联系，B 实体集中的一个实体可以同 A 实体集中任意数目的实体相联系，这种联系称为多对多联系。

实体集之间还存在递归联系(recursive relationship)和依赖联系(dependent association)。同一实体型中不同实体集之间的联系称为递归联系，有时也称为自反联系。例如，"学生"实体集中的实体隐含地包含"班长"实体集与"普通学生"实体集，这两个实体集之间的联系称为递归联系，如图 9.13 所示。

如果两个实体集之间发生联系，其中一个实体必须依赖另一个实体而存在，这种联系称为依赖联系，反之称为非依赖联系。在依赖联系中，一个实体集中的全部实例完全依赖于另个实体集中的实例。例如实体 Task 有两个实体属性"task name"和"task cost"。一个任务可以在不同的项目中执行，项目不同"task cost"不同。如图 9.14 所示，实体 Task 和实体 Project 的

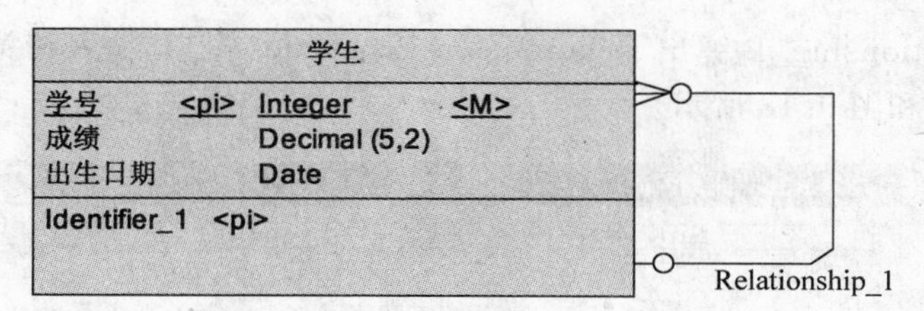

图 9.13　递归关系

联系就是依赖联系。CDM 转换成 PDM 时，task 表包含 Project 表的主键 project number，project number 是 task 表的外键，它和 task name 一起作为 task 表的主键，如图 9.15 所示。

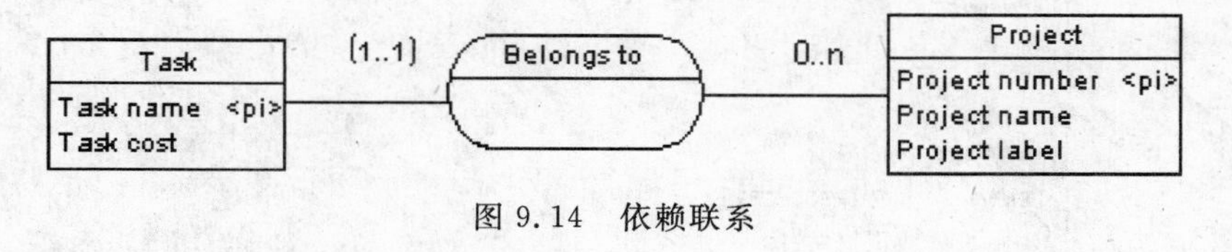

图 9.14　依赖联系

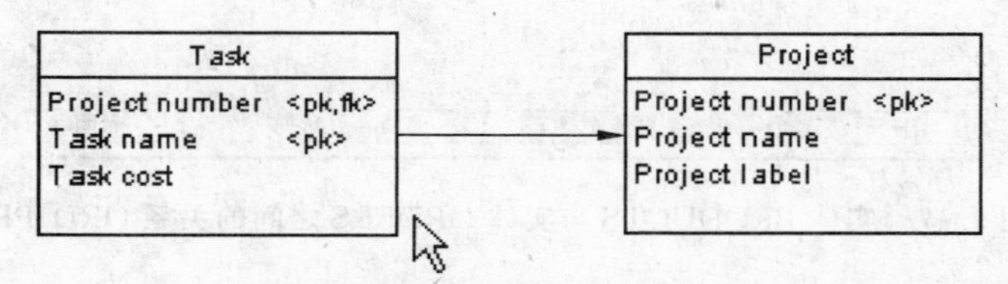

图 9.15　依赖联系转换成 PDM 后

联系是实体集之间或实体集内部实例之间的连接，定义联系是 CDM 中最为关键的技术。一个完善的 CDM 应该有易于理解的名称和代码，还应该有对联系的简要说明。定义联系的操作步骤如下。

① 选择 Palette 工具框中的 -Relationship，连接实体 PRODUCTS 与实体 ORDERS，如图 9.16 所示。

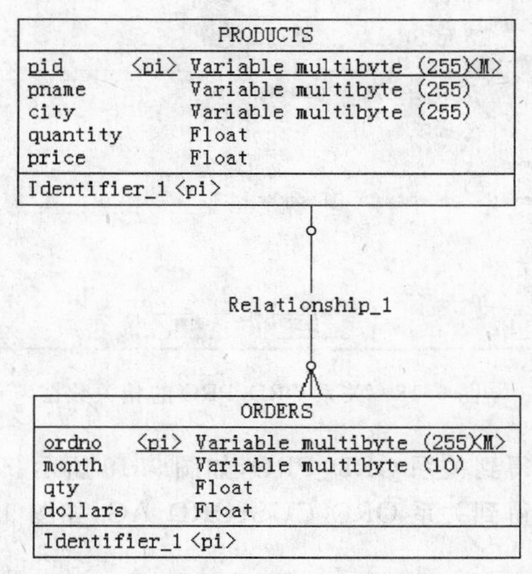

图 9.16　实体 PRODUCTS 与实体 ORDERS 之间的联系

② 双击 Relationship_1，弹出 Relationship Properties 窗口，输入相关信息(如一对多的关系)，如图 9.17 和图 9.18 所示。

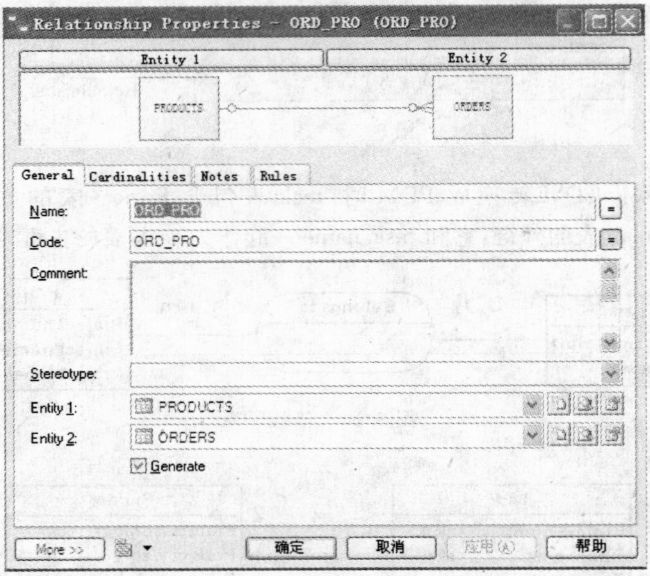

Relationship Properties - ORD_PRO (ORD_PRO)
Entity 1
Entity 2
PRODUCTS
ORDERS
General
Cardinalities
Notes
Rules
Name:
ORD_PRO
Code:
ORD_PRO
Comment:
Stereotype:
Entity 1:
PRODUCTS
Entity 2:
ORDERS
Generate
More >>
确定
取消
应用(A)
帮助

图 9.17　实体 PRODUCTS 与实体 ORDERS 之间的关系 ORD_PRO

Relationship Properties - ORD_PRO (ORD_PRO)
Entity 1
Entity 2
PRODUCTS
ORDERS
General
Cardinalities
Notes
Rules
One - One
One - Many
Many - One
Many - Many
Dominant role:
<None>
PRODUCTS to ORDERS
Role name:
Dependent
Mandatory
Cardinality:
0,n
ORDERS to PRODUCTS
Role name:
Dependent
Mandatory
Cardinality:
0,1
More >>
确定
取消
应用(A)
帮助

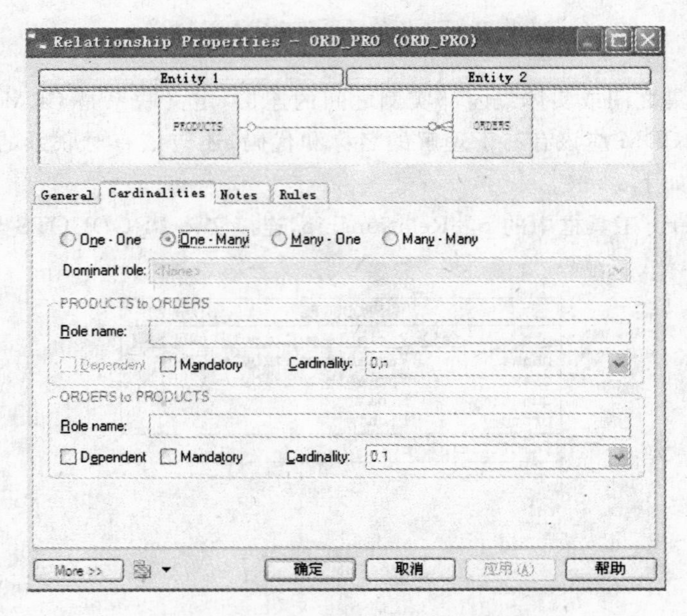

图 9.18　关系 ORD_PRO 的相关数据

③ 单击"确定"按钮，得到关系 ORD_PRO，如图 9.19 所示。

④ 重复步骤①～③，得到关系 ORD_CUS、ORD_AG，如图 9.20 所示。

(8) 定义继承

对 E-R 模型进行扩展，能更恰当地表述现实世界中信息之间的一些特殊关系。扩展 E-

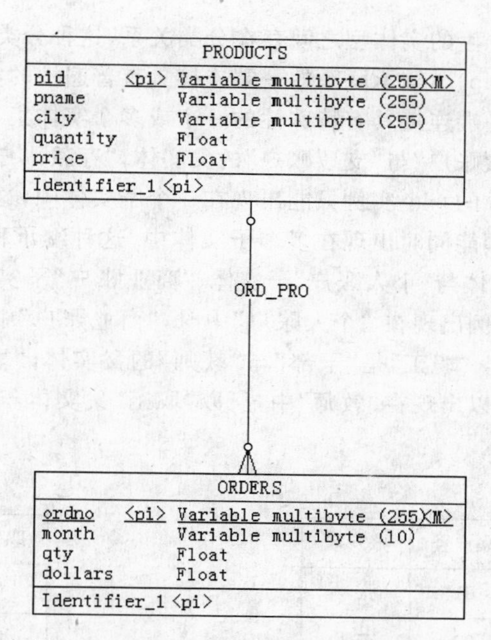

图 9.19 关系 ORD_PRO 及其相关数据

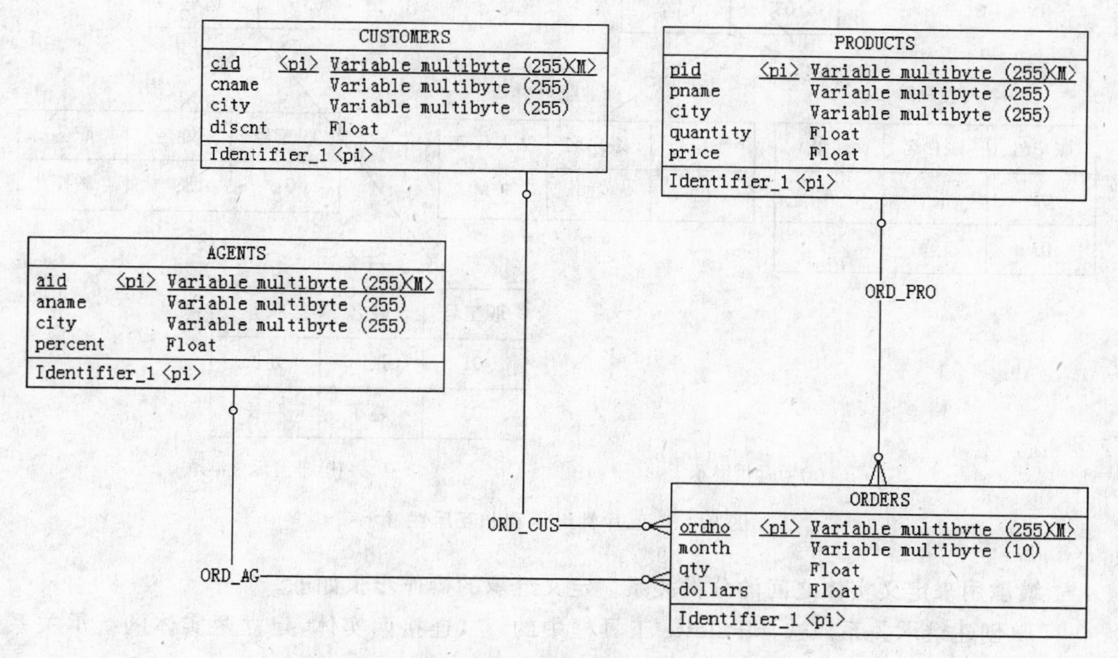

图 9.20 三个关系及其相关数据

R 模型的特性包括特殊化、概化和继承。

实体集中可能包含一些子集，子集中的实体在某些方面区别于实体集中的其他实体。例如，实体集中的某个实体子集可能具有一些自己独有的属性，因此有必要在实体集内部进行分组。在实体集内部分组并把这些分组存放在不同的实体型中的过程叫实体集的特殊化，从多个实体集的公共属性抽象出一个公共实体型的过程叫实体集的概化。

通过特殊化或概化产生的实体型之间存在分类关系，这种分类关系叫继承，也叫继承联系(inheritance relationship)。继承联系的一端连接具有普遍性的实体集，叫父实体集，简称父实体。继承联系的另一端连接具有特殊性的一个或多个实体集，称为子实体集，简称子实体。例如，“账户”为“存款账户”与“支票账户”的父实体，“存款账户”与“支票账户”为“账户”的子实体。如果父实体中的一个实例只能出现在一个子实体中，这种继承称为互斥性继承，如果父实体中的一个实例能同时出现在多个子实体中，这种继承称为非互斥性继承。例如图 9.21(a)中“账户”父实体与“个人账户”子实体、“商业账户”子实体的继承为互斥性继承，因为“账户号”为 01 的实例出现在 “个人账户”中时，“商业账户”中不会再有“账户号”为 01 的实例。图 9.21 (b) 中，“职工”是“干部”与“教师”的父实体，“职工号”为 01 的实例出现在“干部”中时，也同时可以出现在“教师”中，所以“职工”父实体与“干部”、“教师”子实体的继承为非互斥性继承。

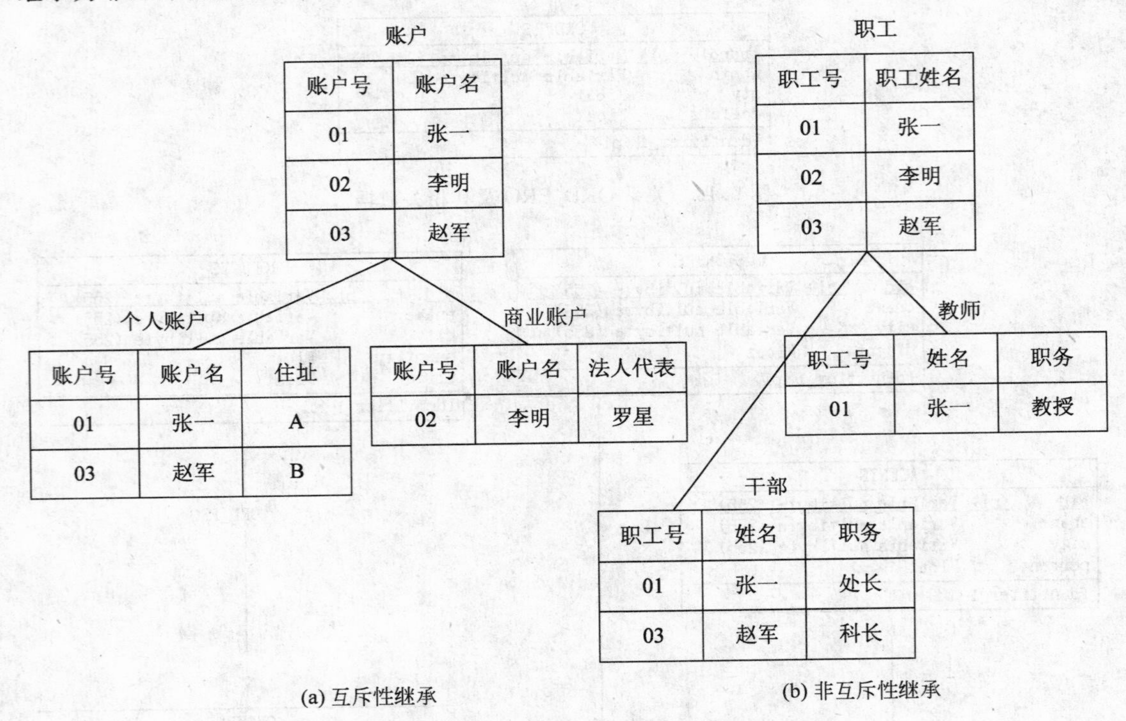

账户

账户号	账户名
01	张一
02	李明
03	赵军

个人账户

账户号	账户名	住址
01	张一	A
03	赵军	B

商业账户

账户号	账户名	法人代表
02	李明	罗星

(a) 互斥性继承

职工

职工号	职工姓名
01	张一
02	李明
03	赵军

教师

职工号	姓名	职务
01	张一	教授

干部

职工号	姓名	职务
01	张一	处长
03	赵军	科长

(b) 非互斥性继承

图 9.21　互斥性继承和非互斥性继承

继承用来定义实体之间的分类关系。定义继承的操作步骤如下。

① 创建继承关系。选择 Palette 工具框中的 ，连接两实体，建立两实体的继承关系 Inheritance_1。

② 定义继承的特性。双击 Inheritance_1，弹出 Inheritance Properties 对话框，修改继承相关信息。

(9) 检查 CDM 中的对象

在建立 CDM 的过程中，任何时候都能检查 CDM 的正确性。CDM 必须遵守的基本准则是：每一个实体的名称和代码必须唯一，每一个实体必须至少包含一个属性，每个联系必须连接至少一个实体。检查CDM时可以设置要检查的每个实体参数的问题及其严重性的级别，也可以设置检查出问题时是采用自动更正还是手动更正。问题的严重性级别分为Error和Warning两种。Error指模型存在致命的问题，系统会阻止CDM生成PDM或OOM，Warning指模型中存在不太合理的问题，系统给出警告提示信息。

系统检查的CDM对象包括package、data item、entity、entity attribute、entity identifier、relationship等。检查CDM中的对象的操作步骤为：选择Tools→Check Model，弹出Check Model Parameters窗口，在Options选项卡中设置系统检查选项，如图9.22所示，单击"确定"按钮，检查结果如图9.23所示。

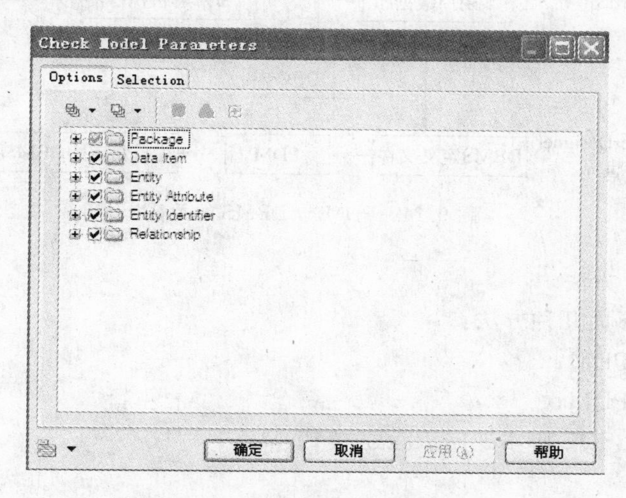

图9.22　Check Model Parameters 窗口

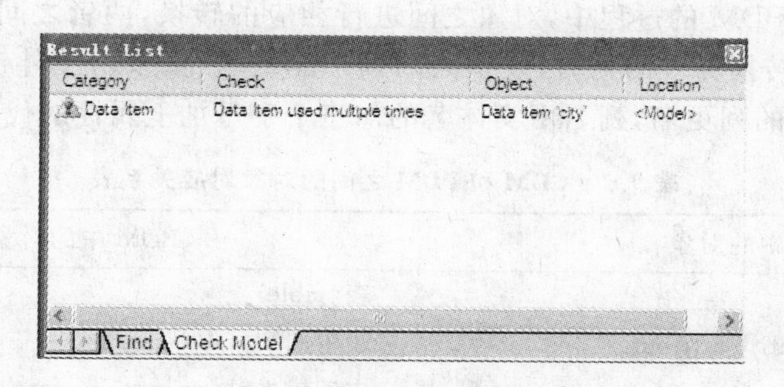

图9.23　Result List 对话框

2. 建立物理数据模型

(1) PDM与DBMS的关系

PowerDesigner中的物理数据模型PDM以常用的38种DBMS的理论为基础，PowerDesigner为每一种DBMS产生了一个扩展名为xdb的定义文件，用户也可以根据实际需要产生新的DBMS定义文件。当建立新的PDM或由CDM生成PDM时，必须选择一种DBMS的定义文件，这些文件是PDM生成数据库时使用的SQL脚本的语法模板与语言规范。

建立PDM的主要目的是把CDM中建立的现实世界模型转换成特定DBMS的SQL

脚本,并以此在数据库中产生数据信息的存储结构,这些存储结构是存储现实世界中数据信息的容器。DBMS 不同,相应的数据库 SQL 脚本也不同。数据库 SQL 脚本包括三类数据库语言:数据定义语言 DDL、数据操纵语言 DML 和数据控制语言 DCL。通过 SQL 脚本能够在特定的 DBMS 中建立用于存放数据信息的数据结构(表、约束等)。通过 SQL 解释执行器,能够在用户数据库中建立 PDM 设计的数据结构,也可将 PDM 直接集成到用户数据库中。PDM 与 DBMS 的关系如图 9.24 所示。

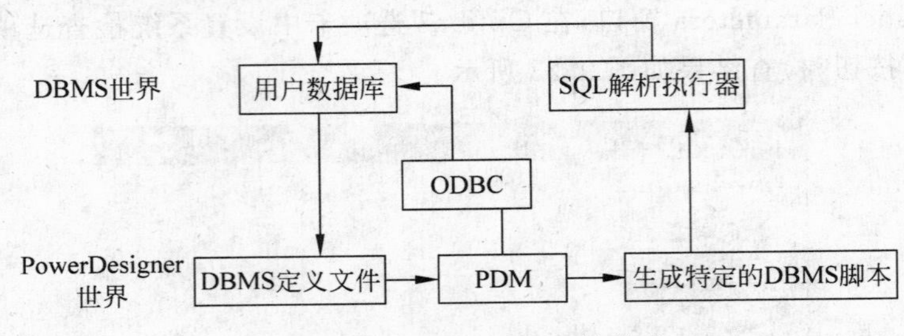

图 9.24　PDM 与 DBMS 的关系

(2) 建立 PDM 方法

建立 PDM 有下面几种方法:

- CDM 生成 PDM;
- LDM 生成 PDM;
- 从数据库的 SQL 脚本逆向工程建立 PDM;
- 新建 PDM。

这里主要介绍第一种方法,转换已有的 CDM 生成 PDM。

在 CDM 生成 PDM 的过程中,对象之间进行相应的转换,两者之间的对象对应关系如表 9.2。实体属性转换为表的列时,表中的两列不能重名,如果由于外键迁移发生冲突,系统自动为这些迁移的列更名,列名由实体名的前三个字母加上属性的代码构成。

表 9.2　CDM 和 PDM 之间的对象对应关系表

CDM 中的对象	PDM 中的对象
实体(entity)	表(table)
实体属性(entity attribute)	表中的列(table column)
标识符	主键或外键(primary or foreign key)
一对多联系	参照(reference)
多对多联系	连接表(join table)

① 标识符与联系的转换

主标识符生成 PDM 中的主键和外键,次标识符生成候选键。CDM 中的联系所定义的依赖类型和基数决定键的类型。

② 非依赖的一对多联系

在非依赖的一对多联系中,联系连接"一"端实体与"多"端实体。"一"端实体的主标识符转换成两项,一项是该实体生成表的主键,另一项是"多"端实体生成表的外键。

③ 依赖的一对多联系

在依赖联系中，非依赖实体的主标识符转换成依赖实体生成的表的主键列和外键列。如果依赖实体本身存在主标识符，则依赖实体的主标识符也将转换成它的生成表的主键列，两个主键列联合用作依赖实体生成表的主键。

④ 非依赖多对多联系

在非依赖多对多联系中，两个实体的主标识符迁移到一个新表中，同时作为该表的主键和外键。

⑤ 非依赖一对一联系

在非依赖一对一联系中，一个实体的主标识符迁移到另一个实体生成的表中做外键。

CDM 生成 PDM 的操作步骤如下。

① 在 PowerDesigner 界面的下拉菜单中，选择 Tools→Generate Physical Data Model，弹出 PDM Generation Options 窗口，如图 9.25 所示。

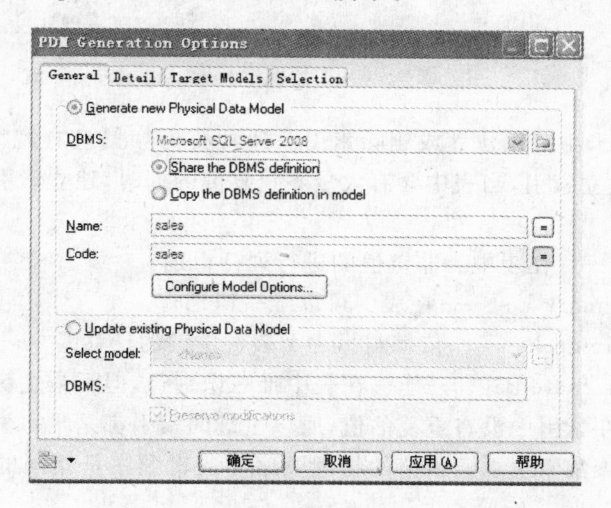

图 9.25　PDM Generation Options 窗口

② 在选项卡 General 中选择 DBMS 为 Microsoft SQL Server 2008，输入名称 sales，单击“确定”按钮，得到物理模型 sales，如图 9.26 所示。

(3) 定义和修改 PDM 中的表

PDM 中的表与 DBMS 中存储数据的表是同一个概念，在进行 CDM 生成 PDM 后，实体转换成表。我们可以通过鼠标双击表进一步修改表的特性。

双击 Customers 表，显示 Table Properties 对话框。在 General 选项卡中可以设置表的 Name、Code、Comment、Stereotype、Owner、Number、Generate、Dimensional Type 等基本特性。Code 表示生成脚本或代码时表的名称；Comment 表示表的描述信息；Stereotype 不改变对象的结构而扩展对象语义的子类；Owner 指定表的建立者；Number 指定估计的记录数，使用它来估计数据库的大小；Generate 指定在数据库中要生成表；Dimensional Type 指定表的多维类型。

在 Columns 选项页，可以定义表中的列，设置每个列指定名称、代码及数据类型。数据类型可以从列表中直接选择，也可以把列附加到域上。

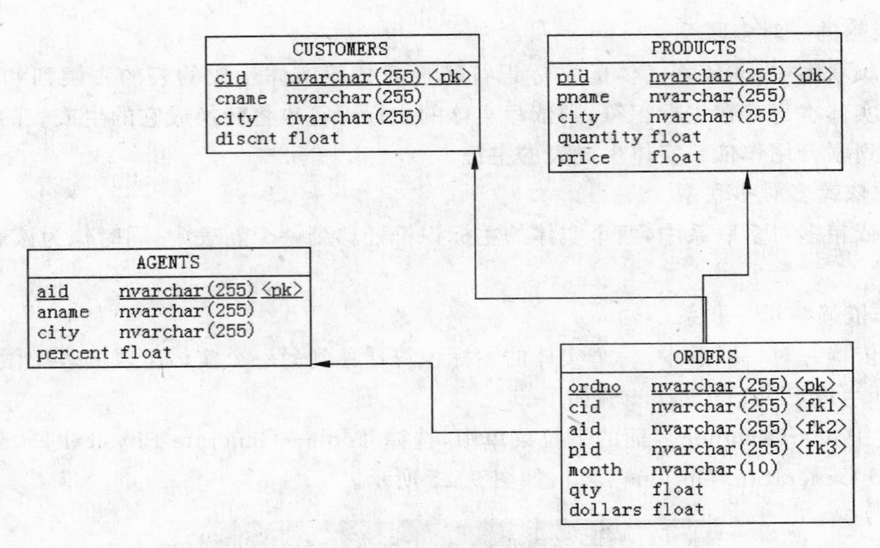

图 9.26 物理模型 sales

在 Indexes 选项卡中可以建立或删除索引。通常要为频繁且有规律地存取、对响应时间要求比较高的列建立索引，当表中含有大量不重复值的列时，建立索引是非常有效的。索引的类型如下：

- User defined——在表中为非键值的进行列行识别。
- Linked to primary key——在表中可以唯一识别行。
- Linked to foreign key——依赖与另一个表的主键的迁移。
- Linked to alternate key——能够在表中唯一识别行，但不是主键索引。
- Unique——在索引中没有重复的值，所以主键的索引都是唯一索引。
- Cluster——聚集索引。索引值的物理顺序和逻辑顺序是相同的。每个表只能有一个聚集索引。

在 Keys 选项卡中可以定义表中的键。键是表中可以唯一识别一条记录的一个或多个列的集合。每个键都可以在目标数据库中生成唯一索引或唯一约束。PDM 支持三种类型的键：主键、候选键和外键。

在 Triggers 选项卡中可以定义表中的触发器。定义触发器可以利用触发器模板，触发器模板是对创建触发器的一种预先定义形式，PowerDesigner 集成了针对各种所支持的 DBMS 的一系列模板。

在 Procedures 选项卡中可以定义表中的存储过程。定义存储过程可以利用存储过程模板，存储过程模板是对创建存储过程的一种预先定义形式，

在 Physicals Options 选项卡中列出与表相关的物理选项。

在 Microsoft 选项卡中能够定义表的扩展特性。

在 Notes 选项卡中能够注释表。

在 Rules 选项卡中能够创建业务规则。

在 Preview 选项卡中可以对生成的 SQL 脚本进行预览。如发现有问题，可以追溯到前面的模型，进行修改后重新生成 SQL 脚本。

下面对 customers 表的 city 列创建非聚集索引 citiesx，其步骤如下。

① 在 Indexes 选项卡中单击工具栏中的 Add a Row 工具，即添加一个索引。

② 双击所选择的索引或单击工具栏上 Properties 工具，打开 Index Properties 窗口，如图 9.27 所示，输入 Name 为 citiesx，转换到 columns 选项页，单击工具栏中 Add columns 工具，选择 city 列，单击"确定"按钮退出。

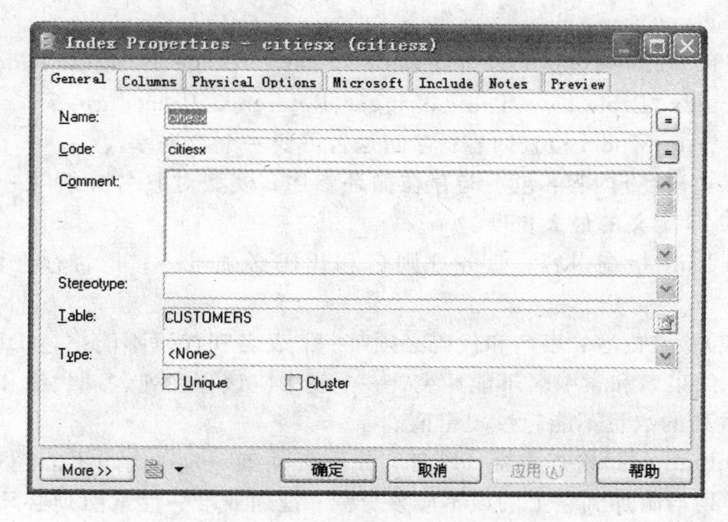

图 9.27　Index Properties 窗口

下面对 customers 表创建存储过程 proc_Qcustomer：通过顾客的 cid 查询顾客的姓名、城市和这个顾客的折扣，默认顾客 cid 为 c001。其步骤如下。

① 在 procedures 选项页，单击工具栏中 create an object 工具，即添加一个存储过程。

② 双击所选择的存储过程或单击工具栏上 Properties 工具，打开 Procedure Properties 窗口，输入 Name 为 proc_Qcustomer，转换到 Definition 选项卡，输入如图 9.28 所示的代码，单击"确定"按钮退出。

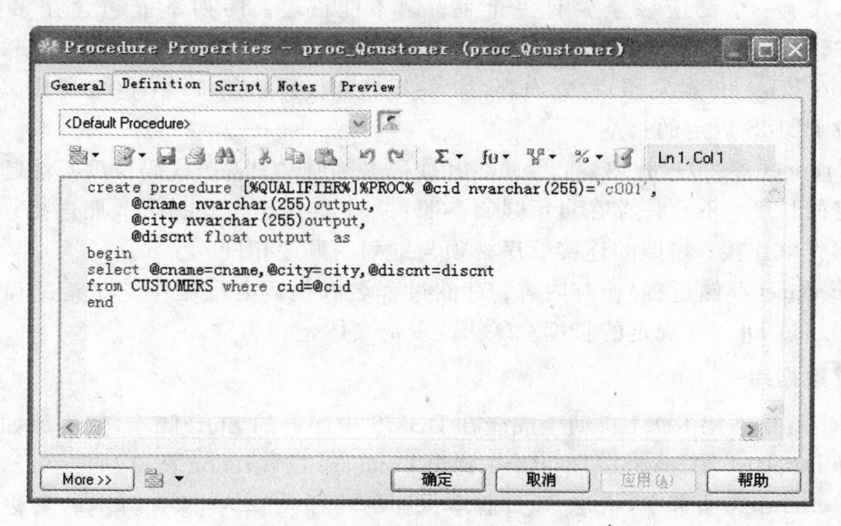

图 9.28　Procedure Properties 窗口

（4）检查 PDM 中的对象

在建立 PDM 的过程中，任何时候都能检查 PDM 的正确性。检查 PDM 时可以设置要检查的每个实体参数的问题及其严重性的级别，也可以设置检查出问题时是采用自动更正还是手工更正。问题的严重性级别分为 Error 和 Warning 两种。Error 指模型存在致命的问题，系统会阻止 PDM 生成数据库；Warning 指模型中存在不太合理的问题，系统给出警告提示信息。

系统检查的 PDM 对象包括 Physical Data Model、Package、Business Rule、Table、Table Column、Table Index、Table Key、Table Trigger、Reference、Procedure 等。

- Physical Data Model 检查内容：存储是否需要一个数据库。
- Package（包）检查内容：包不能存在循环参照；模型对象名必须唯一；约束名不能超过 DBMS 定义的最大长度。
- Business Rule 检查内容：业务规则名和代码必须唯一；是否存在未使用的业务规则。
- Table（表）检查内容：表名和代码必须唯一；表名和代码不能超过 DBMS 定义的最大长度；约束名和索引名不能冲突；一个表中应该存在列、参照、键和索引；一个表的自增益列的数量不能超过规定值。
- Table Column（列）检查内容：列名和代码必须唯一；列代码不能超过 DBMS 规定的长度；列与附加到它上的域不应该分离；键列或唯一性索引列必须是强制的；默认值与列表值必须在最大值和最小值之间；数字型数据类型的总长度必须大于小数位长度；应该为列定义数据类型；外键列与连接的主键列或候选键列必须有一致的数据类型；约束名必须唯一；序列的列必须是键列；自增益的列必须是数字型数据类型；计算列必须有表达式。
- Table Index（索引）检查内容：索引名和代码必须唯一；索引代码长度不能超过 DBMS 规定的长度；一个索引应该至少有一个列；不能出现索引嵌套。
- Table Key（键）检查内容：键名和代码必须唯一；键代码长度不能超过 DBMS 规定的长度；一个键应该至少有一个列；键不能嵌套；序列不能包含在多列组成的键中。
- Table Trigger（触发器）检查内容：触发器名和代码必须唯一；触发器代码长度不能超过 DBMS 规定的长度。
- Reference（参照）检查内容：参照名和代码必须唯一；参照代码长度不能超过 DBMS 规定的长度；不允许存在自反强制参照；一个参照至少有一个参照连接；不允许存在不完整连接；参照的连接顺序必须与键列的顺序相同。
- Procedure（存储过程）检查内容：存储过程名和代码必须唯一；存储过程代码长度不能超过 DBMS 规定的长度；存储过程定义体是否为空。

3. 生成数据库

最后一步就是利用 PDM 自动生成能在 DBMS 中运行的 SQL 脚本，其步骤如下。

① 选择 Database→Generate Database，弹出 Database Generation 窗口，如图 9.29 所示。

② 在 General 选项卡中，指定 SQL 脚本保存的路径及输入 SQL 脚本的名称，单击“确定”按钮，结果如图 9.30 所示。

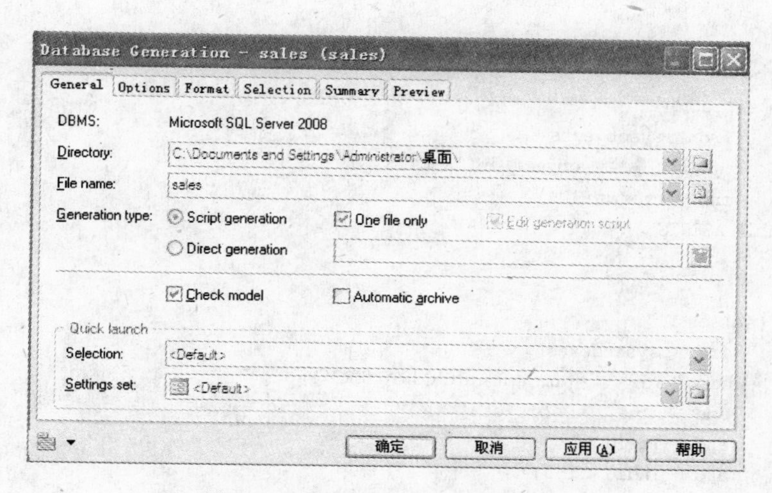

图 9.29 Database Generation 窗口

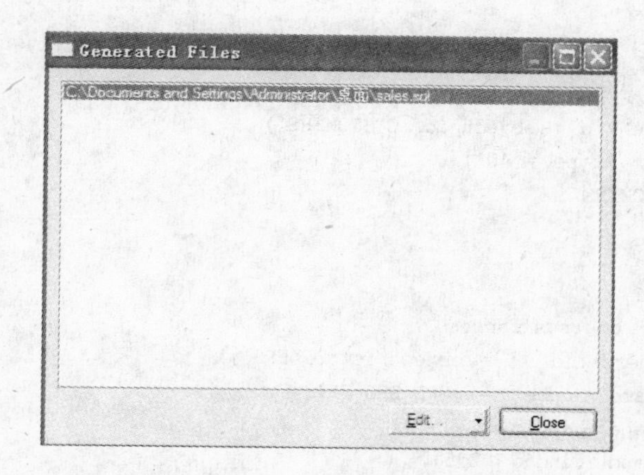

图 9.30 Generated Files 结果框

查看上述保存路径的 SQL 文件——sales.sql，内容为：

```
/* ============================================================ */
/* DBMS name:      Microsoft SQL Server 2008                    */
/* Created on:     2011-4-8 22:32:15                            */
/* ============================================================ */
if exists (select 1
           from sysobjects
           where id = object_id('Trigger_1')
           and type = 'TR')
   drop trigger Trigger_1
go

if exists (select 1
           from sysobjects
           where  id = object_id('proc_Qcustomer')
           and type in ('P','PC'))
   drop procedure proc_Qcustomer
```

```
go

if exists (select 1
          from  sysobjects
          where  id = object_id('AGENTS')
          and   type = 'U')
   drop table AGENTS
go

if exists (select 1
          from  sysindexes
         where  id      = object_id('CUSTOMERS')
          and   name   = 'citiesx'
          and   indid > 0
          and   indid < 255)
   drop index CUSTOMERS.citiesx
go

if exists (select 1
            from  sysobjects
           where  id = object_id('CUSTOMERS')
            and   type = 'U')
   drop table CUSTOMERS
go

if exists (select 1
              from  sysindexes
             where  id      = object_id('ORDERS')
              and   name    = 'ORD_PRO_FK'
              and   indid > 0
              and   indid < 255)
   drop index ORDERS.ORD_PRO_FK
go

if exists (select 1
              from  sysindexes
             where  id      = object_id('ORDERS')
              and   name    = 'ORD_AG_FK'
              and   indid > 0
              and   indid < 255)
   drop index ORDERS.ORD_AG_FK
go

if exists (select 1
              from  sysindexes
             where  id      = object_id('ORDERS')
              and   name    = 'ORD_CUS_FK'
              and   indid > 0
              and   indid < 255)
   drop index ORDERS.ORD_CUS_FK
go
```

```
if exists (select 1
           from  sysobjects
          where  id = object_id('ORDERS')
           and   type = 'U')
   drop table ORDERS
go

if exists (select 1
           from  sysobjects
          where  id = object_id('PRODUCTS')
           and   type = 'U')
   drop table PRODUCTS
go

/* ============================================================ */
/* Table: AGENTS                                                */
/* ============================================================ */
create table AGENTS (
   aid                  nvarchar(255)        not null,
   aname                nvarchar(255)        null,
   city                 nvarchar(255)        null,
   "percent"            float                null,
   constraint PK_AGENTS primary key nonclustered (aid)
)
go

/* ============================================================ */
/* Table: CUSTOMERS                                             */
/* ============================================================ */
create table CUSTOMERS (
   cid                  nvarchar(255)        not null,
   cname                nvarchar(255)        null,
   city                 nvarchar(255)        null,
   discnt               float                null default 0
      constraint CKC_DISCNT_CUSTOMER check (discnt is null or (discnt >= 0)),
   constraint PK_CUSTOMERS primary key (cid)
)
go

/* ============================================================ */
/* Index: citiesx                                               */
/* ============================================================ */
create index citiesx on CUSTOMERS (
city ASC
)
go

/* ============================================================ */
/* Table: ORDERS                                                */
/* ============================================================ */
```

```
create table ORDERS (
   ordno                nvarchar(255)        not null,
   pid                  nvarchar(255)        null,
   aid                  nvarchar(255)        null,
   cid                  nvarchar(255)        null,
   month                nvarchar(10)         null,
   qty                  float                null default 0
      constraint CKC_QTY_ORDERS check (qty is null or (qty >= 0)),
   dollars              float                null default 0
      constraint CKC_DOLLARS_ORDERS check (dollars is null or (dollars >= 0)),
   constraint PK_ORDERS primary key (ordno)
)
go

/* ============================================================ */
/* Index: ORD_CUS_FK                                            */
/* ============================================================ */
create index ORD_CUS_FK on ORDERS (
cid ASC
)
go

/* ============================================================ */
/* Index: ORD_AG_FK                                             */
/* ============================================================ */
create index ORD_AG_FK on ORDERS (
aid ASC
)
go

/* ============================================================ */
/* Index: ORD_PRO_FK                                            */
/* ============================================================ */
create index ORD_PRO_FK on ORDERS (
pid ASC
)
go

/* ============================================================ */
/* Table: PRODUCTS                                              */
/* ============================================================ */
create table PRODUCTS (
   pid                  nvarchar(255)        not null,
   pname                nvarchar(255)        null,
   city                 nvarchar(255)        null,
   quantity             float                null,
   price                float                null,
   constraint PK_PRODUCTS primary key nonclustered (pid)
)
go
```

```
create procedure proc_Qcustomer @cid nvarchar(255) = 'c001',
      @cname nvarchar(255)output,
      @city nvarchar(255)output,
      @discnt float output   as
begin
select @cname = cname, @city = city, @discnt = discnt
from CUSTOMERS where cid = @cid
end
go
```

4. 逆向工程

PDM 中的逆向工程是指从现有 DBMS 的用户数据库或现有数据库的 SQL 脚本中生成 PDM 的过程。逆向工程有两种对象：一是通过 ODBC 数据库连接用户数据库；二是通过现有的数据库 SQL 脚本文件(扩展名为 SQL),如果有多个数据库 SQL 脚本文件需要逆向工程时,应注意这些文件的选择顺序。例如,必须保证触发器的脚本文件在表的脚本文件之后。逆向工程的结果可以生成一个新的 PDM,也可以与一个现存的 PDM 文件合并生成一个 PDM. 逆向工程生成 PDM 的方法为：①定义逆向工程的重建选项；②从用户数据库逆向工程生成 PDM；③从数据库 SQL 脚本文件逆向工程到新的 PDM 中；④使用 ODBC 数据源逆向工程到新的 PDM 中。

9.2　存储过程的高级应用

在数据库应用系统中,数据库表的事务逻辑处理是适合于客户端应用程序处理还是适合于服务器端存储过程处理,要根据具体系统和具体业务来确定。使用存储过程的基本目的是为了提高应用系统的运行效率、增强系统的可维护性、保证数据的完整性与可靠性。

下面给出了在数据库应用系统中采用存储过程的一些基本策略。

(1) 把易于变化的业务规则放入存储过程中。

(2) 需要集中管理和控制的逻辑与运算处理应放入存储过程中。

(3) 存储过程可作为保证系统数据安全性和数据完整性的一种实现机制。

(4) 需要对基本表的数据进行较复杂的中间过程逻辑处理才能返回所需的结果数据集,应采用存储过程完成。

(5) 重复调用的、需要一定运行效率的逻辑与运算处理宜采用存储过程实现。

有效地使用存储过程将会大大地简化应用程序的编程,为了更好地使用存储过程,建议在使用存储过程时注意以下内容：

- 检查参数的有效性,确保参数的数据类型与相应列的数据类型相匹配。
- 在每条 SQL 语句后检查@@error 的值。
- 对自己编写的程序添加注释以利于日后维护,是一种良好的程序设计习惯。
- 为编写的存储过程保留一个备份,以便日后编写文档或修改该存储过程时使用。

第 5 章已经对存储过程进行了基本介绍,下面通过一些实例讲解存储过程的高级应用。

9.2.1 存储过程应用实例

【例 9.1】 存储过程只从视图中返回指定的雇员(提供名字和姓氏)及其职务和部门名称。

```
use adventureworks;
go
if object_id ( 'humanresources.uspgetemployees', 'p' ) is not null
        drop procedure humanresources.uspgetemployees;
go
create procedure humanresources.uspgetemployees
        @lastname nvarchar(50),
        @firstname nvarchar(50)
as
        set nocount on;
        select firstname, lastname, jobtitle, department
        from humanresources.vemployeedepartment
        where firstname = @firstname and lastname = @lastname;
go
```

【例 9.2】 将 uspVendorAllInfo 存储过程(不带 EXECUTE AS 选项)更改为只返回那些提供指定产品的供应商。

```
alter procedure purchasing.uspvendorallinfo  @product varchar(25)
as
    select left(v.name, 25) as vendor, left(p.name, 25) as 'product name',
    'credit rating' = case v.creditrating
        when 1 then 'superior'
        when 2 then 'excellent'
        when 3 then 'above average'
        when 4 then 'average'
        when 5 then 'below average'
        else 'no rating'
        end
    , availability = case v.activeflag
        when 1 then 'yes'
        else 'no'
        end
    from purchasing.vendor as v
    inner join purchasing.productvendor as pv
      on v.vendorid = pv.vendorid
    inner join production.product as p
      on pv.productid = p.productid
    where p.name like @product
    order by v.name asc;
go
exec purchasing.uspvendorallinfo n'll crankarm';
go
```

【例 9.3】 有两个表,分别是图书销售表 book(bookID,quantity,price,clientID,SellDate)

和客户信息表 client(clientID,name,address,phone),“bookID,quantity,price,clientID,SellDate”分别为已售图书的编号、本书已售数量、单价、买书客户编号、销售日期。“clientID,name,address,phone”分别为客户编码、客户名称、客户联系地址和联系电话。现要求写一个存储过程 proc_calculate_fee 来统计某个客户在某年份已买图书的总额,按客户姓名、年份、书价总额进行输出。表结构如图 9.31 所示,可在其中插入若干数据。

列名	数据类型	长度	允许空
bookID	char	10	✓
quantity	int	4	✓
price	float	8	✓
clientID	int	4	✓
SellDate	datetim	8	✓

列名	数据类型	长度	允许空
clientID	int	4	
name	varchar	50	✓
address	varchar	50	✓
phone	varchar	30	✓

图 9.31　表 book 和 client 的数据表结构

存储过程如下:

```
1  create procedure proc_calculate_fee
2      @clientno int ,                          --定义输入参数,代表客户编号
3      @sellyear char(4),                       --定义输入参数,代表销售年份
4      @fee float = 0.0 output                  --定义输出参数,代表销售总额
5   as
6   declare @clientname varchar(50)
7   begin
8   select @clientname = (select name from client where clientid = @clientno)
9   select @fee = (select sum(quantity * price) from book where clientid = @clientno and year
(selldate) = @sellyear)
10  select @clientname,@sellyear,@fee         --按客户姓名、年份、书价总额进行输出
11  end
12  go
```

执行存储过程代码为:

```
declare @fee float                           --定义输出参数
exec proc_calculate_fee '1','2010',@fee out  --执行带参数输出存储过程
select @fee                                  --显示结果
go
```

如果上面第 10 行代码改成: return @fee,则执行存储过程代码为:

```
declare @fee float                           --定义输出参数
exec @fee = proc_calculate_fee '1','2010'
select @fee
go
```

9.2.2 执行系统存储过程和扩展存储过程

系统存储过程和扩展存储过程是数据库系统自带的一类存储过程,其存储过程名分别用 sp_和 xp_开头,存放于 SQL Server 2008 的 master 数据库中,用户可以使用这些存储过程来实现很多高级操作。例如,可以通过存储过程读写注册表、获取数据库磁盘空间的大小、停止或启动一项数据库服务、调用 OLE 对象等。可以用系统存储过程 sp_stored_procedures 查看所有系统自带的存储过程名。系统扩展存储过程是不可见的,但可以正常

使用。

【例 9.4】 数据表 homework 中有一个列 stud_xh,在创建该数据表时,并没有指定该列的中文含义,可以通过执行系统存储过程 sp_addextendedproperty 自动为该列加一个中文说明,将来作为显示表格的中文列标题。代码如下:

```
exec sp_addextendedproperty n'ms_description', n'学号', n'user', n'dbo', n'table', n'homework',
n'column', n'stud_xh'
```

当要查询出该列的中文含义时,代码为:

```
select  objname,value  from  ::fn_listextendedproperty
(null, 'user', 'dbo', 'table', 'homework', 'column', 'stud_xh')
```

执行后将返回"stud_xh,学号"。"::fn_listextendedproperty"为系统特殊表。

【例 9.5】 读写注册表的存储程序。

```
alter procedure proc_reg as
begin
/* 1.在注册表 computername 项对应分支下,写入一个键值名为 computertime、键值为 9999 的字符
串.'master..'用来表示属于 master 下存储过程 */
exec master..xp_regwrite hkey_local_machine, 'system\controlset001\ control\computername\
computername','computertime','reg_sz','9999'
/* 2.在注册表 computername 项对应分支下,读取 computername 的键值 */
declare @mycomputername char(20)
exec @mycomputername = master..xp_regread  'hkey_local_machine', 'system\controlset001\
control\computername\computername','computername'
select @mycomputername                          -- 返回我的计算机名
end
go
exec proc_reg                                   -- 执行自定义的存储过程来读写注册表
```

【例 9.6】 执行 xp_servicecontrol 系统存储程序可以启用或停止一个数据库服务。

```
use master
xp_servicecontrol 'stop','mssqlserver'          -- 停止 sql server 服务进程
xp_servicecontrol 'start','sqlserveragent'      -- 启动 sql server 代理
xp_servicecontrol  'stop','sqlserveragent'      -- 停用 sql server 代理
go
```

系统存储过程 xp_cmdshell 可以用来执行操作系统的命令,并以文本行方式返回任何输出。不过出于数据库安全性方面的考虑,SQL Server 2008 数据库系统关闭了该功能的使用。在作系统维护时,可以通过下面代码允许使用 xp_cmdshell 系统存储过程:

```
use master
sp_configure 'show advanced options', 1         -- 允许对参数进行修改
reconfigure;                                    -- 使该设定生效
go
sp_configure 'xp_cmdshell', 1                   -- 设为 1 表示允许使用 xp_cmdshell
reconfigure;                                    -- 使该设定生效
go
```

注意：使用后，用“sp_configure 'xp_cmdshell'，0”设置停用 xp_cmdshell 系统存储过程，以确保安全。

【例 9.7】 下面为 xp_cmdshell 存储过程的一些使用例子。

```
1. Exec master..xp_cmdshell label D:                              -- 显示数据库D盘的卷标
2. Exec master..xp_cmdshell Format F:/Q                           -- 快速格式化F盘!!!
3. Exec master..xp_cmdshell 'copy c:\a.text d:\a.text'            -- 复制
4. Exec master..xp_cmdshell 'cd c:\'                              -- 改变目录路径
5. Exec master..xp_cmdshell 'net use F: \\software\movie$ '       -- 建立磁盘映射
```

【例 9.8】 利用系统存储过程 sp_oacreate 创建 ActiveX 组件，用 sp_oamethod 执行该组件的方法。该例中，在 C 盘创建一个文件 c:\text.asp，文件内容为“text written to this file”。代码如下：

```
--首先设置允许用户使用系统存储过程 sp_oacreate,默认是不允许
sp_configure 'show advanced options',1                    -- 允许对参数进行修改
reconfigure                                               -- 使该设定生效
go
sp_configure 'ole automation procedures', 1               -- 设为1表示允许使用 sp_oacreate
reconfigure                                               -- 使该设定生效
go
--定义变量,@o 为 activex 文件系统对象,@f 为文件对象
declare @o int, @f int, @ret int
exec sp_oacreate 'scripting.filesystemobject', @o out    -- 创建文件系统对象
--创建一个文件 c:\text.asp
exec sp_oamethod @o, 'createtextfile', @f out, 'c:\text.asp', 1
--写入文本内容到文件
exec @ret = sp_oamethod @f, 'writeline', null, 'text written to this file'
select @ret
go
sp_configure 'ole automation procedures', 0               -- 停用 ole automation
reconfigure
go
sp_configure 'show advanced options',0                    -- 不允许对参数进行修改
reconfigure                                               -- 使该设定生效
go
```

【例 9.9】 在 SQL Server 2000 中，系统存储过程 xp_makecab 可以这样来压缩文件：

```
--将'd:\wang1.jpg','d:\wang2.jpg'以 zip 格式压缩,放在 c:\test.zip 中
  xp_makecab 'c:\test.zip','mszip',1,'d:\wang1.jpg','d:\wang2.jpg'
```

xp_makecab 将多个目标文件压缩到某个目标档案之内。所有要压缩的文件都可以接在参数列的最后方，不能压缩大于 2GB 的备份文件。在 SQL Server 2005/2008 中，用 xp_cmdshell 调用 system32 目录下的 makecab.exe 可以压缩文件。使用方法：

```
MAKECAB [/V[n]] [/L dir] source [destination]
```

其中 source 为待压缩文件；destination 为压缩后的文件名，如不指定则用压缩文件名后加“_”。开关“/L dir” 用来指定压缩文件存放目录，默认为当前目录；“/V[n]”指定文件压缩

程度的级别(n=1,2,3)。

9.3 函数的高级应用

第5章已经对函数进行了基本介绍,下面通过一些实例讲解函数的高级应用。

9.3.1 函数的使用位置

函数的使用比较灵活,可用于或包括在如下一些位置。

(1) 函数可以使用在select语句的查询的选择列表中,以返回一个值。

【例9.10】

```
select db_name();
go
```

【例9.11】

```
select   @chvmake = make,
@model = model,
@dtscurrentdate = getdate()
from equipment
where eqid = @inteqid
```

(2) 函数可以使用在select或数据修改(insert、delete或update)语句的where子句搜索条件中,以限制符合查询条件的行。

【例9.12】

```
use adventureworks;
go
select salesorderid, productid, orderqty
from sales.salesorderdetail
where orderqty =
   (select max(orderqty) from sales.salesorderdetail);
go
```

(3) 函数可以使用在视图的搜索条件(where子句)中,以使视图在运行时与用户或环境动态地保持一致。

【例9.13】

```
create view showmyemploymentinfo as
select firstname, lastname
from person.contact
where contactid = suser_sid();
go
```

(4) 函数可以使用在check约束或触发器中,以便在插入数据时查找指定的值。

【例9.14】

```
create table salescontacts
   (salesrepid   int primary key check (salesrepid = suser_sid() ),
```

```
    contactname    varchar(50) null,
    contactphone   varchar(13) null);
go
```

（5）函数可以使用在DEFAULT约束中，以便在insert语句未指定值的情况下提供一个值。

【例9.15】

```
create table salescontacts
   (
   salesrepid    int primary key check (salesrepid = suser_sid() ),
   contactname   varchar(50) null,
   contactphone  varchar(13) null,
   whencreated   datetime default getdate(),
   creator       int default suser_sid()
   );
go
```

（6）函数可以使用在存储过程中。

【例9.16】

```
create procedure prinsertnewschedule
@intleaseid int,
@intleasefrequencyid int
as
insert leaseschedule(leaseid, startdate,
enddate, leasefrequencyid)
values (  @intleaseid,   getdate(),
dateadd(year, 3, getdate()), @intleasefrequencyid)
return @@error
```

这个过程把当前的日期（使用getdate函数得到）插入到startdate列，用dateadd函数（用getdate函数作为参数）计算出enddate列。dateadd函数的作用是设置从当前日期开始3年后的最后一天。

9.3.2 日期函数的应用

在数据库应用程序开发中，经常需要获得当前日期和计算一些其他的日期，例如，需要判断一个月的第一天或者最后一天，显示今天是星期几，得到某个月的天数，等等。下面学习SQL Server常用的日期函数。

函数datediff计算两个日期之间的小时、天、周、月、年等时间间隔总数。

函数dateadd计算一个日期通过给时间间隔加减来获得一个新的日期。

函数datename(datepart,date)返回表示指定date的指定datepart的字符串。

【例9.17】 计算当前月的第一天，SQL语句为：

```
select dateadd(mm, datediff(mm,0,getdate()), 0)
```

在这个语句中，函数getdate()返回当前的日期和时间。函数datediff(mm,0,getdate())计算当前日期和"1900-01-01 00:00:00.000"这个日期之间的月数。日期和时间变量和毫秒一样是从"1900-01-01 00:00:00.000"开始计算的，所以在 datediff 函数中指定第一个时间表达式为"0"。函数 dateadd 增加当前日期到"1900-01-01"的月数。通过增加预定义的日期"1900-01-01"和当前日期的月数，可以获得这个月的第一天。

因为现在的日期是 2011 年 4 月 9 日，所以上述 SQL 语句运算结果为：

```
2011-04-01 00:00:00.000
```

使用同样方法可以计算很多不同的日期。

【例 9.18】 计算本周的星期一，SQL 语句为：

```
select dateadd(wk, datediff(wk,0,getdate()), 0)
```

其中，wk 是用周的时间间隔来计算哪一天是本周的星期一。

【例 9.19】 计算本年的第一天，SQL 语句为：

```
select dateadd(yy, datediff(yy,0,getdate()), 0)
```

其中，yy 是用年的时间间隔来显示这一年的第一天。

【例 9.20】 计算季度的第一天，SQL 语句为：

```
select dateadd(qq, datediff(qq,0,getdate()), 0)
```

【例 9.21】 计算当天的半夜，SQL 语句为：

```
select dateadd(dd, datediff(dd,0,getdate()), 0)
```

【例 9.22】 去掉当前时间的时、分、秒，SQL 语句为：

```
declare @ datetime
set @ = getdate()
select @,dateadd(day, datediff(day,0,@), 0)
```

【例 9.23】 显示当天为星期几，SQL 语句为：

```
select datename(weekday,getdate())
```

【例 9.24】 得到 2011 年 2 月的天数，SQL 语句为：

```
declare @m int
set @m = 2 --月份
select datediff(day,'2011-'+cast(@m as varchar)+'-15','2011-'+cast(@m+1 as varchar)
+'-15')
```

【例 9.25】 得到本月天数，SQL 语句为：

```
select datediff(day,cast(month(GetDate()) as varchar)+'-'+cast(month(GetDate()) as
varchar)+'-15',cast(month(GetDate()) as varchar)+'-'+cast(month(GetDate())+1 as
varchar)+'-15')
```

【例 9.26】 判断当前年是否是闰年，SQL 语句为：

```
select case day(dateadd(mm, 2, dateadd(ms, -3,dateadd(yy, datediff(yy,0,getdate()), 0))))
when 28 then '平年' else '闰年' end
```

【例 9.27】 判断当前季度有多少天，SQL 语句为：

```
declare @m tinyint,@time smalldatetime
select @m = month(getdate())
select @m = case when @m between 1 and 3 then 1
when @m between 4 and 6 then 4
when @m between 7 and 9 then 7
else 10 end
select @time = datename(year,getdate()) + '-' + convert(varchar(10),@m) + '-01'
select datediff(day,@time,dateadd(mm,3,@time))
```

9.3.3 isnull 函数的应用

isnull 函数使用指定的替换值替换 NULL。语法格式为：

```
isnull ( check_expression , replacement_value )
```

其中，check_expression 表示将被检查是否为 NULL 的表达式，可以是任何类型的。replacement_value 表示在 check_expression 为 NULL 时将返回的表达式。replacement_value 必须与 check_expresssion 具有相同的类型。

【例 9.28】 查找所有顾客的平均折扣率，用值 10 替换 customers 表的 discnt 列中的所有 NULL 条目。

```
use sales
go
select avg(isnull(discnt, 10))
from customers
go
```

【例 9.29】 查询 customers 表中的所有顾客的 id、姓名、居住城市和折扣率。如果一个顾客的折扣率是 NULL，那么在结果集中显示折扣率 0.00。

```
use sales
go
select cid, cname, city,isnull(discnt, 0.00) discnt
from customers
go
```

9.3.4 复杂字段约束的实现

有些时候，我们希望在表中输入的字段值满足一些复杂约束，这可以通过函数来实现。

【例 9.30】 有一张表 schedule，存放从某个起始时间到某个截止时间内的产品销量，要求数据输入时不能出现时间重叠的情况。

建立 schedule 表的 SQL 语句如下：

```
create table schedule ( quantity int not null, starttime smalldatetime not null, endtime
smalldatetime not null)
```

该约束要求数据输入时不能出现时间重叠的情况，即每次行插入时，其 starttime 和

endtime 要与表中已有的值进行比较。假设表中已有两行,如表 9.3 所示,再要插入行时,应该使插入行的 starttime 值和 endtime 值不能是已有行的 starttime 和 endtime 之间的值,或者说,插入行的 starttime 值不能小于已有行的 starttime 值且插入行的 endtime 值不能大于已有行的 endtime 值。

表 9.3　schedule 表

quantity	starttime	endtime
100	2011-1-1	2011-1-10
200	2011-1-11	2011-1-20

例如,不允许插入(300,'2011-1-9','2011-2-1'),(200,'2010-12-30','2011-2-1')。

下面首先建立一个函数,以要插入行的 starttime 和 endtime 作为参数,返回在插入值时,出现时间重叠的行数。

```
create function dbo.udf_getoverlapcount
(@starttime smalldatetime,@endtime smalldatetime)
returns int
begin
  return (select count(*) from schedule where (@starttime between starttime and endtime)or
  (@endtime between starttime and endtime) or(@starttime <= starttime and @endtime >=
  endtime)
)
end
```

然后对 schedule 表增加约束,要求出现时间重叠的行数小于等于 1。

```
alter table schedule add constraint ck_schedules_1
check(dbo.udf_getoverlapcount(starttime,endtime)<=1)
```

最后进行验证,输入下面的 SQL 语句:

```
insert into schedule values(100,'2011-1-9','2011-2-1')
```

结果显示:

```
消息 547,级别 16,状态 0,第 1 行
INSERT 语句与 CHECK 约束"ck_schedules_1"冲突。该冲突发生于数据库"aa",表"dbo.schedule"。
语句已终止。
```

输入下面的 SQL 语句:

```
insert into schedule values(200,'2010-12-30','2011-2-1')
```

结果显示:

```
消息 547,级别 16,状态 0,第 1 行
INSERT 语句与 CHECK 约束"ck_schedules_1"冲突。该冲突发生于数据库"aa",表"dbo.schedule"。
语句已终止。
```

输入下面的 SQL 语句:

```
insert into schedule values(200,'2011 - 1 - 22','2011 - 2 - 1')
```

结果显示：

```
(1 行受影响)
```

也就是说，最后一行插入成功，前面两个插入操作因为违背约束条件没有插入成功。

9.4 数据库连接技术

9.4.1 数据库应用开发接口

用户通过应用程序编程接口(Application Programming Interface,API)和数据库对象接口，使用程序设计语言或客户端编程工具软件，可以开发数据库应用软件，建立网络数据库应用环境，通过网络访问各种数据库服务器。通用的数据库应用开发接口主要有两大类：基于API的数据库应用开发接口和基于数据对象应用开发接口。

1. 基于API的数据库应用开发接口

基于API的数据库开发是指应用程序通过DBMS提供的函数调用程序库(专用函数库)或基于微软的ODBC API技术的函数库，作为其应用程序接口。应用程序调用API库中的函数，把SQL语句传递给DBMS，并调用其他函数读取DBMS，执行SQL语句的查询结果和状态信息。

目前数据库应用编程接口API主要有三类：ODBC、JDBC和OLE DB。

(1) ODBC

ODBC(Open Database Connectivity，开放式数据库互连)是Microsoft公司开放服务体系结构(WOSA，Windows Open Services Architecture)中有关数据库的一个组成部分，它建立了一组规范并提供一组访问数据库的标准API ODBC为开发者提供了设计、开发独立于DBMS的应用的能力。通过ODBC API应用程序可以利用SQL来完成其大部分数据库访问任务，有助于实现应用和数据库的分离，提高应用系统的数据访问透明性和可移植性。

现在各种大型的数据库管理系统如Oracle、SQL Server、DB2、Sybase、Infomix及众多的中小型的数据库管理系统如Access、Foxpro等都提供相应的ODBC接口，通过ODBC加载不同的数据库驱动程序，即可直接与该数据库管理系统相连。

(2) JDBC

JDBC(Java database connectivity)是专门针对Java的一种数据库访问技术，可以实现Java对不同数据源的一致性访问。JDBC在Web应用程序中的作用和ODBC在数据库相关应用程序中的作用类似，是Java实现数据库访问所用的API，也是建立在X/Open SQL CLI基础上的。

JDBC是面向对象的接口标准，它是对ODBC API进行的一种面向对象的封装和重新设计。它的主要功能是管理存放在数据库中的数据，通过对象定义了一系列与数据库系统进行交互的类和接口。通过接口对象，应用程序可以完成与数据库的连接、执行SQL语句、从数据库中获取结果、获取状态及错误信息、终止事务和连接等。

JDBC的最大特点是它独立于具体的关系数据库。它与ODBC类似，为Java程序提供统一、无缝地操作各种数据库的接口，所不同的是ODBC是C语言的接口，而JDBC是Java语言的接口。事实上，无法确定Internet用户想访问什么类型的数据库，程序员使用JDBC编程时，可以不关心它要操作的数据库是哪个厂家的产品，从而提高了软件的通用性。只要系统上安装了正确的驱动程序，JDBC应用程序就可以访问与其相关的数据库。

(3) OLE DB

OLE DB(Object Linking and Embedding, Database，对象链接嵌入数据库)是微软为以统一方式访问不同类型的数据存储设计的一种应用程序接口，是一组用组件对象模型(COM)实现的接口。OLE DB可以在不同的数据源中进行转换。利用OLE DB，客户端的开发人员在进行数据访问时只须把精力集中在很少的一些细节上，而不必弄懂大量不同数据库的访问协议。

OLE DB是基于COM来访问各种数据源的通用ActiveX接口，是提供访问数据的一种统一手段，而不管存储数据时使用的方法如何。这些接口支持多项DBMS功能，并使之适于数据存储管理，便于实现数据共享。OLE DB被设计成为ODBC的一种高级替代者和继承者，把它的功能扩展到支持更多种类的非关系型数据库，例如可能不支持SQL的对象数据库和电子表格(如Excel、文本文件等)。

OLE DB基于组件概念来构造、设计各种标准接口，作为COM组件对象的公共方法供开发应用程序调用。

目前商品化的DBMS基本都提供专用的、基于API的数据库编程接口，同时提供遵循开放数据库互连接口规范(ODBC API)的数据库驱动程序(包括OLE DB API)。用户通过数据库对象接口和应用程序编程接口API，使用程序设计语言或客户前端编程工具软件，可以开发各种数据库应用软件访问数据库服务器。

2. 基于数据对象的应用开发接口

直接使用ODBC API来开发应用程序的工作量很大。随着面向数据对象编程技术的发展，基于API技术的数据库应用程序开发正被对象接口所取代。软件开发人员可以通过数据对象接口访问数据库，而不是直接使用API函数调用。用户可通过设置和取得数据对象属性或调用方法，使程序代码变得更清晰，开发和维护也更为简单。但数据对象接口没有API调用函数的功能多，且灵活性也差。

Microsoft使用多种数据对象接口来访问数据库管理系统。Microsoft提供的面向对象的编程接口主要有DAO、RDO、ADO和ADO.NET等。

(1) DAO

DAO(Data Access Object，数据访问对象)也称为Jet数据库引擎，是第一个连接面向对象的数据库访问编程接口。由于Jet是第一个连接到Access的面向对象接口，因此DAO可以通过Jet数据库引擎直接访问Access数据库。DAO也可用于访问Microsoft Jet数据库、ISAM数据库以及ODBC数据库。由于DAO是专门设计用来与Jet引擎通信的，Jet需要解释DAO和ODBC之间的调用，这样，使用除Access之外的数据库时，这种额外的解释步骤降低了连接速度。所以，DAO最适用于单系统环境下连接Access数据库。

(2) RDO

RDO(Remote Data Object，远程数据对象)映射和封装了ODBC API。RDO设计的目的主要是为了提供一种能够快速访问SQL Server和Oracle等大型后台数据库的高级语言编程接口。RDO是从DAO派生出来的，使用RDO可以直接访问ODBC API，而无须通过Jet引擎，它综合了DAO、Jet、ODBC的所有优点。

RDO是以ODBC为基础，ODBC本身是以SQL Server、Oracle等关系数据库作为访问对象，不能支持一些非关系数据源如Excel电子表格、有规则或无规则的文本文件、XML文件等。就目前技术而言，DAO和RDO已经是比较滞后的访问方式，特别是ADO和ADO.Net出现以后。ADO基于全新的OLE DB技术，OLE DB是可以对电子邮件、文本文件、复合文件、数据表等各种各样的数据通过统一的接口进行存取的技术。

(3) ADO

ADO(ActiveX Data Objects，ActiveX数据对象)是DAO/RDO的后继产物，扩展了DAO和RDO所使用的对象模型。它是Microsoft开发数据库应用程序的面向对象的新接口。ADO访问数据库是通过访问OLE DB数据提供程序来进行的，提供了一种对OLE DB数据提供程序的简单高层访问接口。ADO技术简化了OLE DB的操作，OLE DB的程序中使用了大量的COM接口，而ADO映射和封装了OLE DB API。所以，ADO是一种高层的访问技术，使用ADO可以访问各种类型的数据源。

DAO、ADO和RDO的数据对象接口的层次结构如图9.32所示，由图中可以看到，DAO、ADO和RDO都是上一层的访问接口，OLE DB和ODBC是下一层的访问接口。在高层上编写应用程序比在底层上编写应用程序更简单、容易，但是效率和灵活性会稍差。

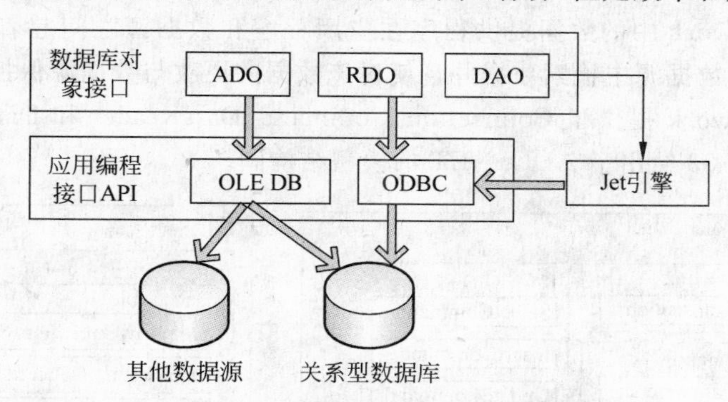

图9.32 数据对象接口的层次结构

(4) ADO.NET

ADO.NET是ADO的进一步演变，是一个用来存取信息和数据的API。它提供与OLE DB接口兼容的数据源的数据存取接口。ADO.NET在OLE DB技术以及.NET Framework的类库和编程语言基础上发展的，它让.NET上的任何编程语言能够连接并访问关系数据库与非数据库型数据源(如XML、Excel或文字档数据)，或是独立出来作为处理应用程序数据的类对象。应用程序通过使用ADO.NET连接数据源来进行数据操作。ADO.NET使用了强类型化数据，编程代码更为简明，对数据库的访问效率更高。

ADO.NET的可管理的数据库提供程序具有一定级别的智能，而在同一个提供程序的ADO版本中是没有这样的智能的。相比ADO.NET，ADO所使用的不可管理的数据提供程序实际上更加高效和安全。虽然ADO.NET和ADO都使用OLE DB作为连接技术，但在建立了连接之后，ADO只能提供少数几种数据更新的方式。与之相比，使用ADO.NET

既可以创建单独的 DataAdapter 对象的更新元素，也可以依赖于自动化。通过创建单独的更新元素和使用自动化的方法，ADO. NET 在完成更新的方法方面提供了相当多的灵活性。ADO 适用于本地数据库，而 ADO. NET 适用于分布式应用程序。这两种技术是不可以相互替代的。

9.4.2 使用 ADO.NET 连接 SQL Server 2008

1. ADO.NET 的体系结构

Microsoft 公司借助设计 VS. NET 框架的契机，重新设计了数据访问模型 ADO. NET。ADO. NET 模型并不是 ADO 的升级版本，它是一个全新的面向对象模型。它比 ADO 更适应分布式及 Internet 等大型应用程序环境，提供了平台的互用性和可伸缩的数据访问。为了多人同时存取更具扩展性，ADO. NET 的数据存取采用的是离线存取模式，可以说是专门为. NET 平台设计的数据存取结构。

ADO. NET 提供对 SQL Server 等数据源以及通过 OLE DB 和 XML 公开数据源的一致访问。数据共享使用者应用程序可以使用 ADO. NET 来连接到这些数据源，并检索、操作和更新数据。

ADO. NET 是由一系列的数据库相关类和接口组成的，它的基础是 XML 技术，所以通过 ADO. NET 不仅能访问关系型数据库中的数据，而且还能访问层次化的 XML 数据。

. NET Framework 中的数据提供程序在应用程序和数据源之间起着桥梁的作用。数据提供程序用于从数据源中检索数据并且使对该数据的更改与数据源保持一致。

. NET Framework 提供了 Connection、Command、DataReader 和 DataAdapter 对象四个核心元素。图 9.33 给出了 ADO. NET 的模型结构图。

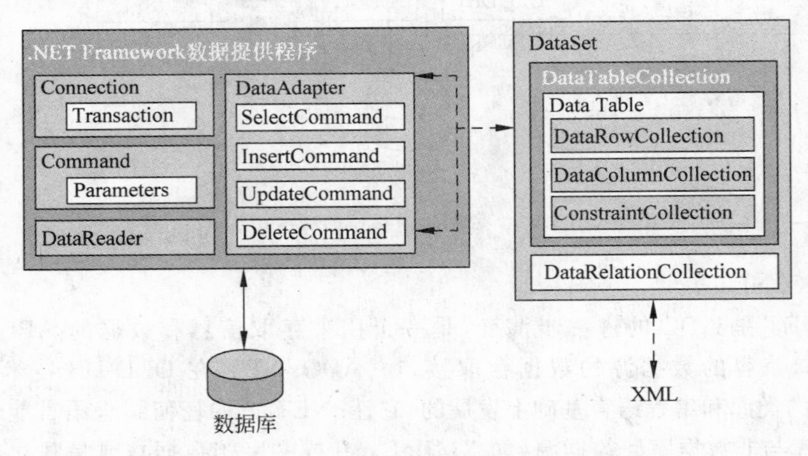

图 9.33 ADO. NET 的模型结构图

(1) Connection 建立与特定数据源的连接。

(2) Command 对象能够访问用于返回数据、修改数据、运行存储过程以及发送或检索参数信息的数据库命令。

(3) DataReader 从数据源中提供高性能的数据流。

(4) DataAdapter 提供连接 DataSet 对象和数据源的桥梁，它使用 Command 对象在数据源中执行 SQL 命令，以便将数据加载到 DataSet 中，并使对 DataSet 中数据的更改与数据源保持一致。

除上面列出的核心类之外，.NET Framework 数据提供程序还提供了下列类。

(1) Transaction 使用户能够在数据源的事务中登记命令。

(2) CommandBuilder 自动生成 DataAdapter 的命令属性或从存储过程导出参数信息并填充 Command 对象的 Parameters 集合。

(3) Parameter 定义命令和存储过程的输入、输出和返回值参数。

(4) Exception 在数据源中遇到错误时返回。对于在客户端遇到的错误，.NET Framework 数据提供程序会引发.NET Framework 异常。

(5) Error 公开数据源返回的警告或错误中的信息。

(6) ClientPermission 为.NET Framework 数据提供程序设置客户端程序代码访问安全属性。

数据集(DataSet)是数据的一种内存驻留表示形式，无论它包含的数据来自什么数据源，它都会提供一致的关系编程模型。一个 DataSet 表示整个数据集，其中包含对数据进行包含、排序和约束的表及表间的关系。

使用 DataSet 的方法有若干种，这些方法可以单独应用，也可以结合应用。具体来说，可以如下操作。

① 在 DataSet 中以编程方式创建 DataTables、DataRelations 和 Constraints 并使用数据填充这些表。

② 通过 DataAdapter 用现有关系数据源中的数据表填充 DataSet。

③ 使用 XML 加载和保持 DataSet 的内容。

2. 使用 ADO.NET 连接 SQL Server 2008

在编程时，与数据库进行连接是非常重要的一步，而在与数据库进行连接时，Connection 对象是不可缺少的。Connection 类主要处理对数据库的连接和管理数据库事务，它是操作数据库的基础。Connection 对象常用的属性如表 9.4 所示。

表 9.4 Connection 对象常用的属性和方法

接 口	属性/方法	说 明
ConnectionString	属性	指明要如何连接至数据源
ConnectionTimeout	属性	联机逾时时间
Database	属性	获取或设置当前数据库或连接打开后要使用的数据库的名称
DataSource	属性	要连接的数据库
UserID	属性	登录数据库的账号
Password	属性	登录数据库的密码
Provider	属性	要连接的数据库种类
Open	方法	打开数据库连接
Close	方法	关闭与数据库的连接
ChangeDatabase	方法	打开 SqlConnection，更改当前数据库

通过表 9.4 对属性和方法的介绍，这里举例演示如何使用 Connection 对象连接到 SQL Server 数据库，并使用各种属性和方法创建 ASP.NET 应用程序。本实例连接服务器上的

Sales 数据库，进入程序后台代码编辑区，首选为该实例添加命名空间。

```
using System;
using System.Collections.Generic;
using System.Linq;
using System.Web;
using System.Web.UI;
using System.Web.UI.WebControls;
using System.Data.Odbc;
using System.Drawing;

namespace ConSql
{
    public partial class testConnection : System.Web.UI.Page
    {
        private OdbcConnection con;
        private OdbcCommand cmd;
        protected void Page_Load(object sender, EventArgs e)
        {
            // 数据库连接字符串
            string conStr = "Dsn = Sales; uid = sa;pwd = sa;";
            // SQL 语句
            string queryStr = "select * from CUSTOMERS";

            con = new OdbcConnection(conStr);
            cmd = new OdbcCommand(queryStr, con);
            try
            {
                con.Open();
                Response.Write("数据库连接成功!");
                OdbcDataReader rd = cmd.ExecuteReader(); //读取数据内容
                string output = "< table border = 1 >
          < tr >< td > cid </td >< td > cname </td >< td > city </td >< td > discnt </td ></tr >";
                while (rd.Read())
                {
                    output + = "< tr >< td >" + rd["cid"].ToString() + "</td >"
                        + "< td >" + rd["cname"].ToString() + "</td >"
                        + "< td >" + rd["city"].ToString() + "</td >"
                        + "< td >" + rd["discnt"].ToString() + "</td ></tr >";
                }
                output + = "</table >";
                Response.Write(output);
            }
            catch (System.Exception ex)
            {
                Response.Write(ex.Message);
            }
            finally
            {
                con.Close();
            }
        }
    }
}
```

执行上述代码，在IE浏览器中输出结果，如图9.34所示。

数据库连接成功!

cid	cname	city	discnt
c001	Tip Top	Duluth	10
c002	Basics	Dallas	12
c003	Allied	Dallas	8
c004	ACME	Duluth	8
c006	ACME	Tokyo	0

图9.34 ADO.NET连接SQL Server数据库的输出结果

9.4.3 使用JDBC连接SQL Server 2008

1. JDBC的体系结构

JDBC是Java与许多数据库实现数据库连接的工业标准，为基于SQL数据库访问提供调用级应用编程接口。与当前存在的多种数据库访问技术相比，JDBC具有平台无关性和数据库访问一致性两大优点。JDBC与ODBC结构相似，同属于SQL调用级的接口，其核心在于执行基本的SQL命令并取回结果。

JDBC的层次结构如图9.35所示。结构中有关键的两层，即JDBC API和JDBC数据库驱动程序。前者提供了应用程序到JDBC管理器的连接，后者提供了支持驱动程序管理器到JDBC数据库驱动程序之间的连接。

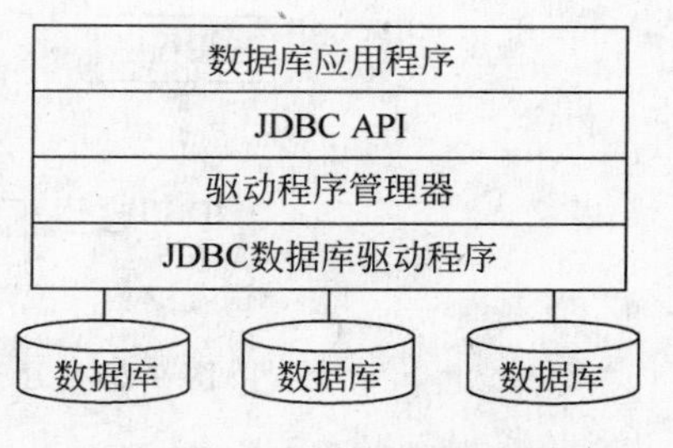

图9.35 JDBC的体系结构图

JDBC API屏蔽了不同的数据库驱动程序之间的差别，使得程序设计人员有一个标准的、纯Java的数据库程序设计接口，为在Java中访问任意类型的数据库提供技术支持。驱动程序管理器为应用程序装载数据库驱动程序，数据库驱动程序是与具体的数据库相关的，用于向数据库提交SQL请求。

JDBC是由一系列连接(Connection)、SQL语句(Statement)和结果集(ResultSet)构成的，其主要作用包括以下几方面：

- 建立与数据库的连接；
- 向数据库发出查询请求；
- 处理数据库的返回结果。

这些作用是通过一系列API实现的，其中几个重要的接口及作用如表9.5所示。

表9.5 JDBC的重要接口

接口	作用
Java.sql.DriverManager	处理驱动程序的加载和建立新数据库连接
Java.sql.Connection	处理与特定数据库的连接
Java.sql.Statement	在指定连接中处理SQL语句
Java.sql.ResultSet	处理数据库操作结果集

2. 使用JDBC访问SQL Server 2008

JDBC连接数据库有两种方式：一种是程序与数据库直接通信。这种方法是直接使用数据库厂商提供的专用协议创建的驱动程序，通过它可以直接将JDBC API调用转换为直接网络调用。这种调用方式一般性能比较好，而且也是最简单的方法，因为它不需要安装其他的库或者中间件。这种连接方式如图9.36所示。

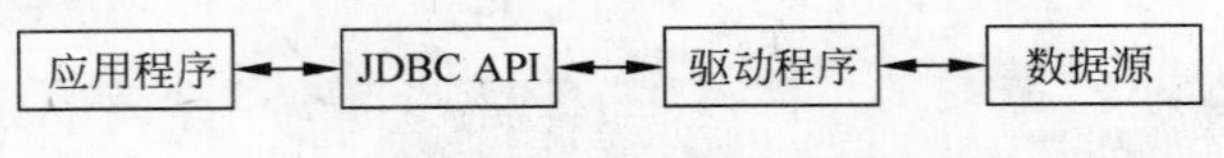

图9.36 程序与数据库直接通信的方式

几乎所有的主流数据库厂商都为他们的数据库提供了这种JDBC驱动程序，连接SQL Server的JDBC驱动程序可以到网站http://www.microsoft.com/上下载。

JDBC连接数据库的另外一种方法是使用JDBC-ODBC桥。作为JDBC的一部分，Sun公司还发行了一个用于访问ODBC数据源的驱动程序，称为JDBC-ODBC桥。JDBC-ODBC桥驱动程序主要功能是把JDBC API调用转换成ODBC API调用，然后ODBC API调用针对ODBC驱动程序来访问数据库，即利用JDBC-ODBC桥通过ODBC来存储数据源。这种通信方式如图9.37所示。

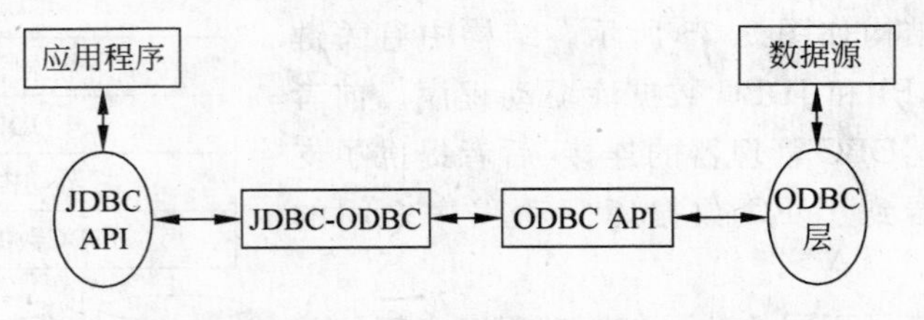

图9.37 通过JDBC-ODBC桥与ODBC数据源通信

由于JDBC在设计上与ODBC很接近，在内部，该驱动程序将JDBC的方法映射到ODBC调用上，这样，JDBC就可以和任何可用的ODBC驱动程序进行交互。这种桥接器的优点是使JDBC有能力访问几乎所有的数据库，因为ODBC的驱动程序被广泛使用。

这里举例说明如何采用JDBC连接SQL Server 2008的Sales数据库。该实例通过JavaBeans封装数据库连接。DBConnect.java源代码如下所示：

```
import java.sql.Connection;
import java.sql.DriverManager;
import java.sql.ResultSet;
import java.sql.SQLException;
import java.sql.Statement;

public class DBConnection {
  private static String  SQLSERVER_DRICER = "com.microsoft.sqlserver.jdbc.SQLServerDriver";
  private static String SERVERHOST = "127.0.0.1" ;
  private static String SERVERPORT = "1433";
  private static String DATABASE = "Sales";

    public static Connection getConnection(String driverClassName,
            String dbURL, String userName, String password)
            throws ClassNotFoundException, SQLException {
        Connection con = null;
        Class.forName(driverClassName);
        // 获得与数据库的连接
        con = DriverManager.getConnection(dbURL, userName, password);
        return con;
    }

    /**
     * SQLServer 数据库连接方法
     * @param driverClassName       数据库驱动类名
     * @param dbURL                 数据库连接 URL
     * @param userName              数据库连接用户名
     * @param password              数据库连接密码
     * @return
     * @throws ClassNotFoundException
     * @throws SQLException
     */
    public static Connection getSQLServerConnection(String driverClassName,
            String serverHost, String serverPort, String dbName,
            String userName, String password) throws ClassNotFoundException,
            SQLException {
        // 判断驱动名,如果为空则采用默认值
        if (driverClassName == null) {
            driverClassName = SQLSERVER_DRICER;
        }
        if (serverHost == null) {
            serverHost = SERVERHOST;
        }
        if (serverPort == null) {
            serverPort =  SERVERPORT ;
        }
        if (dbName == null) {
            dbName = DATABASE;
        }
        String dbURL = "jdbc:sqlserver://" + serverHost + ":" + serverPort
                + ";DatabaseName = " + dbName;
```

```
            return getConnection(driverClassName, dbURL, userName, password);
        }
        public static void main(String[ ] args)throws Exception {
        Connection conn =      DBConnection.getSQLServerConnection(null, null, null, null, "sa",
"sa");
        if(conn == null) {
            System.out.println("数据库连接错误");
        }else{
            System.out.println("数据库连接成功");
            Statement stmt = conn.createStatement();          //创建 SQL 命令对象
            String query = "select * from dbo.CUSTOMERS";
            ResultSet rs = stmt.executeQuery(query);           //返回 SQL 语句查询结果集
            while(rs.next())
            {
             //输出表 CUSTOMERS 每个字段
System.out.println(rs.getString("cid") + "\t" + rs.getString("cname") + "\t" + rs.getString
("city"));
            }
            System.out.println("读取完毕");

            //关闭与数据库的连接
            stmt.close();                                      //关闭命令对象连接
            conn.close();                                      //关闭数据库连接
         }
        }

}
```

执行上述代码，在 Console 视图中输出结果，如图 9.38 所示。

```
数据库连接成功
c001    Tip Top Duluth
c002    Basics  Dallas
c003    Allied  Dallas
c004    ACME    Duluth
c006    ACME    Tokyo
读取完毕
```

图 9.38 JDBC 连接 SQL Server 数据库的输出结果

9.5 数据库性能优化技术

设计一个数据库应用系统并不难，但是要想使系统的性能达到最优却不是一件容易的事。在开发工具、数据库设计、应用程序的结构、查询设计、数据库访问接口选择等方面都有多种选择，具体怎么选择取决于特定的应用需求以及开发队伍的技能。下面以 SQL Server 数据库为例，从后台数据库的角度讨论数据库性能优化技巧，并给出一些有益的建议。

9.5.1 逻辑数据库规范化问题

一般来说，逻辑数据库设计会满足规范化的前 3 级标准。

第一范式：没有重复的组或多值的列。

第二范式：每一个非主属性都完全函数依赖于关系的候选键。

第三范式：每一个非主属性都不传递依赖于关系的候选键。

遵守这些规则的设计会产生较少的列和更多的表，因而也就减少了数据冗余，也减少了用于存储数据的页。但表关系也许需要通过复杂的连接来处理，这样会降低系统的性能。一定程度上的非规范化可以改善系统的性能，非规范化过程可以根据性能方面不同的考虑用多种不同的方法进行，但以下方法经实践验证往往能提高性能。

(1) 如果规范化设计产生了许多4路或更多路合并关系，就可以考虑在数据库表中加入重复属性。

(2) 常用的计算字段如总计、最大值等，可以考虑存储到数据库表中。例如，某一个项目的计划管理系统中有计划表，其字段为项目编号、年初计划、二次计划、调整计划、补列计划等，而"计划总数"(年初计划＋二次计划＋调整计划＋补列计划)是用户经常需要在查询和报表中用到的，在表的记录量很大时，有必要把计划总数作为一个独立的字段加入到表中。这里可以采用触发器保持数据的一致性。

(3) 重定义表以减少外部属性数据或行数据的开支。相应的非规范化类型是：

- 把1个表按照属性分割成2个表，即把所有的属性分成2组，这样就可把频繁访问的数据同较少访问的数据分开。这种方法要求在每个表中复制主键，这样产生的设计有利于并行处理，同时将产生列数较少的表。
- 把1个表按照行分割成2个表，即把所有的行分成2组。这种方法适用于那些包含大量数据的表。在应用中常要保留历史记录，但是历史记录很少用到，因此可以把频繁访问的数据同较少访问的历史数据分开。如果数据行是作为子集被逻辑工作组(部门、销售分区、地理区域等)访问的，那么这种方法也是有好处的。

9.5.2　改善物理数据库的存储

要想正确选择物理实现策略，必须了解数据库访问格式和硬件资源的操作特点，主要是内存和磁盘子系统I/O。这是一个范围广泛的话题，但以下的准则可能会有所帮助。

(1) 与每个表的列相关的数据类型应该反映数据所需的最小存储空间，特别是对于被索引的列更是如此。例如，能使用smallint类型就不要用integer类型，这样索引字段可以被更快地读取，而且可以在一个数据页上放置更多的数据行，因而也就减少了I/O操作。

(2) 把一个表放在某个物理设备上，再通过SQL Server段把它的未分簇索引放在另一个不同的物理设备上，这样能提高性能。尤其是在系统采用了多个智能型磁盘控制器和数据分离技术的情况下，这样做的好处更加明显。

(3) 用SQL Server段把一个频繁使用的大表分割开，并放在2个单独的智能型磁盘控制器的数据库设备上，这样也可以提高性能，因为有多个磁头在查找，所以数据分离也能提高性能。

(4) 用SQL Server段把文本或图像列的数据存放在一个单独的物理设备上可以提高性能，此外部署一个专用的智能型的控制器也能进一步提高性能。

9.5.3　与SQL Server相关的硬件系统的优化

与SQL Server有关的硬件设计包括系统处理器、内存、磁盘子系统和网络。

1. 系统处理器(CPU)

根据具体需要确定CPU结构的过程就是评估在硬件平台上占用CPU的工作量的过程。从以往的经验看,如果打算支持很多的用户和关键应用,推荐采用Intel双核或者四核甚至更高性能配置水准的CPU。

2. 内存(RAM)

为SQL Server方案确定合适的内存设置对于实现良好的性能是至关重要的。SQL Server用内存做过程缓存、数据和索引项缓存、静态服务器开支和设置开支。系统配置的内存工作频率应尽可能高,容量应尽可能大,最大限度地提高工作效能。还有必须考虑的一点是Windows Server和它的所有相关的服务也要占用内存。

Windows Server为每个Win 32应用程序提供了4GB的虚拟地址空间。这个虚拟地址空间由Windows Server虚拟内存管理器(VMM)映射到物理内存上,在某些硬件平台上可以达到4GB。SQL Server应用程序只知道虚拟地址,所以不能直接访问物理内存,这个访问是由VMM控制的。Windows Server允许产生超出可用的物理内存的虚拟地址空间,这样,当给SQL Server分配的虚拟内存多于可用的物理内存时,也会降低SQL Server的性能。

3. 磁盘子系统

设计一个好的磁盘I/O系统是实现良好的SQL Server方案的一个很重要的方面。这里讨论的磁盘子系统至少包括一个磁盘控制设备和一个或多个硬盘单元,还有对磁盘设置和文件系统的考虑。智能型SCSI-2磁盘控制器或磁盘组控制器是不错的选择,其特点如下:控制器高速缓存;总线主板上有处理器,可以减少对系统CPU的中断;异步读写支持;32位RAID支持;快速SCSI-2驱动;超前读高速缓存(至少一个磁道)。

9.5.4 检索策略的优化

在精心选择了硬件平台,又实现了一个良好的数据库方案,并且具备了用户需求和应用方面的知识后,现在应该设计查询和索引。有两个方面对于在SQL Server上取得良好的查询和索引性能是十分重要的:一是根据SQL Server优化器方面的知识生成查询和索引;二是利用SQL Server的性能特点加强数据访问操作。

1. SQL Server优化器

Microsoft SQL Server数据库内核用一个查询优化器自动优化向SQL提交的数据查询操作。数据查询操作是指支持SQL关键字WHERE或HAVING的查询,如SELECT、DELETE和UPDATE。查询优化器根据统计信息产生子句的查询代价估算。

了解优化器数据处理过程的简单方法是检测SHOWPLAN命令的输出结果。如果用基于字符的工具(例如isql),可以通过键入SHOW SHOWPLAN ON来得到SHOWPLAN命令的输出。如果使用图形化查询,比如SQL Server Management Studio中的查询工具即数据库引擎优化顾问或isql/w,可以通过设定配置选项来提供这一信息。

SQL Server的优化通过3个阶段完成:查询分析、索引选择、合并选择。

(1) 查询分析

在查询分析阶段,SQL Server优化器查看每一个由正规查询树代表的子句,并判断它是否能被优化。SQL Server 一般会尽量优化那些限制扫描的子句，例如搜索和/或合并子句。但不是所有合法的SQL语法都可以分成可优化的子句，例如，含有SQL不相等关系符“<>”的子句并不会分解成优化的子句。因为“<>”是一个排斥性的操作符，而不是一个包括性的操作符，在整个表扫描结束之前无法确定子句的选择范围会有多大。当一个关系型查询中含有不可优化的子句时，执行计划用表扫描来执行查询的这个部分。对于查询树中可优化的SQL Server 子句，则由优化器执行索引选择。

(2) 索引选择

对于每个可优化的子句，优化器都查看数据库系统表，以确定是否有相关的索引能用于访问数据。只有当索引中的列的一个前缀与查询子句中的列完全匹配时，这个索引才被认为是有用的。因为索引是根据列的顺序构造的，所以要求匹配是精确的匹配。

但对于聚簇索引，原来的数据也是根据索引列顺序排序的。想用索引的次要列访问数据，如同想在电话本中查找所有姓为某个姓氏的条目一样，排序基本上没有什么用，因为还是得查看每一行以确定它是否符合条件。如果一个子句有可用的索引，那么优化器就会为它确定选择性。

所以在设计过程中，要根据以下查询设计准则仔细检查所有的查询，以查询的优化特点为基础设计索引。

① 比较窄的索引具有比较高的查询效率。对于比较窄的索引来说，每页上能存放较多的索引行，且索引的级数也较少，因此缓存中能放置更多的索引页，这样也减少了I/O操作。

② SQL Server 优化器能分析大量的索引和合并可能性。所以与较少的宽索引相比，较多的窄索引能向优化器提供更多的选择，但是不要保留不必要的索引，因为它们将增加存储和维护的开支。对于复合索引、组合索引或多列索引，SQL Server 优化器只保留最重要的列的分布统计信息，这样索引的第一列应该有很大的选择性。

③ 表上的索引过多会影响 UPDATE、INSERT 和 DELETE 语句的性能，因为所有的索引都必须做相应的调整。另外，所有的分页操作都会被记录在日志中，这也会增加I/O操作。

④ 对一个经常被更新的列建立索引，会严重影响查询性能。

⑤ 由于存储开支和I/O操作方面的原因，较小的索引比较大的索引性能更好一些。

⑥ 尽量分析出每一个重要查询的使用频度，这样可以找出使用最多的索引，然后可以先对这些索引进行适当的优化。

⑦ 查询中的 where 子句中的每个列都很可能是个索引列，因为优化器重点处理这个子句。

⑧ 对于小表来说，表扫描往往更快而且费用低，因此不建议使用索引。

⑨ 与“ORDER BY”或“GROUP BY”一起使用的列一般适合做聚簇索引。如果“ORDER BY”命令中用到的列上有聚簇索引，那么就不会再生成一个工作表，因为行已经排序了。“GROUP BY”命令则一定产生一个工作表。

⑩ 聚簇索引不应该构造在数据经常更新的列上，因为这会引起整行记录的移动。在实现大型交易信息处理系统时尤其要注意这一点，因为这些系统中数据往往是频繁变化的。

(3) union 合并选择

当索引选择结束，并且所有的子句都有了一个基于它们的访问计划的处理代价时，优化器开始执行合并选择。合并选择用来找出一个用于合并子句访问计划的有效顺序。为了做到这一点，优化器比较子句的不同排序，然后选出从物理磁盘 I/O 的角度看处理代价最低的合并计划。因为子句组合的数量会随着查询的复杂度极快地增长，SQL Server 查询优化器使用树剪枝技术来尽量减少这些比较所带来的开支。当这个合并选择阶段结束时，SQL Server 查询优化器已经生成了一个基于代价的查询执行计划，这个计划充分利用了可用的索引，并以最小的系统开支和良好的执行性能访问原来的数据。

2. 高效的查询选择

从以上查询优化的 3 个阶段不难看出，设计出物理 I/O 和逻辑 I/O 最少的方案并掌握好处理器时间和 I/O 时间的平衡，是高效查询设计的主要目标。也就是说，希望设计出这样的查询：充分利用索引，磁盘读写最少，最高效地利用内存和 CPU 资源。

以下建议是从 SQL Server 优化器的优化策略中总结出来的，对于设计高效的查询是很有帮助的。

(1) 如果有独特的索引，那么带有"="操作符的 where 子句性能最好，其次是封闭的区间(范围)，再次是开放的区间。

(2) 从数据库访问的角度看，含有不连续连接词(OR 和 IN)的 where 子句一般来说性能不会太好。所以，优化器可能会采用 R 策略。这种策略会生成一个工作表，其中含有每个可能匹配的标识符，优化器把这些行标志符(页号和行号)看做是指向一个表中匹配的行的"动态索引"。优化器只须扫描工作表，取出每一个行标志符，再从数据表中取得相应的行，所以 R 策略的具体工作是生成工作表。

(3) 包含 NOT、＜＞、或！＝的 where 子句对于优化器的索引选择来说没有什么用处。因为这样的子句是排斥性的，而不是包括性的，所以在扫描整个原来数据表之前无法确定子句的选择性。

(4) 对于限制数据转换和串操作，优化器一般不会根据 where 子句中的表达式和数据转换式生成索引选择。如有"paycheck * 12＞36000 or substring(lastname,1,1)＝"L""，如果该表建立了针对 paycheck 和 lastname 的索引，就不能利用索引进行优化，可以改写上面的条件表达式为"paycheck＜36000/12 or lastname like "L%""。

(5) where 子句中的本地变量不被认为是优化器知道和考虑的，例外的情况是定义为存储过程输入参数的变量。

(6) 如果没有包含合并子句的索引，那么优化器构造一个工作表以存放合并中最小的表中的行，然后再在这个表上构造一个聚簇索引以完成一个高效的合并。这种做法的具体内容是生成工作表和随后的聚簇索引，这个过程叫 REFORMATTING。所以应该注意 RAM 中或磁盘上的数据库 tempdb 的大小(除了 select into 语句)。另外，如果这些类型的操作是很常见的，那么把 tempdb 放在 RAM 中对于提高性能是很有好处的。

3. 性能优化的其他考虑

上面列出了影响 SQL Server 的一些主要因素，实际上远不止这些。操作系统的影响也很大，在 Windows Server 下，文件系统的选择、网络协议、开启的服务、SQL Server 的优先级等选项也不同程度上影响了 SQL Server 的性能。

影响数据库性能的因素很多，而应用又各不相同，找出一个通用的优化方案是不现实的。事实上，绝大部分的优化和调整工作是在与客户端独立的服务器上进行的，因此必须在系统开发和维护的过程中，针对运行的情况不断加以调整。

【例 9.31】 有表 Stress_test(id int, key char(2))，其中 id 上有普通索引，key 上有聚簇索引，id 有限量的重复，key 有无限量的重复。现在需要查询当 key='Az' AND key='Bw' and key='Cv' 时的 id。首先建立测试数据，为使数据尽量地随机分布，可用函数 rand()产生 2 个随机数后再组合成一个字符串。进行测试时，首先插入 1 000 000 条记录进行查询，然后再循环插入到 5 千万条记录。执行所需查询的语句有多种，殊途同归，这里列举 4 种。

--语句 1

```
select a.id from
(select distinct id from stress_test where key =  'Az') a,
(select distinct id from stress_test where key =  'Bw') b ,
(select distinct id from stress_test where key =  'Cv') c
where a.id = b.id and a.id = c.id
```

--语句 2

```
select id from stress_test
where key = 'Az' or key = 'Bw' or key = 'Cv'
group by id having(count(distinct key) = 3)
```

--语句 3

```
select distinct a.id FROM stress_test as a, stress_test as b, stress_test as c where a.key = 'Az' AND b.
key = 'Bw' AND c.key = 'Cv' AND a.id = b.id AND a.id = c.id
```

T-SQL 的所谓“高手”可能会认为上述语句显得没有水平，而选择一些子查询和外连接的写法。按常理子查询的效率是比较高的，如下：

--语句 4

```
select distinct id from stress_test A where
not exists (
select 1 from
(select 'Az' as k union all select 'Bw' union all select 'Cv') B
left join stress_test C on C.id = A.id and B.[k] = C.key
where C.id is null)
```

可以通过性能优化工具来分析一百万条记录和 5 千万条记录下各条语句的运行效率。在一百万条记录时，语句 1 是最快的，语句 4 是最慢的；但在 5 千万条记录时，语句 2 是最快的。平时在写 T-SQL 时，一般关注的是索引的使用，只要写的 T-SQL 是利用 clustered index，就认为是最优化了。其实这是一个误区，还要关注记录的总数，应该根据数据量的不同选择相应的 T-SQL 语句，在小数据量下最高的查询效率可能在大数据量的状态下是最慢的。读者可根据上面介绍的方法进行实际测试。

习题9

1. 某医院住院部业务如下：

(1) 一个病人只有一位主治医生，每一位主治医生可以治疗多位病人；

(2) 一个病房可住多位患者，一个患者可以多次住院；

(3) 病人的属性有患者编号、姓名、性别、年龄，医生的属性有医生编号、姓名、职务，病房的属性有病房编号、科室。

试根据上述业务规则完成下列任务。①设计E-R模型；②用PowerDesigner进行建模并生成相应的数据库。

2. 程序员工资表ProWage如下表：

字段名称	数据类型	说　明
ID	int	自动编号，主键
PName	char(10)	程序员姓名
Wage	int	工资

在SQL Server 2008中完成下列操作。

(1) 创建存储过程：查询是否有一半程序员的工资在2200、3000、3500、4000、5000或6000元之上，如果不到，则分别每次给每个程序员加薪100元，直至一半程序员的工资达到2200,3000,3500,4000,5000或6000元。

(2) 创建存储过程：查询程序员平均工资在4500元，如果不到，则每个程序员每次加200元，直到所有程序员平均工资达到4500元。

(3) 对SQL Server 2008数据库系统，在Northwind数据库上创建一个存储过程sp_sremp，执行对Employee表的检索。

(4) 数据库性能优化的措施主要有哪些？

(5) 使用ADO.NET连接SQL Server 2008。

(6) 使用JDBC连接SQL Server 2008。

CHAPTER 10

数据库技术的发展趋势 第10章

本章学习要点:

- 了解分布式数据库系统的发展、分类、特点与应用。
- 了解面向对象数据库系统的特点、模型的特点和模式演进。
- 了解数据挖掘的产生与发展,数据仓库的概念和特点。
- 了解多媒体数据库的特点与相关技术。
- 了解实时数据库的定义、功能特征与主要技术。
- 了解专家数据库、内存数据库和NOSQL的特点和应用。

数据库技术的发展可以分为3个阶段:20世纪70年代广泛流行的网状、层次数据库系统称为第一代数据库系统;20世纪80年代起广泛使用的关系数据库系统称为第二代数据库系统;对于未来数据库技术的发展,目前还没有统一的认识,一般认为新一代数据库系统应以面向对象为基本特征。数据库技术与网络通信技术、人工智能技术、面向对象程序设计技术、并行计算技术等相互渗透,相互结合,成为当前数据库技术发展的主要特征。新一代数据库系统借鉴和吸收了面向对象的方法和技术,是传统数据库技术与其他计算机技术的有机结合,数据库的许多概念、技术、应用领域都有了重大发展和变化。

10.1 分布式数据库系统

分布式数据库系统(Distributed DataBase System,DDBS)的研究始于20世纪70年代中期,分布式数据库是数据库技术与计算机网络技术相结合的产物。随着计算机网络技术的飞速发展和广泛应用,特别是Internet的普及,分布式数据库系统在信息处理和信息管理领域将得到进一步的发展和应用。

10.1.1 分布式数据库的概念

20世纪70年代中期以来,许多发达国家都提出了自己的分布式数据库系统研究计划，投资达百万美元以上。分布式数据库系统基本问题的提出和研究以及国际上具有代表性的先驱性研究计划的实施和相应原型系统的研制主要集中在其发展的前10年，到20世纪80年代中后期，DDBS的工作已取得了决定性的进展，许多基本问题都已解决，一系列新概念、新方法和新技术也被提出，一批原型系统的研制已获成功并取得了相当的经验，一些产品正在研发或已获得成功，此时的DDBS技术已经基本成熟，其产品化时代已经到来。

在DDBS领域影响最大的几个先驱系统中，最重要的首推CCA(Computer Corporation of America)为美国国防部研制的SDD-1系统。SDD-1研制中提出的一些思想、概念和方法(如半连接、时间戳、分布式目录结构、可靠性等)对DDBS领域的研究和原型系统的开发产生了深远的影响。

我国对分布式数据库系统的研究约在20世纪80年代初开始。如中国科学院数学研究所与上海科学技术大学、华东师范大学合作完成的C-POREL、武汉大学研制的WDDBS和WOODDBS、东北大学研制的DMU/FO系统等，这些工作对我国分布式数据库技术的研究与发展起到了积极的推动作用。

20世纪90年代起，DDBS进入商品化应用阶段。当前，分布式数据库技术已经成熟并得到广泛应用。一些数据库厂商也在不断推出和改进自己的分布式数据库产品，以满足市场需求。但是，实现和建立分布式数据库系统并不是数据库技术与网络技术的简单结合。分布式数据库系统虽然基于集中式数据库系统，但却有自己的特色和理论基础。由于数据的分布环境造成了很大的固有技术难度，使得分布式数据库系统的实际应用被推迟。完全遵循分布式数据库系统的12条规则，特别是实现完全分布透明性的商用系统还尚未面世。

分布式数据库系统是逻辑上属于同一系统、物理上分布在用计算机网络连接的多个场地(结点)上的数据集合，且每个场地具有独立处理和自治能力，至少能参加一个全局应用，并由分布式数据库管理系统统一管理。

在分布式数据库中，每一个拥有集中式数据库的计算机系统称为一个结点(node)或场地(site，本书使用场地这个术语)。图10.1显示了一个分布式数据库系统。如一个学校有1个主校区，2个分校区，每个校区都有自己的服务器，每台服务器有自己的数据库系统。

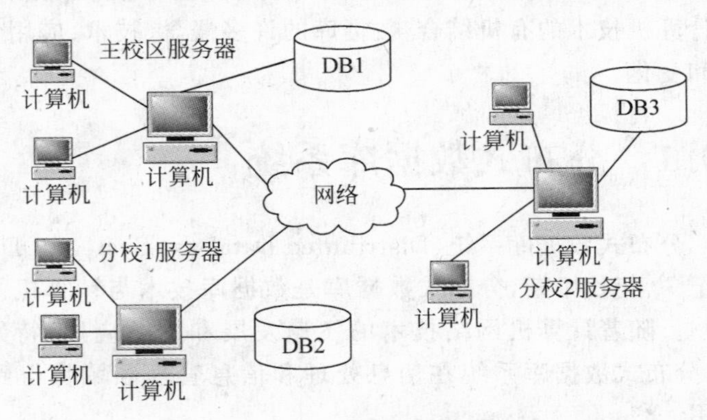

图10.1　一个分布式数据库系统示例

3台服务器之间通过网络相连，每台服务器有自己的客户机。用户可以通过客户机对本地服务器中的数据库执行某些操作。如分校1的学生可以通过本地数据库查询考试成绩、图书馆图书情况等，也可以通过客户机对其他场地中的数据库执行某些操作(称为全局应用或分布应用)，如查询其他校区中图书馆的图书情况等。对分布式数据库系统的定义可以从以下 5 个方面理解。

(1) 数据在物理上的分布性。

数据的物理分布说明分布式数据库将数据分散地存放在计算机网络的不同场地上。不同的场地可以相距很远(用广域网连接)，也可以在一栋大楼内(用局域网连接)，这是分布式数据库系统与集中式数据库系统的最大差别之一。注意，DDBS 不同于通过计算机网络共享的集中式数据库系统。集中式数据库可能存在网络，但数据库只驻留在网络的一个场地上。

(2) 数据具有逻辑的统一性。

分布在不同场地上的数据相互间由约束规则加以限定，在逻辑上是相关的，DDBS 利用数据的逻辑相关性，使网络上不同场地数据库的数据有机地集成为一个整体，即不同场地上的数据库从集合逻辑上可以看作是一个数据库。每个场地都可以执行全局应用，通过网络通信子系统在多个场地上存取数据，这一点又将分布式数据库与驻留在计算机网络上各场地的本地数据库及文件区别开来。

(3) 数据在每个场地具有独立处理能力。

网络中的各场地上的数据由本地的 DBMS 管理，每个场地具有独立自治的处理能力，可以执行本地的局部应用，并对局部数据库独立地进行管理。这是分布式数据库系统与多处理机系统的区别。

图 10.2 给出了一个多处理机系统示例，这个系统中配置的 3 个数据库通过后台服务器与网络相连。服务器执行数据库管理功能，所有的应用都由客户机处理。这样的系统不是分布式系统，其主要原因是没有局部应用，每个后台服务器不能执行自己的局部应用。

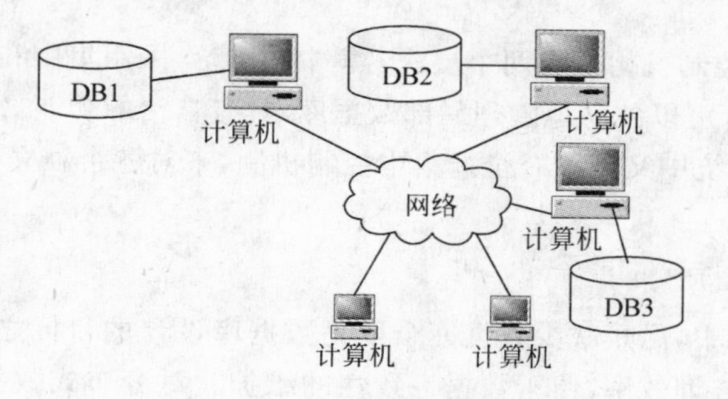

图 10.2　一个多处理机系统

(4) 分布式数据库不仅要求数据的物理分布，而且要求这种分布是面向处理或面向应用的。

(5) 分布式数据库中的数据由 DDBS 统一管理。

10.1.2　分布式数据库系统的特点

分布式数据库系统是在集中式数据库系统技术的基础上发展起来的，是分散与集中的统一，因此兼有二者共同的特性。

1. 数据独立性

分布式数据库系统与集中式数据库系统相比，在数据独立性方面具有更多的内容。除了数据的逻辑独立性与物理独立性外，还有数据分布独立性，即分布透明性。分布透明性指用户不必关心数据的逻辑分片(分片透明性)，不必关心数据物理位置分布的细节(位置透明性)，也不必关心重复副本的一致性问题(重复副本透明性)，同时也不必关心局部场地上数据库支持哪种数据模型(系统透明性)。

如果在分布式数据库中实现了上述全部的透明性，则用户使用分布式数据库就像使用集中式数据库一样。从应用的角度看，数据库系统提供完全的分布透明性是最重要的，然而其实现却是十分困难和复杂的过程。

在集中式数据库系统中，数据独立性是通过系统的三级模式和系统之间的二级映像实现的。在分布式数据库系统中，分布透明性则是由于引入了新的模式和模式间的映像得到的。

2. 集中和自治相结合的控制机制

在分布式数据库系统中，数据的共享分为两个层次。

(1) 局部共享

分布式数据库系统允许用户使用本地的局部数据库，局部场地上存储该场地上用户之间的共享数据，在本地用户之间共享这些数据，这种应用为局部应用，其用户为局部用户。局部用户所使用的数据可以不参与到全局数据库中去。这种局部用户独立于全局用户。

(2) 全局共享

各场地或场地的局部数据库在逻辑上集成为一个整体，分布式数据库系统中各个场地存储的供其他场地用户使用的共享数据，支持全局的应用。这种应用称为全局应用，其用户为全局用户。

因此，分布式的控制机构具有两个层次：集中和自治，采用集中和自治相结合的控制机构。各局部的 DBMS 可以独立地管理局部数据库，具有自治的功能，每个局部 DBA 具有高度的自主权。同时系统中又设置有全局集中控制机制，来对各个独立的数据库进行协调，执行全局应用。

3. 可控冗余

在集中式数据库中，尽量减少数据冗余度是数据库设计的目标之一。这不仅降低存储代价，而且还可提高查询效率，便于数据一致性的维护。对分布式数据库来说，由于数据存储的分散性，各场地通过网络传输数据，与集中式数据库相比，查询响应的传输代价增加了。因此在分布式数据库系统中适当地增加冗余数据，即在不同的场地存储同一数据的多个副本，这样可以提高系统的可靠性、可用性和查询效率。当某一场地出现故障时，系统可以在有相同副本的另一场地上进行操作，而不至于因一处故障造成整个系统瘫痪。系统可以选择最近的数据副本进行操作，减少传输代价，提高系统性能。另外，由于数据库可用副本的存在，相应地也提高了分布式数据库系统的自治性。

但同时，数据冗余也会带来数据冗余副本之间的不一致问题，这是分布式数据库系统必须着力解决的问题。一方面，增加数据冗余度方便了检索，提高了系统的查询速度、可用性与可靠性；但另一方面，数据冗余不利于数据更新，也增加了系统维护的代价。

4. 事务管理的分布性

分布式数据库系统由于数据的分布使得事务具有分布性，即把一个事务划分成在许多场地上执行的子事务(局部事务)。因此分布式事务处理比集中式的事务处理起来更加复杂，管理起来更加困难。

分布式数据库系统中的各局部数据库都应像集中式数据库一样具备一致性、并发事务的可串行性和可恢复性。除此之外，还应保证数据库的全局一致性、全局并发事务的可串行性和系统的全局可恢复性。

5. 存取效率

分布式数据库系统中，全局查询被分解成等效的子查询。即将一个涉及多个数据服务器的全局查询转换成为多个仅涉及一个数据服务器的子查询。注意，这里的全局查询和子查询均是由全局查询表示的。查询分解完成后，再进行查询转换处理。全局查询执行计划是根据系统的全局优化策略产生的，而子查询计划又是在各场地上分布执行的。分布式的数据库系统的查询处理通常分为查询分解、数据本地化、全局优化和局部优化 4 个部分。

- 查询分解——将查询问题转换成为一个定义在全局关系上的关系代数表达式，然后进行规范化、分析，删除冗余和重写。
- 数据本地化——将在全局关系上的关系代数式转换到相应段上的关系表达式，产生查询树。
- 全局优化——使用各种优化算法和策略对查询树进行全局优化。不同的算法和策略能够造成不同的优化结果。因此，算法的选取和策略的应用非常重要。
- 局部优化——分解完成后要进行组装，局部优化是指在组装场地进行的本地优化。

10.1.3 分布式数据库系统的分类

对分布式数据库系统的分类没有统一的标准，通常有以下几种分类方法。

1. 按局部数据库管理系统的数据模型分类

根据构成各个场地中的局部数据库的 DBMS 及其数据模型，可将分布式数据库分为两大类：同构型 DDBS、异构型 DDBS。

(1) 同构型(homogeneous)DDBS

指各个场地上的数据库的数据模型都是同一类型的(例如都是关系型)。尽管是具有相同类型的数据模型，但 DBMS 是不同公司的产品，那么 DDBS 的性质也是不相同的。因此同构型 DDBS 又可分为两种。

- 同构同质型 DDBS：指各个场地都采用同一类型的数据模型，并且都采用相同的数据库管理系统。
- 同构异质型 DDBS：指各个场地都采用同一类型的数据模型，但采用了不同的数据库管理系统(例如，分别采用 Oracle、SQL Server、DB2 等)。

(2) 异构型(heterogeneous)DDBS

指各个场地采用了不同类型的数据模型，不同类型的数据库管理系统，由于此种方案需要实现不同数据模型之间的转换，执行起来要复杂得多。

2. 按功能分类

功能分类法是由 R. Peele 和 E. Manning 根据 DDBS 的功能及相应的配置策略提出

的，他们将 DDBS 分为以下两类。

- 综合型体系结构：在设计一个全新的 DDBS 时，设计人员可综合权衡用户需求，采用自顶向下的设计方法，设计一个完整的 DDBS，然后把系统的功能按照一定的策略分期配置在一个分布式环境中。
- 联合型体系结构：指在原有的 DBMS 基础上建立分布式 DDBS，按照使用 DDBS 的类型不同又可分为同构型 DDBS 和异构型 DDBS。

3. 按层次分类

层次分类法是由 S. Deen 提出的，按层次结构将 DDBS 的体系结构分为单层（SL）和多层（ML）两类。

4. 按分布式数据库控制系统的类型分类

按分布式数据库控制系统的类型进行分类，可分为以下 3 类。

- 集中型 DDBS：如果 DDBS 中的全局控制信息位于一个中心场地时，称为集中型 DDBS。这种控制方式有助于保持信息的一致性，但容易产生瓶颈问题，且一旦中心场地失效则整个系统就将崩溃。
- 分散型 DDBS：如果在每一个场地上都包含全局控制信息的一个副本，则称为分散 DDBS。这种系统可用性好，但保持信息的一致性较困难，需要复杂的设施。
- 集中与分散共用结合型：在这种类型的 DDBS 中，将 DDBS 系统中的场地分成两组，一组场地包含全局控制信息副本，称为主场地；另一组场地不包含全局控制信息副本，称为辅场地。若主场地数目等于 1 时为集中型；若全部场地都是主场地时为分散型。

10.1.4 分布式数据库系统的结构

1. 分布式数据库系统模式结构

分布式数据库是多层模式结构，层次的划分尚无统一标准，国内业界一般把分布式数据库系统的模式结构划分为 4 层：全局外层（全局外模式），全局概念层（全局概念模式、分片模式、分配模式），局部概念层（局部概念模式），局部内层（局部内模式）。在各层间还有相应的层次映射。

DDBS 模式结构从整体上分为两大部分：上半部分是 DDBS 增加的模式级别，下半部分是集中式 DBS 的模式结构，代表各场地上局部数据库系统的基本结构。

(1) 全局外模式

全局外模式代表了用户的观点，是分布式数据库系统全局应用的用户视图，是对用户所用的部分数据逻辑结构和特征的描述，是全局模式的子集。

(2) 全局概念模式

全局概念模式定义了分布式数据库系统中全局数据的逻辑结构，是分布式数据库的全局概念视图。与集中式数据库概念视图的定义相似，定义全局模式所用的数据模型以便于向其他层次的模式映像，一般用定义关系模型的方法定义全局概念模式。这样，全局概念模式由一组全局关系的定义组成。

(3) 分片模式

分片模式描述全局数据的逻辑划分视图，是全局数据逻辑结构根据某种条件的划分，每一个逻辑划分即是一个片段或称分片。分片模式描述了分片的定义，以及全局概念模式到分片的映像。这种映像是一对多的，即一个全局概念模式有多个分片模式相对应。

(4) 分配模式

分配模式描述局部逻辑的局部物理结构，是划分后的片段的物理分配视图。分配模式定义了各个片段到场地间的映像，即分配模式定义片段存放的场地。对关系模型而言定义了子关系的物理片段。在分配模式中规定的映像类型确定了DDBS数据的冗余情况，若映像为1∶1，则是非冗余型，若映像为1∶n，则允许数据冗余(多副本)，即一个片段可分配到多个场地上存放。

(5) 局部概念模式

局部概念模式是全局概念模式被分段和分配在局部场地上的局部概念模式及其映像的定义，是全局概念模式的子集。当全局数据模型与局部数据模型不同时，局部概念模式还应包括数据模型转换的描述。

如果DDBS除支持全局应用外还支持局部应用，则局部概念模式层应包括由局部DBA定义的局部外模式和局部概念模式，通常有别于全局概念模式的子集。

(6) 局部内模式

局部内模式是DDBS中关于物理数据库的描述。

(7) 映像

上述各层模式之间的联系和转换是由各层模式间的映像实现的。在分布式数据库系统中除保留集中式数据库中的局部外部模式/局部概念模式映像、局部概念模式/局部内部模式映像外，还包括下列几种映像。

- 映像1：定义全局外模式与全局概念模式之间的对应关系。当全局概念模式改变时，只需由DBA修改该映像，而全局外模式可以保持不变。
- 映像2：定义全局概念模式和分片模式之间的对应关系。由于一个全局关系可对应多个片段，因此该映像是一对多的。
- 映像3：定义分片模式与分配模式之间的对应关系，即定义片段与场地之间的对应关系。
- 映像4：定义分配模式和局部概念模式之间的对应关系，即定义存储在局部场地的全局关系或其片段与各局部概念模式之间的对应关系。

分布式数据库系统中增加的这些模式和映像，使分布式数据库系统具有了分布透明性，图10.3给出了分布式数据库的模式结构。

2. 分布式数据库系统的组成

分布式数据库系统由下列部分组成。

(1) 多台计算机设备，并由计算机网络连接。

(2) 计算机网络设备，网络通信的一组软件。

(3) 分布式数据库管理系统，包括GDBMS、LDBMS、CM，除了具有全局用户接口(由GDBMS链接)外，还可能具有自治场地用户接口(由场地DBMS链接)，并持有独立的场地目录/辞典。

(4) 分布式数据库(DDB)，包括全局数据库(GDB)和局部数据库(LDB)。

(5) 分布式数据库管理员。分为两级，一级为全局数据库管理员(GDBA)，另一级为局部或自治场地数据库管理者，统称为局部数据库管理者(LDBA)。

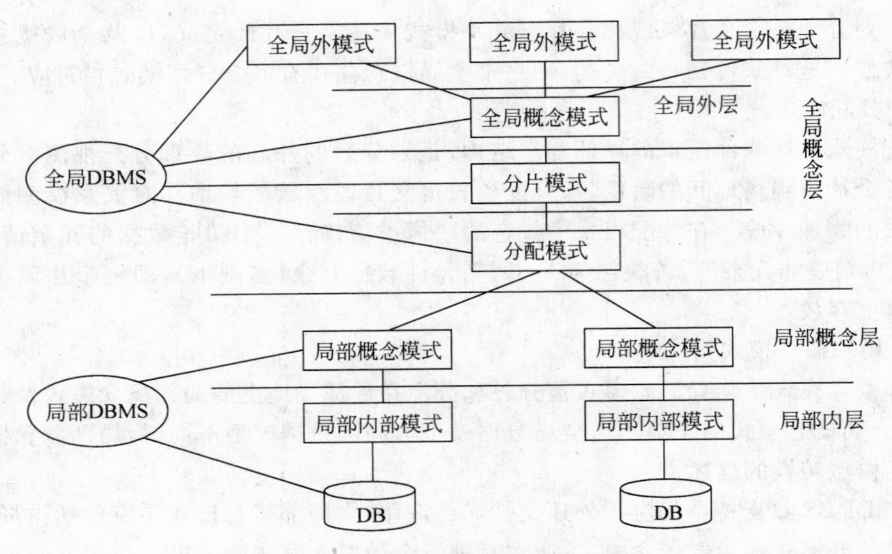

图 10.3　分布式数据库的模式结构

(6) 分布式数据库系统软件文档，这是一组与软件相匹配的软件文档及系统的各种使用说明和文件。

10.1.5　分布式数据库管理系统

分布式数据库管理系统同集中式数据库管理系统一样，是对数据进行管理和维护的一组软件，是分布式数据库系统的重要组成部分，是用户与分布式数据库的接口。

一个分布式数据库管理系统的主要功能有：

(1) 提供全局和局部数据模型。

(2) 提供全局和局部数据描述语言。

(3) 提供全局和局部数据操纵语言。

(4) 目录(数据字典)管理。

(5) 分布式查询。

(6) 分布式事务管理。

(7) 并发事务控制。

(8) 支持数据完整性。

(9) 支持数据的恢复。

(10) 通信管理。

分布式数据库管理系统包括 3 个主要成分：全局数据库管理系统(GDBMS)，局部数据库管理系统(LDBMS)，通信管理程序(CM)。

全局数据库管理系统负责管理 DDBS 中的全局数据，由于全局数据的分布性，一般应具有如下 5 种功能。

(1) 起到用户与局部数据库管理系统、用户与通信管理程序之间的接口作用。

(2) 负责定位和查找用户请求的数据。

(3) 全局数据库管理系统的策略包括对请求的处理对策。

(4) 面向全局的恢复能力。

(5) 负责全局数据与局部数据之间的转换。

局部数据库管理系统是分布式数据库系统中各场地的数据库管理系统。如果每个场地的自治性都是很强的,则其功能将和集中式数据库管理系统一样。而如果是作为分布式数据库管理系统的一个组成部分,则不同的系统存在很大的差异。

作为分布式数据库管理系统的组成部分,在同构同质的情况下,其功能将弱化,因为这时模式和操作都无须转换,直接可以操作执行。若场地数据库系统与全局系统不一致,则必须承担各种转换并执行。

通信管理程序是保证分布式数据库系统中场地间信息传送的部分,无论对于什么样的通信网络,都遵循一组网络协议,以保证场地间通信服务。通信管理程序正确地使用这种协议,为分布式数据库提供正确而可靠的通信服务。

10.1.6 分布式数据库的应用与发展

1. 分布式数据库系统应用程序设计

分布式数据库系统设计的内容可分为分布式数据库的设计和围绕分布式数据库而展开的应用设计两个部分。分布式数据库系统的设计远比集中式数据库系统的设计困难和复杂。虽然分布式数据库系统设计方面的经验有待积累,但作为应用研究领域,对某些问题已经进行了广泛的研究,并取得一定的成果。分布式数据库系统可以从以下几个方面考虑其设计方案。

(1) 自底向上的设计方法

将现有计算机网络及现存数据库系统集成,通过建立分布式协调管理系统来实现分布式数据库系统。所谓集成就是把公用数据定义合并起来,并解决对同一个数据的不同表示方法之间的冲突。分布式数据库的自底向上设计方法需要解决的问题是构造全局模式的设计问题。

(2) 自顶向下的设计方法

分布式数据库的设计方法一般包括需求分析、概念设计、逻辑设计、分布设计、物理设计。其中分布设计是分布式数据库的特有阶段,包括数据的分片设计和片段的位置分配设计。

(3) 分布式数据库系统与C/S体系结构

客户-服务器(C/S)结构的基本思想是功能分布、服务器资源共享。当前许多商用数据库系统如Oracle、SQL Server等,虽不是分布式数据库系统,但都能够支持客户-服务器应用,在某种程度上提供了分布式数据库系统所具有的功能。目前,分布式数据库由于面临的许多复杂问题离完全实现分布透明的商用系统产品还有一定差距,因而将分布式DBMS分为客户级和服务器级可满足特定应用的需要。分布式数据库应用程序所针对的就是这种情况。

在C/S结构的分布式数据库系统中,把DBMS软件分为两级:客户级和服务器级。如某些场地只能运行客户机软件,某些场地可能只运行专用的服务器软件,而另有一些场地可能客户机软件和服务器软件都运行。

两层C/S结构存在着缺点。因此三层结构是传统客户-服务器结构的扩充与优化，典型的有 Web 下的应用、多层 C/S 应用等。

2. 分布式数据库系统存在的问题及发展展望

分布式数据库兴起于20世纪70年代，繁荣于20世纪80年代，20世纪到90年代，分布式数据库技术已经成熟并得到广泛应用。随着网络环境的日益普及，新的技术呈现出开放性和分布性，而分布式数据库系统正符合这种发展趋势，必将会有更大的发展和应用。

1987年，关系数据库的最早设计者之一 C. J. Date 提出了完全的分布式数据库管理系统应遵循的12条规则，这12条规则已被广泛接受，并作为分布式数据库系统的标准定义。这12条规则是：(1)场地自治性；(2)非集中式管理；(3)高可用性；(4)位置独立性；(5)数据分割独立性；(6)数据复制独立性；(7)分布式查询；(8)分布式事务管理；(9)硬件独立性；(10)操作系统独立性；(11)网络独立性；(12)数据库管理系统独立性。

虽然分布式数据库的理论已经研究成熟，但实际应用时，特别是在复杂情况下的效率、可用性、安全性、一致性等问题并不容易真正解决。因此真正能够满足这12条规则的分布式数据库系统，特别是实现完全分布透明性的商用系统还很难见到。目前还有以下一些问题需要研究解决：

(1) 网络扩充。分布式数据库系统比传统数据库系统有好的可扩充性，不过随着系统的扩大，网络协议和算法的适应性问题就越来越突出。

(2) 分布设计。目前数据分布的设计还没有一套完整的理论。

(3) 查询优化。分布式数据库系统的通信量较大，再考虑到成本优化，这中间有许多问题需要协调。

(4) 分布式事务。

(5) 与分布式操作系统的集成问题。

(6) 并发的多数据库处理问题。

结合当前分布式数据库系统现状，为了解决和减轻分布式数据库系统的技术难度，基于客户-服务器结构的协作式分布式数据库系统得到迅速发展。

目前由于新的应用领域的出现，如办公自动化(OA)、计算机集成制造系统(CIMS)，以及计算机相关学科与数据库技术的有机结合，使分布式数据库系统必须向面向对象分布式数据库系统、分布式智能库等广阔领域发展。多数据库系统技术、移动数据库技术、Web 数据库系统技术正在成为分布式数据库的新研究领域。

10.2 面向对象数据库系统

面向对象数据库系统(Object Orientend DataBase System，OODBS)是数据库技术与面向对象程序设计方法相结合的产物。

10.2.1 面向对象数据库系统的兴起

数据库技术在商业领域的巨大成功使得数据库的应用领域迅速扩展。20世纪80年代以来，出现了大量的新一代数据库应用。不过由于层次、网络和关系数据库系统的设计目标源于商业事务处理，在面对层出不穷的新一代数据库应用时显得有点力不从心。关系数据库的主要缺点包括有限的数据类型、缺少全系统唯一、不依赖于属性值的对象标识符、不能清晰表示和有效处理复杂对象、关系间缺少继承机制，不利于模式的演化等。

为了克服关系数据库的缺点，早在20世纪80年代初期，也正是关系数据库逐步成为数据库主流的时候，人们就开始讨论关系数据库的下一代数据库问题。关系数据库的固有缺点是由于关系数据模型引起的，人们研究的重点一开始就集中在数据模型上。而同时，在程序设计方法中也出现了一种新的方法——面向对象方法。面向对象不仅仅作为一种技术，更作为一种方法论贯穿于软件设计的各个阶段，同时也是一种认识世界的方法。面向对象技术认为客观世界是由各种各样的实体，也就是各种对象组成，每个对象都有自己的内部状态和运动规律，不同对象间的相互联系和相互作用就构成了各种不同的系统，进而构成整个客观世界。面向对象程序设计方法很快对计算机的各个领域，包括程序设计语言、人工智能、软件工程、信息系统设计以及计算机硬件设计等都产生了深远的影响。自然也给遇到挑战的数据库技术带来了机会和希望。人们发现把面向对象程序设计方法和数据库技术相结合能够有效地支持新一代数据库应用。于是面向对象数据库系统研究领域应运而生，吸引了相当多的数据库工作者，获得了大量的研究成果，开发了很多面向对象数据库管理系统，包括实验系统和产品。这些系统中有代表性的如ORION、VBASE、GBASE、Gemstone等。同时，许多大型关系数据库系统如Oracle、Informix等也增加了对对象的处理能力。

有关面向对象数据模型和面向对象数据库系统的研究在数据库研究领域是沿着下述3条路线展开的。

(1) 以关系数据库和SQL为基础的扩展关系模型。这一条路线是由以M. Stonebraker为首的一批数据库学者提出的，不主张抛开RDBMS另行研制，而是主张在RDBMS基础上增加对象数据库的功能，还指出“SQL语言不管其好坏，仍是星际间对话的语言(intergalactic dataspeak)”，也就是强调新一代数据库保持与SQL兼容的重要性。这种扩充了对象功能的RDBMS称为对象-关系数据库(Object-Relational DBMS，ORDBMS)。例如美国加州伯克利分校的Postgres就是以INGRES关系数据库系统为基础，扩展了抽象数据类型(Abstract Data Type，ADT)，使之具有面向对象的特性(Postgres后来成为Illustra公司的产品，该公司又被Informix公司收购)。目前，Informix、DB2、Oracle、Sybase等关系数据库厂商，都在不同程度上扩展了关系模型，推出了对象-关系数据库产品。

(2) 以面向对象的程序设计语言为基础，研究持久的程序设计语言，支持OO模型。例如，美国Ontologic公司的Ontos是以面向对象程序设计语言C++为基础的，Servialogic公司的GemStone则是以Smalltalk为基础的。

(3) 建立新的面向对象数据库系统，支持OO数据模型，如法国O2Technology公司的O2、美国Itasca System公司的Itasca等。

事实上，后两条路线在本质上是相同的，都是决定放弃RDBMS而另行研制和开发以面向对象数据模型为基础的面向对象数据库管理系统(Object Oriented Database Management System，OODBMS)。这些研制出的产品有下列特点。

(1) 这些产品在数据模型和数据语言上借鉴面向对象程序设计语言。第二条路线正是这样做的，第三条路线中的产品O2自行设置了SQL风格的查询语言，但是与SQL不兼容。出现这种情况是由于当时还没有公认的面向对象数据模型，更无这方面的标准。

(2) 这些产品在DBMS结构、功能和实现技术方面借鉴了RDBMS,例如普遍采用C/S结构,以事务作为数据库的处理单元,具有并发控制、恢复和安全控制功能等。但是OODBMS毕竟不同于RDBMS,在实现时有其特点。不过应该说,这些产品为OODBMS的实现提供了宝贵的、最初的经验。

(3) 当时认为计算机辅助设计(CAD)、计算机集成制造(CIM)等是OODBMS最主要的潜在应用领域,因此OODBMS普遍增加了CAD、CIM所需要的功能,例如版本管理、长事务管理、check in/check out机制等,但是这些功能并非ODBMS所特有,RDBMS也可以提供这些功能。

这些产品投放市场后并没有引起多大的重视,在DBMS市场上所占的份额很小,并没有对传统的RDBMS构成威胁。主要有以下3点原因:

- 目前数据库最大的应用领域仍是传统的企事业管理信息系统。
- OODBMS不适宜很多用户共享数据和大量事务联机处理的应用环境。
- 对于已运行的信息系统,将原有的RDBMS更换为OODBMS是一个困难而又痛苦的过程。

1990年,OODBMS支持者和ORDBMS支持者发生过争论,不过并没有形成大辩论,而是在认识上很快趋于统一,因此把ORDBMS也看成是OODBMS的一种类型。

10.2.2 面向对象数据库模型的核心概念

面向对象数据库系统支持面向对象数据模型(以下简称OO模型)。一个面向对象数据库系统是一个持久的、可共享的对象库的存储和管理者,而一个对象库是由一个OO模型所定义的对象的集合体。

一个OO模型是用面向对象观点来描述现实世界实体(对象)的逻辑组织、对象间的限制、联系等的模型。一系列面向对象核心概念构成了OO模型的基础。下面介绍OO模型的核心概念。

1. 对象

对象是由一组数据结构和在这组数据结构上的操作的程序代码封装起来的基本单位。对象之间的界面由一组消息定义。一个对象由3部分组成,分别是属性集合、操作集合和消息集合。同时为了区分每个对象,系统还赋予每个对象一个唯一的标识,称为对象标识(OID)。

(1) 对象的组成

对象有3个组成部分,分别是属性集合、操作集合、消息集合。

① 属性集合

所有属性合起来构成了对象数据的数据结构(或称为变量集合)。属性描述对象的状态、组成和特性。对象的属性也是对象,可能又包含其他对象作为其属性。即对象可以嵌套并可以多层嵌套,从而组成各种复杂对象。而且同一个对象可以被多个对象所引用。由对象组成对象的过程称为聚集(aggregation)。对于整数、字符串这一类简单的对象,其值本身就是其状态的完全描述,其操作在一般计算机系统中都有明确的定义,因此,在多数OODBMS中,为了减少开销,都不把这些简单对象当做是对象,而是当做值。所以如果一个对象的某一属性是这些简单对象的话,就说对象的某一属性是值而不是对象。

② 操作集合

操作描述了对象的行为特性。操作又称为方法，可以改变对象的状态，对对象进行各种数据库操作。操作的定义包括两部分：一是操作的接口，用以说明操作的名称、参数和结果返回值的类型，一般称之为调用说明；二是操作的实现，它是一段程序编码，用以实现操作的功能，即对象方法的算法。对象中还可以附有完整性约束检查的规则或程序。

③ 消息集合

消息是对象向外提供的接口，由对象接受和响应。面向对象数据模型中的"消息"与计算机网络中传输的消息的含义不同，此处是指对象之间的操作请求的传递，而不考虑操作实现细节。

(2) 对象标识

随着时间的推移，对象标识不会改变。两个对象即使属性值和方法都完全相同，如果OID不同则认为是两个不同的对象。注意，OID与关系数据库中码(key)的概念和某些系统中支持的记录标识(RID)、元组标识(TID)是有本质区别的。OID是独立于值的、系统全局唯一的。OID有3种常用的标识，分别是值标识、名标识、内标识。

- 值标识：用值来表示标识。例如，关系数据库中使用的就是值标识，在关系数据库中，一个关系的元组是用关系的码值来区分的。例如，学号20081402096标识了重庆大学计算机科学与工程系学生刘××，而20081402113标识了重庆大学计算机科学与工程系学生吴××。
- 名标识：用一个名字来表示标识。例如，程序变量使用的就是名标识，程序中的每个变量被赋予一个名字，变量名唯一地标识每个变量。
- 内标识：内标识是建立在数据模型或程序设计语言中、不要求用户给出的标识。例如，面向对象数据库系统使用的就是内标识。

不同的标识其持久程度是不同的，根据持久程度的不同可以分为以下几类。

- 程序内持久性：若标识只能在程序或查询的执行期间保持不变，则该标识具有程序内持久性。例如，程序设计语言中的变量名和SQL语句中的元组标识符，就是具有程序持久性的标识。
- 程序间持久性：若标识在从一个程序的执行到另一个程序的执行期间能保持不变，则称该标识具有程序间持久性。例如，在SQL语言中的关系名是具有程序间持久性的标识。
- 永久持久性：若标识不仅在程序执行过程中保持不变，而且在对数据的重组重构过程中一直保持不变，则称该标识具有永久持久性。例如，面向对象数据库系统中对象标识具有永久持久性，而SQL语言中的关系名不具有永久持久性，因为数据的重构可能修改关系名。

对象标识具有永久持久性，一个对象一经产生，关系就给其赋予一个在全系统中唯一的对象标识符，直到该对象被删除。对象标识是由系统统一分配的，用户不能对对象标识符进行修改。对象标识是稳定的，不会因为对象中的某个值的修改而改变。

按照系统产生对象标识的方法来分类，可以分为两类，分别是逻辑对象标识和物理对象标识。

① 逻辑对象标识

逻辑对象标识符不依赖于对象的存储位置。例如,在 Orion OODBMS 中,对象标识符的形式为(类标识符,实例标识符)。对象标识符的第一部分标识对象所属的类,第二部分标识类中的对象。当消息送到一个对象时,系统可以根据类标识符找到对象所属的类,进行消息的合法性检查,取出方法所对应的过程。从这点看,在对象标识符中加类标识符是有用的。但这种方法也有缺点,当对象从一个类转到另一个类或类重新定义时,须修改对象标识符;由于对象标识符的修改会引起其他连锁的修改,所以一般是不允许的。

在 Iris OODBMS 中,对象标识中不含有类标识,但每个对象中须存有类标识符。当消息送到对象时,首先要取出该对象,找出所属类的标识符,然后才能找到类,进行消息的合法性检查和取出方法所对应的过程。如果消息是非法的,则"取对象"的操作将是浪费的。由于逻辑对象标识符不含有对象的地址,在访问对象时,系统须将对象标识符映射成对象的地址,增加了系统的开销。

② 物理对象标识

物理对象标识符依赖于对象的位置,或直接含有对象的地址。按照物理对象标识符可以很快地找到对象,这是其优点。O2 OODBMS 就采用这种标识符。当对象迁移时,须在原地址留下对象的新迁地址,以便将关于此对象的消息转到新的地址。物理对象标识符也有缺点,当复制一个对象到其他存储位置进行处理时,不能再用原来的对象标识符访问复制对象,须把复制对象定义为一个临时对象,给予另一个对象标识符。这在管理上带来一定的麻烦。

逻辑对象标识符和物理对象标识符各有优缺点,都有系统在使用。也有些系统基本上采用逻辑对象标识符,但在标识符中加了少许有关对象物理位置的信息。例如在 Orion 分布式版本中,在对象标识符中加了创建该对象结点的标识符。当对象迁出创建结点后,在创建结点留有该对象迁往结点的信息,可以将有关此对象的消息转到该结点。

2. 封装

封装是 OO 模型的一个关键概念。每一个对象是其状态与行为的封装。封装是对象的外部界面与内部实现之间实行清晰隔离的一种抽象,外部与对象的通信只能通过消息。

封装有两个优点,一是将对象的实现(即过程)与对象的调用互相隔离,从而允许对操作的实现算法和数据结构进行修改,而不影响接口,不必修改使用对象的应用,这有利于提高数据独立性。对用户而言,封装隐藏了在实现中使用的数据结构与程序代码等细节。二是对象封装后成为一个自包含的单元,对象只接受已定义好的操作,其他程序不能直接访问对象中的属性,从而避免许多不希望的副作用,提高程序的可靠性。

但是,对象封装之后也有其不利的一面。首先,查询属性值必须通过调用方法,不能像关系数据库系统那样用 SQL 进行即时的、随机的、按内容的查询;其次,对象的操作限制在实现定义的范围内,不够方便灵活。

3. 消息(message)

由于对象是封装的,对象与外部的通信一般只能通过显式的消息传递,即消息从外部传送给对象,存取和调用对象中相应的属性和方法,在内部执行相应的操作,再以消息的形式返回操作的结果。这是 OO 模型的主要的特征之一。

4. 类(class)和实例(instance)

在OO数据库中，相似对象的集合称为类，每一个对象称为所在类的一个实例。同一个类的对象具有共同的属性和方法，这些属性和方法可以在其所在类中统一说明，而不必在类的每个实例中重复。消息传送到对象后，可以在所属的类中寻找相应的方法和属性的说明。例如，学生是一个类，具体的一个学生就是学生类中的对象，也就是学生这个类的一个实例，如张三、李四、李明等，都是学生这个类中的对象。在OODB中，类是"型"，对象是某一类的一个"值"。类属性的定义域可以是任何类，既可以是基本类(如整数、字符串、布尔型)，也可以是包含属性和方法的一般类。特别地，一个类的某一属性的定义也可是这个类自身。同一个类中的对象的属性虽然是一样的，但是这些属性所取的值会因各个实例而不同。基于这个原因，又可以把属性称为实例变量。有些变量的值在全类中是共同的，这些变量就称为类变量，又有些属性规定有默认值，当在实例中没有给出该属性值时，就取其默认值，默认值在全类中是公共的，因而也是类变量。同时在一个类中可以有各种各样的统计值，这些统计值也不属于某个实例，而是类变量。只要是类变量就没有必要在每个实例中重复，可以在类中统一给出其值。

可以看到，类的概念类似关系模式，类的属性类似关系模式中的属性；对象类似元组的概念，类的一个实例对象类似关系中的一个元组。

将类的定义与实例分开，有利于组织有效的访问机制。一个类的实例可以簇集存放。每个类设有一个实例化机制，提供有效的访问实例的路径。消息送到实例化机制后，通过存取路径找到所需的实例，通过类的定义找到方法和属性的说明，以实现方法的功能。

5. 类层次结构

面向对象数据库模式是类的集合。在一个面向对象数据库模式中，会出现多个相似但又有所不同的类。例如一个有关学校应用的面向对象数据库，其中有教职员工和学生两个类。这两个类都有身份证号、姓名、年龄、性别、住址等属性，也有一些相同的方法和消息。当然，教职员工对象中有一些特殊的属性、方法和消息，如工龄、工资、办公室电话号码、家庭成员数等。用户希望统一定义教职员工和学生的公共属性、方法和消息部分。为此，面向对象的数据模型提供了一种实现上述要求的类层次结构。

在一个面向对象数据库模式中，类的子集可以定义为一个类，称为这个类的子类(subclass)，而称该类为子类的超类(superclass)或父类。子类还可以再定义子类。这样，面向对象数据库模式的一组类就可以形成一个有限的层次结构，称为类层次。

一个子类可以有多个超类，有直接超类，也有间接超类。上述类之间的关系可以用一个大家非常熟悉的例子说明，这个例子用自然语言可以表达为"研究生是个学生"，"学生是个人"……在这个例子中，学生是研究生的直接超类，人是研究生的间接超类。

在一个类层次中，一个类继承其所有超类的全部属性、方法和消息。在学校应用的面向对象数据库的例子中，可以定义一个类"人"。人的属性、方法和消息的集合是教职员工和学生的公共属性、公共方法和公共消息的集合。教职员工和学生类定义为人的子类。教职员工类只包含教职员工的特殊属性、特殊方法和特殊消息的集合。图10.4给出了学校数据库的一个类层次以及各类对应的属性。超类/子类之间的关系还有一种专门的称呼，称为ISA联系，或称为类属联系。ISA联系表示子类is a超类，如在图10.4中，教员"ISA"教职员工表示教员 is a 教职员工，教职员工“ISA”人表示教职员工 isa 人。获得这种联系可以通过两个过程获得，一种为普通化，一种为特殊化。从概念上讲，自下而上是一个普遍化、抽象化的过程，这个过程称为普通化。反之，由上而下是一个特殊化、具体化的过程，这个过程称为特殊化。在超类/子类之间的关系中，超类是子类的抽象或普通化，子类是超类的特殊化或具体化。

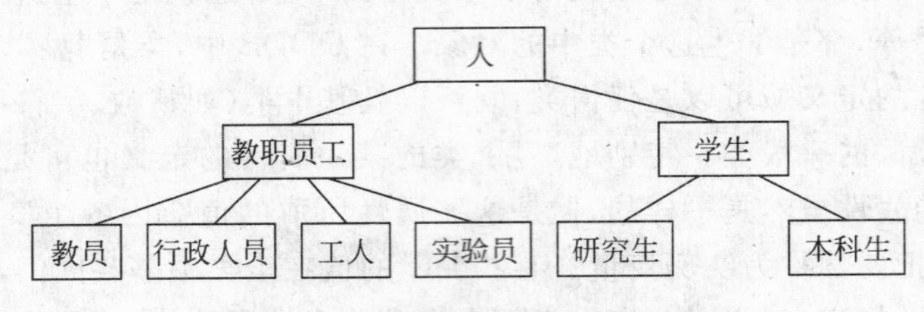

图 10.4　某学校数据库的类层次结构图

其中：

人(person)：身份证号、姓名、年龄、性别、住址。

教职员工(employee)：工龄、工资、办公室电话号码、家庭成员数。

教员(teacher)：职称、职务、专长。

行政人员(officer)：职务、职责、办公室地址。

工人(worker)：工种、级别、所属部门。

实验员(tester)：职称、职务、所属部门。

学生(student)：入学年份、专业。

本科生(undergraduate student)：已修学分、平均成绩。

研究生(graduate student)：研究方向、导师。

为了叙述简单，没有给出这些类的操作。在这个类层次中教职员工和学生是人的子类，教员、行政人员、工人、实验员是教职员工的子类。教员、行政人员、工人、实验员中实际只有本身的特殊属性、操作和消息，同时又继承教职员工类和人类的所有属性、操作和消息。因此，逻辑上具有人、教职员工和本身的所有属性、操作和消息。同样，本科生和研究生是学生的子类。在这种情况下，如果给定一个对象，如何判断是哪个类的实例呢？例如，一名研究生到底是哪个类的实例呢？因为一个对象既属于自身的类，也属于自身所有超类。为了在概念上加以区分，在 OO 数据模型中规定，对象只能是自身所属类中最特殊化的那个子类的实例，但可以是其所有超类的成员(member)。即这名研究生是研究生这个子类的实例，是学生、人这两个类的成员。

6. 继承

类层次可以动态扩展，一个新的子类能从一个或多个已有类导出。根据一个类继承多个超类的特性将继承分成了单继承和多重继承。在 OO 模型中，若一个子类只能继承一个超类的特性(包括属性、操作和消息)，这种继承称为单继承；若一个子类能继承多个超类的特性，这种继承称为多重继承。例如，在学校中实际存在的“在职研究生”，既是教员又是学生，继承了教职员工和学生两个超类的所有属性、操作和消息，如图 10.5 所示。

单继承的层次结构图是一棵树(见图 10.4)，多重继承的层次结构图是一个带根的有向

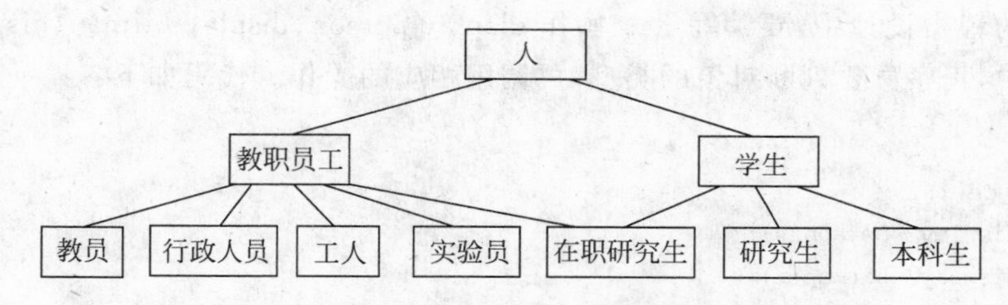

图 10.5　具有多重继承的类层次结构图

无回路图(见图 10.5)。

继承有两个优点:第一,继承是建模的有利工具,提供了对现实世界简明而精确的描述;第二,继承提供了信息重用机制。由于子类可以继承超类的特性,这就可以避免许多重复定义。子类除了继承超类的特性外,还可以定义自己特殊的属性、操作和信息。这可以通过两种方法实现:第一种是增加,即定义新的不属于超类的属性和操作;第二种是取代,即重新定义超类的属性和操作。

在定义这些特殊属性、操作和信息时可能与继承下来的超类的属性、操作和信息发生冲突。例如,在教职员工类已经定义了一个操作"打印",在教员子类要定义一个操作"打印",用来打印教员的姓名、年龄、性别、职称和专长,这就产生了同名冲突。这类冲突可能发生在子类与超类之间,也可能发生在子类的多个直接超类之间。这类冲突通常由系统解决,在不同的系统中使用不同的冲突解决方法,便产生了不同的继承性语义。

一般来说,按照下列规则解决冲突问题。

- 子类与超类之间的冲突:对于子类与超类之间的同名冲突,一般是以子类定义的为准,即子类的定义取代或替换由超类继承而来的定义。
- 超类之间的冲突:对于子类的多个直接超类之间的同名冲突,有的系统是在子类中规定超类的优先次序,首先继承优先级最高的超类的定义;有的系统则由用户指定继承其中某一个超类的定义。

子类对父类既有继承又有发展,继承的部分就是重用的成分。由封装和继承还引出面向对象的其他优良特性,如多态性、动态联编等。

7. 重载与联编

在 OO 模型中,子类定义的方法可能与继承下来的超类的方法发生同名冲突,即子类只继承了超类中操作的名称而自己实现操作的算法,有自己的数据结构和程序代码。这样,同一个操作名就与不同的实现方法、不同的参数相联系。这时一个消息送到不同对象中,可能执行不同的过程,也就是消息的含义依赖于其执行环境。只有当消息送到具体对象时才知道是执行哪个操作。这种一名多义的做法称为多态(polymorphism)。例如,"打印"操作在不同的类中有不同的打印格式和打印参数。

一般地,在 OO 模型中对于同一个操作,可以按照类的不同,重新定义操作的实现,这就导致一个名字表示不同的程序,也就是一名多用,这称为重载(overloading)。例如,要显示 3 个不同的对象——人、图片、图形,这里要用不同的显示机制。对于人,要按某种格式显示一个人有关信息如身份证号、姓名、年龄、性别、住址等;对于图片要显示的是一幅图像;对于图形要显示的则是形状。

在传统的程序设计中，要编写 3 个操作 display-person、display-bitmap、display-graph，在应用程序中，程序员要判断对象的类型，再调用相应的操作。代码如下：

```
begin
case of type(x)
person: display - person(x);
bitmap: display - bitmap(x);
graph: display - graph(x);
end
```

这就要求程序员必须知道应用中所有的对象类型、知道相应的显示操作才能编写上面的应用程序。

在一个 OODB 系统中，对人、图片、图形三个不同的对象可以用一个 display 操作名，针对不同对象编写不同的实现算法，让系统来选择。

虽然系统设计人员仍要为不同的类编写不同的 display 程序，但是对于程序员来讲不必为选择这些操作费心，也没有上面关于选择的 case 语句，应用程序的代码也简单了。

为了提供这个功能，OODBMS 不能在编译时就把操作名联编到程序上，必须在运行时根据实际请求中的对象类型和操作选择相应的程序，把操作名与程序联编上（即把操作名转换成该程序的地址），也就是说，消息中的操作名在编译时还不能确定其所代表的过程，只有在执行时，当消息发送到具体对象后，操作的过程和操作名才能结合。这个推迟的转换称为滞后联编（late binding）。

8. 对象与嵌套

前面已经讲到，在一个面向对象数据库模式中，对象的某一属性可以是单值或值的集合。进一步讲，一个对象的属性也可以是一个对象，这样对象之间就产生一个嵌套层次结构。

设 Obj1 和 Obj2 是两个对象。如果 Obj2 是 Obj1 的某个属性的值，称 Obj2 属于 Obj1，或 Obj1 包含 Obj2。一般地，如果对象 Obj1 包含对象 Obj2，则称 Obj1 为复杂对象或复合对象。

如果 Obj2 是 Obj1 的组成成分，则可称其是 Obj1 的子对象。Obj2 还可以包含对象 Obj3，这样 Obj2 也是复杂对象，从而形成一个嵌套层次结构。

例如，每辆汽车包括汽车型号、汽车名称、发动机、车体、车轮、内部设备等属性。其中，汽车型号和汽车名称的数据类型是字符串，发动机不是一个标准数据类型，而是一个对象，包括发动机型号、马力等属性；车体也是一个对象，包括钢板厚度、钢板型号、车体形状等属性；内部设备也是一个对象，包括车座、音响设备、安全设备等，而音响设备又是一个对象，包括 VCD、喇叭等属性，如图 10.6 所示。

对象嵌套概念是面向对象数据库系统中又一个重要概念，允许不同的用户采用不同的粒度来观察对象。

对象嵌套层次结构和类层次结构形成了对象横向和纵向的复杂结构。不仅各种类之间具有层次结构，而且某一个类内部也具有嵌套层次结构，不像关系模式那样是平面结构。一个类的属性可以是一个基本类，也可以是一个一般类。

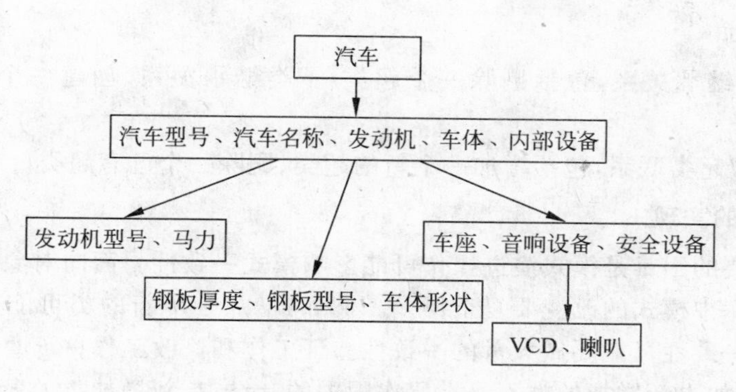

图10.6　汽车的嵌套层次图

10.2.3　面向对象数据库的模式演进

数据模式是用数据模型对现实世界的模拟。数据模式既要正确地、一致地反映现实世界,又要满足应用程序对数据的要求。现实世界和应用需求总是变化的,这就不可避免地要求数据模式作相应的修改。也就是说,数据模式不可能一成不变,而是经历一个不断修改的过程。这个过程称为模式演进(schema evolution)。模式演进包括创建新的类、删除旧的类、修改类的属性和操作等。

1. 模式的一致性

模式的演进必须要保持模式的一致性。模式一致性是指模式自身内部不能出现矛盾和错误,这由模式一致性约束来刻画。模式一致性约束可分为唯一性约束、存在性约束和子类型约束等,满足所有这些一致性约束的模式则称为是一致的。

(1) 唯一性约束

这一类约束条件要求名字的唯一性。例如,在统一模式中所有类的名字必须唯一;类中属性名和方法名必须唯一,包括从超类中继承的属性和方法;模式的不同种类的成分可以同名,例如属性和方法可以同名。

(2) 存在性约束

存在性约束是指显式引用的某些成分必须存在。例如,每一个被引用的类必须在模式中定义,这种引用包括出现在属性说明、变量说明、变量定义等之中;某操作代码中调用的操作必须给出说明;对每一说明的操作必须存在一个实现程序。

(3) 子类型约束

这类约束要求子类/超类联系不能有环;不能有从多重继承带来的任何冲突;如果只支持单继承,则子类的单一超类必须加以标明。

2. 模式演进操作

下面给出一些主要的模式演进操作,OODBMS应该支持这些模式演进。

- 修改类集,包括创建一个类、删除一个类、重命名一个类。
- 修改类的属性,包括增加一个属性、删除一个属性、重命名一个属性、修改属性的类型。
- 修改类的操作,包括增加一个操作、删除一个操作、重命名一个操作、修改一个操作的调用说明。

- 修改类的继承关系，包括删除一个超类/子类继承关系、创建一个超类/子类继承关系。
- 修改子类/超类联系，包括增加一个新的超类、删除一个已有超类。

3. 模式演进的实现

模式演进主要的困难是模式演进操作可能影响模式一致性。面向对象数据库中类集的改变比关系数据库中模式的改变要复杂得多。例如，增加一个新的类可能违背类名唯一的约束。为了保持一致性可能要做大量的一致性验证工作和修改工作；新增加的类必须放到相关类层次图中，如果新增加的类不是类层次图中的叶结点，新增加类的所有后裔子类需要继承新类的属性和方法，因此要检查是否存在继承冲突问题。

又如删除一个类，在面向对象数据库中删除一个类要执行多个操作。被删除类的所有子类继承的变量和方法必须被重新检查，撤销从被删除类继承变量和方法。被删除类的实例或者改为其他类的实例，如改为被删除类的超类的实例，或者与类一起被删除。

与上面的情况类似，类的修改操作可能会影响到其他类的定义。例如，改变一个类的属性名，这需要所有使用该属性的地方都要改名。

因此，在 OODB 模式演进的实现中必须具有模式一致性验证功能，这部分的功能类似编译器的语义分析。

此外，任何一个面向对象数据库模式修改操作不仅要改变相关类的定义，而且要修改相关类的所有对象，使之与修改后的类定义一致。例如，要在一个类中增加一个属性，简单地保持一致性的方法是首先删除该类所有的实例，然后修改类结构。这对于已花费了大量人力物力保存起来的有价值的信息来说，显然是不可取的。一般采用转换的机制来实现模式演进。

所谓转换是指在 OO 数据库中，已有的对象将根据新的模式结构进行转换以适应新的模式。例如，在某类中增加一属性时，所有的实例都将增加该属性。这时还要处理新属性的初值，例如给定一默认值，或提供一算法来自动计算新属性初值，还可以让用户设定初值。删除某类中一属性时只需从该类的所有实例中删除相应属性值即可。修改某类中的属性，就要比较前后属性的情况，定义适当的变换函数(变换函数可以由用户定义也可以由系统定义，优先选择用户定义的函数，如果没有用户定义的函数，则采用系统定义的函数)，假设这时候要修改的是属性的数据类型，修改前为实数型，修改后为整数型，则变换函数为实数到整数的转换。

根据转换发生的时间有两种不同的转换方式：

- 立即转换方式。一旦模式变化立即执行所有变换。
- 延迟转换方式。模式变化后不立即执行，延迟到低层数据结构载入时，或者延迟到该对象被存取时才执行变换。

前者的缺点在于系统为了执行转换将停顿一些时间；后者的缺点在于以后应用程序存取一个对象时，要把其结构与其所属类的定义比较，完成必须的修改，运行效率将受到影响。

实际系统中，GemStone 采用立即转换方式；Orion 则采用延迟转换方式，开始只执行逻辑变换，使用该对象时才变换成新的定义。

可以看出，上述两种方法的前提是模式已经发生变换，然后再来决定数据和应用程序进行转换的时间。那么,如何改变模式呢?一般可以用下列 4 种方法实现模式的修改。

- 动态模式修改:在数据库上的应用程序运行的同时,允许修改数据模式。提供动态修改模式的 OODBMS 有 Versant 和 O2。
- 静态模式修改:在所有应用程序暂停运行的情况下,对数据模式进行全面的修改和再编译,相当于数据模式的重构。按这种方式修改模式的 OODBMS 有 ObjectStore 等。
- 模式版本修改:模式修改相当于创建一个模式的新版本,而原来的模式作为模式的老版本继续保留在数据库系统中。在 DBMS 中保存一个记录模式演化过程的版本树。由于修改模式时不影响原来的模式,应用程序可以继续运行。采用这种模式修改方法的 OODBMS 有 Objectivity。在原则上也可以按类建立版本树。这虽然增强了修改的灵活性,但管理的复杂程度和开销也将大幅度地增加。目前还没有一个 OODBMS 产品按类建立版本树。
- 模式视图修改:不一定在物理上修改数据模式,而是按修改的内容在其上定义虚拟的视图。视图也可看成数据模式的组成部分,但对象数据库的视图在定义和向基本模式映射方面要比关系数据库复杂得多。目前还没有一个 OODBMS 产品采用这种模式修改方式。

在上述 4 种模式修改方式中,后 2 种使用得较少,而静态模式修改则比较简单。如何实现面向对象数据库模式的演进是面向对象数据库系统研究的一个重要方向。

10.3　数据仓库与数据挖掘技术

数据仓库是近年来信息领域中迅速发展起来的数据库新技术。数据仓库的建立能充分利用已有的数据资源,把数据转换为信息,从中挖掘出所需要的知识,再利用这些知识创造出许多想象不到的信息,最终创造出效益。数据仓库应用所带来的好处已被越来越多的企业认识到,也推动着数据仓库及数据挖掘技术的迅猛发展。

10.3.1　数据仓库

1. 数据仓库的概念和特征

传统的数据库技术是单一的数据资源,以数据库为中心进行各种类型的数据处理工作。然而,不同类型的数据有着不同的特点,以单一的数据组织方式进行组织的数据库并不能反映出这种差别,满足不了数据处理多样化的要求。传统数据库在联机事务处理中取得了较大的成功,但在基于事务处理的数据库帮助决策分析时却遇到了很大的困难。主要原因是传统数据库的处理方式与决策分析中的数据需求不相称,导致传统数据库无法支持决策分析活动。因此,决策分析需要一个能够不受传统事务处理约束、高效率处理决策分析数据的支持环境;而数据仓库正是可以满足这一要求的数据存储和数据组织技术,为决策者对数据的自我分析提供了便利,提供了辅助决策分析的有力工具。

数据仓库是一个面向主题的、集成的、不可更新的、随时间不断变化的数据集合,用以支持企业或组织的决策分析处理。其基本特征有下面几点。

(1) 数据仓库的数据是面向主题的

主题是在较高层次上将信息系统中的数据综合、归类并进行分析利用的抽象。较高层次是相对于面向应用的数据组织而言的。按照主题进行数据组织的方式具有更高的数据抽象级别，主题对应企业或组织中某一宏观分析领域所涉及的分析对象。

传统的数据组织方式是面向处理具体应用的，对于数据内容的划分并不适合分析的需要，比如一个企业，应用的主题包括零件、供应商、产品、顾客等，往往被划分为各自独立的领域，每个领域有着自己的逻辑内涵。

主题在数据仓库中是由一系列表实现的。数据仓库排除对于决策无用的数据，提供特定主题的简明视图。

(2) 数据仓库的数据是集成的

由于操作型数据与分析型数据存在着很大的差别，而数据仓库的数据又来自分散的操作型数据，因此必须先将所需数据从原来的数据库中抽取出来，进行加工与集成、统一与综合之后才能进入数据仓库。入库的第一步是统一原始数据的矛盾之处，并进行综合与计算，使其成为面向主题的数据。数据仓库中的数据综合工作可以在抽取数据时生成，也可以在进入数据仓库以后再进行综合生成。

(3) 数据仓库的数据是不可更新的

数据仓库主要是为决策分析提供数据，所涉及的操作主要是数据的查询，一般情况下并不需要对数据进行修改操作。历史数据在数据仓库中是必不可少的，数据仓库存储的是相当长一段时间内的历史数据，是不同时间点数据库的结合，以及基于这些数据进行统计、综合和重组导出的数据，不是联机处理的数据。因而数据在进入数据仓库以后一般是不更新的，是相对稳定的。

(4) 数据仓库的数据是随时间变化的

数据仓库的数据是随时间不断变化的，这一特征表现在3个方面：首先，数据仓库随时间变化不断增加新的内容，数据仓库系统必须不断捕捉联机处理数据库中新的数据，追加到数据仓库中去，但新增加的变化数据不会覆盖原有的数据；其次，数据仓库随时间变化要不断删去旧的数据内容，因为数据仓库的数据也有存储期限，一旦超过了这个期限，过期数据就要被删除；最后，数据仓库中包含大量的综合数据，这些综合数据中有很多与时间有关，如数据按照某一时间段进行综合，或每隔一定时间片进行抽样等，这些数据会随着时间的不断变化而不断地重新综合。

数据仓库虽然是从数据库发展而来的，但是两者在许多方面存在着很大的差异。从数据存储内容来看，数据库只存放当前值，而数据仓库存放历史值；数据库中数据是面向操作人员的，可为业务处理人员提供信息处理的支持，而数据仓库则是面向中高层管理人员的，可为其提供决策支持，数据库中数据是动态变化的，而数据仓库只能定期添加、刷新；数据库中的数据结构比较复杂，有各种结构以适合业务处理的需要，而数据仓库中数据的结构则相对简单；数据库中数据的访问频率较高，但访问量较少，而数据仓库的访问频率较低但访问量很高；在访问数据时，数据库要求响应速度快，数据仓库的响应时间一般较长。

2. 数据仓库的结构

数据仓库作为一个系统，从理论上应该包括数据获取、数据存储和管理、信息访问3个基本部分，其结构形式如图10.7所示。

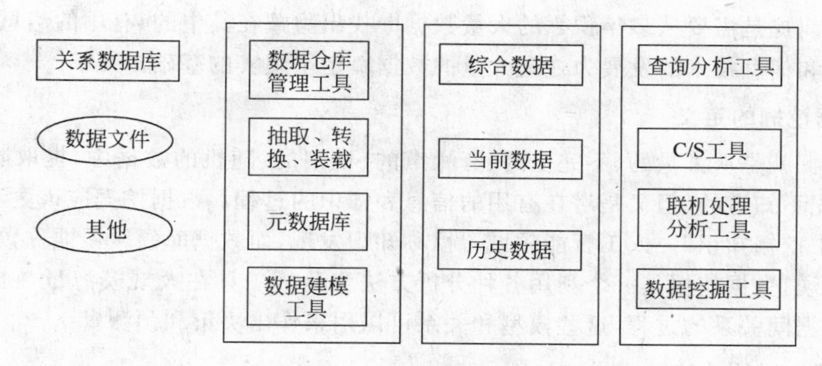

图 10.7　数据仓库总体结构

- 数据获取：负责从外部数据源获取数据，数据被区分出来，进行复制或重新定义格式等处理后，准备装入数据仓库。
- 数据存储和管理：负责数据仓库的内部管理和维护，提供的服务包括存储的组织、数据的维护、数据的分发和数据仓库的例行维护等，这些工作需要利用 DBMS 的功能。
- 信息访问：属于数据仓库的前端，面向不同种类的最终用户。主要由查询生成工具、多维分析工具和数据挖掘工具等工具集组成，以实现决策支持系统的各种要求。

从功能上来看，可以认为数据仓库首先是一个数据库系统，基本功能如下。

- 数据定义：主要完成数据仓库的结构和环境的定义，包括定义数据仓库中数据库的模式、数据仓库的数据源和从数据源提取数据时的一组规则或模型。
- 数据提取：负责从数据源提取数据，并对获得的源数据进行必要的加工处理，使其成为数据仓库可以管理的数据格式和语义规范。
- 数据管理：由一组系统服务工具组成，负责数据的分配和维护，支持数据应用。数据分配完成获取数据的存储分布及分发到多台数据库服务器，维护服务完成数据的转储和恢复、安全性定义和检测等。用户直接输入系统的数据也由该部分完成。
- 信息目录：数据仓库管理的数据是描述系统状态变化的综合性数据，提供各级管理分析与决策的应用，满足数据仓库的开发人员和维护人员进行数据维护的需要。信息目录描述系统数据的定义和组织，通过信息目录用户或开发人员可以了解数据仓库中存放的数据以及如何访问、使用和管理这些数据。
- 数据应用：数据仓库的数据应用除了一般的直接检索使用外，还能够完成比较常用的数据表示和分析，如图表、统计分析、结构分析、相关分析和时间序列分析等。在 C/S 体系结构下，这部分功能可以放在客户端来完成，以便充分利用丰富的数据分析软件，包括报表生成工具、联机处理分析工具、数据挖掘工具和决策支持工具等。

10.3.2　数据挖掘技术

数据挖掘(DataMinimg，DM)是 20 世纪 80 年代人工智能(Aritificial Intelligence，AI)研究项目失败后，转入实际应用时提出的，是一个新兴的、面向商业应用的 AI 研究。数据挖掘产生的前提是需要从多年积累的大量数据中找出隐藏在其中的、有用的信息和规律，而计算机技术和信息技术的发展为处理大量的数据奠定了坚实的基础。

1. 数据挖掘的定义

数据挖掘就是从大量的、不完全的、有噪声的、模糊的、随机的数据中，提取隐含在其中的、人们事先不知道的、但又是潜在有用的信息和知识的过程。数据挖掘应该更正确地命名为“从数据中挖掘知识”。人工智能领域习惯称知识发现，而数据库领域习惯称数据挖掘。

一般来说，数据挖掘是一个利用各种分析方法和分析工具在大规模海量数据中建立模型和发现数据间关系的过程，这些模型和关系可以用来作出决策和预测。

2. 数据挖掘的功能

数据挖掘通过预测未来趋势及行为，作出前瞻的、基于知识的决策。数据挖掘的目标是从数据中发现隐含的、有意义的知识。具体的功能有以下7个方面。

(1) 概念描述

概念描述就是对某类对象的内涵进行描述，并概括这类对象的有关特征。具体的描述分为特征性描述和区别性描述。

- 特征性描述。特征性描述用于描述某类对象的共同特征。
- 区别性描述。区别性描述用于描述不同类对象之间的区别。

描述数据允许数据在多个抽象层概化，便于用户考察数据的一般行为。例如对超市的销售数据，销售经理并不想了解每个客户的事务，而愿意观察到高层的数据，如按地区对顾客分组，观察每组顾客购买频率和顾客的收入等。

(2) 关联分析

数据关联是数据中存在的一类重要的可被发现的知识，指两个或多个变量间存在着某种规律性。关联分析的目的就是找出数据中隐藏的关联网。关联分析发现关联规则，这些规则展示属性值频繁地在给定数据集中一起出现的条件。如“啤酒和尿布”就是从大型超市的购物篮当中分析出的关联规则。

(3) 分类与预测

- 分类就是依照所分析对象的属性分门别类、加以定义、建立类组。比如，将信用卡申请人分为低、中、高风险群，或是将顾客分到事先定义好的族群。分类的关键是确定对数据按照什么标准或什么规则进行分类。
- 预测就是利用历史数据建立模型，再运用最新数据作为输入值，获得未来变化的趋势或者评估给定样本可能具有的属性值或值的范围。比如，预测哪些顾客会在未来的半年内取消该公司的服务，或是预测哪些电话用户会申请增值服务等。

(4) 聚类分析

聚类分析又称为无指导的学习，其目的在于客观地按被处理对象的特征分类，将有相同特征的对象归为一类。

聚类与分类的区别是：分类规则需要预先定义类别和训练样本，而聚类分析直接面向源数据，没有预先定义好的类别和训练样本存在，所有记录按本身的相似性聚集在一起，然后对聚集状况进行分析解释。比如，在市场营销调查前，先将顾客集群化，再来分析每群顾客最喜欢哪一类促销，而不是对每个顾客都用相同的标准规则来分析。

(5) 趋势分析

趋势分析又称为时间序列分析，它是从相当长的时间的发展中发现规律和趋势。趋势分析是时序数据挖掘最基本的内容。趋势分析和关联分析相似，其目的也是为了挖掘出数据之间的联系，但趋势分析的侧重点在于分析数据间的前后因果关系。

(6) 孤立点分析

孤立点是指数据库中包含的一些与数据的一般行为或模型不一致的数据。大部分的数据挖掘方法将孤立点视为噪声或异常丢弃，而对某些应用(如欺骗检测)，孤立点数据可能更有价值。

(7) 偏差分析

偏差分析又称为比较分析，它是对差异和极端特例的描述，用于揭示事物偏离常规的异常现象，如标准类外的特例、数据聚类外的离群值等。

偏差检测的基本方法是：寻找观测结果与参照值之间有意义的差别。偏差包括很多潜在的知识，如分类中的反常实例、不满足规则的特例、观测结果与模型预测值的偏差量值随时间的变化等。

3. 数据挖掘常用技术

可以用很多方法对数据挖掘技术进行分类，一般的分类方法针对数据挖掘的功能进行。数据挖掘技术主要包含以下几种。

(1) 聚类检测方法

聚类检测方法是最早的数据挖掘技术之一。在聚类检测技术中，不是搜寻预先分类的数据，也没有自变量和因变量之分。例如，可以对顾客的年龄和收入这两个变量平等地参与聚类检测。因此，聚类检测也称为无指导的知识发现或无监督学习。

聚类生成的组叫簇，簇是数据对象的集合。聚类检测的过程就是使同一个簇内的任意两个对象之间具有较高的相似性，不同簇的两个对象之间具有较高的相异性。生成簇后，最主要的是要明确生成的簇能表示出什么。例如，按照顾客的年龄和收入生成簇后，能够从簇中得到什么启发，是否可以了解在你的顾客中是哪个年龄段的哪个收入层的顾客多，进一步分析这一类顾客的购物习惯，以这一类顾客为主考虑营销策略。人们把这叫做聚类检测结果的可解释性和实用性。

用于数据挖掘的聚类检测方法有：划分的方法、层次的方法、基于密度的方法、基于网络的方法和基于模型的方法等。

(2) 决策树方法

决策树主要应用于分类和预测，提供了一种展示类似在什么条件下会得到什么值这类规则的方法，一个决策树表示一系列的问题，每个问题决定了继续下去的问题会是什么。决策树的基本组成包含决策结点、分支和叶子，顶部的结点称为“根”，末梢的结点称为“叶子”。

建立决策树的过程，即树的生长过程是不断地把数据进行切分的过程，每次切分对应一个问题，也对应着一个结点。对每个切分都要求分成的组之间的“差异”最大。各种决策树算法之间的主要区别就是对这个“差异”衡量方式的区别。所谓切分可以看成是把一组数据分成几份，各份之间尽量不同，而同一份内的数据尽量相同。切分的过程也可称为数据的“纯化”。

决策树方法适合于处理非数值型数据，这是它的优点，但如果生成的决策树过于“庞大”,会对结果的分析带来困难,因此需要在生成决策树后再对决策树进行剪枝处理,最后将决策树转化为规则,用于对新事例进行分类。

(3) 人工神经网络方法

人工神经网络方法主要用于分类、聚类、特征挖掘、预测等方面。它通过向一个训练数据集学习和应用所学知识,生成分类和预测的模式。对于数据是不定性的和没有任何明显模式的情况,应用人工神经网络算法比较有效。由于人工神经网络具有自我组织和自我学习等特点,能解决许多其他方法难以解决的问题,因此得到较普遍的应用。

人工神经网络方法仿真生物神经网络,其基本单元模仿人脑的神经元,称为结点;同时,利用链接连接结点,类似于人脑中神经元之间的连接。神经网络的结构分为输入层、输出层和隐含层(中间层)。输入层的每个结点对应一个预测变量。输出层的结点对应目标变量,可有多个。隐含层对神经网络使用者来说不可见,隐含层的层数和每层结点的个数决定了神经网络的复杂度。除了输入层的结点外,神经网络的每个结点都与它前面的很多结点连接在一起,每个连接对应一个权重值。

(4) 遗传算法

遗传算法模仿人工选择培育良种的思路,从一个初始规则集合开始,迭代地通过交换对象成员(杂交、基因突变)产生群体(繁殖),评估并择优复制(物竞天择、适者生存、不适应者淘汰),优胜劣汰逐代积累计算,最终得到最有价值的知识集。遗传算法包含以下 3 个基本算子。

① 繁殖。繁殖是从一个旧种群选择出生命力强的个体产生新种群的过程。

② 交叉。交叉是选择两个不同个体的部分进行交换,形成新个体的过程。

③ 变异。变异是对某些个体的某些基因进行变异。

遗传算法能够产生一群优良后代,这些后代力求满足适应性,经过若干代的遗传,将得到满足要求的后代,即问题的解。

(5) 关联分析方法

关联分析方法特别适合于从关系中挖掘知识。关联分析方法包含关联发现、序列模式发现和类似的时序发现等。

① 关联发现算法

关联就是项与项间的密切关系。关联发现算法能够系统地、有效地得到关联规则,找出关联组合,在关联组合中,如果出现某一项,则另一项也会出现。通过支持度因素和自信度因素衡量一个关联发现算法的强度,因为只有两个衡量因素,所以关联发现算法相对来说比较简单,在数据挖掘中获得广泛应用。

② 序列模式发现算法

序列模式发现算法主要是发现在时间序列上,一个项目集之后的项目集是什么,即找到时间上连续的事件。在应用这种算法时,必须有日期和时间等数据项。例如,对顾客购买数据集进行序列模式发现算法时,会发现大部分购买了计算机的顾客,其后紧接着会购买刻录机。

③ 类似的时序发现算法

类似的时序发现算法是先找到一个事件顺序,再推测出其他类似的事件顺序。例如,在序列模式发现的例子中,已经知道购买计算机的顾客,紧接着会购买刻录机;那么也可以推测出，这些顾客还有可能购买打印机等外部设备。

(6) 基于记忆的推理算法

基于记忆的推理算法使用一个模型的已知实例来预测未知的实例。该算法要求预先已有一个已知的数据集(称做基本数据集或训练数据集)，并且已知这个数据集中记录的特征。当需要评估一条新记录时，该算法在已知数据集中找到和新记录相似的记录(称为“邻居”)，然后使用邻居的特征对新记录预测和分类。基于记忆的推理算法就像人们在日常生活中请医生看病都愿意找一位有经验的老大夫看病一样，利用已经取得的经验。

4. 数据挖掘的过程

数据挖掘是指一个完整的过程，该过程从大量数据中挖掘先前未知的、有效的、可使用的信息，并使用这些信息作出决策或丰富知识。

数据挖掘的一般步骤如图10.8所示。

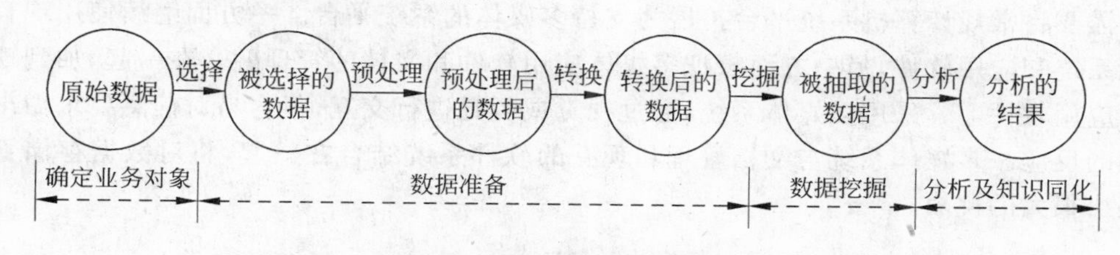

图10.8　数据挖掘的过程

数据挖掘过程中的各步骤大体内容如下。

(1) 确定业务对象

在开始数据挖掘之前最基础的就是理解数据和实际的业务问题，在这个基础之上提出问题，对目标有明确的定义。认清数据挖掘的目的是数据挖掘的重要一步，因此必须清晰地定义出业务问题。挖掘的最后结构是不可预测的，但对要探索的问题应是有预见的，为了数据挖掘而数据挖掘则带有盲目性，是不会成功的。

(2) 数据准备

数据准备是保证数据挖掘得以成功的先决条件，数据准备在整个数据挖掘过程中占有大量的工作量，大约是整个数据挖掘工作量的60%。数据准备包括数据选择、数据预处理和数据转换。

- 数据的选择：数据的选择就是搜索所有与业务对象有关的内部和外部的数据信息，获取原始的数据；从中选择出适用于数据挖掘应用的数据，建立数据挖掘库。
- 数据的预处理：由于数据可能是不完全的、有噪声的、随机的，有复杂的数据结构，数据预处理就要对数据进行初步的整理，清洗不完全的数据，为进一步的分析做准备，并确定将要进行的挖掘操作的类型。
- 数据的转换：数据的转换是根据数据挖掘的目标和数据的特征，选择合适的模型。这个模型是针对挖掘算法建立的。建立一个真正适合挖掘算法的分析模型是数据挖掘成功的关键。

(3) 数据挖掘

数据挖掘就是对所得到的经过转换的数据进行挖掘，除了选择合适的挖掘算法外，其余工作应该能自动地完成。

(4) 结果分析

对挖掘结果进行解释并评估。其使用的分析方法一般应根据数据挖掘操作而定,目前通常会用到可视化技术。

(5) 知识的同化

知识的同化就是将分析所得到的知识集成到业务信息系统的组织结构中去。

10.4 多媒体数据库

随着多媒体技术的发展,计算机应用领域中的多媒体信息也越来越多,不但信息量日益增大,而且媒体形式也日益增多。随着多媒体数据逐渐进入数据库,以往数据库中以文本、数值为主的数据类型,变成了多种媒体的信息数据。随着应用的需求,许多数据库管理系统的用户需要将常规计算机系统平台扩展为支持多媒体的系统平台。一方面继续使用现有的计算机系统和应用软件,另一方面想把多媒体应用软件和文档的管理融合在一起,加到现有系统和应用软件上。采用多媒体系统,通过视觉或听觉进行交互,很容易对信息要求做出快速正确的反应。多媒体系统与文档管理和现有的软件系统结合在一起,将对数据存储管理技术提出很大的挑战。

10.4.1 多媒体数据库的定义

多媒体数据库(multimedia database)是数据库技术和多媒体技术相结合的产物。在许多数据库应用如办公自动化、信息系统、教育、CAD、CAM、医疗等应用中都涉及大量的文本、图形、图像、声音等多媒体数据,这些数据与数字、字符等格式化数据不同,它们是一些结构复杂的对象。因此,传统数据库技术如数据存储、管理、检索、更新等都不能适应对这些数据的应用和管理需求,需要有专门的多媒体数据库管理系统的支持。

10.4.2 多媒体数据库的特点

传统数据库处理的数据类型为字符、数字和布尔型等格式化的数据,可以由键盘输入,以文字、表格等简单形式输出。但文本、图形、图像、声音等多媒体数据与格式化数据有许多不同,主要表现在以下几个方面:

- 数据量大。格式化的数据数据量较小,最长的字符型为254个字节。多媒体数据的数据量则非常庞大,尤其是视频和音频数据。一个未经压缩处理的10分钟视频信息大约需要10GB以上的存储空间。
- 结构复杂。传统的数据以记录为单位,一个记录由多个字段组成,结构简单。而多媒体数据种类繁多,结构复杂,大多是非结构化的数据,来源于不同的媒体且具有不同的形式和格式。它们可以是由文字、图像、声音等组成的复杂对象,即使是一幅动画也是由许多画面合成的。
- 时序性。有文字、声音或图像组成的复杂对象需要有一定的同步机制,如一幅画面的配音或字幕需要与画面同步,不能超前也不能滞后,而传统数据没有这些要求。
- 数据传输的连续性。多媒体数据如声音或视频数据的传输都必须是连续的、稳定的,不能间断,否则会出现失真而影响效果。

多媒体数据的这些特点使得系统不能像格式化数据一样去管理和处理多媒体数据，而且也不能简单地通过扩充传统数据库满足多媒体应用的需求。因此，多媒体数据库需要有特殊的数据结构、存储技术、查询和处理方式。

10.4.3　多媒体数据库管理系统

多媒体索引和检索系统是采用数据库管理系统、信息检索技术和基于内容的检索相结合的技术，提供多媒体信息检索的系统。完全自治的多媒体索引和检索系统称为多媒体数据库管理系统。

多媒体数据库管理系统能够有效地存储和操纵多媒体数据。在多媒体数据库中的数据被表示为文本、图像、语音、图形和视频等形式，用户可以定期更新多媒体数据，从而使数据库中所包含的信息精确地反映现实世界。随着数据库技术的发展，一些多媒体数据库管理系统已经能够存储和操作各种类型的数据，使用户能够通过该系统对数据进行浏览或查询，并且可以在很短的时间内访问大量的相关数据。这样的数据库管理系统对 CAI、CAD/CAM 等大型应用系统是非常有用的。

多媒体数据库管理系统具有各种不同的体系结构，可以采取基于松耦合的体系结构来设计，如图 10.9 所示。在这种结构中，DBMS 用于管理元数据信息（元数据指作者名字、创建日期等数据项形式的属性），多媒体文件管理器用来管理多媒体文件，通过一个集成模块把 DBMS 和多媒体文件管理器集成起来。这种体系结构的优点是可以利用多媒体文件管理技术和成熟的 DBMS 技术来设计多媒体数据库管理系统，其缺点是 DBMS 并没有真正用来管理多媒体数据库，所以有一些本应是 DBMS 功能的特征（如并发控制、恢复、查询等）都不能应用于多媒体数据库。

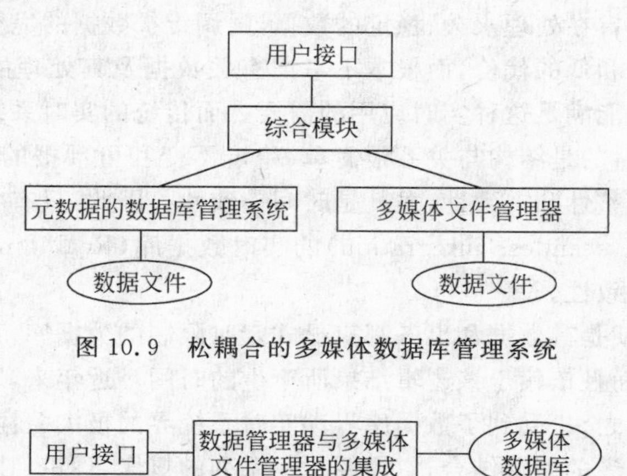

图 10.9　松耦合的多媒体数据库管理系统

图 10.10　紧耦合的多媒体数据库管理系统

另一种是如图 10.10 所示的紧耦合体系结构。在这种结构中，真正由 DBMS 来管理多媒体数据库。这种方法的优点是由 DBMS 所提供的传统特征可以应用到多媒体数据库上。但是这种方法需要一种崭新类型的 DBMS，对多媒体数据库管理方面的大量研究都集中在这一方法的实现上。

新类型的 DBMS 应具有数据表示、查询和更新服务、数据发布、元数据管理、事务处理、完整性、安全性等功能。用户通过一种多样化用户接口来访问多媒体数据库系统，这种接口可以支持文本、图像、语音和视频等多种数据类型，由存储管理器负责存取多媒体数据库。

许多具有多媒体索引和检索功能的软件产品已经上市，较有影响的有 IBM 的 DB2 通用数据库和 Virage 产品、国防科技大学研制的多媒体数据库系统、华中科技大学研制的 DM 数据库等。

随着多媒体数据库研究与应用的进一步深入，将可支持多种不同类型的查询，可广泛应用于医药、安全、教育、出版和娱乐等多个领域。

10.5 实时数据库

数据库的应用正从传统领域向新的领域扩展，例如 CAD/CAM、CIMS，数据通信、电话交换、电力调度等网络管理，电子银行事务、电子数据交换与电子商务、证券与股票交易，交通控制、雷达跟踪、空中交通管制，武器制导、实时仿真、作战指挥自动化或 C3I 系统等。这些应用有着与传统应用不同的特征。一方面，要维护大量共享数据和控制数据；另一方面，其应用活动(任务或事务)有很强的时间性，要求在规定的时刻和(或)一定的时间内完成其处理；同时，所处理的数据也往往是“短暂”的，即有一定的时效性，过时则有新的数据产生，而当前的决策或推导变成无效。所以，这种应用对数据库和实时处理两者的功能及特性均有需求，既需要数据库来支持大量数据的共享，维护其数据的一致性，又需要实时处理来支持其任务(事务)与数据的定时限制。

10.5.1 实时数据库的定义

传统的数据库系统旨在处理永久、稳定的数据，强调维护数据的完整性、一致性，其性能目标是高的系统吞吐量和低的代价，而根本不考虑有关数据及其处理的定时限制，所以，传统的数据库管理系统不能满足这种实时应用的需要。而传统的实时系统(RTS)虽然支持任务的定时限制，但它针对的是结构与关系很简单、稳定不变和可预报的数据，不涉及维护大量共享数据及它们的完整性和一致性，尤其是时间一致性。因此，只有将两者的概念、技术、方法与机制“无缝集成”(seamless integration)的实时数据库(Real Time Database，RTDB)才能同时支持定时和一致性。

因此，实时数据库就是其数据和事务都有显式定时限制的数据库，系统的正确性不仅依赖于事务的逻辑结果，而且依赖于该逻辑结果所产生的时间。近年来，RTDB 已发展为现代数据库研究的主要方向之一，受到了数据库界和实时系统界的极大关注。然而，RTDB 并非是数据库和实时系统两者的简单结合，它需要对一系列的概念、理论、技术、方法和机制进行研究开发，例如数据模型及其语言，数据库的结构与组织，事务的模型与特性(尤其是截止时间及其软硬性)，事务的优先级分派、调度和并发控制协议与算法，数据和事务特性的语义及其与一致性、正确性的关系，查询/事务处理算法与优化，I/O 调度、恢复、通信的协议与算法等，这些问题之间彼此高度相关。

实时数据库系统在两方面与时间相关。

1. 数据与时间相关

按照与之相关的时间的性质不同又可分为两类。

(1) 数据本身就是时间，即从“时间域”中取值，如“日期”，称为“用户定义的时间”，也就是用户自己知道，而系统并不知道该数据是时间，系统将毫无区别地把该数据像其他数据一样处理。

(2) 数据的值随时间而变化，数据库中的数据是对其所服务的“现实世界”中对象状态的描述，对象状态发生变化则引起数据库中相应数据值的变化，因而与数据值变化相关联的时间可以是现实对象状态的实际时间，称为“真实”或“事件”时间(现实对象状态变化的事件发生时间)，也可以是将现实对象变化的状态记录到数据库，即数据库中相应数据值变化的时间，称为“事务时间”(任何对数据库的操作都必须通过一个事务进行)。实时数据的导出数据也是实时数据，与之相关联的时间自然是事务时间。

2. 实时事务有定时限制

这方面的典型表现是其“截止时间”。对于RTDB，其结果产生的时间与结果本身一样重要，一般只允许事务存取“当前有效”的数据，事务必须维护数据库中数据的“事件一致性”。另外，外部环境(现实世界)的反应时间要求也给事务施以定时限制。所以，RTDB系统要提供维护事务有效性和事务及时性的设施。

10.5.2 实时数据库的功能特征

1. RTDB的数据特征

RTDB的特征主要表现在数据和事务的定时限制上。在RTDB中，数据随外部环境状态的变化而快速变化，其值只在一定的时间内是“流行”的，过时则无效，故系统除了维护数据库内部状态的正确性、相容性外，还必须同时维护内部状态与外部环境实际状态的一致性，以及数据用来决策或推导新数据时在时间上的相互一致性。

RTDB中的一个数据对象d由3个分量组成(dv,dtp,devi)，分别为d的当前值、采样时间、外部有效期(外部现实对象状态变化的时间间隔)，有效期即自dtp算起dv有效的时间长度。对于RTDB中的每一个数据对象d，有内部一致性、外部一致性和相互一致性特征。

(1) 内部一致性。dv满足预先定义的数据库内部状态的完整性和一致性限制。这就是传统意义上的数据正确性。

(2) 外部一致性。设tc为当前时间或检测时间，当且仅当(tc-dtp)＜devi，则说d是外部一致的，即dv和对应的外部现实对象的状态是一样的。

(3) 相互一致性。用来决策或导出新数据的一组相关数据称为一个相互一致集，记为R，其中的数据必须尽可能地在一个允许的公共时间期内被采集(或导出)，这个公共时间期就称为R的相互有效期，记为Rmvi，对于R中的任两个数据d和d'，有|dtp-d'tp|＜Rmvi，则称R中的数据是相互一致的。

外部一致性和相互一致性都是关于时间的，故统称时间一致性。既是内部一致又是时间一致的数据才是正确的。

2. RTDB的事务特征

由于实时任务往往有内部结构和相互之间的联系，传统的“原子的、平淡的数据库操作序列”的事务概念及模型对实时事务不适合。RTDB事务表现出了许多不同的特征。

定时可以是绝对、相对或周期时间。一方面，RTDB的定时性由数据的时间一致性引起，此时往往取周期或定期性限制的形式，如“每5秒取样一次”、“7:00启动机器人”等；另一方面，RTDB的定时性是对现实世界施加于系统的反应时间的要求，这时典型地取施加于非周期事务的截止时间限制的形式，如“若温度达到1000度，则在5秒内加冷却剂到反应堆”。

定时性包含两方面的含义。

(1) 定时限制即事务的执行有显式的时限，如指定的开始时间、截止时间等，要求RTDB必须有时间处理机制。

(2) 定时正确性即事务能按指定的时间要求正确执行，要求权衡定时限制与数据一致性等多方面因素，为其提供合适的调度与并发控制算法。

10.5.3 实时数据库管理系统的功能特征

一个实时数据库管理系统(RTDBMS)也是一个数据库管理系统(DBMS)，所以，也具有一般DBMS的基本功能。但传统的DBMS的设计目标是维护数据的绝对正确性、保证系统的低代价、提供友好的用户接口。这种数据库系统对传统的商务和事务型应用是有效的、成功的，却不适合实时应用，这关键在于其不考虑与数据及事务相关联的定时限制，其系统的性能指标是吞吐量和平均响应时间，而不是数据及事务相关联的定时限制，调度与处理决策根本不考虑各种实时特性。

与之相反，RTDBMS的设计目标首先是对事务定时限制的满足，其基本原则是：宁可要部分正确而及时的信息，也不要绝对正确但过时的信息。系统性能指标是满足定时限制的事务的比率，要求必须确保硬实时事务的截止期，必要时宁可牺牲数据的准确性与一致性。软实时事务满足截止期的比率相对较高，但要100%满足截止期很难或几乎不可能。因此，除了上述一般DBMS功能外，一个RTDBMS还具有以下功能特性。

- 数据库状态的最新性，即尽可能地保持数据库的状态为不断变化的现实世界当前最真实状态的映像。
- 数据值的时间一致性，即确保事务读取的数据是时间一致的。
- 事务处理的“识时”性，即确保事务的及时处理，使其定时限制尤其是执行的截止期得以满足。

因此，RTDBMS是传统DBMS与实时处理两者功能特性的完善或无缝集成，与传统DBMS的根本区别就在于具有对数据与事务施加和处理“显式”定时限制的能力，即使用“识时协议”(time cognizant protocol)来进行有关数据事务的处理。

10.5.4 实时数据库系统的主要技术

实时数据库系统与传统数据库系统有着根本性的不同。要实现一个实时数据库系统，除了一般数据库的问题外，还要研究一系列关键理论与技术问题。实时数据库系统的主要研究内容包括：实时数据库模型；实时事务调度，包括并发控制、冲突解决、死锁等内容；容错性与错误恢复；访问准入控制；内存组织与管理；I/O与磁盘调度；主内存数据库系统；不精确计算问题；放松的可串行化问题；实时SQL；实时事务的可预测性。

1. 实时数据模型及其语言

到目前为止，研究实时数据库的文献鲜有专门讨论数据建模问题的，大多数文献，尤其是关于实时事务处理的都假定其具有有变化颗粒的数据项的数据模型。但这种方法有局限性，因为没有使用一般的及时间的语义知识，而这对系统满足事务截止时间是很有用的。一般RTDB都使用传统的数据模型，还没有引入时间维，而即使是引入了时间维的"时态数据模型"与"时态查询语言"也没有提供事务定时限制的说明机制。

系统应该给用户提供事务定时限制说明语句，其格式可以为：

```
<事务事件> IS <时间说明>
```

其中，"事务事件"为事务的"开始"、"提交"、"中断"等，"时间说明"指定一个绝对、相对或周期时间。

2. 实时事务的模型与特性

传统的原子事务模型已不适用，必须使用复杂事务模型，即嵌套、分裂/合并、合作、通信等事务模型。因此，实时事务的模型结构复杂，事务之间有多种交互行动和同步，存在结构、数据、行为、时间上的相关性以及在执行方面的依赖性。

3. 实时事务的处理

RTDB中的事务有多种定时限制，其中最典型的是事务截止期，系统必须能让截止期更早或更紧急的事务较早地执行，换句话说，就是能控制事务的执行顺序。所以，又需要基于截止期和紧迫度来标明事务的优先级，然后按优先级进行事务调度。

另一方面，对于RTDB事务，传统的可串行化并发控制过严，且也不一定必要，"宁愿要部分正确而及时的数据，而不愿要绝对正确但过时的数据"，故应允许"放松的可串行化"或"暂缓可串行化"并发控制，于是需要开发新的并发控制正确性的概念、标准和实现技术。

4. 数据存储与缓冲区管理

传统的磁盘数据库的操作是受I/O限制的，其I/O的时间延迟及其不确定性对实时事务是难以接受的，因此，RTDB中数据存储的一个主要问题就是如何消除这种延迟及其不确定性，这需要底层的"内存数据库"支持，因而内存缓冲区的管理就显得更为重要。这里所说的内存缓冲区除"内存数据库"外，还包括事务的执行代码及其工作数据等所需的内存空间。此时的管理目标是高优先级事务的执行不应因此而受阻，需要解决以下问题。

- 如何保证事务执行时只存取"内存数据库"，即其所需数据均在内存(因为其本身没有I/O)。
- 如何给事务及时分配所需缓冲区。
- 必要时，如何让高优先级事务抢占低优先级事务的缓冲区。

因此，传统的管理策略也不适用，必须开发新的基于优先级的算法。

5. 恢复

在RTDB中，恢复显得更为复杂，这是由下列原因造成的。

- 恢复过程影响处于活跃状态的事务，使有的事务超过截止期，这对硬实时事务是不能接受的。
- RTDB中的数据不一定总是永久的，为了保证实时限制的满足，也不一定是一致和绝对正确的，而有的是短暂的，有的是暂时不一致或非绝对正确的。
- 有的事务是"不可逆"的，所以传统的还原/重启动是无意义的，可能要用"补偿"、"替代"事务。

因此，必须开发新的恢复技术与机制，应考虑到时间与资源两者的可用性，以确定最佳恢复时机与策略，而不致妨碍事务实时性的满足。

10.5.5 RTDBMS 的体系结构

从系统的组成结构来看，RTDBMS 与传统 DBMS 没有什么大的区别。图 10.11 给出了 RTDBMS 的主要功能部件及其组成。

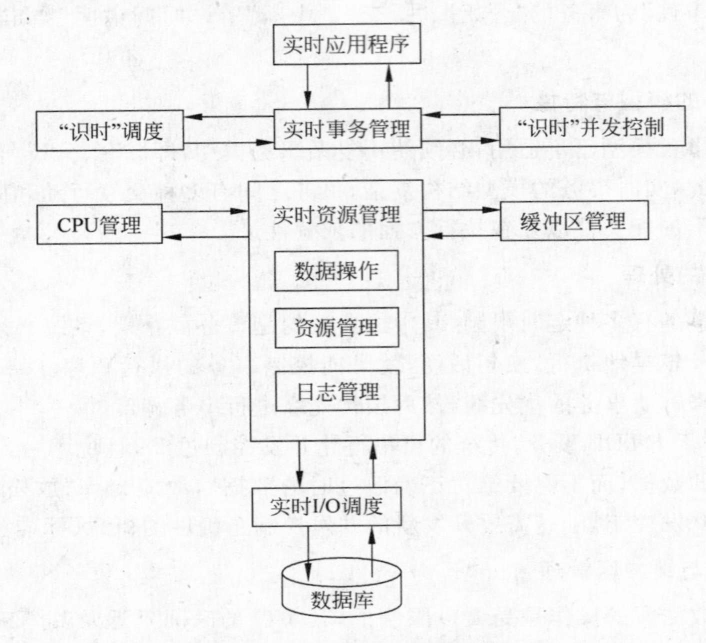

图 10.11　实时数据库系统的体系结构

10.6 专家数据库

人工智能是研究计算机模拟人的大脑思维和模拟人的活动的一门科学，因此逻辑推理和判断是其最主要的特征，但对于信息检索效率很低。数据库技术是数据处理的最先进的技术，对于信息检索有其独特的优势，但对于逻辑推理却无能为力。专家数据库(Expert Database,. EDS)是人工智能与数据库技术相结合的产物，具有两种技术的优点而避免了各自的缺点。专家数据库是一种新型数据库系统，所涉及的技术除了人工智能和数据库以外还有逻辑、信息检索等多种技术和知识。

10.6.1 专家数据库的目标

专家数据库结合人工智能数据库技术的优点。对于临时用户，希望系统应该具有智能数据库用户接口、能够存取大型联邦数据库；对于专业用户，如商业用户，希望提供商业竞争必需的信息、数据和知识，对 CAD/CAM 用户，只希望存取异质联邦数据库。专家数据库的研究目标如下。

(1) 专家数据库中不仅应包含大量的事实,而且应包含大量的规则。

(2) 专家数据库系统应具有较高的检索和推理效率,满足实时要求。

(3) 专家数据库系统应不仅能检索,而且能推理。

(4) 专家数据库系统应能管理复杂的类型对象,如 CAD、CAM、CASE 等。

(5) 专家数据库应能进行模糊检索。

10.6.2　专家数据库的系统结构

专家数据库有两种系统结构,一种是以数据库为核心的 EDS 结构,如图 10.12 所示。在这种结构下,用户界面是个专家系统,而不是外模式,所以智能化程度很高。其次,内核是个分布式数据库管理系统,底层是影像处理、有限元分析处理。

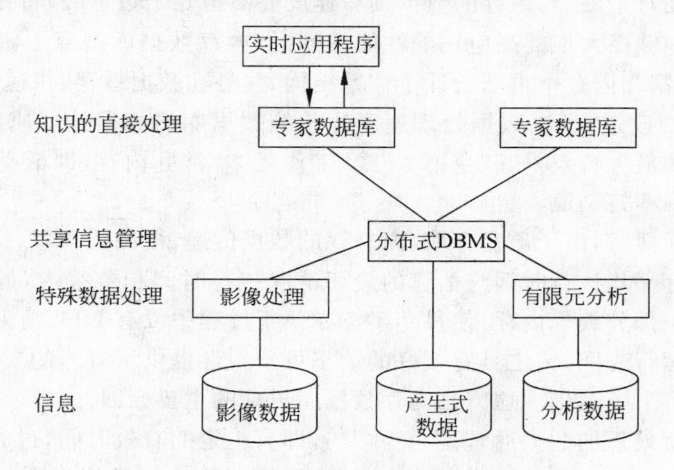

图 10.12　以数据库为核心的 EDS 结构

另一种是以人工智能技术为核心的 EDS 结构,如图 10.13 所示。与以数据库为核心的 EDS 结构相比,中间多了一层黑板系统,这是人工智能的主要特色。

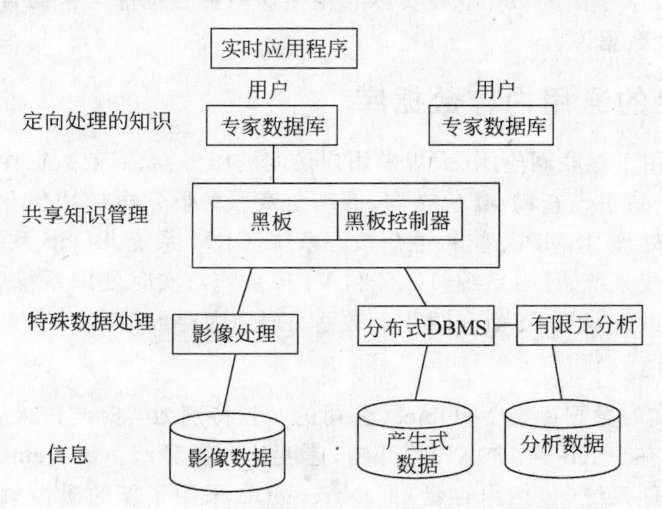

图 10.13　以人工智能为核心的 EDS 结构

10.7 内存数据库

传统的数据库系统是关系数据库，开发这种数据库的目的是处理永久、稳定的数据。关系数据库强调维护数据的完整性、一致性，但很难顾及有关数据及其处理的定时限制，不能满足工业生产管理实时应用的需要，因为实时事务要求系统能较准确地预报事务的运行时间。

10.7.1 内存数据库的定义

内存数据库(Main Memory Database，MMDB)，顾名思义就是将数据放在内存中直接操作的数据库。相对于磁盘，内存的数据读写速度要高出几个数量级，将数据保存在内存中比从磁盘上访问能够极大地提高应用的性能。同时，内存数据库抛弃了磁盘数据管理的传统方式，全部数据都在内存中重新设计了体系结构，并且在数据缓存、快速算法、并行操作方面也进行了相应的改进，所以数据处理速度比传统数据库的数据处理速度要快几十、上百倍。内存数据库的最大特点是其“主副本”或“工作版本”常驻内存，即活动事务只与实时内存数据库的内存副本打交道。

对磁盘数据库而言，由于磁盘存取、内外存的数据传递、缓冲区管理、排队等待及锁的延迟等使得事务实际平均执行时间与估算的最坏情况执行时间相差很大，如果将整个数据库或其主要的“工作”部分放入内存，使每个事务在执行过程中没有I/O，则为系统较准确地估算和安排事务的运行时间，使之具有较好的动态可预报性提供了有力的支持，同时也为实现事务的定时限制打下了基础。这就是内存数据库出现的主要原因。

内存数据库所处理的数据通常是“短暂”的，即有一定的有效时间，过时则有新的数据产生，导致当前的决策推导变成无效。所以实际应用中采用内存数据库来处理实时性强的业务逻辑处理数据。而传统数据库旨在处理永久、稳定的数据，其性能目标是高的系统吞吐量和低的代价，处理数据的实时性考虑得相对少一些。实际应用中利用传统数据库这一特性存放相对实时性要求不高的数据。在实际应用中这两种数据库常常结合使用，而不是以内存数据库替代传统数据库。

10.7.2 常见的通用内存数据库

MMDB主要用于互联网应用(大规模用户访问的服务器、高效数据库缓存服务器、电子商务交易处理、产品编码查询、身份查询、网络游戏服务器)、电信增值业务(短信违禁词过滤、电话黑白名单处理、ISMP系统)、电信核心系统(CRM系统、BOSS系统、定位系统、综合业务系统管理、鉴权系统、计费系统、HLR和VLR系统)、实时处理系统(实时监控系统、数据采集系统、跟踪系统)等。下面介绍几个常见的通用内存数据库。

1. eXtremeDB

eXtremeDB实时数据库是McObject公司的一款特别为实时与嵌入式系统数据管理而设计的数据库，只有50KB到130KB的开销；速度达到微秒级。eXtremeDB完全驻留在主内存中，不使用文件系统(包括内存盘)。eXtremeDB采用了新的磁盘融合技术，将内存拓展到磁盘，将磁盘当做虚拟内存来用，实时性能保持微秒级的同时，数据管理量在32b下能达到 20GB。

2. Oracle TimesTen

Oracle TimesTen 是 Oracle 从 TimesTen 公司收购的一个内存优化的关系数据库，它为应用程序提供了实时企业和行业（例如电信、资本市场和国防）所需的即时响应性和非常高的吞吐量。Oracle TimesTen 可作为高速缓存或嵌入式数据库被部署在应用程序层，它利用标准的 SQL 接口对完全位于物理内存中的数据存储区进行操作。

3. SolidDB

Solid Information Technology 公司成立于 1992 年，全球总部位于加州 Cupertino，SolidDB 数据管理平台将基于内存和磁盘的全事务处理数据库引擎、载体级高可用性及强大的数据复制功能紧密地融为一体。

4. Altibase

Altibase 公司从 1999 年就一直致力于内存数据库软件及其应用的开发，提供高性能和高可用性的软件解决方案，特别适合通信、网上银行、证券交易、实时应用和嵌入式系统领域。目前占据 80%以上内存数据库市场，可以说是当今数据库软件技术的领导者。目前 Altibase 在国内成功案例也比较多，尤其是在电信行业，已经得到了广泛认可。

10.8 NoSQL 数据库

10.8.1 NoSQL 数据库的产生

随着 Web 2.0 网站的兴起，传统的关系数据库在应付 Web 2.0 网站，特别是超大规模和高并发的社交网络服务（SNS）类型的 Web 2.0 纯动态网站方面已显得力不从心。非关系数据库产品的发展非常迅速，已成为一个极其热门的新领域。传统的关系数据库存在下述难以克服的问题。

（1）难以满足对数据库高并发读写的需求。Web 2.0 网站要根据用户个性化信息来实时生成动态页面和提供动态信息，数据库并发负载非常高，往往要达到每秒上万次读写请求。关系数据库勉强能应付上万次 SQL 查询，但要应付上万次 SQL 写数据请求，硬盘 I/O 就已经很难承受了。即使对普通的 BBS 网站，往往也存在高并发写请求的需求，例如像 JavaEye 网站的实时统计在线用户状态，记录热门帖子的点击次数、投票计数等，因此这是一个相当普遍的需求。

（2）难以满足对海量数据的高效率存储和访问的需求。类似 Facebook、Twitter、Friendfeed 这样的 SNS 网站每天都会产生海量的用户动态。以 Friendfeed 为例，一个月就达到了 2.5 亿条用户动态信息，对于关系数据库来说，在一张 2.5 亿条记录的表里面进行 SQL 查询，效率是极其低下甚至是不可忍受的。

（3）难以满足对数据库的高可扩展性和高可用性的需求。在基于 Web 的架构中，数据库是最难进行横向扩展的，当一个应用系统的用户量和访问量与日俱增的时候，数据库却没有办法像 Web Server 和 App Server 那样简单地通过添加更多的硬件和服务结点来扩展性能和负载能力。对于很多需要提供 24 小时不间断服务的网站来说，对数据库系统进行升级和扩展是非常痛苦的事情，往往需要停机维护和数据迁移，不能通过不断地添加服务器结点来实现扩展。

随着 Web 应用规模的扩大，几乎大部分使用关系数据库的网站在数据库上都开始出现了性能问题，Web 程序不再仅仅专注在功能上，同时也在追求性能。程序员们开始大量的使用缓存技术来缓解数据库的压力，优化数据库的结构和索引。起初比较流行的是通过文件缓存来缓解数据库压力，但是当访问量继续增大的时候，多台 Web 机器通过文件缓存不能共享，大量的小文件缓存也产生了较高的 I/O 压力。这个时候，Memcached 就自然成为一个非常时尚的技术产品。

Memcached 作为一个独立的分布式的缓存服务器，为多个 Web 服务器提供了一个共享的高性能缓存服务，在 Memcached 服务器上又发展了根据散列算法来进行多台 Memcached 缓存服务的扩展，然后又开始用一致性散列来解决增加或减少缓存服务器导致的、重新散列带来大量缓存失效的弊端。

由于数据库的写入压力增加，Memcached 只能缓解数据库的读取压力。读写集中在一个数据库上让数据库不堪重负，大部分网站开始使用主从复制技术来达到读写分离，以提高读写性能和读数据库的可扩展性。

因此，关系数据库在 Web 应用场景下显得不那么合适了，为了解决这类问题，非关系数据库应运而生。近年来，各种非关系数据库，特别是键值数据库(key-value store DB)大量出现，还举办了 NoSQL 国际研讨会，目前至少有十几个开源的 NoSQL 数据库，如 Redis、Tokyo Cabinet、Cassandra、Voldemort、MongoDB、Dynomite、HBase、CouchDB、Hypertable、Riak、Tin、Flare、Lightcloud、KiokuDB、Scalaris、Kai、ThruDB 等。

10.8.2 NoSQL 数据库的概念

随着 Web 2.0 的快速发展，非关系型、分布式数据存储得到了快速的发展，它们不保证关系数据的 ACID 特性。NoSQL 概念于 2009 年提出，它最常见的解释是“non-relational”，“Not Only SQL”也被很多人接受。

应用得最多的 NoSQL 当数键值存储，当然还有其他文档型、列存储、图型数据库、XML 数据库等。在 NoSQL 概念提出之前，这些数据库就被用于各种系统当中，但是很少用于 Web 应用，如 cdb、qdbm、bdb 数据库。

NoSQL 数据库相比关系数据库，存在以下优势。

1. 易扩展

NoSQL 数据库种类繁多，但是一个共同的特点都是去掉关系数据库的关系型特性。数据之间无关系，这样就非常容易扩展。也无形之间，在架构的层面上带来了可扩展的能力。

2. 大数据量，高性能

NoSQL 数据库都具有非常高的读写性能，尤其在大数据量下，同样表现优秀。这得益于它的无关系性，数据库的结构简单。NoSQL 的缓存是记录级的，是一种细粒度的缓存，所以 NoSQL 在这个层面上来说就要性能高很多。

3. 灵活的数据模型

NoSQL 无须事先为要存储的数据建立字段，随时可以存储自定义的数据格式。而在关系数据库里，增删字段是一件非常麻烦的事情。如果是非常大数据量的表，增加字段简直就是一个噩梦。

4. 高可用性

NoSQL 在不太影响性能的情况下，就可以方便地实现高可用的架构，如 Cassandra 和 HBase 模型通过复制模型也能实现高可用性。

10.8.3 NoSQL 数据库的分类

众多的 NoSQL 数据库中，有的是用 C/C++ 编写的，有的是用 Java 编写的，还有的是用 Erlang 编写的，每个都有自己的独到之处。NoSQL 数据库按照满足的性能需求大致可分为下面 3 类。

1. 满足极高读写性能需求的键值数据库

满足极高读写性能需求的键值数据库包括 Redis、Tokyo Cabinet、Flare 等，这 3 个键值数据库都用 C 语言编写，具有极高的并发读写性能。

(1) Redis

Redis 本质上是一个键值类型的内存数据库，很像 Memcached，整个数据库统统加载在内存中进行操作，定期通过异步操作把数据库数据 flush 到硬盘上进行保存。因为是纯内存操作，Redis 的性能非常出色，每秒可以处理超过 10 万次读写操作，是目前性能最快的键值数据库之一。

另外，Redis 最大的魅力是支持保存 List 链表和 Set 集合的数据结构，而且支持对 List 进行各种操作，例如从 List 两端 push 和 pop 数据、取 List 区间、排序等。对 Set 支持各种集合的并集、交集操作。

此外，单个 value 的最大限制是 1GB，不像 Memcached 只能保存 1MB 的数据，因此 Redis 可以用来实现很多有用的功能，比方说用 List 来做 FIFO 双向链表，实现一个轻量级的高性能消息队列服务，用 Set 可以做高性能的 tag 系统等。另外，Redis 也可对存入的键值设置终止时间，因此也可以被当做一个功能加强版的 Memcached 来用。

Redis 的主要缺点是数据库容量受到物理内存的限制，不能用作海量数据的高性能读写，并且它没有原生的可扩展机制，不具有可扩展能力，要依赖客户端来实现分布式读写，因此 Redis 适合的场景主要局限在较小数据量的高性能操作和运算上。目前使用 Redis 的网站有 Github、Engine Yard。

(2) Tokyo Cabinet(TC)和 Tokyo Tyrant(TT)

TC 和 TT 的开发者是日本人 Mikio Hirabayashi，主要被用在日本最大的 SNS 网站 mixi.jp 上。TC 发展的时间较早，现在已是一个非常成熟的项目，也是键值数据库领域最大的热点，现在被广泛地应用在很多网站上。TC 是一个高性能的存储引擎，而 TT 提供了多线程高并发服务器，性能也非常出色，每秒可以处理 4～5 万次读写操作。TC 除了支持键值存储之外，还支持保存散列表数据类型，因此很像一个简单的数据库表，并且还支持基于表列的条件查询、分页查询和排序功能，相当于支持单表的基础查询功能，可简单替代关系数据库的很多操作，这是 TC 受到广泛欢迎的主要原因之一。有一个 Ruby 的项目 miyazakiresistance，将 TT 的散列表的操作封装成和动态记录一样的操作，用起来非常方便。TC/TT 在 mixi 的实际应用当中存储了 2000 万条以上的数据，同时支持了上万个并发连接，是一个久经考验的项目。TC 在保证了极高的并发读写性能的同时，具有可靠的数据持久化机制，同时还支持类似关系数据库表结构的散列表以及简单的条件、分页和排序操作，是一个很棒的 NoSQL 数据库。TC 的主要缺点是在数据量达到上亿级别以后，并发写数据性能会大幅度下降。

(3) Flare

Flare 是日本第二大 SNS 网站 green.jp 开发的。Flare 简单地说就是给 TC 添加了可扩展功能，它替换了 TT，并给 TC 写了网络服务器。Flare 在网络服务端之前添加了一个结点服务器来管理后端的多个服务器结点，因此可以动态添加数据库服务结点，删除服务器结点，也支持故障转移。如果你的使用场景必须要让 TC 可扩展，可考虑使用 Flare。Flare 唯一的缺点就是只支持 Memcached 协议，因此当使用 Flare 时就不能使用 TC 的 Table 数据结构，只能使用 TC 的键值数据结构存储。

2. 满足海量存储需求和访问的面向文档的数据库

满足海量存储需求和访问的面向文档的数据库包括 MongoDB 和 CouchDB。面向文档的非关系数据库主要解决的问题不是高性能的并发读写，而是保证海量数据存储的同时，具有良好的查询性能。MongoDB 是用 C++开发的，而 CouchDB 则是采用 Erlang 开发的。

(1) MongoDB

MongoDB 是一个介于关系数据库和非关系数据库之间的产品，支持的数据结构非常松散，是类似 Json 的 Bjson 格式，因此可以存储比较复杂的数据类型。MongoDB 最大的特点是支持非常强大的查询语言，其语法有点类似于面向对象的查询语言，几乎可以实现类似关系数据库单表查询的绝大部分功能，而且还支持对数据建立索引。MongoDB 主要解决的是海量数据的访问效率问题，根据官方的文档，当数据量达到 50GB 以上的时候，MongoDB 的数据库访问速度是 MySQL 的 10 倍以上。MongoDB 的并发读写效率不是特别出色，根据官方提供的性能测试表明，每秒可以处理 0.5～1.5 万次读写请求。因为 MongoDB 主要是支持海量数据存储的，所以 MongoDB 还自带了一个出色的分布式文件系统 GridFS，可支持海量的数据存储。由于 MongoDB 可以支持复杂的数据结构，且带有强大的数据查询功能，因此非常受欢迎，很多项目都考虑用 MongoDB 来替代 MySQL 实现不是特别复杂的 Web 应用。MongoDB 也有一个 ruby 的项目 MongoMapper，是模仿 Merb 的 DataMapper 编写的 MongoDB 的接口，使用起来非常简单，几乎和 DataMapper 一模一样，功能非常强大易用。

(2) CouchDB

CouchDB 现在是一个非常有名气的项目，它仅提供了基于 HTTP REST 的接口，因此 CouchDB 单纯从并发读写性能来说是非常糟糕的。

3. 满足高可扩展性和可用性的面向分布式计算的数据库

满足高可扩展性和可用性的面向分布式计算的数据库包括 Cassandra、Voldemort 等。面向可扩展能力的数据库主要解决的问题领域和上述两类数据库还不太一样，它首先必须是一个分布式的数据库系统，由分布在不同结点上的数据库共同构成一个数据库服务系统，并且根据这种分布式架构来提供在线服务，具有弹性的可扩展能力，例如可不停机地添加更多数据结点、删除数据结点等。因此，Cassandra 常被看成是一个开源版本的 Google BigTable 的替代品。Cassandra 和 Voldemort 都是用 Java 开发的。

(1) Cassandra

Cassandra 项目是 Facebook 在 2008 年作为开源公布出来的，随后 Facebook 使用 Cassandra 的另外一个不开源的分支，而开源出来的 Cassandra 主要被 Amazon 的 Dynamite 团队来维护，并且 Cassandra 被认为是 Dynamite 2.0 版本。目前除了 Facebook 之外，Twitter 和 Digg.com 都在使用 Cassandra。Cassandra 的主要特点是它不是一个数据库，而是由一堆数据库结点共同构成的一个分布式网络服务，对 Cassandra 的一个写操作，会被复制到其他结点上去，对 Cassandra 的读操作，也会被路由到某个结点上面去读取。对于一个 Cassandra 群集来说，扩展性能是比较简单的事情，只管在群集里面添加结点就可以了。Cassandra 也支持比较丰富的数据结构和功能强大的查询语言，和 MongoDB 比较类似，查询功能比 MongoDB 稍弱一些。

(2) Voldemort

Voldemort 是和 Cassandra 类似的面向解决可扩展问题的分布式数据库系统，Cassandra 来自于 Facebook 这个 SNS 网站，而 Voldemort 则来自于 Linkedin 这个 SNS 网站。SNS 网站为我们贡献了很多 NoSQL 数据库，如 Cassandra、Voldemort、Tokyo Cabinet、Flare 等。据 Voldemort 的官方数据，给出 Voldemort 的并发读写性能也很不错，每秒超过了 1.5 万次读写。

NoSQL 数据库还可以划分为以下几类。

(1) 列存储

列存储顾名思义是按列存储数据的。最大的特点是方便存储结构化和半结构化数据，方便做数据压缩，对针对某一列或者某几列的查询有非常大的 I/O 优势。典型代表有 Hbase、Cassandra、Hypertable 等。

(2) 文档存储

文档存储一般用类似 json 的格式存储，存储的内容是文档型的。这样也就有机会对某些字段建立索引，实现关系数据库的某些功能。典型代表有 MongoDB 、CouchDB 等。

(3) 键值存储

键值存储可以通过键快速查询到其值。一般来说，存储时不管值的格式，照单全收。典型代表有 Tokyo Cabinet / Tyrant、Berkeley DB、Memcached、Redis 等。

(4) 图存储

图存储是图形关系的最佳存储。使用传统关系数据库来解决图形关系的存储性能低下，而且设计使用不方便。典型代表有 Neo4J、FlockDB 等。

(5) 对象存储

对象存储通过类似面向对象语言的语法操作数据库，通过对象的方式存取数据。典型代表有 db4o、Versan 等。

(6) XML 数据库

XML 数据库用来高效地存储 XML 数据，并支持 XML 的内部查询语法，比如 XQuery 和 Xpath。典型代表有 Berkeley DB XML、BaseX 等。

以上 NoSQL 数据库的类型划分并不是绝对的，只是从存储模型上来进行的大体划分。

它们之间没有绝对的分界，也有交叉的情况，比如 Tokyo Cabinet / Tyrant 的 Table 类型存储就可以理解为是文档型存储，而 Berkeley DB XML 数据库是基于 Berkeley DB 开发的。

如今，NoSQL 数据库是个令人兴奋的领域，总是不断出现新的技术和产品，改变我们已经形成的固有的技术观念，可以说 NoSQL 数据库领域是博大精深的。

习题 10

1. 描述分布式数据库系统的模式结构和分布透明性。
2. 试述数据从集中存储、分散存储到分布存储的演变过程。
3. 与集中式、分散式数据库系统相比，分布式数据库系统有哪些优缺点？
4. 举例说明面向对象数据库系统中子类和超类的概念。
5. 什么是数据挖掘？其主要功能有哪些？
6. 数据挖掘的常用技术有哪些？
7. 试述数据仓库的概念及特征。
8. 试述多媒体数据库系统的定义。
9. 实时数据库管理系统具有哪些功能特征？
10. 试述实时数据库系统的主要技术。
11. 专家系统的研究目标是什么？
12. 什么是内存数据库？常见的内存数据库有哪些？
13. 什么是 NoSQL 数据库？NoSQL 数据库如何分类？

参考文献

[1] Patrick O'Neil, Elizabeth O'Neil 著. 数据库原理、编程与性能(原书第二版). 周傲英,俞荣华等译. 北京: 机械工业出版社,2004

[2] Avi Silberschatz, Henry F. Korth, S. Sudarshan 著. 数据库系统概念. 杨冬青,唐世渭等译. 北京: 机械工业出版社,2003

[3] Avi Silberschatz, Henry F. Korth, S. Sudarshan. Database System Concepts (Fifth Edition). McGraw-Hill. 2005

[4] 萨师煊,王珊. 数据库系统概论(第四版). 北京: 高等教育出版社,2006

[5] S K Singh 著. 数据库系统概念、设计及应用. 何玉洁,王晓波,车蕾等译. 北京: 机械工业出版社. 2010

[6] 施伯乐,丁宝康,汪卫. 数据库系统教程. 北京: 高等教育出版社,2005

[7] Robert Sheldon 著. SQL 实用教程(第二版). 黄开枝,冉晓旻等译. 北京: 清华大学出版社,2004

[8] 王征,李家兴. SQL Server 2005 实用教程. 北京: 清华大学出版社,2006

[9] 冯建华. 数据库系统设计与管理. 北京: 清华大学出版社,2007

[10] 施伯乐,丁宝康,杨卫东. 数据库教程. 北京: 电子工业出版社,2004

[11] 王珊,张孝,李翠平. 数据库技术与应用. 北京: 清华大学出版社,2005

[12] 刘智斌,刘玉萍,杨柳. 数据库原理(第 2 版). 重庆: 重庆大学出版社,2006

[13] 朱扬勇. 数据库系统设计与开发. 北京: 清华大学出版社,北京交通大学出版社,2007

[14] 柳玲,王成良,焦晓军. 数据库系统工程师教程. 北京: 高等教育出版社,2010

[15] 徐慧主编. 数据库技术与应用. 北京: 北京理工大学出版社,2010

[16] 罗耀军. 数据库应用技术. 北京: 中国铁道出版社,2008

[17] 丁爱萍. 数据库技术及应用. 西安: 西安电子科大出版社,2005

[18] 刘国燊. 数据库技术基础及应用. 北京: 电子工业出版社,2003

[19] 苗雪兰等. 数据库技术及应用. 北京: 机械工业出版社,2005

[20] 陈刚. 数据库技术及应用. 北京: 水利水电出版社,2007